U0935587

“十二五”应用型人才培养工程规划教材

应用高等数学

主　编　吴　纯　谭　莉
副主编　汪祥莉　胡耀胜　汤茂林　谢瀛慧
参　编　粟勤农　易同贸　杨　军
　　　　韩光辉　吴振之　马晓燕　王文波

机械工业出版社

本书是为了适应新时期对高素质应用型专门人才的要求编写而成的，系湖北省教育科学“十一五”规划课题（课题编号 2010B332）研究成果.

本书共8章，主要内容包括：函数与极限、一元函数微分学及其应用、一元函数积分学及其应用、微分方程、多元函数微积分学及其应用、无穷级数、线性代数初步、数学软件 Mathematica 介绍及其应用.

本书可作为应用型本科及高职院校各专业教材，也可供相关技术人员自学参考.

图书在版编目（CIP）数据

应用高等数学/吴纯，谭莉主编. —北京：机械工业出版社，2012.3（2017.7 重印）

“十二五”应用型人才培养工程规划教材

ISBN 978-7-111-37173-1

Ⅰ.①应… Ⅱ.①吴…②谭… Ⅲ.①高等数学-高等职业教育-教材 Ⅳ.①013

中国版本图书馆 CIP 数据核字（2012）第 010318 号

机械工业出版社（北京市百万庄大街 22 号 邮政编码 100037）
策划编辑：韩效杰 责任编辑：韩效杰 李 乐
版式设计：刘 岚 责任校对：王 欣
封面设计：路恩中 责任印制：李 飞
北京机工印刷厂印刷（三河市南杨庄国丰装订厂装订）
2017 年 7 月第 1 版第 3 次印刷
184mm×240mm · 20.25 印张 · 346 千字
标准书号：ISBN 978-7-111-37173-1
定价：39.00 元

前　言

为适应我国高等职业教育迅速发展，我们根据教育部制定的高职教育数学课程教学基本要求及教育部关于加强高职教育人才培养工作的意见编写了这本《应用高等数学》教材.

本书在编写中遵循“以应用为目的，以必需、够用为度”的原则，突出基本概念、理论和方法，强调数学概念、原理与实际问题的联系，力求通俗易懂，深入浅出. 概念和结论的引入由具体到抽象、由特殊到一般，尽量从提出问题或引入具体易懂的例子阐明重要的概念、结论与方法，并用实例反映数学知识的应用.

参加本书编写的有，武汉商业服务学院胡耀胜（第1章）、谭莉（第2章、第6章）、吴纯（第3章、第5章）、汤茂林（第4章），武汉理工大学汪祥莉（第7章、第8章），以及武汉交通职业学院粟勤农，长江工程职业技术学院易同贸，武汉商业服务学院谢瀛慧、杨军、韩光辉，江汉大学吴振之，华中农业大学马晓燕，武汉科技大学王文波. 全书由吴纯统稿，谭莉、汪祥莉、胡耀胜、汤茂林、谢瀛慧参加了部分章节的审阅.

本书在编写过程中，得到了武汉商业服务学院教务处、基础课部及机械工业出版社的大力支持，在此一并表示感谢.

由于编者经验和水平有限，书中难免存在不妥之处，恳请读者和同行批评指正.

编　者

目　录

第1章

函数与极限

极限是现代数学的最基本的概念，是学习微积分学的重要基础. 在后面的几章学习中可以看到，微积分中的重要概念都是通过极限来定义的. 本章将介绍极限的概念、性质及运算法则，在此基础上建立函数连续的概念，并讨论连续函数的性质.

1.1 初等函数

1.1.1 函数

1. 区间、绝对值、邻域

(1)区间

在研究函数等问题时，经常遇到不等式，为了便于理解，首先介绍一下区间的概念。

满足不等式 $a<x<b$ 的一切实数 x 的集合称为**开区间**，用 (a, b) 表示，它在数轴上表示点 a 与点 b 之间(但不包括点 a 与点 b 两点)的线段.

满足不等式 $a\leqslant x\leqslant b$ 的一切实数 x 的集合称为**闭区间**，用 $[a, b]$ 表示，它在数轴上表示点 a 与点 b 之间(包括点 a 与点 b 两点)的线段.

满足不等式 $a<x\leqslant b$ 或 $a\leqslant x<b$ 的一切实数 x 的集合称为**半开半闭区间**(也称为**半开区间**，或**半闭区间**)，分别用 $(a, b]$、$[a, b)$ 表示.

满足不等式 $x>a$、$x\geqslant a$、$x<b$、$x\leqslant b$ 及 x 可取任何实数值的集合称为无穷区间，它们分别用 $(a, +\infty)$、$[a, +\infty)$、$(-\infty, b)$、$(-\infty, b]$ 以及 $(-\infty, +\infty)$ 表示.

(2)绝对值

定义 1.1 数轴上的点 a 到原点的距离称为这个数的**绝对值**，记作 $|a|$.

规定
$$|a|=\begin{cases}a & a\geqslant 0,\\ -a & a<0.\end{cases}$$

(3) 邻域

定义 1.2 设 a 为一个实数，$\delta>0$，那么满足不等式 $|x-a|<\delta$ 的一切实数 x 的集合，称为以 a 为中心的 **δ 邻域**，记作 $U(a,\delta)$，即
$$U(a,\delta)=\{x\mid a-\delta<x<a+\delta\},$$
$U(a,\delta)$ 也可用开区间 $(a-\delta,a+\delta)$ 来表示. 它在数轴上表示为以点 a 为中心，以 δ 为半径的**开区间**.

有时要用到的邻域需要把邻域的中心去掉，将点 a 的 δ 邻域去掉点 a 后，称为点 a 的**去心 δ 邻域**，记作 $\mathring{U}(a,\delta)$，即
$$\mathring{U}(a,\delta)=\{x\mid 0<|x-a|<\delta\},$$
这里 $0<|x-a|$ 表示 $x\neq a$.

2. 函数的定义

设 D 是一个数集，如果对属于 D 中的每一个数 x，依照某个对应关系 f，y 都有唯一确定的数值和它对应，那么 y 就叫做定义在数集 D 上的 x 的**函数**，记作 $y=f(x)$. x 叫做函数的**自变量**，数集 D 叫做函数的**定义域**. 对应关系 f 有时也称为**对应法则**. 函数 y 的取值范围 M 叫做函数的**值域**.

由定义可知，对应关系和定义域构成函数的两个要素.

3. 函数的定义域

在实际问题中，需要根据所考察问题的实际意义来确定其定义域. 对于不具有实际意义的抽象函数，其定义域是使得函数有意义的全体自变量的集合. 常见的有：

(1) 在分式函数中，分母不能为零；

(2) 在根式函数中，负数不能开偶次方；

(3) 在对数函数中，真数大于零；

(4) 在三角函数和反三角函数中，要符合它们的定义域；

(5) 在含有多种式子的函数中，应取各部分定义域的交集.

若对于确定的 $x_0\in D$，通过对应法则 f，函数 y 有唯一确定的值 y_0 相对应，则称 y_0 为 $y=f(x)$ 在 x_0 处的函数值，记作 $y_0=y|_{x=x_0}=f(x_0)$.

例 1.1 求函数 $y=\sqrt{x^2-x-6}+\arcsin\dfrac{2x-1}{7}$ 的定义域.

解 这是两个函数之和的定义域，先分别求出每个函数的定义域，然后求其公共部分即可.

要使$\sqrt{x^2-x-6}$有意义，必须满足：

$$x^2-x-6\geqslant 0,$$

即

$$(x-3)(x+2)\geqslant 0,$$

解得

$$x\leqslant -2 \text{ 或 } x\geqslant 3,$$

即$\sqrt{x^2-x-6}$的定义域为$(-\infty,\ -2]\cup[3,\ +\infty)$；

要使$\arcsin\dfrac{2x-1}{7}$有意义，必须满足：

$$\left|\frac{2x-1}{7}\right|\leqslant 1,$$

即

$$-7\leqslant 2x-1\leqslant 7,$$

解得

$$-3\leqslant x\leqslant 4,$$

即$\arcsin\dfrac{2x-1}{7}$的定义域为$[-3,\ 4]$.

于是，所求函数的定义域为$[-3,\ -2]\cup[3,\ 4]$.

例 1.2 下列函数是否相同，为什么？

(1) $y=\ln x^2$ 与 $y=2\ln x$；

(2) $y=\sqrt{x}$与 $u=\sqrt{v}$.

解 (1)不是相同的函数，因为定义域不同；

(2)是相同的函数，因为对应法则与定义域都相同.

例 1.3 设$f(x)=3x^2+2x-1$就是一个特定的函数，f确定的对应法则为

$$f(\quad)=3(\quad)^2+2(\quad)-1.$$

例 1.4 设$y=f(x)=\dfrac{1}{x}\sin\dfrac{1}{x}$，求$f\left(\dfrac{2}{\pi}\right)$.

解

$$y\Big|_{x=\frac{2}{\pi}}=f\left(\frac{2}{\pi}\right)=\frac{\pi}{2}\sin\frac{\pi}{2}=\frac{\pi}{2}.$$

例 1.5 设$f(x+1)=x^2-3x$，求$f(x)$.

解 令$x+1=t$，则$x=t-1$，所以

$$f(t)=(t-1)^2-3(t-1)=t^2-5t+4,$$

则

$$f(x)=x^2-5x+4.$$

4. 反函数

在研究函数的同时，有时函数和自变量的地位会相互转换，于是就出现了反函数的概念.

例如，在函数 $y=\frac{x+1}{2}$ 中，定义域和值域都是 $\mathbf{R}$，按照 x 和 y 的对应关系，任意给出一个 $y\in\mathbf{R}$，都有唯一确定的 $x=2y-1$ 与之对应.

一般地，设函数 $y=f(x)$，定义域为 D，值域为 M. 如果对于 M 中的每一个 y 值，都可由 $y=f(x)$ 确定唯一的 x 值与之对应，这样就确定了一个以 y 为自变量的函数 x，该函数称为函数 $y=f(x)$ 的**反函数**，记作 $x=f^{-1}(y)$. 显然，函数 $x=f^{-1}(y)$ 的定义域为 M，值域为 D.

习惯上常用 x 表示自变量，y 表示函数，故常把 $y=f(x)$ 的反函数记为 $y=f^{-1}(x)$. 若把函数 $y=f(x)$ 与其反函数 $y=f^{-1}(x)$ 的图形画在同一个平面直角坐标系内，则这两个图形关于直线 $y=x$ 对称.

因此，函数 $x=2y-1$ 是函数 $y=\frac{x+1}{2}$ 的反函数，其定义域为 $\mathbf{R}$，值域为 $\mathbf{R}$. 将函数改为 y，自变量改为 x，则函数 $y=\frac{x+1}{2}$ 的反函数为 $y=2x-1$（图 1-1）.

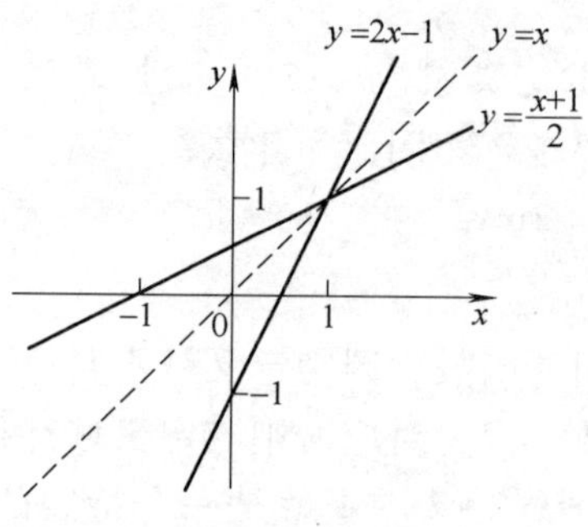

图　1-1

例 1.6　求 $y=x^3+2$ 的反函数.

解　由 $y=x^3+2$，得

$$x=\sqrt[3]{y-2},$$

所以，其反函数为

$$y=\sqrt[3]{x-2}\ (x\in\mathbf{R}).$$

5. 分段函数

在自然科学及工程技术中，用公式表示函数时，经常会遇到一个函数在不同的范围内用不同的式子表示的情况. 例如，函数

$$f(x)=\begin{cases}\sqrt{x} & x\geqslant 0\\ -x & x<0\end{cases}$$

是定义在区间 $(-\infty, +\infty)$ 内的一个函数，当 $x\geqslant 0$ 时，$f(x)=\sqrt{x}$；当

$x<0$ 时，$f(x)=-x$.

在不同的区间内用不同的式子来表示的函数叫做**分段函数**.

分段函数是用几个解析式子来表示的一个函数，而不是表示几个函数．求分段函数值时，应把自变量的值代入相应取值范围内的表达式中进行计算．如在上面的分段函数中，$f(4)=\sqrt{4}=2$；$f(-4)=-(-4)=4$.

6. 函数的几种特性

(1)奇偶性

如果函数 $y=f(x)$ 的定义域 D 关于原点对称，且对于任意的 $x\in D$，都有 $f(-x)=-f(x)$，那么 $y=f(x)$ 叫做**奇函数**；如果函数 $y=f(x)$ 的定义域 D 关于原点对称，且对于任意的 $x\in D$，都有 $f(-x)=f(x)$，那么 $y=f(x)$ 叫做**偶函数**；如果函数 $y=f(x)$ 既不是奇函数也不是偶函数，则称 $y=f(x)$ 为**非奇非偶函数**.

例如，$y=x^3$ 是奇函数，$y=x^2$ 是偶函数.

奇函数的图像关于原点对称(如图 1-2)；偶函数的图像关于 y 轴对称(如图 1-3).

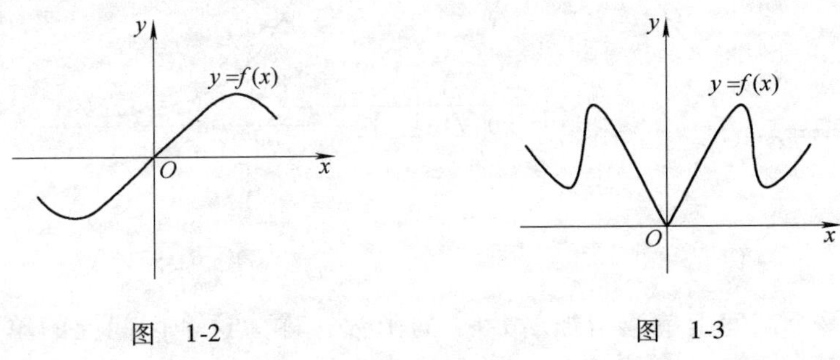

图　1-2　　　　图　1-3

例 1.7　判断下列函数的奇偶性：

1) $f(x)=x^2\cos x$；　2) $f(x)=x+\dfrac{1}{x}$；　3) $f(x)=x^2-x$.

解　1)因为

$$f(-x)=(-x)^2\cos(-x)=x^2\cos x=f(x),$$

所以 $f(x)=x^2\cos x$ 为偶函数.

2)因为

$$f(-x)=-x+\frac{1}{-x}=-\left(x+\frac{1}{x}\right)=-f(x),$$

所以 $f(x)=x+\dfrac{1}{x}$ 为奇函数.

3)因为

$$f(-x) \neq \pm f(x),$$

所以 $f(x)=x^2-x$ 为非奇非偶函数.

(2)单调性

如果函数 $f(x)$ 在区间 (a, b) 内随着 x 的增大而增大，即对于 (a, b) 内任意两点 x_1 与 x_2，当 $x_1<x_2$ 时，都有 $f(x_1)<f(x_2)$，那么称函数 $f(x)$ 在区间 (a, b) 内是**单调增加的**，区间 (a, b) 叫做函数 $f(x)$ 的**单调增加区间**.

如果函数 $f(x)$ 在区间 (a, b) 内随着 x 的增大而减小，即对于 (a, b) 内任意两点 x_1 与 x_2，当 $x_1<x_2$ 时，都有 $f(x_1)>f(x_2)$，那么称函数 $f(x)$ 在区间 (a, b) 内是**单调减少的**，区间 (a, b) 叫做函数 $f(x)$ 的**单调减少区间**.

显然，单调增加函数的图像沿 x 轴正向是逐渐上升的；单调减少函数的图像沿 x 轴正向是逐渐下降的.

图 1-4 所示为单调增加函数，图 1-5 所示为单调减少函数.

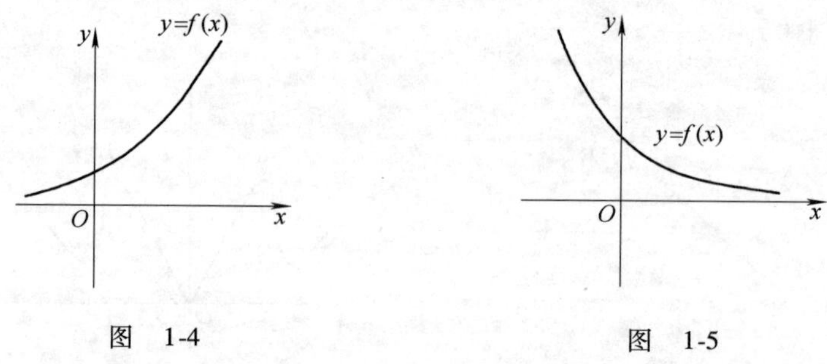

图 1-4　　　　图 1-5

在整个区间上单调增加(减少)的函数，称为这个区间上的单调增(减)函数，这个区间称为这个函数的**单调区间**.

例如，指数函数 $y=\mathrm{e}^x$ 在其定义域 $\mathbf{R}$ 内是单调增加的. 而幂函数 $y=x^2$ 在 $(0, +\infty)$ 内是单调增加的，在 $(-\infty, 0)$ 内是单调减少的，所以在 $(-\infty, +\infty)$ 内不是单调函数.

例 1.8　判断函数 $f(x)=2x^2+1$ 的单调性.

解　任给 $x_1, x_2 \in (-\infty, 0)$，当 $x_1<x_2$ 时，有

$$\begin{aligned} f(x_1)-f(x_2) &= 2(x_1^2-x_2^2) \\ &= 2(x_1-x_2)(x_1+x_2)>0, \end{aligned}$$

即

$$f(x_1)>f(x_2),$$

故在 $(-\infty, 0)$ 内 $f(x)=2x^2+1$ 为减函数；

同理，可得 $f(x)=2x^2+1$ 在 $(0, +\infty)$ 内为增函数.

(3)周期性

对于函数$f(x)$，如果存在一个非零常数T，使得对于其定义域内的每一个x，都有

$$f(x+T)=f(x)$$

成立，则称$f(x)$是周期函数，T称为其**周期**.

显然，如果T是$f(x)$的周期，则nT(n是整数)均为其周期. 一般提到的周期均指最小正周期.

我们常见的三角函数$y=\sin x$，$y=\cos x$都是以2π为周期；$y=\tan x$，$y=\cot x$都是以π为周期.

(4)有界性

设函数$f(x)$在区间(a, b)内有定义，如果存在一个正数M，使得对于任意$x\in(a, b)$，恒有$|f(x)|\leqslant M$，那么称$f(x)$在(a, b)内**有界**；如果不存在这样的正数M，那么称$f(x)$在(a, b)内**无界**.

例如，函数$y=\sin x$，存在正数$M=1$，使得对于任意的$x\in\mathbf{R}$，均有$|\sin x|\leqslant 1$，所以函数$y=\sin x$在其定义域$\mathbf{R}$内是有界的.

1.1.2　基本初等函数

我们学过的幂函数$y=x^\alpha$(α为实数)、指数函数$y=a^x$($a>0$且$a\neq 1$)、对数函数$y=\log_a x$($a>0$且$a\neq 1$)、三角函数和反三角函数统称为**基本初等函数**.

1. 幂函数$y=x^\alpha$(α为实数)

(1) 当$\alpha>0$时，函数经过两定点(0, 0)和(1, 1)，图像在第Ⅰ象限内单调增加且无界(图1-6a).

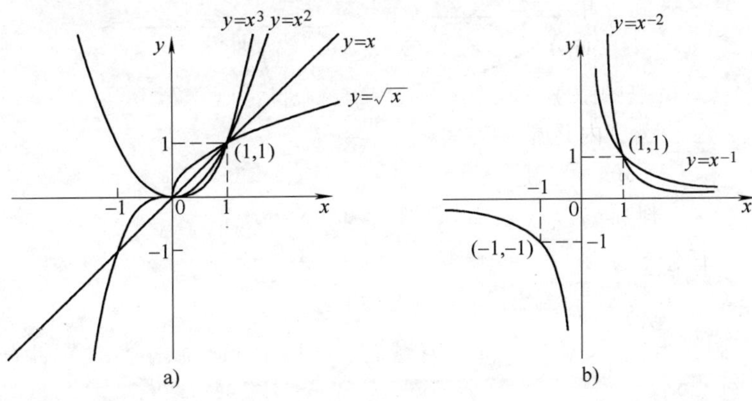

图　1-6

(2) 当 $\alpha<0$ 时，函数经过定点(1，1)，图像在第Ⅰ象限内单调减少且无界(图 1-6b).

2. 指数函数 $y=a^x$($a>0$ 且 $a\neq1$)

它的定义域为$(-\infty, +\infty)$值域为$(0, +\infty)$，图像经过定点(0，1).

(1) 当 $0<a<1$ 时，函数单调减少且无界(图 1-7a).

(2) 当 $a>1$ 时，函数单调增加且无界(图 1-7b).

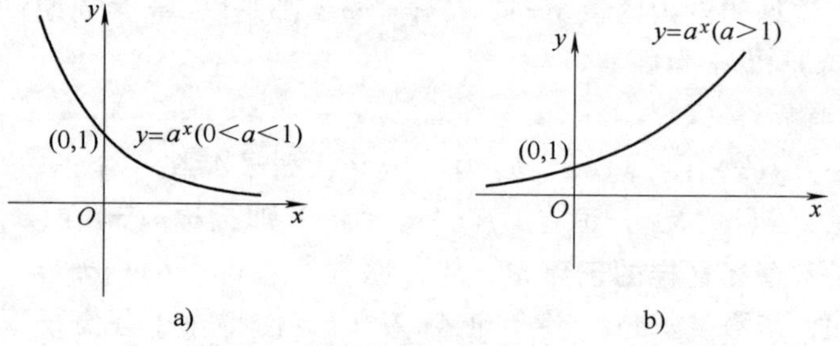

图 1-7

3. 对数函数 $y=\log_a x$($a>0$ 且 $a\neq1$)

它的定义域为$(0, +\infty)$，值域为$(-\infty, +\infty)$，图像经过定点(1，0).

(1) 当 $0<a<1$ 时，函数单调递减且无界(图 1-8a).

(2) 当 $a>1$ 时，函数单调递增且无界(图 1-8b).

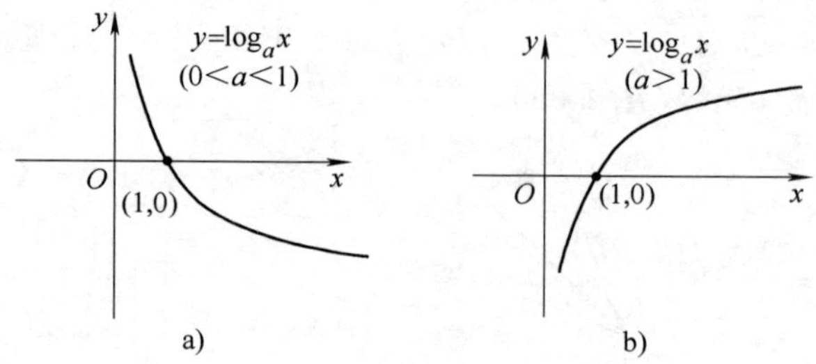

图 1-8

4. 三角函数

(1) 正弦函数 $y=\sin x$

定义域为$(-\infty, +\infty)$，值域为$[-1, 1]$，奇函数，周期为 2π，有界(图 1-9).

(2) 余弦函数 $y=\cos x$

定义域为$(-\infty, +\infty)$，值域为$[-1, 1]$，偶函数，周期为 2π，

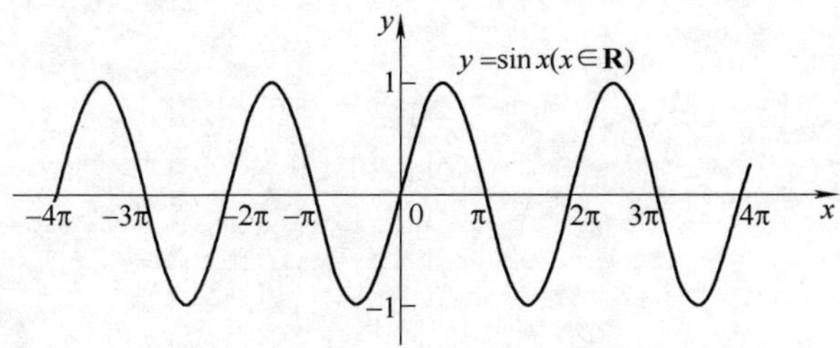

图　1-9

有界(图 1-10).

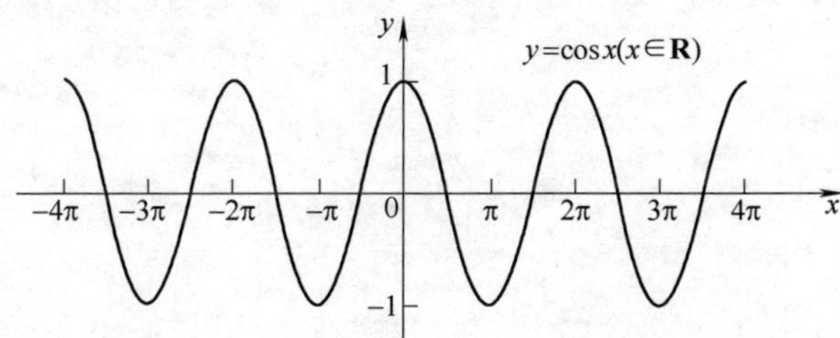

图　1-10

(3) 正切函数 $y=\tan x$

定义域为$\left\{x \mid x\in\mathbf{R},\ x\neq k\pi+\dfrac{\pi}{2},\ k\in\mathbf{Z}\right\}$，值域为$(-\infty,\ +\infty)$，奇函数，周期为 π，无界(图 1-11).

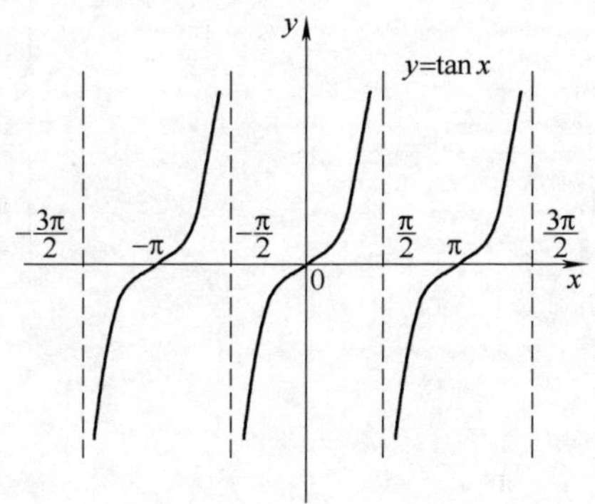

图　1-11

(4) 余切函数 $y=\cot x$

定义域为$\{x \mid x\in\mathbf{R},\ x\neq k\pi,\ k\in\mathbf{Z}\}$，值域为$(-\infty,\ +\infty)$，奇函数，周期为 π，无界(图 1-12).

5. 反三角函数

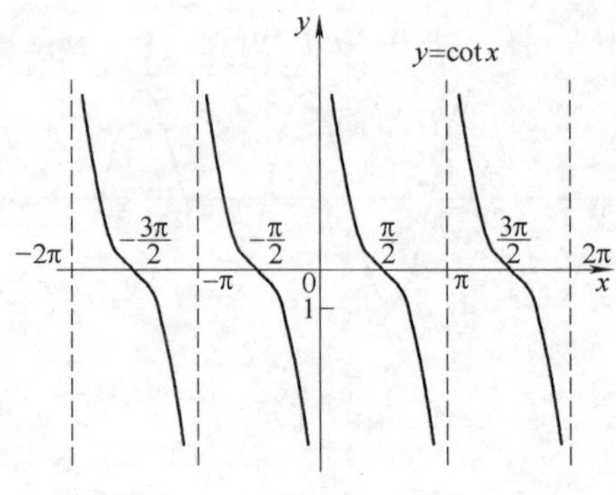

图 1-12

(1)反正弦函数 $y=\arcsin x$

定义域为$[-1, 1]$，值域为$\left[-\frac{\pi}{2}, \frac{\pi}{2}\right]$，奇函数，单调增加，有界(图 1-13).

(2)反余弦函数 $y=\arccos x$

定义域为$[-1, 1]$，值域为$[0, \pi]$，非奇非偶函数，单调减少，有界(图 1-14).

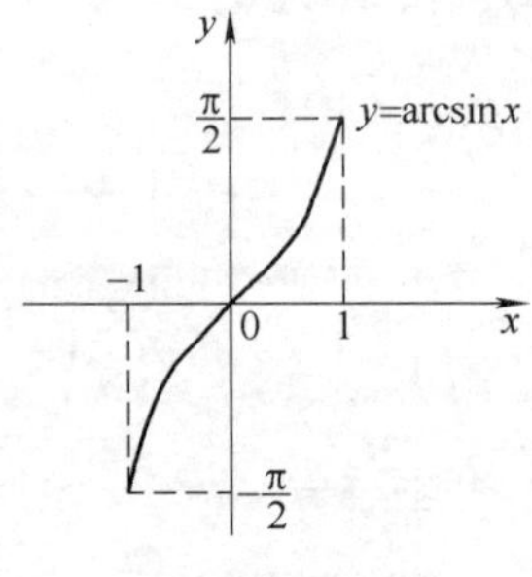

图 1-13

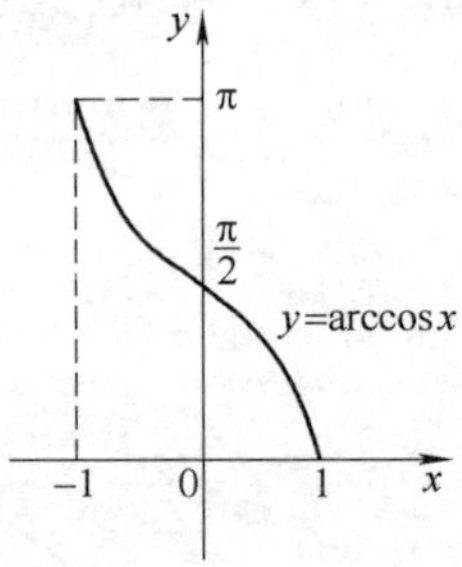

图 1-14

(3)反正切函数 $y=\arctan x$

定义域为$(-\infty, +\infty)$，值域为$\left(-\frac{\pi}{2}, \frac{\pi}{2}\right)$，奇函数，单调增加，有界(图 1-15).

(4)反余切函数 $y=\operatorname{arccot} x$

定义域为$(-\infty, +\infty)$，值域为$(0, \pi)$，非奇非偶函数，单调减少，有界(图 1-16).

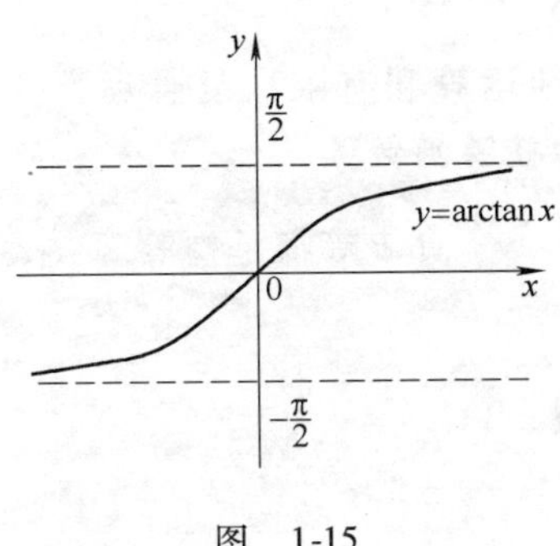

图 1-15

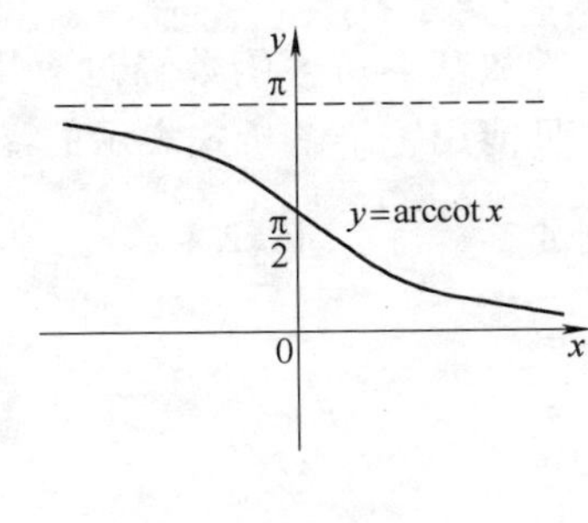

图 1-16

1.1.3 复合函数、初等函数

1. 复合函数

在同一问题中，两个变量的联系有时不是直接的，而是通过另一变量间接联系起来的.

例如，某汽车每千米油耗为 aL，行驶速度为 $v$km/h. 汽车行驶的里程是其行驶时间的函数：$s=vt$，而汽车的油耗量又是其行驶里程的函数：$y=as$. 于是，汽车的油耗量与汽车行驶时间之间就建立了函数关系：$y=avt$. 这时，我们称函数 $y=avt$ 是由 $y=as$ 与 $s=vt$ 复合而成的复合函数.

一般地，设 $y=f(u)$是 u 的函数，$u=\varphi(x)$是 x 的函数，如果 $u=\varphi(x)$的值域与 $y=f(u)$的定义域的交集非空，则 y 通过中间变量 u 成为 x 的函数，我们称 y 为 x 的**复合函数**. 记作 $y=f[\varphi(x)]$. 其中 u 称为**中间变量**.

例 1.9 将下列复合函数分解成较简单函数：

(1) $y=\ln(1+x^2)$；　　(2) $y=\sin^2 x$.

解 (1) $y=\ln u$，$u=1+x^2$；

(2) $y=u^2$，$u=\sin x$.

例 1.10 已知 $y=\ln u$，$u=\sin v$，$v=x^2$，将 y 表示成 x 的复合函数.

解 $y=\ln\sin x^2$.

例 1.11 分析下列复合函数的复合结构：

(1) $y=\sqrt{\tan\dfrac{x}{2}}$；　　(2) $y=\mathrm{e}^{\sin\sqrt{x^2-1}}$.

解 (1) $y=\sqrt{u}$，$u=\tan v$，$v=\dfrac{x}{2}$；

(2) $y=\mathrm{e}^u$，$u=\sin v$，$v=\sqrt{t}$，$t=x^2-1$.

2. 初等函数

由常数基本初等函数经过有限次四则运算和有限次复合运算构成的，并且能用一个解析式表示的函数称为**初等函数**.

例如，$y=\frac{1}{x}+\ln(2+x^2)$，$y=3-\sqrt{x}$，$y=x\ln x$ 等都是初等函数.

习　题　1.1

1. 求下列函数的定义域：

(1) $f(x)=\frac{5}{x^2+2}$；　(2) $f(x)=\sqrt{x+3}$；

(3) $y=\frac{1}{x^2+x-2}$；　(4) $y=\sqrt{x^2-5x+6}$；

(5) $f(x)=\sqrt{6+x-2x^2}$；　(6) $g(x)=\frac{5}{4-x^2}+\sqrt{x-1}$；

(7) $\varphi(x)=\ln(5-x)$；　(8) $f(x)=\arccos\frac{x}{2}$；

(9) $f(x)=\frac{\sqrt{x+1}}{\log_a(2+x)}$；　(10) $y=\sqrt{\ln(4-x)}$；

(11) $f(x)=\begin{cases}1 & x\geqslant 0\\ -1 & x<0\end{cases}$；　(12) $f(x)=\begin{cases}e^x-1 & x\geqslant 1\\ x^2-8 & 0<x<1\end{cases}$.

2. 设 $f(x)=x^2+5$，求 $f(1)$，$f(2)$，$f(a)$，$f\left(\frac{1}{x}\right)$，$f(f(x))$，$\frac{1}{f(x)}$.

3. 设 $g(t)=t^3-6$，求 $g(t^2)$，$[g(t)]^2$.

4. 设 $\varphi(x)=\frac{1}{x}$，求 $\varphi(x+\Delta x)$，$\varphi(x+\Delta x)-\varphi(x)$.

5. 设 $f(x)=\begin{cases}x^2+1 & -1<x<2\\ 9-x^2 & 2\leqslant x\leqslant 4\end{cases}$，求 $f(0)$，$f(1)$，$f(4)$，$f(5)$.

6. 判别下列函数的奇偶性：

(1) $f(x)=x\sin x$；　(2) $g(x)=x^5-4x^3-7x$；

(3) $y=\sin x-\cos x$；　(4) $f(x)=\frac{e^{-x}-1}{e^{-x}+1}$；

(5) $y=\frac{\cos x}{1-x^2}$；　(6) $y=x\cdot\frac{a^x-1}{a^x+1}$　$(a>1)$.

7. 设 $f(x)=\frac{e^x-e^{-x}}{e^x+e^{-x}}$，证明：$f(-x)=-f(x)$.

8. 设 $\varphi(t)=a^t(a>0,\ a\neq 1)$，证明：$\frac{\varphi(x)}{\varphi(y)}=\varphi(x-y)$.

9. 设 $g(t)=\ln t$，证明：$g(x\cdot y)=g(x)+g(y)$，$g\left(\frac{x}{y}\right)=g(x)-g(y)$.

10. 求下列函数的反函数：

(1) $y=\sqrt[3]{x-1}$；　　(2) $y=\dfrac{x+3}{x-3}$；

(3) $y=1+\ln(x+2)$；　　(4) $y=2\sin\left(2x+\dfrac{\pi}{5}\right)$；

(5) $y=\dfrac{2^x}{2^x+1}$.

11. 设 $f(x)=2x^2+x$，$\varphi(x)=e^{x-1}$，求 $f(\varphi(x))$，$\varphi(f(x))$.

12. 将下列函数分解成简单的函数：

(1) $y=\sqrt{x^2-4}$；　　(2) $y=\sin[\tan(x^2+1)]$；

(3) $y=[1+\ln(x+1)]^2$；　　(4) $y=\sqrt{\ln(\sqrt{x}+1)}$.

1.2 极限

极限是在研究变量的变化趋势时所引出的一个非常重要的概念，微积分学中的许多基本概念，如连续、导数、定积分、无穷级数等都是建立在极限的基础之上，极限方法又是我们研究函数的最基本的方法，下面我们首先讨论数列的极限，然后再讨论函数的极限.

1.2.1 数列的极限

数列(整标函数)可以看做是 $x_n=f(n)$ 按自然数顺序列出的一串函数值：x_1，x_2，…，x_n，…. 现在来考察当自变量 n 无限增大时，数列 $x_n=f(n)$ 的变化趋势. 试看下面几个例子：

(1) $x_n=\dfrac{1}{2^n}$，即 $\dfrac{1}{2}$，$\dfrac{1}{4}$，$\dfrac{1}{8}$，$\dfrac{1}{16}$，…，$\dfrac{1}{2^n}$，…；

(2) $x_n=\dfrac{n+(-1)^{n-1}}{n}$，即 2，$\dfrac{1}{2}$，$\dfrac{4}{3}$，$\dfrac{3}{4}$，…，$\dfrac{n+(-1)^{n-1}}{n}$，…；

(3) $x_n=2n$，即 2，4，6，…，$2n$，…；

(4) $x_n=\dfrac{1+(-1)^n}{2}$，即 0，1，0，1，…，$\dfrac{1+(-1)^n}{2}$，….

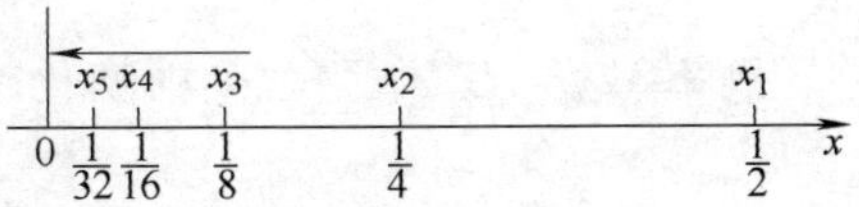

图 1-17

通过仔细观察可以发现，当 $n\to\infty$ 时，这几个数列的变化情况是大不相同的. 数列(1)随着 n 的无限增大，$x_n=\dfrac{1}{2^n}$ 无限接近常数 0；数列(2)随着 n 的无限增大，$x_n=\dfrac{n+(-1)^{n-1}}{n}$ 无限接近常数 1；

数列(3)、数列(4)随着 n 的无限增大，都不能无限接近于某一个确定的常数，当 $n\to\infty$ 时，数列 $x_n=2n$ 的值也无限增大，数列 $x_n=\dfrac{1+(-1)^n}{2}$的值在0与1两个数上来回跳动.

为清楚起见，我们把表示(1)、(2)这两个数列的点分别在数轴上描出一些(图1-17、图1-18).

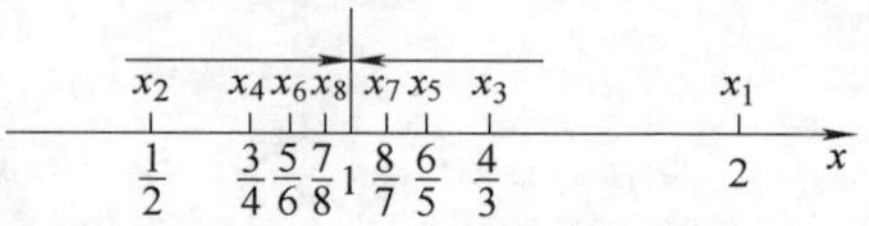

x_2 x_4 x_6 x_8 x_7 x_5 x_3 x_1

$\frac{1}{2}$ $\frac{3}{4}$ $\frac{5}{6}$ $\frac{7}{8}$ 1 $\frac{8}{7}$ $\frac{6}{5}$ $\frac{4}{3}$ 2 x

图 1-18

可以看出，当 n 无限增大时，

数列 $x_n=\dfrac{1}{2^n}$在数轴上的对应点逐渐密集在 $x=0$ 右侧，即数列 $x_n=\dfrac{1}{2^n}$无限趋近于0；数列 $x_n=\dfrac{n+(-1)^{n-1}}{n}$在数轴上的对应点逐渐密集在 $x=1$ 附近，即数列 $x_n=\dfrac{n+(-1)^{n-1}}{n}$无限趋近于1.

总之，当 n 无限增大时，数列(1)、数列(2)都趋近于一个常数，这种数列称为有极限；当 n 无限增大时，数列(3)、数列(4)都不趋近于一个常数，这种数列称为无极限. 一般地，有下面的定义.

定义 1.3 设数列 $\{x_n\}$，如果当 n 无限增大时，x_n 无限趋近于一个确定的常数 A，则称当 n 趋于无穷大时，数列 $\{x_n\}$ 以 A 为极限，记作

$$\lim_{n\to\infty}x_n=A \quad 或 \quad x_n\to A(n\to\infty).$$

此时，也称数列 $\{x_n\}$ 是**收敛**的；如果数列 $\{x_n\}$ 没有极限，就称其为**发散**的.

因此，当 $n\to\infty$ 时，$x_n=\dfrac{1}{2^n}$的极限是0，可记作 $\lim\limits_{n\to\infty}\dfrac{1}{2^n}=0$；$x_n=\dfrac{n+(-1)^{n-1}}{n}$的极限是1，可记作 $\lim\limits_{n\to\infty}\dfrac{n+(-1)^{n-1}}{n}=1$；而数列 $x_n=2n$ 和 $x_n=\dfrac{1+(-1)^n}{2}$没有极限. 没有极限的数列，也说数列的极限不存在.

例 1.12 观察下面数列的变化趋势，写出它们的极限：

(1) $x_n=\dfrac{1}{n}$；　　(2) $x_n=2-\dfrac{1}{n^3}$；

(3) $x_n=(-1)^n\dfrac{1}{2^n}$；　　(4) $x_n=3$.

解 (1) $\lim\limits_{n\to\infty}\dfrac{1}{n}=0$；

(2) $\lim\limits_{n\to\infty}\left(2-\frac{1}{n^3}\right)=2$；

(3) $\lim\limits_{n\to\infty}(-1)^n\frac{1}{2^n}=0$；

(4) $\lim\limits_{n\to\infty}3=3$.

一般地，任何一个常数数列的极限就是这个常数本身，即

$$\lim_{n\to\infty}C=C\ (C\text{ 为常数}).$$

例 1.13　（无穷递缩等比数列的求和公式）设数列 a，aq，aq^2，aq^3，…，aq^{n-1}，…. 其中首项 $a_1\neq0$，公比 $|q|<1$，求其所有项的和 S.

解　$S=\lim\limits_{n\to\infty}(a+aq+aq^2+\cdots+aq^{n-1})$

$$=\lim_{n\to\infty}a\left(\frac{1-q^n}{1-q}\right)=\frac{a}{1-q}.$$

1.2.2　函数的极限

1. 当 $x\to\infty$ 时，函数 $y=f(x)$ 的极限

定义 1.4　如果当 x 的绝对值无限增大（即 $x\to\infty$）时，函数 $f(x)$ 无限接近于一个确定的常数 A，那么 A 就叫做**函数 $f(x)$ 当 $x\to\infty$ 时的极限**，记作

$$\lim_{x\to\infty}f(x)=A\ (\text{或当 } x\to\infty \text{ 时，} f(x)\to A).$$

有时，x 的变化趋向只取 $x\to+\infty$ 或 $x\to-\infty$ 中的一种情况．因此，类似地有下面的定义．

定义 1.5　如果当 $x\to+\infty$ 时，函数 $f(x)$ 无限接近于一个确定的常数 A，则称 A 为**函数 $f(x)$ 当 $x\to+\infty$ 时的极限**，记作

$$\lim_{x\to+\infty}f(x)=A\ (\text{或当 } x\to+\infty \text{ 时，} f(x)\to A).$$

定义 1.6　如果当 $x\to-\infty$ 时，函数 $f(x)$ 无限接近于一个确定的常数 A，则称 A 为**函数 $f(x)$ 当 $x\to-\infty$ 时的极限**，记作

$$\lim_{x\to-\infty}f(x)=A\ (\text{或当 } x\to-\infty \text{ 时，} f(x)\to A).$$

由图 1-19 可以看出：

$$\lim_{x\to\infty}\frac{1}{x}=\lim_{x\to+\infty}\frac{1}{x}=\lim_{x\to-\infty}\frac{1}{x}=0.$$

可以证明：若 $\lim\limits_{x\to+\infty}f(x)=\lim\limits_{x\to-\infty}f(x)=A$，则 $\lim\limits_{x\to\infty}f(x)=A$. 反之也成立．

例 1.14　求下列极限：

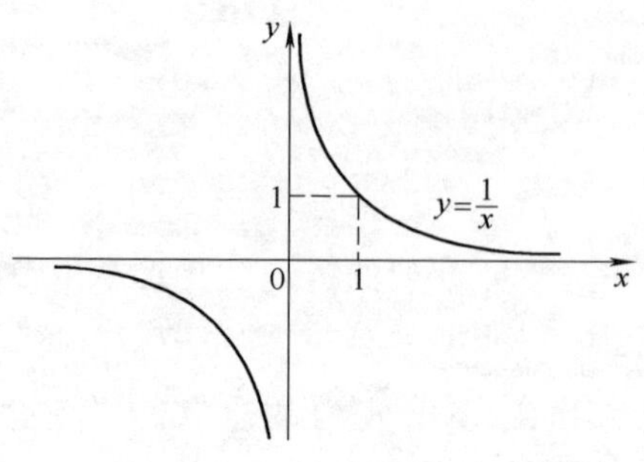

图 1-19

(1) $\lim\limits_{x\to\infty}\frac{x^2+1}{x^2}$； (2) $\lim\limits_{x\to-\infty}3^x$.

解 (1)因为$\frac{x^2+1}{x^2}=1+\frac{1}{x^2}$，且当 x 无限增大趋于正无穷时，$\frac{1}{x^2}$无限变小趋于0，即函数值趋于1；而当 x 趋于负无穷时，函数值同样趋于1，所以

$$\lim_{x\to\infty}\frac{x^2+1}{x^2}=1.$$

(2)因为当 x 趋于负无穷时，3^x 无限趋于0，即

$$\lim_{x\to-\infty}3^x=0.$$

2. $x\to x_0$ 时函数的极限

下面研究当 $x\to x_0$ 时，函数 $f(x)$ 的极限.

$x\to x_0$ 表示 x 无限趋近于定值 $x_0(x\neq x_0)$，它包含下列两种情况：

(1) x 从大于 x_0 的一侧趋近于 x_0，记作 $x\to x_0^+$；

(2) x 从小于 x_0 的一侧趋近于 x_0，记作 $x\to x_0^-$.

定义 1.7 设函数 $y=f(x)$ 在 x_0 的某邻域内有定义(x_0 可以除外)，如果当 x 无限趋近于定点 x_0(x 可以不等于 x_0)时，函数值无限趋近于一个确定的常数 A，那么 A 就叫做**函数 $y=f(x)$ 当 $x\to x_0$ 时的极限**. 记作

$$\lim_{x\to x_0}f(x)=A(\text{或当 }x\to x_0\text{ 时，}f(x)\to A).$$

需要注意，函数在点 x_0 的极限状况与函数在该点是否有定义及如何定义无关.

例 1.15 讨论极限 $\lim\limits_{x\to x_0}C$ 和 $\lim\limits_{x\to x_0}x$.

解 因为函数 $y=C$ 是常量函数，无论自变量取任何值，函数值恒等于常数 C，所以 $\lim\limits_{x\to x_0}C=C$.

因为函数 $y=x$ 的函数值与自变量相等，所以当 $x\to x_0$ 时函数值 $y=x$ 也趋于 x_0，因此 $\lim\limits_{x\to x_0}x=x_0$.

3. $x\to x_0$ 时函数 $y=f(x)$ 的左极限与右极限

定义 1.8 如果当 $x\to x_0^-$ 时，函数 $f(x)$ 无限趋近于一个确定的常数 A，那么 A 就叫做**函数 $f(x)$ 当 $x\to x_0$ 时的左极限**，记作

$$\lim_{x\to x_0^-}f(x)=A(\text{或当 } x\to x_0^- \text{ 时}, f(x)\to A).$$

如果当 $x\to x_0^+$ 时，函数 $f(x)$ 无限趋近于一个确定的常数 A，那么 A 就叫做**函数 $f(x)$ 当 $x\to x_0$ 时的右极限**，记作

$$\lim_{x\to x_0^+}f(x)=A(\text{或当 } x\to x_0^+ \text{ 时}, f(x)\to A).$$

由此得到极限存在的充分必要条件为

$$\lim_{x\to x_0}f(x)=A\Leftrightarrow \lim_{x\to x_0^-}f(x)=\lim_{x\to x_0^+}f(x)=A.$$

也就是说，如果函数 $f(x)$ 在点 x_0 处的左、右极限都存在且相等，那么函数 $f(x)$ 在点 x_0 处的极限存在，且与左、右极限相等；反之，如果函数 $f(x)$ 在点 x_0 处的极限存在，那么函数 $f(x)$ 在点 x_0 处的左、右极限都存在，且与函数的极限相等.

例 1.16 设 $f(x)=\begin{cases}-x & x<0\\ 1 & x=0\\ x & x>0\end{cases}$，画出该函数的图形，求 $\lim\limits_{x\to 0^-}f(x)$，$\lim\limits_{x\to 0^+}f(x)$，并讨论 $\lim\limits_{x\to 0}f(x)$ 是否存在.

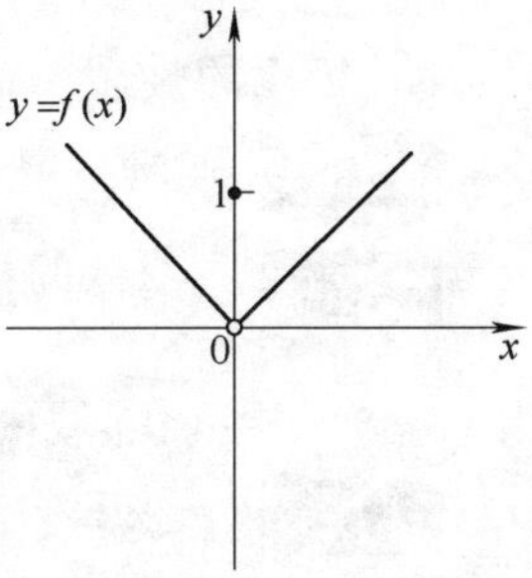

图 1-20

解 $f(x)$ 的图形如图 1-20 所示，由该图不难看出：

$$\lim_{x\to 0^-}f(x)=\lim_{x\to 0^-}(-x)=0,$$

$$\lim_{x\to 0^+}f(x)=\lim_{x\to 0^+}x=0.$$

故极限存在且 $\lim\limits_{x\to 0}f(x)=0$.

例 1.17 设符号函数 $\operatorname{sgn}x=\begin{cases}-1 & x<0\\ 0 & x=0\\ 1 & x>0\end{cases}$，画图讨论 $\lim\limits_{x\to 0^-}\operatorname{sgn}x$，$\lim\limits_{x\to 0^+}\operatorname{sgn}x$，$\lim\limits_{x\to 0}\operatorname{sgn}x$ 是否存在.

解 函数图形如图 1-21 所示，不难看出：

$$\lim_{x\to 0^-}\operatorname{sgn}x=\lim_{x\to 0^-}(-1)=-1,$$

$$\lim_{x\to 0^+}\operatorname{sgn}x=\lim_{x\to 0^+}1=1.$$

故$\lim\limits_{x\to 0}\text{sgn}x$不存在.

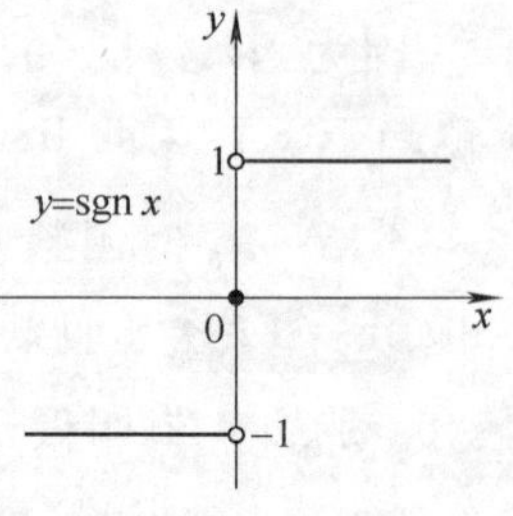

图 1-21

4. 变量的极限

把数列$f(n)$及函数$f(x)$概括为"变量"，将$n\to\infty$，$x\to\infty$，$x\to x_0$概括为"某个变化过程中"，则综合数列极限与函数极限的概念，可得出一般变量极限的定义.

定义 1.9 在某个变化过程中，若变量y无限趋近于某个常数A，则称A为变量y在此变化过程中的极限，记作

$$\lim y = A.$$

若变量y已给出具体函数，则不能用上述通用的记号，必须在极限的符号下面注明所研究的变量的自变量的变化过程.

5. 极限存在准则

准则 1 （夹逼准则）若$x\in \mathring{U}(x_0,\ \delta)(\delta>0)$时，有

$$g(x)\leqslant f(x)\leqslant h(x),\ \lim_{x\to x_0}g(x)=\lim_{x\to x_0}h(x)=A,$$

则

$$\lim_{x\to x_0}f(x)=A.$$

准则 2 （单调有界原理）单调有界数列必有极限.

6. 极限的性质

性质 1 （唯一性）若$\lim\limits_{x\to x_0}f(x)=A$，$\lim\limits_{x\to x_0}f(x)=B$，则$A=B$.

性质 2 （有界性）若$\lim\limits_{x\to x_0}f(x)=A$，则存在$x_0$的某个去心邻域$\mathring{U}(x_0,\ \delta)$，在该邻域内函数$f(x)$有界.

性质 3 （保号性）若$\lim\limits_{x\to x_0}f(x)=A$且$A>0$(或$A<0$)，则存在某个去心邻域$\mathring{U}(x_0,\ \delta)$，在该去心邻域$\mathring{U}(x_0,\ \delta)$内有$f(x)>0$(或$f(x)<0$).

习 题 1.2

1. 求下列数列的极限(当$n\to\infty$)：

(1) $x_n=(-1)^n\dfrac{1}{n}$； (2) $x_n=\dfrac{3n+1}{2n-1}$；

(3) $y_n=1-\dfrac{1}{2n}$； (4) $x_n=\dfrac{1-n}{n}$；

(5) $y_n=\dfrac{n^2}{n+1}$； (6) $z_n=(-1)^n\dfrac{n}{2n+1}$；

(7) $x_n=(-1)^n$;　　(8) $z_n=\frac{1}{n}\sin\frac{\pi}{n}$.

2. (1) 设函数 $f(x)=\begin{cases}x & x<2\\ 3x-2 & x\geqslant 2\end{cases}$，试求：$\lim\limits_{x\to 2^-}f(x)$，$\lim\limits_{x\to 2^+}f(x)$，问 $\lim\limits_{x\to 2}f(x)$ 存在吗？

(2) 设函数 $f(x)=\begin{cases}x+1 & x<0\\ 0 & x=0\\ (x-1)^2 & x>0\end{cases}$，试求 $\lim\limits_{x\to 0}f(x)$.

3. 分析下列函数的变化趋势，求极限：

(1) $y=\frac{1}{x^2}\quad(x\to-\infty)$;　　(2) $f(x)=\frac{1}{\sqrt{x}}\quad(x\to+\infty)$;

(3) $y=\ln x\quad(x\to+\infty)$;　　(4) $f(x)=\frac{2x+5}{x+1}\quad(x\to-\infty)$;

(5) $\lim\limits_{x\to 3}(3x-1)$;　　(6) $\lim\limits_{x\to 0}\sin x$;

(7) $\lim\limits_{x\to -2}\frac{x^2-4}{x+2}$;　　(8) $\lim\limits_{x\to 0}\left(-\frac{1}{x^2}\right)$.

1.3 极限的运算

1.3.1 极限运算法则

利用极限的定义只能求一些简单函数的极限，对于复杂函数的极限却无法解决. 下面介绍极限的运算法则，进而解决复杂函数的求极限问题.

设 $\lim\limits_{x\to x_0}f(x)=A$，$\lim\limits_{x\to x_0}g(x)=B$，则

(1) $\lim\limits_{x\to x_0}[f(x)\pm g(x)]=\lim\limits_{x\to x_0}f(x)\pm\lim\limits_{x\to x_0}g(x)=A\pm B$;

(2) $\lim\limits_{x\to x_0}[f(x)\cdot g(x)]=\lim\limits_{x\to x_0}f(x)\cdot\lim\limits_{x\to x_0}g(x)=AB$;

(3) $\lim\limits_{x\to x_0}\frac{f(x)}{g(x)}=\frac{\lim\limits_{x\to x_0}f(x)}{\lim\limits_{x\to x_0}g(x)}=\frac{A}{B}\quad(B\neq 0)$;

(4) $\lim\limits_{x\to x_0}Cf(x)=C\lim\limits_{x\to x_0}f(x)=CA$　（C 为常数）;

(5) $\lim\limits_{x\to x_0}[f(x)]^n=[\lim\limits_{x\to x_0}f(x)]^n=A^n$　（n 为正整数）.

以上结论仅就 $x\to x_0$ 时加以叙述，对于自变量 x 的其他变化过程同样成立. 其中，法则(1)、法则(2)可以推广到有限个函数的情况.

例 1.18　求下列函数的极限：

(1) $\lim\limits_{x\to 2}(3x^2-2x+4)$;

(2) $\lim\limits_{x\to 2}\dfrac{x^2-3x+4}{x^2-2}$;

(3) $\lim\limits_{x\to -2}\dfrac{x^2+3x+2}{x^2+5x+6}$;

(4) $\lim\limits_{x\to \infty}\dfrac{3x^2-2x+4}{x^2+5x-2}$;

(5) $\lim\limits_{x\to \infty}\dfrac{2x^2+3x}{x^3+3x-5}$.

解 (1)原式 $=\lim\limits_{x\to 2}(3x^2)-\lim\limits_{x\to 2}(2x)+4=3\times 2^2-2\times 2+4=12$.

(2)原式 $=\dfrac{\lim\limits_{x\to 2}(x^2-3x+4)}{\lim\limits_{x\to 2}(x^2-2)}=\dfrac{2^2-3\times 2+4}{2^2-2}=1$.

(3)由于分母的极限为零，不能用商的极限运算法则，但注意到分子的极限也为零，所以求极限时可以约去这个公因子，于是有

$$\lim_{x\to -2}\frac{x^2+3x+2}{x^2+5x+6}=\lim_{x\to -2}\frac{(x+2)(x+1)}{(x+2)(x+3)}=\lim_{x\to -2}\frac{x+1}{x+3}=-1.$$

(4)当 $x\to\infty$ 时，分子、分母的极限都不存在，用分子、分母中的 x 的最高次幂 x^2 除分子、分母，可得

$$\lim_{x\to\infty}\frac{3x^2-2x+4}{x^2+5x-2}=\lim_{x\to\infty}\frac{3-\dfrac{2}{x}+\dfrac{4}{x^2}}{1+\dfrac{5}{x}-\dfrac{2}{x^2}}=3.$$

(5)分子、分母同除以 x^3，然后再求极限，得

$$\lim_{x\to\infty}\frac{2x^2+3x}{x^3+3x-5}=\lim_{x\to\infty}\frac{\dfrac{2}{x}+\dfrac{3}{x^2}}{1+\dfrac{3}{x^2}-\dfrac{5}{x^3}}=\frac{0}{1}=0.$$

一般地，当 $a_0\neq 0$，$b_0\neq 0$，且 m，n 为非负整数时，有

$$\lim_{x\to\infty}\frac{a_0x^n+a_1x^{n-1}+\cdots+a_n}{b_0x^m+b_1x^{m-1}+\cdots+b_m}=\begin{cases}\infty & m<n\\ \dfrac{a_0}{b_0} & m=n.\\ 0 & m>n\end{cases}$$

例 1.19 设分段函数

$$f(x)=\begin{cases}x+2 & x<0\\ x^2-x+2 & x\geqslant 0\end{cases},$$

求 $\lim\limits_{x\to 0}f(x)$.

解 $\lim\limits_{x\to 0^-}f(x)=\lim\limits_{x\to 0^-}(x+2)=2$,

$\lim\limits_{x\to 0^+}f(x)=\lim\limits_{x\to 0^+}(x^2-x+2)=2$,

由此可见，左、右极限存在并相等，故$\lim\limits_{x\to 0}f(x)=2$.

1.3.2　两个重要极限

1. 极限$\lim\limits_{x\to 0}\dfrac{\sin x}{x}=1$

证　作单位圆如图 1-22 所示，取$\angle AOB=x(\mathrm{rad})$，于是有

$$BC=\sin x,$$

$$\overset{\frown}{AB}=x,\ AD=\tan x.$$

图　1-22

由图得 $S_{\triangle OAB}<S_{扇形OAB}<S_{\triangle OAD}$，所以

$$\frac{1}{2}\sin x<\frac{1}{2}x<\frac{1}{2}\tan x,$$

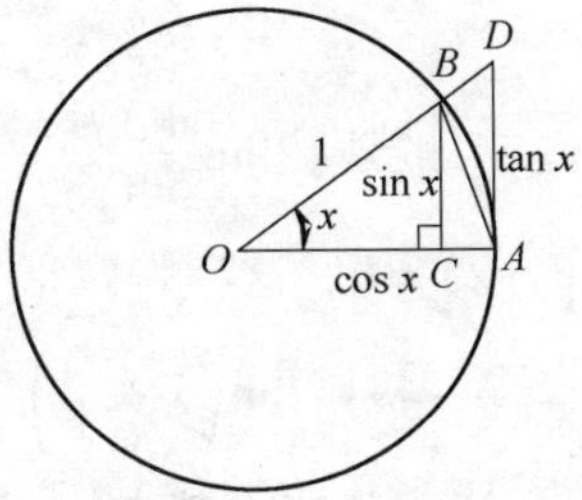

即

$$\sin x<x<\tan x,$$

从而，有

$$\cos x<\frac{\sin x}{x}<1.$$

上述不等式是当$0<x<\dfrac{\pi}{2}$时得到的，但因当 x 用 $-x$ 代换时，$\cos x$，$\dfrac{\sin x}{x}$都不变号，所以当 x 为负值时，关系也成立.

又$\lim\limits_{x\to 0}\cos x=1$，$\lim\limits_{x\to 0}1=1$，由夹逼准则知结论成立.

例 1.20　求下列各式的极限：

（1）$\lim\limits_{x\to 0}\dfrac{\tan x}{x}$；

（2）$\lim\limits_{x\to 0}\dfrac{\sin kx}{x}$　$(k\neq 0)$；

（3）$\lim\limits_{x\to 0}\dfrac{\sin ax}{\sin bx}$　$(a\neq 0,\ b\neq 0)$；

（4）$\lim\limits_{x\to\infty}x\sin\dfrac{2}{x}$.

解　（1）$\lim\limits_{x\to 0}\dfrac{\tan x}{x}=\lim\limits_{x\to 0}\dfrac{\sin x}{x}\cdot\dfrac{1}{\cos x}=\lim\limits_{x\to 0}\dfrac{\sin x}{x}\lim\limits_{x\to 0}\dfrac{1}{\cos x}=1.$

（2）$\lim\limits_{x\to 0}\dfrac{\sin kx}{x}=\lim\limits_{x\to 0}\dfrac{k\sin kx}{kx}=k\lim\limits_{x\to 0}\dfrac{\sin kx}{kx}=k.$

(3) $\lim\limits_{x\to0}\dfrac{\sin ax}{\sin bx}=\lim\limits_{x\to0}\dfrac{a\dfrac{\sin ax}{ax}}{b\dfrac{\sin bx}{bx}}=\dfrac{a\lim\limits_{x\to0}\dfrac{\sin ax}{ax}}{b\lim\limits_{x\to0}\dfrac{\sin bx}{bx}}=\dfrac{a}{b}.$

(4)令 $t=\dfrac{1}{x}$，则当 $x\to\infty$ 时，$t\to0$，于是

$$\lim_{x\to\infty}x\sin\frac{2}{x}=\lim_{t\to0}\frac{1}{t}\sin2t=2.$$

一般地，$\lim\dfrac{\sin(f(x))}{f(x)}=1$，这就是说不论在怎样的情况下，只要 $\lim f(x)=0$，这种特定形式的极限均为 1.

2. 极限 $\lim\limits_{x\to\infty}\left(1+\dfrac{1}{x}\right)^x=\mathrm{e}$

证明从略，其中 $\mathrm{e}=2.718281828\cdots$.

例 1.21 求下列各式的极限：

(1) $\lim\limits_{x\to\infty}\left(1+\dfrac{2}{x}\right)^x$；

(2) $\lim\limits_{x\to\infty}\left(1-\dfrac{2}{x}\right)^x$；

(3) $\lim\limits_{x\to\infty}\left(1-\dfrac{1}{x}\right)^{2x+3}$；

(4) $\lim\limits_{x\to\infty}\left(\dfrac{2-x}{3-x}\right)^x$.

解 (1) $\lim\limits_{x\to\infty}\left(1+\dfrac{2}{x}\right)^x=\lim\limits_{x\to\infty}\left(1+\dfrac{1}{\dfrac{x}{2}}\right)^{\frac{x}{2}\cdot2}=\left[\lim\limits_{x\to\infty}\left(1+\dfrac{1}{\dfrac{x}{2}}\right)^{\frac{x}{2}}\right]^2=\mathrm{e}^2.$

(2) $\lim\limits_{x\to\infty}\left(1-\dfrac{2}{x}\right)^x=\lim\limits_{x\to\infty}\left(1+\dfrac{1}{-\dfrac{x}{2}}\right)^{-\frac{x}{2}\cdot(-2)}$

$=\left[\lim\limits_{x\to\infty}\left(1+\dfrac{1}{-\dfrac{x}{2}}\right)^{-\frac{x}{2}}\right]^{-2}=\mathrm{e}^{-2}.$

(3) $\lim\limits_{x\to\infty}\left(1-\dfrac{1}{x}\right)^{2x+3}=\lim\limits_{x\to\infty}\left\{\left[\left(1+\dfrac{1}{-x}\right)^{-x}\right]^{-2}\cdot\left(1-\dfrac{1}{x}\right)^3\right\}$

$=\lim\limits_{x\to\infty}\left[\left(1+\dfrac{1}{-x}\right)^{-x}\right]^{-2}\cdot\lim\limits_{x\to\infty}\left(1-\dfrac{1}{x}\right)^3=\mathrm{e}^{-2}\cdot1$

$=\mathrm{e}^{-2}.$

(4)令$\frac{2-x}{3-x}=1+\frac{1}{u}$，则$x=u+3$，当$x\to\infty$时，$u\to\infty$，于是

$$\lim_{x\to\infty}\left(\frac{2-x}{3-x}\right)^{x}=\lim_{u\to\infty}\left(1+\frac{1}{u}\right)^{u+3}=\lim_{u\to\infty}\left(1+\frac{1}{u}\right)^{u}\cdot\lim_{u\to\infty}\left(1+\frac{1}{u}\right)^{3}=\mathrm{e}.$$

习 题 1.3

1. 计算下列极限：

(1) $\lim\limits_{x\to-2}(2x^2-x+5)$；

(2) $\lim\limits_{x\to\sqrt{3}}\frac{x^2-3}{x^4+x^2+1}$；

(3) $\lim\limits_{x\to2}\frac{x-2}{x^2+3x-10}$；

(4) $\lim\limits_{x\to-1}\frac{x^2-x-2}{x^2+6x+5}$；

(5) $\lim\limits_{x\to0}\left(1-\frac{1}{x+1}\right)$；

(6) $\lim\limits_{x\to1}\frac{x^2-3x+2}{1-x^2}$；

(7) $\lim\limits_{t\to4}\frac{t-4}{\sqrt{t}-2}$；

(8) $\lim\limits_{h\to0}\frac{(x+h)^3-x^3}{h}$；

(9) $\lim\limits_{x\to0}\frac{1-\sqrt{1+x^2}}{x^2}$；

(10) $\lim\limits_{x\to\infty}\frac{\cos x}{x}$；

(11) $\lim\limits_{h\to0}\left[\frac{1}{h(x+h)}-\frac{1}{hx}\right]$；

(12) $\lim\limits_{x\to4}\frac{\sqrt{x-2}-\sqrt{2}}{\sqrt{2x+1}-3}$；

(13) $\lim\limits_{x\to\infty}\frac{x^3-1}{x^2+2x+3}$；

(14) $\lim\limits_{n\to\infty}\frac{n}{n^2+1}$；

(15) $\lim\limits_{x\to+\infty}\frac{\sqrt[4]{x^4+1}}{1+x}$；

(16) $\lim\limits_{x\to+\infty}x(\sqrt{x^2+1}-x)$；

(17) $\lim\limits_{x\to\infty}\frac{(2x-3)^{10}(3x+2)^{15}}{(5x+1)^{25}}$；

(18) $\lim\limits_{x\to\infty}\frac{\sqrt[3]{x^2}\sin x}{1+x}$；

(19) $\lim\limits_{x\to+\infty}\frac{\sqrt{1+x^2}-1}{x}$；

(20) $\lim\limits_{x\to1}\left(\frac{3}{1-x^3}-\frac{2}{1-x^2}\right)$.

2. 求下列极限：

(1) $\lim\limits_{x\to0}\frac{\sin 5x}{x}$；

(2) $\lim\limits_{x\to0}\frac{\sin nx}{mx}$(其中$m$，$n$为常数，且$m\neq0$)；

(3) $\lim\limits_{t\to0}\frac{\sin 3t}{\sin 2t}$；

(4) $\lim\limits_{x\to0}\frac{\sin 4x}{\sin 3x}$；

(5) $\lim\limits_{n\to\infty}n\sin\frac{x}{n}$；

(6) $\lim\limits_{x\to0^+}\frac{\sin x}{\sqrt{x}}$；

(7) $\lim\limits_{x\to0}\frac{\sin x}{x^2}$；

(8) $\lim\limits_{x\to0}\frac{\sqrt{1+\sin^2 x}-1}{x^2}$；

(9) $\lim\limits_{x\to\infty}\left(1+\frac{1}{x}\right)^{-x}$；　　(10) $\lim\limits_{x\to\infty}\left(1+\frac{k}{x}\right)^{x}$（其中 k 为常数）；

(11) $\lim\limits_{x\to 0}(1-3x)^{\frac{1}{x}}$；　　(12) $\lim\limits_{x\to\infty}\left(1+\frac{2}{x}\right)^{x-1}$；

(13) $\lim\limits_{x\to\infty}\left(1+\frac{1}{x}\right)^{x-1}$；　　(14) $\lim\limits_{x\to\infty}\left(\frac{x-1}{x+3}\right)^{x+2}$.

1.4　无穷小量与无穷大量

1.4.1　无穷小量

1. 无穷小量的定义

在实际问题中，经常会遇到以零为极限的变量．例如，当关掉电源时，电扇的扇叶会逐渐慢下来，直至停止转动；又如，电容器放电时，其电压随时间的增加而逐渐减少并趋近于零；再如，用抽气机来抽容器中的空气，容器中的空气含量将随着时间的增加而逐渐减少并趋近于零．

对于这种变量，给出下面的定义．

定义 1.10　如果当 $x\to x_0$（或 $x\to\infty$）时，$f(x)\to 0$，则称当 $x\to x_0$（或 $x\to\infty$）时，函数 $f(x)$ 为**无穷小量**，简称**无穷小**，通常用 α，β，γ 等表示．

例如，当 $x\to 0$ 时，函数 x^2，$2x$ 都是无穷小；当 $x\to 1$ 时，函数 $x-1$，x^2-1 都是无穷小；当 $x\to\infty$ 时，函数 $\frac{1}{x}$ 是无穷小．

应当注意：(1) 无穷小量是以零为极限的函数．当我们说函数 $f(x)$ 是无穷小量时，必须同时指明自变量 x 的变化趋向．例如，当 $x\to\infty$ 时，函数 $f(x)=\frac{1}{x}$ 是无穷小量；而当 $x\to 1$ 时，函数 $f(x)=\frac{1}{x}$ 就不是无穷小量．

(2) 常数中只有“0”是无穷小，这是因为

$$\lim_{\substack{x\to 0\\(x\to\infty)}} 0=0.$$

而对其他常数，尽管它的值可以很小，因其值已取定（不为零），极限都不是 0，因此都不能说成是无穷小．

2. 无穷小量的性质

(1) 有限个无穷小的代数和是无穷小．

(2) 有限个无穷小的乘积是无穷小．

(3)有界函数与无穷小的乘积是无穷小．

例 1.22　求极限$\lim\limits_{x\to 0}x\sin\dfrac{1}{x}$.

解　因为$\left|\sin\dfrac{1}{x}\right|\leqslant 1$，故$\sin\dfrac{1}{x}$为有界变量，又$\lim\limits_{x\to 0}x=0$，故$x$为无穷小量，由性质(3)，有

$$\lim_{x\to 0}x\sin\frac{1}{x}=0.$$

3. 无穷小与函数极限的关系

定理 1.1　函数$f(x)$以常数A为极限的充分必要条件是$f(x)$可以表示为A与一个无穷小α之和．即

$$\lim_{\substack{x\to x_0\\(x\to\infty)}}f(x)=A\Leftrightarrow f(x)=A+\alpha,$$

其中

$$\lim_{\substack{x\to x_0\\(x\to\infty)}}\alpha=0.$$

例如，$\lim\limits_{x\to\infty}\dfrac{x+1}{x}=1$，$\dfrac{1+x}{x}=1+\dfrac{1}{x}$，$\alpha=\dfrac{1}{x}$，而$\lim\limits_{x\to\infty}\dfrac{1}{x}=0$.

4. 无穷小的阶

无穷小虽然都是趋近于 0 的变量，但不同的无穷小趋近于 0 的速度却不一定相同，有时可能差别很大．

例如，当$x\to 0$时，x，$2x$，x^2都是无穷小，但它们趋近于 0 的速度却不一样，列表如下：

x	1	0.5	0.1	0.01	0.001	…	→0
$2x$	2	1	0.2	0.02	0.002	…	→0
x^2	1	0.25	0.01	0.0001	0.000001	…	→0

显然，x^2比x与$2x$趋近于 0 的速度都快得多．快慢是相对的，是相互比较而言的，下面通过比较两个无穷小趋近于 0 的速度引入无穷小的阶的概念．

定义 1.11　设α，β是同一过程中的两个无穷小．

如果$\lim\dfrac{\beta}{\alpha}=0$，则称$\beta$是比$\alpha$较**高阶**的无穷小．

如果$\lim\dfrac{\beta}{\alpha}=c\neq 0$，则称$\beta$与$\alpha$是**同阶**的无穷小．特别地当$c=1$时，称$\beta$与$\alpha$是**等价**无穷小，记作$\alpha\sim\beta$.

如果$\lim\dfrac{\beta}{\alpha}=\infty$，则称$\beta$是比$\alpha$较**低阶**的无穷小．

例如，$\lim\limits_{x\to 0}\frac{x^2}{x}=\lim\limits_{x\to 0}x=0$，所以当 $x\to 0$ 时，x^2 是比 x 较高阶的无穷小．反之，当 $x\to 0$ 时，x 是比 x^2 较低阶的无穷小．

又如，$\lim\limits_{x\to 0}\frac{x}{2x}=\frac{1}{2}$，所以当 $x\to 0$ 时，x 与 $2x$ 是同阶无穷小．

1.4.2 无穷大量

1. 无穷大量的定义

定义 1.12 如果当 $x\to x_0$（或 $x\to\infty$）时，函数 $f(x)$ 的绝对值无限增大，则称当 $x\to x_0$（或 $x\to\infty$）时，函数 $f(x)$ 为**无穷大量**，简称**无穷大**.

例如，当 $x\to 1$ 时，函数$\frac{1}{x-1}$是无穷大量．

应当注意：(1) 称函数 $f(x)$ 是无穷大量，必须同时指明自变量 x 的变化趋势．例如，当 $x\to 1$ 时，函数 $f(x)=\frac{1}{x-1}$是无穷大量；但当 $x\to\infty$ 时，函数 $f(x)=\frac{1}{x-1}$就不是无穷大量．

(2) 一定要把绝对值很大的数与无穷大量区分开．

因为绝对值很大的数，无论多么大，都是常数，不会随着自变量的变化而绝对值无限增大，所以都不是无穷大量．

根据定义，函数 $f(x)$ 是无穷大时，其极限是不存在的，但为了便于叙述，我们常说函数 $f(x)$ 的极限是无穷大，并记作 $\lim\limits_{\substack{x\to x_0\\(x\to\infty)}}f(x)=\infty$.

如果当 $x\to x_0$（或 $x\to\infty$）时，$f(x)$ 取正值而无限增大，记作 $\lim\limits_{\substack{x\to x_0\\(x\to\infty)}}f(x)=+\infty$.

如果当 $x\to x_0$（或 $x\to\infty$）时，$f(x)$ 取负值而绝对值无限增大，记作 $\lim\limits_{\substack{x\to x_0\\(x\to\infty)}}f(x)=-\infty$.

例如，当 $x\to\infty$ 时，函数 $f(x)=x^2$ 取正值而无限增大，所以 $f(x)$ 是 $x\to\infty$ 时的无穷大量，记作 $\lim\limits_{x\to\infty}x^2=+\infty$；当 $x\to 0^+$ 时，函数 $f(x)=\ln x$ 取负值而绝对值无限增大，所以 $f(x)$ 是 $x\to 0^+$ 时的无穷大量，记作 $\lim\limits_{x\to 0^+}\ln x=-\infty$.

2. 无穷大与无穷小的关系

为了说明无穷大与无穷小的关系，我们先考察下面的例子：

当 $x\to\infty$ 时，函数 $f(x)=\frac{1}{x}$是无穷小，而函数 $f(x)=x$ 则是无穷

大；当 $x\to 1$ 时，函数 $f(x)=\dfrac{1}{x-1}$ 是无穷大，而函数 $f(x)=x-1$ 是无穷小.

一般地，在自变量的同一变化过程中，如果 $f(x)$ 是无穷大量，那么 $\dfrac{1}{f(x)}$ 是无穷小量；如果 $f(x)$ 是无穷小量，且 $f(x)\neq 0$，那么 $\dfrac{1}{f(x)}$ 是无穷大量.

例 1.23　求极限 $\lim\limits_{x\to 1}\dfrac{2x-1}{x-1}$.

解　因为 $\lim\limits_{x\to 1}\dfrac{x-1}{2x-1}=0$，由无穷大量与无穷小量的关系知

$$\lim_{x\to 1}\frac{2x-1}{x-1}=\infty.$$

例 1.24　求极限 $\lim\limits_{x\to\infty}(x^2-3x+2)$.

解　因为 $\lim\limits_{x\to\infty}\dfrac{1}{x^2-3x+2}=0$，由无穷大量与无穷小量的关系知

$$\lim_{x\to\infty}(x^2-3x+2)=\infty.$$

习　题　1.4

下列变量中，哪个是无穷小量，哪个是无穷大量？

(1) $100x^2$　$(x\to 0)$；

(2) $\dfrac{2}{\sqrt{x}}$　$(x\to 0^+)$；

(3) $\dfrac{1+(-1)^n}{n}$　$(n\to\infty)$；

(4) $\dfrac{2x+1}{x}$　$(x\to 0)$；

(5) $2^{\frac{1}{x}}$　$(x\to 0)$；

(6) $e^{\frac{1}{x}}-1$　$(x\to\infty)$；

(7) $x-\sin 2x$　$(x\to 0)$；

(8) $1-\cos x$　$(x\to 0)$；

(9) $x_n=\begin{cases}n & n\text{ 为奇数}\\ 0 & n\text{ 为偶数}\end{cases}$　$(n\to\infty)$；

(10) $(-1)^{n+1}\dfrac{1}{2n}$　$(n\to\infty)$；

(11) $\log_a x$　$(x\to 0^+)$；

(12) $\dfrac{x-3}{x^2-9}$　$(x\to 3)$.

1.5　函数的连续性

连续性是函数的重要性态之一，它反映了许多自然现象的一个共性. 例如气温的变化、动植物的生长、空气的流动等，都是随着时间在连续不断地变化着的. 这些现象反映在数学上，就是函数的连续性.

1.5.1 连续函数的概念

1. 函数的增量

设函数 $y=f(x)$ 在点 x_0 的某邻域内有定义，当自变量 x 从 x_0（称为初值）变化到 x_1（称为终值）时，终值与初值之差 x_1-x_0 称为自变量的**增量**（**或改变量**），记为

$$\Delta x=x_1-x_0.$$

相应地，函数的终值 $f(x_1)$ 与初值 $f(x_0)$ 之差 $f(x_1)-f(x_0)=f(x_0+\Delta x)-f(x_0)$ 称为函数的增量，记为

$$\Delta y=f(x_0+\Delta x)-f(x_0).$$

容易理解，增量可以是正值，可以是负值，也可以是零.

例 1.25 设 $y=3x^2-1$，求适合下列条件的自变量的增量 Δx 和函数的增量 Δy：

(1) x 从 1 变到 1.5 时；(2) x 从 1 变到 0.5 时；(3) x 从 1 变到 $1+\Delta x$ 时.

解 (1) $\Delta x=x_1-x_0=1.5-1=0.5$，

$$\Delta y=f(x_0+\Delta x)-f(x_0)=(3\times1.5^2-1)-(3\times1^2-1)=3.75.$$

(2) $\Delta x=x_1-x_0=0.5-1=-0.5$，

$$\Delta y=(3\times0.5^2-1)-(3\times1^2-1)=-2.25.$$

(3) $\Delta x=x_1-x_0=1+\Delta x-1=\Delta x$，

$$\Delta y=[3(1+\Delta x)^2-1]-(3\times1^2-1)=6\Delta x+3(\Delta x)^2.$$

2. 函数 $f(x)$ 在点 x_0 的连续性

函数 $f(x)$ 在点 x_0 连续，反映到图形上即为曲线在 x_0 的左右近旁是**连绵不断**的，如图 1-23 所示，给自变量一个增量 Δx，对应就有函数的增量 Δy，且当 Δx 趋于 0 时，Δy 的绝对值将无限变小.

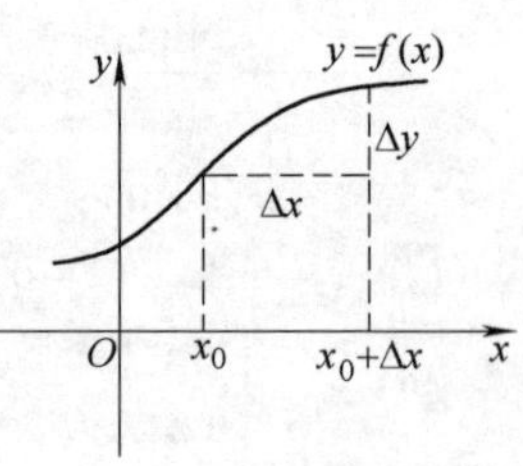

图 1-23

定义 1.13 设函数 $y=f(x)$ 在点 x_0 的某邻域内有定义，如果在 x_0 点自变量的增量 Δx 趋于 0 时，相应函数的增量 Δy 也趋于 0，即 $\lim\limits_{\Delta x\to0}\Delta y=0$，那么，称函数 $y=f(x)$ **在点 x_0 连续**.

例 1.26 利用定义证明函数 $y=x^2+1$ 在点 $x=1$ 处连续.

证

$$\begin{aligned}\lim_{\Delta x\to0}\Delta y&=\lim_{\Delta x\to0}[(1+\Delta x)^2+1-(1^2+1)]\\&=\lim_{\Delta x\to0}[2\Delta x+(\Delta x)^2]=0,\end{aligned}$$

所以函数 $y=x^2+1$ 在点 $x=1$ 处连续.

令 $x=x_0+\Delta x$，则当 $\Delta x\to 0$ 时，$x\to x_0$，同时 $\Delta y=f(x)-f(x_0)\to 0$，$f(x)\to f(x_0)$．于是，函数 $y=f(x)$ 在点 x_0 处连续可描述成下面的定义．

定义 1.14　设函数 $y=f(x)$ 在点 x_0 的某邻域内有定义，如果当 $x\to x_0$ 时，函数 $f(x)$ 的极限存在，且等于 $f(x)$ 在 x_0 点的函数值 $f(x_0)$，即 $\lim\limits_{x\to x_0}f(x)=f(x_0)$，那么，称**函数** $y=f(x)$ **在点** x_0 **处连续**．

由定义可以看出，函数 $y=f(x)$ 在点 x_0 处连续，必须同时满足如下条件：

（1）函数 $y=f(x)$ 在点 x_0 处必须有定义；

（2）函数 $y=f(x)$ 在点 x_0 处必须有极限；

（3）函数 $y=f(x)$ 在点 x_0 处的极限值必须等于它在点 x_0 处的函数值，即

$$\lim_{x\to x_0}f(x)=f(x_0).$$

函数 $f(x)$ 在点 x_0 处连续和函数 $f(x)$ 当 $x\to x_0$ 时有极限的区别是，函数 $f(x)$ 在点 x_0 处连续能保证 $\lim\limits_{x\to x_0}f(x)$ 存在，同时还能保证 $f(x)$ 在点 x_0 有定义，并且极限值为函数值 $f(x_0)$．反之，仅当 $\lim\limits_{x\to x_0}f(x)$ 存在时，$f(x)$ 在点 x_0 处不一定连续，甚至 $f(x)$ 在点 x_0 处可能没有定义，所以，函数 $f(x)$ 在 $x\to x_0$ 时有极限，是 $f(x)$ 在点 x_0 处连续的必要条件．

如果 $\lim\limits_{x\to x_0^-}f(x)=f(x_0)$，则称函数 $f(x)$ 在点 x_0 处**左连续**．

如果 $\lim\limits_{x\to x_0^+}f(x)=f(x_0)$，则称函数 $f(x)$ 在点 x_0 处**右连续**．

函数 $f(x)$ 在点 x_0 处连续的充分必要条件是 $f(x)$ 在点 x_0 处既左连续又右连续．

3. 函数 $f(x)$ 在区间的连续性

如果函数 $y=f(x)$ 在区间 (a,b) 内的任一点都连续，那么称**函数** $y=f(x)$ **在区间** (a,b) **内连续**．此时，函数 $y=f(x)$ 叫做区间 (a,b) 内的**连续函数**，区间 (a,b) 叫做 $y=f(x)$ 的**连续区间**．

如果函数 $y=f(x)$ 在闭区间 $[a,b]$ 上有定义，在开区间 (a,b) 内连续，且在区间的左端点 a 处右连续，即 $\lim\limits_{x\to a^+}f(x)=f(a)$；在区间的右端点 b 处左连续，即 $\lim\limits_{x\to b^-}f(x)=f(b)$，那么称**函数** $y=f(x)$ **在闭区间** $[a,b]$ **上连续**．

1.5.2　函数的间断点

如果函数 $y=f(x)$ 在点 x_0 处不连续，那么称**函数** $y=f(x)$ **在点** x_0 **处**

间断，点 x_0 称为函数 $y=f(x)$ 的**间断点**.

由函数连续的定义可知，函数在 x_0 点间断有下列几种情况：

(1) 函数 $f(x)$ 在点 x_0 处没有定义；

(2) $\lim\limits_{x\to x_0}f(x)$ 不存在；

(3) 虽然 $\lim\limits_{x\to x_0}f(x)$ 存在，但 $\lim\limits_{x\to x_0}f(x)\neq f(x_0)$.

即在点 x_0 处出现上述一种或几种情况时，点 x_0 就是函数 $f(x)$ 的间断点.

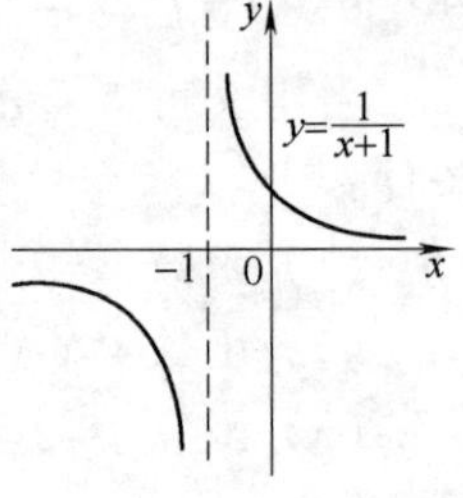

图 1-24

例 1.27 讨论函数 $f(x)=\dfrac{1}{x+1}$ 在 $x=-1$ 处的连续性.

解 因为 $f(x)=\dfrac{1}{x+1}$ 在 $x=-1$ 处没有定义，所以 $x=-1$ 是 $f(x)=\dfrac{1}{x+1}$ 的一个间断点，如图 1-24 所示，又因为 $\lim\limits_{x\to -1}\dfrac{1}{x+1}=\infty$，所以点 $x=-1$ 称为 $f(x)=\dfrac{1}{x+1}$ 的无穷间断点.

例 1.28 讨论函数 $f(x)=\begin{cases}x-1 & x<0\\ 0 & x=0\\ x+1 & x>0\end{cases}$ 在点 $x=0$ 处的连续性.

解 虽然在点 $x=0$ 处 $f(x)$ 有定义，且 $f(0)=0$，但是在 $x=0$ 处有

$$\lim_{x\to 0^-}f(x)=\lim_{x\to 0^-}(x-1)=-1,\quad \lim_{x\to 0^+}f(x)=\lim_{x\to 0^+}(x+1)=1,$$

即 $f(x)$ 在 $x=0$ 处左、右极限不相等，故 $f(x)$ 在 $x=0$ 处极限不存在，且 $x=0$ 是 $f(x)$ 的一个跳跃间断点，如图 1-25 所示.

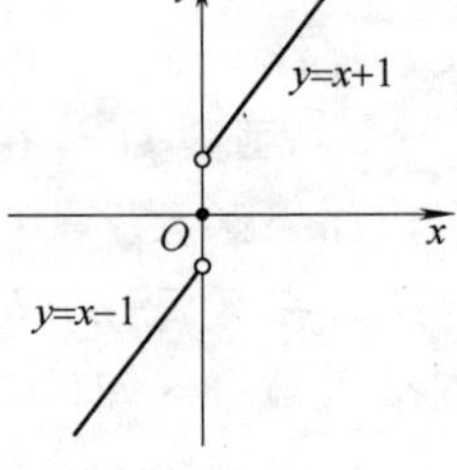

图 1-25

例 1.29 讨论函数 $f(x)=\begin{cases}\dfrac{x^2-4}{x-2} & x\neq 2\\ -4 & x=2\end{cases}$ 在 $x=2$ 处的连续性.

解 虽然在 $x=2$ 处 $f(x)$ 有定义，$f(2)=-4$，且有 $x=2$ 处的极限存在，但是 $\lim\limits_{x\to 2}f(x)\neq f(2)$，所以 $x=2$ 是 $f(x)$ 的一个可去间断点，如图 1-26 所示.

1.5.3 初等函数的连续性

1. 基本初等函数的连续性

基本初等函数在其定义域内都是连续的.

例如，指数函数 $y=a^x(a>0$ 且 $a\neq 1)$ 在定义域 $(-\infty,\ +\infty)$ 内是连续的. 对数函数 $y=\log_a x(a>0$ 且 $a\neq 1)$ 在定义域 $(0,\ +\infty)$ 内是连续的.

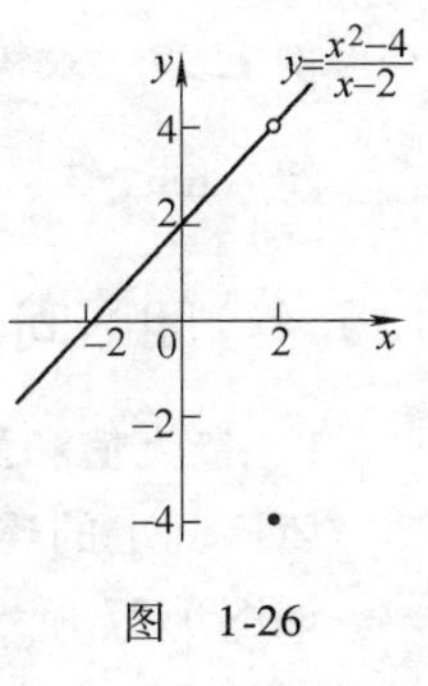

图　1-26

2. 连续函数的和、差、积、商的连续性

可以证明，连续函数经过四则运算仍然是连续函数，即若函数 $f(x)$、$g(x)$ 在点 x_0 处连续，则 $f(x)+g(x)$、$f(x)-g(x)$、$f(x)\cdot g(x)$、$\frac{f(x)}{g(x)}(g(x)\neq 0)$ 在点 x_0 处都是连续的.

3. 复合函数的连续性

如果函数 $u=\varphi(x)$ 在点 x_0 处连续，而函数 $y=f(u)$ 在对应点 $u_0=\varphi(x_0)$ 处连续，那么复合函数 $y=f(\varphi(x))$ 在点 x_0 处也是连续的. 即

$$\lim_{x\to x_0} f(\varphi(x))=f(\varphi(x_0)).$$

若 $\lim\limits_{x\to x_0}\varphi(x)=a$，而函数 $f(u)$ 在 $u=a$ 处连续，则

$$\lim_{x\to x_0} f(\varphi(x))=f(\lim_{x\to x_0}\varphi(x)).$$

上式表明，在一定条件下函数符号与极限符号可以交换次序.

例 1.30　求极限 $\lim\limits_{x\to\frac{\pi}{2}}[\ln(\sin x)]$.

解　因为 $\ln(\sin x)$ 在 $x=\frac{\pi}{2}$ 处连续，故有

$$\lim_{x\to\frac{\pi}{2}}[\ln(\sin x)]=\ln\left(\sin\frac{\pi}{2}\right)=\ln 1=0.$$

例 1.31　求极限 $\lim\limits_{x\to 0}\ln(1+x)^{\frac{1}{x}}$.

解　$\lim\limits_{x\to 0}\ln(1+x)^{\frac{1}{x}}=\ln[\lim\limits_{x\to 0}(1+x)^{\frac{1}{x}}]=\ln e=1.$

4. 初等函数的连续性

根据以上所述，可以得出：一切初等函数在其定义区间内都是连续的.

对于初等函数 $y=f(x)$，当 x_0 是其定义域内的点时，就有 $\lim\limits_{x\to x_0}f(x)=f(x_0)$，即求连续函数的极限时只需把 x_0 直接代入函数式求出函数值即可.

例 1.32　求极限 $\lim\limits_{x\to 1}(x^2+3x-1)$.

解　$\lim\limits_{x\to 1}(x^2+3x-1)=1+3-1=3.$

例 1.33 求极限$\lim\limits_{x\to 1}\sqrt{3-x^2}$.

解 $\lim\limits_{x\to 1}\sqrt{3-x^2}=\sqrt{3-1}=\sqrt{2}$.

1.5.4 闭区间上连续函数的性质

1. 最大值和最小值性质

闭区间上的连续函数，一定取得最大值和最小值.

如图 1-27 所示，函数 $y=f(x)$ 在闭区间$[a, b]$上连续，那么至少存在一点 $x_1\in[a, b]$，使得函数 $y=f(x)$ 在点 x_1 处取得最大值. 即对于任意的 $x\in[a, b]$，都有

$$f(x_1)\geqslant f(x);$$

又至少存在一点 $x_2\in[a, b]$，使得函数 $y=f(x)$ 在点 x_2 处取得最小值. 即对于任意的 $x\in[a, b]$，都有

$$f(x_2)\leqslant f(x).$$

2. 介值性质

如果函数 $y=f(x)$ 在闭区间$[a, b]$上连续，M 和 m 分别是函数 $y=f(x)$ 在$[a, b]$上的最大值和最小值，那么对于任意介于 M 和 m 之间的常数 c，至少存在一点 $\xi\in(a, b)$，使得 $f(\xi)=c$.

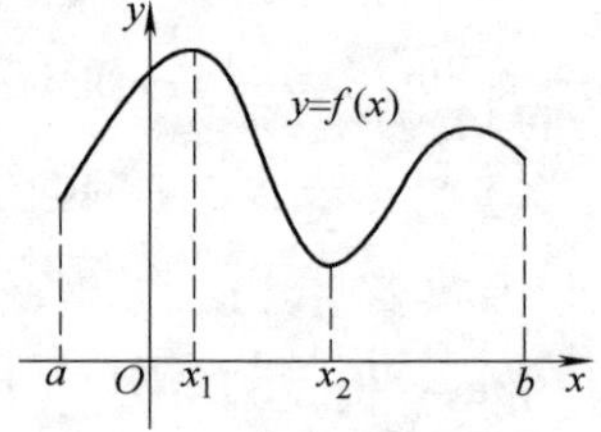

图 1-27

特别地，如果函数 $y=f(x)$ 在闭区间$[a, b]$上连续，且函数在两端点的函数值 $f(a)$ 与 $f(b)$ 异号，那么至少存在一点 $\xi\in(a, b)$，使得 $f(\xi)=0$.

由图 1-28 可以看出，曲线 $y=f(x)$ 连续地从负值 $f(a)$ 变到正值 $f(b)$，必定要与 x 轴相交(至少相交一次)，交点的横坐标 ξ_1、ξ_2、ξ_3 处的值就是性质中的 ξ.

例 1.34 证明方程 $2x^3-1=0$ 在 0，1 之间至少有一个实根.

证 记 $f(x)=2x^3-1$，显然 $f(x)$ 在$[0, 1]$上连续，又

$f(0)=-1<0, f(1)=2\times 1^3-1=1>0$，

由介值定理知，在 0，1 之间至少存在一点 ξ，使 $f(\xi)=0$，即 $2\xi^3-1=0$，故 ξ 是方程的一个实根.

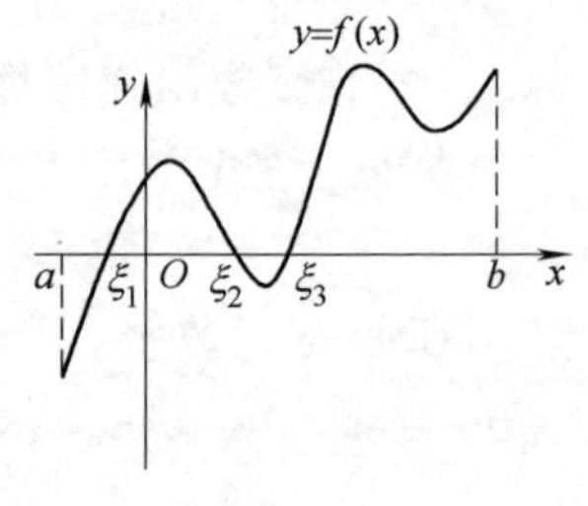

图 1-28

习　题　1.5

1. 设函数

$$f(x)=\begin{cases}3x+2 & x\leqslant 0\\ x^2+1 & 0<x\leqslant 1\\ \dfrac{1}{x} & x>1\end{cases}.$$

(1) 试求函数的定义域；

(2) 说明在其定义域内是否连续.

2. 设函数

$$f(x)=\begin{cases}\dfrac{1}{x}\sin x & x<0\\ a & x=0\\ x\sin\dfrac{1}{x}+b & x>0\end{cases}.$$

试求：

(1) a 为何值时，$f(x)$ 在 $x=0$ 点处左连续；

(2) b 为何值时，才能使 $f(x)$ 在 $x=0$ 点处连续.

综合练习题 1

1. 填空题：

(1) 设 $f(x)=x^3-1$，则 $f(e^x+2)=$____________.

(2) 设 $f(x)=\ln(x^2+1)$，则 $f(f(x))=$____________.

(3) 若函数 $y=f(x)$ 的定义域为 $[1, 2]$，则函数 $f(1-\ln x)$ 的定义域为____________.

(4) 函数 $f(x)=\begin{cases}\sqrt{9-x^2} & |x|\leqslant 3\\ \ln(x+1) & 3<x<5\end{cases}$ 的定义域为____________.

(5) 设 $f(x)=\dfrac{10^x+10^{-x}}{2}$，则函数的图形关于____________对称.

(6) 设函数 $f(x)=\begin{cases}x^2+1 & x>2\\ x+a & x\leqslant 2\end{cases}$，若当 $x\to 2$ 时，$f(x)$ 的极限存在，则 $a=$____________.

(7) 当 $x\to x_0$ 时，$f(x)$ 以 0 为极限，则称当 $x\to x_0$ 时 $f(x)$ 为____________.

(8) $\lim\limits_{x\to\infty}\dfrac{x+\sin x}{x}=$____________.

(9) 如果 $\lim\limits_{x\to a^-}f(x)=\lim\limits_{x\to a^+}f(x)=f(a)$，则称 $f(x)$ 在 a 点____________，a 点称为____________.

(10) 函数 $f(x)=x\cos\frac{1}{x}$ 的间断点是__________.

(11) 函数 $f(x)=\frac{x-2}{x^2-x-2}$ 的连续区间是__________.

2. 选择题:

(1) 下列函数中，(　　)是基本初等函数.

A. $f(x)=2x^2$　　B. $f(x)=x^{\sqrt{3}}$

C. $f(x)=\begin{cases}x & x>0\\ x^2 & x\leqslant 0\end{cases}$　　D. $f(x)=x+1$

(2) 设 $f(x)=\sin x^2$，$\varphi(x)=x^2+1$，则 $f(\varphi(x))=$(　　).

A. $\sin(x^2+1)^2$　　B. $\sin^2(x^2+1)$

C. $\sin(x^2+1)$　　D. $\sin^2x^2+1$

(3) 设函数 $f(x)$ 的定义域是 $[0,1]$，那么 $f(x+1)$ 的定义域是(　　).

A. $[0,1]$　B. $[-1,0]$　C. $[1,2]$　D. $[0,2]$

(4) 函数 $f(x)=3+2\cos x$ 的值域是(　　).

A. $[2,4]$　B. $[1,5]$　C. $[-1,1]$　D. $[-2,2]$

(5) 下列各函数对中，(　　)中的两个函数相等.

A. $f(x)=(\sqrt{x})^2$，$g(x)=x$　　B. $f(x)=\frac{x^2-1}{x-1}$，$g(x)=x+1$

C. $y=\ln x^2$，$g(x)=2\ln x$　　D. $f(x)=\sin^2x+\cos^2x$，$g(x)=1$

(6) $y=\sin\frac{1}{x}$ 在其定义域内是(　　)函数.

A. 周期　B. 单调　C. 有界　D. 无界

(7) 函数 $y=x^2(1+\cos^3x)$ 的图形关于(　　)对称.

A. x 轴　B. 直线 $y=x$　C. 坐标原点　D. y 轴

(8) 数列 1，0，-1，1，0，-1，…(　　).

A. 收敛于 -1　B. 收敛于 1　C. 收敛于 0　D. 发散

(9) 函数 $f(x)=\frac{x^2-4}{x-2}$ 在 $x=2$ 点(　　).

A. 有定义　　B. 有极限

C. 没有极限　　D. 既无定义又无极限

(10) 变量(　　)是无穷小量.

A. $\ln x\ (x\to1)$　　B. $e^{\frac{1}{x}}\ (x\to0)$

C. $\sin\frac{1}{x}\ (x\to0)$　　D. $\frac{x-3}{x^2-9}\ (x\to3)$

(11) 当 $x\to\infty$ 时，$f(x)=\frac{\sin x}{x}$(　　).

A. 无界　B. 没有极限　C. 是无穷小量　D. 无意义

(12) 下列极限计算中，正确的是(　　).

A. $\lim\limits_{x\to\infty}\frac{1}{\sqrt{2\pi}}e^{-\frac{x^2}{2}}=0$　　B. $\lim\limits_{x\to 0}\ln(x+1)=1$

C. $\lim\limits_{x\to\infty}\frac{\sin x}{x}=1$　　D. $\lim\limits_{t\to 0}(1-t)^{\frac{1}{t}}=e$

(13) 函数 $f(x)=\frac{1}{\ln(x-2)}$ 的连续区间是(　　).

A. $(2, +\infty)$　　B. $(-\infty, 2)$

C. $(2, 3)\cup(3, +\infty)$　　D. $[2, 3)\cup(3, +\infty)$

(14) 函数 $f(x)=\begin{cases}\frac{1-\sqrt{1+2x}}{x} & x\neq 0\\ k & x=0\end{cases}$ 在 $x=0$ 处连续，则 $k=$(　　).

A. -2　　B. -1　　C. 1　　D. 2

第 2 章

一元函数微分学及其应用

本章我们将在函数与极限这两个概念的基础上来研究微分学的两个基本概念——导数与微分，并进一步讨论一元函数微分学的应用.

我们在解决很多实际问题时，除了需要了解变量之间的函数关系以外，有时还需要研究函数相对于自变量的变化快慢程度，如力学中物体运动的速度、加速度，电学中的电流强度，化学中的化学反应速度，生物学中的生物繁殖率，几何中的切线斜率等．所有这些问题在数量关系上都可以归结为函数的变化率，即导数．而微分与导数密切相关，它指明当自变量有微小变化时，函数的变化情况．在这一章中，除了介绍导数和微分的概念外，还将建立一套微分公式和法则，系统地解决初等函数的求导问题.

学习了导数和微分的概念并掌握求导公式后，还将进一步介绍利用导数求极限的洛必达法则、利用导数研究函数的单调性、曲线的凹凸性等性质及导数在经济学中的简单应用.

2.1 导数的概念

本节我们通过两个经典实例(变速直线运动的速度问题和平面曲线的切线斜率问题)引出导数的概念，并介绍几个具体的变化率模型，进而研究可导与连续的关系；还要结合具体例子介绍用定义求导数的方法.

2.1.1 导数概念的引入

为了说明微分学的基本概念——导数，我们先讨论两个问题：速度

问题和切线问题．这两个问题在历史上都与导数概念的形成有着密切的关系．

引例 1　变速直线运动的瞬时速度

设物体沿直线运动，以它的运动直线为数轴，则在物体运动的过程中，对于任意时刻 t，物体的相应位置可以用数轴上的一个坐标 s 表示，即 s 和 t 之间存在着函数关系 $s=f(t)$．　这个函数习惯上叫做位置函数．设 t_0 时刻物体的位置为 $f(t_0)$．当时间由 t_0 改变到 $t_0+\Delta t$ 时，物体的位置函数在 Δt 这一段时间内，相应地获得增量 $\Delta s=f(t_0+\Delta t)-f(t_0)$．当物体作匀速运动时，它的速度不随时间而改变，即 $\dfrac{\Delta s}{\Delta t}=\dfrac{f(t_0+\Delta t)-f(t_0)}{\Delta t}$是一个常量，它是物体在时刻 t_0 的速度，也是物体在任意时刻的速度．

但是，当物体作变速运动时，它的速度随时间而改变，此时$\dfrac{\Delta s}{\Delta t}$表示从 t_0 到 $t_0+\Delta t$ 这一段时间内的平均速度$\bar{v}$，即

$$\bar{v}=\frac{\Delta s}{\Delta t}=\frac{f(t_0+\Delta t)-f(t_0)}{\Delta t}.$$

变速运动的速度通常是连续变化的，虽然从整体来看，运动是变速的，但是从局部来看，在一段很短的时间内，速度变化不大，可以近似地看做是匀速，因此当时间间隔很短时，可以用$\bar{v}$近似地表示物体在时刻 t_0 的速度．但对于物体在时刻 t_0 的速度的精确概念来说，这样做是不够的．由于 $|\Delta t|$ 越小，$\bar{v}$就越接近物体在时刻 t_0 的瞬时速度，当 $|\Delta t|$ 无限小时，平均速度$\bar{v}$将无限趋近于物体在时刻 t_0 的瞬时速度．即当 $\Delta t\to 0$ 时，如果极限$\lim\limits_{\Delta t\to 0}\dfrac{\Delta s}{\Delta t}$存在，就称此极限值为物体在时刻 t_0 时的瞬时速度，即

$$v(t_0)=\lim_{\Delta t\to 0}\frac{\Delta s}{\Delta t}=\lim_{\Delta t\to 0}\frac{f(t_0+\Delta t)-f(t_0)}{\Delta t}.$$

引例 2　曲线上的切线斜率

如图 2-1 所示，设曲线 C 的方程为 $y=f(x)$，PQ 为其上连接点 $P(x_0,\ y_0)$与点 $Q(x_0+\Delta x,\ y_0+\Delta y)$的割线，它与 x 轴正方向的夹角为 φ，则割线的斜率为

$$\tan\varphi=\frac{\Delta y}{\Delta x}=\frac{f(x_0+\Delta x)-f(x_0)}{\Delta x}.$$

当点 Q 沿曲线 C 无限接近于点 P 时（就相当于 $\Delta x\to 0$），此时割线 PQ 绕

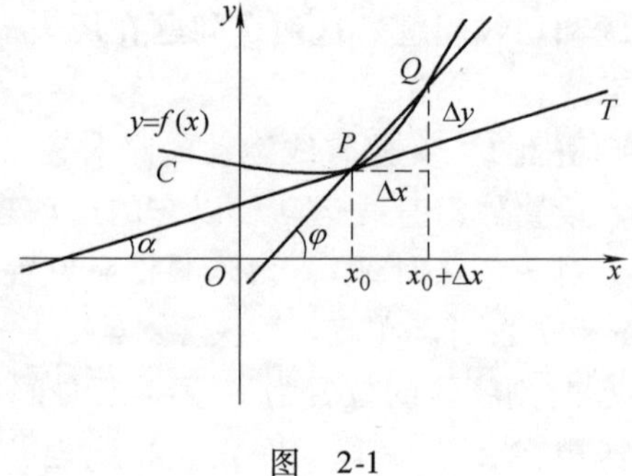

图 2-1

点 P 转动且趋向一个极限位置——直线 PT，我们称直线 PT 为曲线 $y=f(x)$ 在点 P 处的**切线**，它与 x 轴正方向的夹角为 α.

在这个变化过程中，$|\Delta x|$ 越小，割线 PQ 的倾斜角 φ 越接近切线 PT 的倾斜角 α，当 $|\Delta x|$ 无限小即 $\Delta x\to 0$ 时，割线斜率就无限接近于切线 PT 的斜率 k. 即

$$k=\tan\alpha=\lim_{\Delta x\to 0}\tan\varphi=\lim_{\Delta x\to 0}\frac{\Delta y}{\Delta x}$$

$$=\lim_{\Delta x\to 0}\frac{f(x_0+\Delta x)-f(x_0)}{\Delta x}.$$

2.1.2 导数的定义

上面我们研究了变速直线运动的速率和平面曲线的切线斜率，虽然它们的具体意义各有不同，但从数学结构上看，却具有完全相同的形式. 在自然科学和工程技术领域内，还有许多其他的量，如电流强度、线密度等都具有这种形式，即函数的增量与自变量增量之比当自变量增量趋于零时的极限. 事实上，研究这种形式的极限不仅是要满足解决科学技术中的各种实际问题的需要，而且对数学中的很多问题在作理论性的探讨时也是不可缺少的. 我们把这种形式的极限定义为函数的导数.

定义 2.1 设函数 $y=f(x)$ 在点 x_0 的某邻域内有定义，当自变量 x 在点 x_0 处有增量 $\Delta x(\Delta x\neq 0$，$x_0+\Delta x$ 仍在该邻域内)时，相应的函数有增量 $\Delta y=f(x_0+\Delta x)-f(x_0)$；如果 Δy 与 Δx 之比 $\frac{\Delta y}{\Delta x}=\frac{f(x_0+\Delta x)-f(x_0)}{\Delta x}$ 当 $\Delta x\to 0$ 时的极限存在，则称函数 $y=f(x)$ **在点 x_0 处可导**，并称这个极限为函数 $y=f(x)$ 在点 x_0 处的**导数**，记作 $f'(x_0)$，即

$$f'(x_0)=\lim_{\Delta x\to 0}\frac{\Delta y}{\Delta x}=\lim_{\Delta x\to 0}\frac{f(x_0+\Delta x)-f(x_0)}{\Delta x}.$$

也可以记为 $y'\big|_{x=x_0}$，$\frac{\mathrm{d}y}{\mathrm{d}x}\Big|_{x=x_0}$ 或 $\frac{\mathrm{d}}{\mathrm{d}x}f(x)\Big|_{x=x_0}$.

导数的定义也可以表示为

$$f'(x_0) = \lim_{x \to x_0} \frac{f(x) - f(x_0)}{x - x_0}.$$

如果上式极限不存在，就说函数 $y=f(x)$ 在点 x_0 处不可导．如果不可导的原因是当 $\Delta x \to 0$ 时 $\frac{\Delta y}{\Delta x} \to \infty$，为方便起见，也说函数 $y=f(x)$ 在点 x_0 处的导数为**无穷大**.

上面讲的是函数在一点处可导．如果函数 $y=f(x)$ 在区间 (a, b) 内的每一点都可导，就说函数 $y=f(x)$ 在**区间 (a, b) 内可导**．此时，对于区间 (a, b) 内的每一个确定的 x 值，都有唯一确定的导数值 $f'(x)$ 与之对应，这就构成了一个新函数，这个函数 $y'=f'(x)$ 叫做函数 $y=f(x)$ 的**导函数**（习惯称为**导数**），记作 y'，$f'(x)$，$\frac{dy}{dx}$ 或 $\frac{d}{dx}f(x)$，即

$$y' = \lim_{\Delta x \to 0} \frac{\Delta y}{\Delta x} = \lim_{\Delta x \to 0} \frac{f(x + \Delta x) - f(x)}{\Delta x}.$$

显然，函数 $y=f(x)$ 在点 x_0 处的导数 $f'(x_0)$ 就是导函数 $f'(x)$ 在点 $x=x_0$ 处的函数值，即

$$f'(x_0) = f'(x)\big|_{x=x_0}.$$

由导数的定义可知：

(1) 变速直线运动的速度 $v(t)$ 是路程 $f(t)$ 对时间 t 的导数，即 $v(t)=f'(t)=\frac{df(t)}{dt}$.

(2) 曲线 $y=f(x)$ 在其上一点 $P(x_0, y_0)$ 处的切线斜率为 $k=f'(x_0)$.

由于极限问题有左极限、右极限之分，而函数 $y=f(x)$ 在点 x_0 的导数是用极限来定义的，自然就有左导数、右导数问题．若用 $f'_-(x_0)$ 和 $f'_+(x_0)$ 分别表示 $f(x)$ 在 x_0 处的**左导数**和**右导数**，则有如下定义：

$$f'_-(x_0) = \lim_{\Delta x \to 0^-} \frac{\Delta y}{\Delta x} = \lim_{\Delta x \to 0^-} \frac{f(x_0 + \Delta x) - f(x_0)}{\Delta x} = \lim_{x \to x_0^-} \frac{f(x) - f(x_0)}{x - x_0},$$

$$f'_+(x_0) = \lim_{\Delta x \to 0^+} \frac{\Delta y}{\Delta x} = \lim_{\Delta x \to 0^+} \frac{f(x_0 + \Delta x) - f(x_0)}{\Delta x} = \lim_{x \to x_0^+} \frac{f(x) - f(x_0)}{x - x_0}.$$

左导数和右导数统称为**单侧导数**.

由函数极限存在的充分必要条件可知，函数 $f(x)$ 在 x_0 处的导数与在该点的左、右导数有如下结论：

定理 2.1　函数 $f(x)$ 在点 x_0 可导，且 $f'(x_0)=A$ 的充分必要条件是它在点 x_0 的左导数 $f'_-(x_0)$、右导数 $f'_+(x_0)$ 都存在，且都等于 A，即

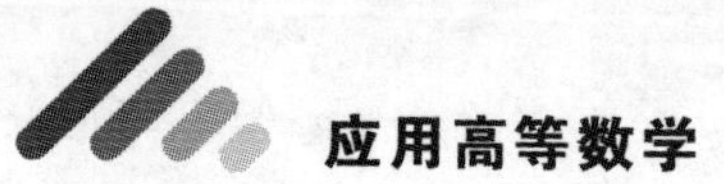

$$f'(x_0)=A \Leftrightarrow f'_-(x_0)=f'_+(x_0)=A.$$

如果函数 $y=f(x)$ 在开区间 (a, b) 内可导，且 $f'_+(a)$ 及 $f'_-(b)$ 存在，则称它在闭区间 $[a, b]$ 上可导.

由导数的定义知，求函数 $y=f(x)$ 的导数 y' 可以分为以下三个步骤：

(1) 求增量：$\Delta y=f(x+\Delta x)-f(x)$；

(2) 算比值：$\dfrac{\Delta y}{\Delta x}=\dfrac{f(x+\Delta x)-f(x)}{\Delta x}$；

(3) 取极限：$y'=\lim\limits_{\Delta x\to 0}\dfrac{\Delta y}{\Delta x}=\lim\limits_{\Delta x\to 0}\dfrac{f(x+\Delta x)-f(x)}{\Delta x}$.

下面应用这三个步骤，来求几个基本初等函数的导数，得出的结果以后可作为公式使用.

例 2.1 求函数 $y=f(x)=C$（C 为常数）的导数.

解 因为无论 x 取什么值，y 的值恒为常数 C. 所以求增量，得

$$\Delta y=f(x+\Delta x)-f(x)=C-C=0,$$

算比值，得

$$\frac{\Delta y}{\Delta x}=\frac{0}{\Delta x}=0,$$

取极限，得

$$y'=\lim_{\Delta x\to 0}\frac{\Delta y}{\Delta x}=\lim_{\Delta x\to 0}0=0.$$

即

$$C'=0. \tag{2-1}$$

这就是说，**常数的导数等于零**.

例 2.2 求幂函数 $y=f(x)=x^n$（$n\in\mathbf{N}^+$）的导数.

解 求增量，得

$$\begin{aligned}\Delta y&=f(x+\Delta x)-f(x)=(x+\Delta x)^n-x^n\\&=C_n^0x^n+C_n^1x^{n-1}\Delta x+C_n^2x^{n-2}(\Delta x)^2+\cdots+C_n^n(\Delta x)^n-x^n\\&=C_n^1x^{n-1}\Delta x+C_x^2x^{n-2}(\Delta x)^2+\cdots+C_n^n(\Delta x)^n,\end{aligned}$$

算比值，得

$$\frac{\Delta y}{\Delta x}=C_n^1x^{n-1}+C_n^2x^{n-2}\Delta x+\cdots+(\Delta x)^{n-1},$$

取极限，得

$$f'(x)=\lim_{\Delta x\to 0}\frac{\Delta y}{\Delta x}=C_n^1x^{n-1}=nx^{n-1},$$

即

$$(x^n)'=nx^{n-1}.$$

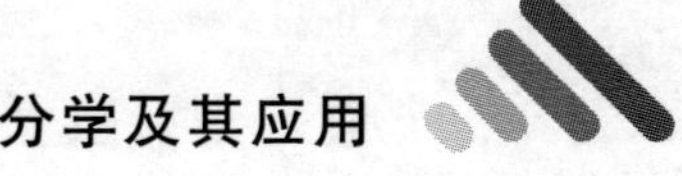

一般地，对于幂函数 $y=x^{\mu}$（μ 为常数）有

$$(x^{\mu})'=\mu x^{\mu-1}. \tag{2-2}$$

利用这个公式，可以很方便地求出幂函数的导数．例如，

$$\left(\frac{1}{x}\right)'=(x^{-1})'=(-1)\cdot x^{-1-1}=-\frac{1}{x^2},$$

$$(\sqrt{x})'=(x^{\frac{1}{2}})'=\frac{1}{2}\cdot x^{\frac{1}{2}-1}=\frac{1}{2}\cdot x^{-\frac{1}{2}}=\frac{1}{2\sqrt{x}}.$$

例 2.3　求函数 $y=f(x)=\sin x$ 的导数.

解　求增量，得

$$\begin{aligned}\Delta y&=\sin(x+\Delta x)-\sin x\\&=\sin x\cos\Delta x+\cos x\sin\Delta x-\sin x\\&=\sin x(\cos\Delta x-1)+\cos x\sin\Delta x\\&=\sin x\left(1-2\sin^2\frac{\Delta x}{2}-1\right)+2\cos x\sin\frac{\Delta x}{2}\cos\frac{\Delta x}{2}\\&=-2\sin x\sin^2\frac{\Delta x}{2}+2\cos x\sin\frac{\Delta x}{2}\cos\frac{\Delta x}{2}\\&=2\sin\frac{\Delta x}{2}\left(\cos x\cos\frac{\Delta x}{2}-\sin x\sin\frac{\Delta x}{2}\right)\\&=2\sin\frac{\Delta x}{2}\cos\left(x+\frac{\Delta x}{2}\right),\end{aligned}$$

算比值，得

$$\begin{aligned}\frac{\Delta y}{\Delta x}&=\frac{2\sin\frac{\Delta x}{2}\cos\left(x+\frac{\Delta x}{2}\right)}{\Delta x}\\&=\frac{\sin\frac{\Delta x}{2}}{\frac{\Delta x}{2}}\cdot\cos\left(x+\frac{\Delta x}{2}\right),\end{aligned}$$

取极限，得

$$\begin{aligned}f'(x)&=\lim_{\Delta x\to 0}\frac{\Delta y}{\Delta x}=\lim_{\Delta x\to 0}\frac{\sin\frac{\Delta x}{2}}{\frac{\Delta x}{2}}\cdot\cos\left(x+\frac{\Delta x}{2}\right)\\&=\lim_{\Delta x\to 0}\frac{\sin\frac{\Delta x}{2}}{\frac{\Delta x}{2}}\cdot\lim_{\Delta x\to 0}\cos\left(x+\frac{\Delta x}{2}\right)=\cos x.\end{aligned}$$

所以

$$(\sin x)'=\cos x. \tag{2-3}$$

同理，可以得到

$$(\cos x)' = -\sin x. \tag{2-4}$$

例 2.4 求对数函数 $y=\log_a x(a>0,且 a\neq 1)$的导数.

解 求增量，得

$$\Delta y = \log_a(x+\Delta x) - \log_a x = \log_a\left(1+\frac{\Delta x}{x}\right),$$

算比值，得

$$\frac{\Delta y}{\Delta x} = \frac{\log_a\left(1+\frac{\Delta x}{x}\right)}{\Delta x} = \log_a\left(1+\frac{\Delta x}{x}\right)^{\frac{1}{\Delta x}},$$

取极限，得

$$\begin{aligned}\lim_{\Delta x\to 0}\frac{\Delta y}{\Delta x} &= \lim_{\Delta x\to 0}\log_a\left(1+\frac{\Delta x}{x}\right)^{\frac{1}{\Delta x}} = \lim_{\Delta x\to 0}\log_a\left[\left(1+\frac{\Delta x}{x}\right)^{\frac{x}{\Delta x}}\right]^{\frac{1}{x}}\\ &= \frac{1}{x}\lim_{\Delta x\to 0}\log_a\left(1+\frac{\Delta x}{x}\right)^{\frac{x}{\Delta x}}\\ &= \frac{1}{x}\log_a\left(\lim_{\Delta x\to 0}\left(1+\frac{\Delta x}{x}\right)^{\frac{x}{\Delta x}}\right) = \frac{1}{x}\log_a e = \frac{1}{x\ln a}.\end{aligned}$$

即

$$(\log_a x)' = \frac{1}{x\ln a}. \tag{2-5}$$

特别地，有

$$(\ln x)' = \frac{1}{x}. \tag{2-6}$$

2.1.3 变化率模型

前面我们从实际问题中抽象出了导数的概念，并能够利用导数的定义求一些函数的导数，这当然是很重要的一方面；但另一方面，我们还应使抽象的概念回到具体的问题中来，在实际中，需要讨论各种具有不同意义的变量的变化“快慢”问题，在数学上就是所谓函数的变化率问题．导数概念就是函数变化率这一概念的精确描述．它撇开了自变量和因变量所代表的几何或物理等方面的特殊意义，纯粹从数量方面来刻画变化率的本质：因变量增量与自变量增量之比$\frac{\Delta y}{\Delta x}=\frac{f(x_0+\Delta x)-f(x_0)}{\Delta x}$是表示自变量 x 在以 x_0 和 $x_0+\Delta x$ 为端点的区间上每改变一个单位时，因变量 y 的平均变化量，所以把$\frac{\Delta y}{\Delta x}$称为函数 $y=f(x)$ 在该区间上的平均变化率．把平均变化率当 $\Delta x\to 0$ 时的极限 $f'(x_0)$ 称为函数在 x_0 处的变化

率．它反映了因变量随自变量在 x_0 处的变化而变化的快慢程度．当函数有不同实际含义时，变化率的含义也不同．下面我们举一些变化率的例子．

首先，切线的斜率是曲线的纵坐标 y 对横坐标 x 的变化率，变速直线运动的瞬时速度是物体的位置函数 $s=f(t)$ 对时间 t 的变化率．

例 2.5（电流强度模型） 设在 $[0, t]$ 时间内通过导线横截面的电荷量为 $Q=Q(t)$，求时刻 t_0 的电流强度．

解 如果是恒定电流，在 Δt 这段时间内通过导线横截面的电荷量为 ΔQ，那么它的电流强度为

$$i=\frac{\text{电荷量}}{\text{时间}}=\frac{\Delta Q}{\Delta t};$$

如果电流是非恒定电流，就不能直接用上面的公式求时刻 t_0 的电流强度，此时在 Δt 这段时间内的平均电流强度是

$$\bar{i}=\frac{\Delta Q}{\Delta t}=\frac{Q(t_0+\Delta t)-Q(t_0)}{\Delta t}.$$

当 $|\Delta t|$ 很小时，平均电流强度 $\bar{i}$ 可以作为时刻 t_0 电流强度的近似值，$|\Delta t|$ 越小近似程度越好．令 $\Delta t\to 0$，平均电流强度 $\bar{i}$ 的极限（如果存在）就是时刻 t_0 的电流强度，即

$$i(t_0)=\lim_{\Delta t\to 0}\frac{\Delta Q}{\Delta t}=\lim_{\Delta t\to 0}\frac{Q(t_0+\Delta t)-Q(t_0)}{\Delta t}=\left.\frac{\mathrm{d}Q}{\mathrm{d}t}\right|_{t=t_0}.$$

例 2.6（细杆的线密度模型） 设一根质量非均匀分布的细杆放在 x 轴上，在 $[0, x]$ 上的质量 m 是 x 的函数，即 $m=m(x)$，求杆上点 x_0 处的线密度．

解 如果细杆质量分布是均匀的，长度为 Δx 的一段的质量为 Δm，那么它的线密度为

$$\rho=\frac{\text{质量}}{\text{长度}}=\frac{\Delta m}{\Delta x};$$

如果细杆是非均匀的，就不能直接用上面的公式求点 x_0 处的线密度，此时在 $[x_0, x_0+\Delta x]$ 这段长度内细杆的质量为 $\Delta m=m(x_0+\Delta x)-m(x_0)$，平均线密度为

$$\bar{\rho}=\frac{\Delta m}{\Delta x}=\frac{m(x_0+\Delta x)-m(x_0)}{\Delta x}.$$

当 $|\Delta x|$ 很小时，平均线密度 $\bar{\rho}$ 可以作为细杆在点 x_0 处的线密度的近似值，$|\Delta x|$ 越小近似程度越好．令 $\Delta x\to 0$，细杆的平均线密度 $\bar{\rho}$ 的极限（如果存在）就是细杆在点 x_0 处的线密度，即

$$\rho(x_0)=\lim_{\Delta x\to 0}\frac{\Delta m}{\Delta x}=\lim_{\Delta x\to 0}\frac{m(x_0+\Delta x)-m(x_0)}{\Delta x}=\left.\frac{\mathrm{d}m}{\mathrm{d}x}\right|_{x=x_0}.$$

例 2.7(边际成本模型)　在经济学中，边际成本为产量为 x 时多增加一个单位产品时所增加的成本.

解　设某产品产量为 x 单位时所需的总成本为 $C=C(x)$，称 $C(x)$ 为总成本函数，简称成本函数．当产量由 x 变为 $x+\Delta x$ 时，总成本函数的改变量为

$$\Delta C=C(x+\Delta x)-C(x),$$

这时，总成本函数的平均变化率为

$$\frac{\Delta C}{\Delta x}=\frac{C(x+\Delta x)-C(x)}{\Delta x}.$$

它表示产量由 x 变到 $x+\Delta x$ 时，边际成本的平均值.

当总成本函数 $C(x)$ 可导时，其导数

$$C'(x)=\lim_{\Delta x\to 0}\frac{\Delta C}{\Delta x}=\lim_{\Delta x\to 0}\frac{C(x+\Delta x)-C(x)}{\Delta x}$$

表示该产品产量为 x 时的边际成本.

例 2.8(化学反应速度模型)　在化学反应中，某种物质的含量 N 和时间 t 的关系为 $N=N(t)$，求在时刻 t 该物质的瞬时反应速度.

解　当时间从 t 到 $t+\Delta t$ 时，含量的改变量为

$$\Delta N=N(t+\Delta t)-N(t),$$

含量的平均变化率为

$$\frac{\Delta N}{\Delta t}=\frac{N(t+\Delta t)-N(t)}{\Delta t},$$

令 $\Delta t\to 0$，则该物质在时刻 t 的瞬时反应速度为

$$N'(t)=\lim_{\Delta t\to 0}\frac{\Delta N}{\Delta t}=\lim_{\Delta t\to 0}\frac{N(t+\Delta t)-N(t)}{\Delta t}.$$

关于变化率模型的例子很多，如热容、角速度、生物繁殖率等，这里就不再一一列举了.

2.1.4　导数的几何意义

由前面的讨论可知，函数 $y=f(x)$ 在点 x_0 处的导数 $f'(x_0)$，就是函数 $y=f(x)$ 所表示的曲线在相应的点 $P(x_0, f(x_0))$ 处的切线的斜率，这就是导数的几何意义.

如果 $y=f(x)$ 在点 x_0 处的导数为无穷大，这时曲线 $y=f(x)$ 的割线以垂直于 x 轴的直线 $x=x_0$ 为极限位置，即曲线 $y=f(x)$ 在点 $P(x_0, f(x_0))$ 处具有垂直于 x 轴的切线 $x=x_0$. 根据导数的几何意义并应用直线

的点斜式方程，可知曲线 $y=f(x)$ 在点 $P(x_0, f(x_0))$ 处的切线方程是

$$y-f(x_0)=f'(x_0)(x-x_0). \tag{2-7}$$

过点 $P(x_0, f(x_0))$ 且与切线垂直的直线叫做曲线 $y=f(x)$ 在该点处的法线，其方程是

$$y-f(x_0)=-\frac{1}{f'(x_0)}(x-x_0) \quad (f'(x_0)\neq 0). \tag{2-8}$$

例 2.9　求曲线 $y=x^2$ 在点(2, 4)处的切线方程和法线方程.

解　由导数的几何意义可知，曲线 $y=x^2$ 在点(2, 4)处的切线斜率为

$$k=y'|_{x=2}=(x^2)'|_{x=2}=2x|_{x=2}=4,$$

所求切线方程为

$$y-4=4(x-2),$$

即

$$4x-y-4=0.$$

法线方程为

$$y-4=-\frac{1}{4}(x-2),$$

即

$$x+4y-18=0.$$

例 2.10　曲线 $y=x^{\frac{3}{2}}$ 上哪一点处的切线与直线 $y=3x-1$ 平行?

解　已知直线 $y=3x-1$ 的斜率 $k=3$，由导数的几何意义知，曲线 $y=x^{\frac{3}{2}}$ 的切线的斜率为

$$y'=(x^{\frac{3}{2}})'=\frac{3}{2}x^{\frac{1}{2}},$$

根据两直线平行的条件，有

$$\frac{3}{2}x^{\frac{1}{2}}=3,$$

解此方程，得

$$x=4.$$

将 $x=4$ 代入方程 $y=x^{\frac{3}{2}}$，得

$$y=8,$$

所以曲线 $y=x^{\frac{3}{2}}$ 在点(4, 8)处的切线与直线 $y=3x-1$ 平行.

2.1.5　函数的可导与连续的关系

定理 2.2　如果函数 $y=f(x)$ 在点 x_0 处可导，则 $f(x)$ 在点 x_0 处连续.

证 因为 $y=f(x)$ 在点 x_0 处可导，所以有

$$\lim_{\Delta x\to 0}\frac{\Delta y}{\Delta x}=f'(x_0),$$

于是

$$\lim_{\Delta x\to 0}\Delta y=\lim_{\Delta x\to 0}\frac{\Delta y}{\Delta x}\cdot\Delta x=\lim_{\Delta x\to 0}\frac{\Delta y}{\Delta x}\cdot\lim_{\Delta x\to 0}\Delta x=f'(x_0)\cdot 0=0.$$

所以函数 $y=f(x)$ 在点 x_0 处连续.

反之，即使函数 $y=f(x)$ 在 x_0 处连续，$y=f(x)$ 在点 x_0 处也不一定可导.

例 2.11 讨论函数 $y=|x|=\begin{cases}x & x\geqslant 0\\ -x & x<0\end{cases}$ 在点 $x=0$ 处的连续性与可导性.

解 因为

$$\lim_{x\to 0^-}f(x)=\lim_{x\to 0^-}(-x)=0,$$

$$\lim_{x\to 0^+}f(x)=\lim_{x\to 0^+}x=0,$$

所以

$$\lim_{x\to 0}f(x)=0=f(0),$$

因此函数在点 $x=0$ 处连续.

但是由于

$$\frac{\Delta y}{\Delta x}=\frac{|\Delta x|}{\Delta x}=\begin{cases}1 & \Delta x>0\\ -1 & \Delta x<0\end{cases},$$

$$\lim_{\Delta x\to 0^+}\frac{\Delta y}{\Delta x}=1,\quad \lim_{\Delta x\to 0^-}\frac{\Delta y}{\Delta x}=-1,$$

所以 $\lim\limits_{\Delta x\to 0}\frac{\Delta y}{\Delta x}$ 不存在，即 $y=|x|$ 在点 $x=0$ 处不可导.

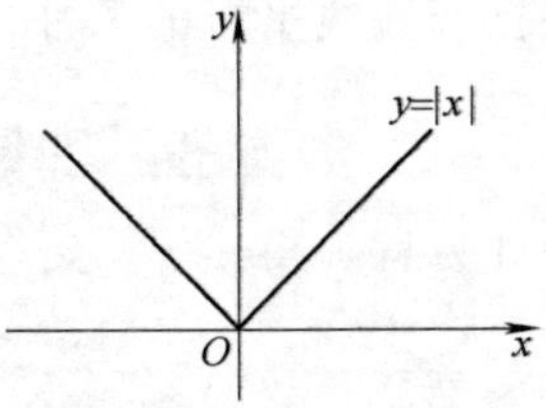

这在图形中的表现为 $y=|x|$ 在点 $x=0$ 处没有切线，如图 2-2 所示．该点是图像上的“尖点”．一般地，如果函数 $y=f(x)$ 的导函数 $y'=f'(x)$ 是连续的，则称曲线 $y=f(x)$ 是**光滑的**．因此，$f(x)=|x|$ 在点 $x=0$ 处是不光滑的.

图 2-2

习 题 2.1

1. 根据导数的定义，求下列函数的导数：

(1) $y=\frac{1}{x^2}$;　　　　(2) $f(x)=\sqrt{4-x}$;

(3) 设 $f(x)=10x^2$，求 $f'(0)$，$f'(-1)$；　(4) 设 $y=\cos x$，求 $\left.\frac{dy}{dx}\right|_{x=\frac{\pi}{2}}$.

2. 用导数的定义求 $f(x)=\begin{cases} x & x<0 \\ \ln(1+x) & x\geqslant 0 \end{cases}$ 在点 $x=0$ 处的导数.

3. 讨论函数 $f(x)=\begin{cases} \ln(1+x) & -1<x\leqslant 0 \\ \sqrt{1+x}-\sqrt{1-x} & 0<x<1 \end{cases}$ 在点 $x=0$ 处的连续性与可导性.

4. 求曲线 $y=\sin x$ 在点 $x=\pi$ 处的切线方程.

5. 试求 a 为何值时 $y=ax^2$ 与 $y=\ln x$ 相切.

2.2　导数的运算法则

前面我们用定义求出了一些简单函数的导数，但对于复杂函数的求导问题，利用定义往往比较麻烦，甚至不能解决问题．例如：

引例　(电压的变化率)一个电阻为 3Ω，可变电阻为 R 的电路中的电压由下式给出：$V=\frac{6R+25}{R+3}$(单位：V)．求在 $R=7\Omega$ 时电压关于可变电阻 R 的变化率.

在这个问题中所给的函数关系较复杂，根据定义求导往往非常困难，因此需要有更好的求导方法．在这一节我们将介绍导数的四则运算法则，复合函数的求导法则，隐函数求导法，对数求导法，进而给出一些导数的基本公式，可以更大范围地解决求导问题. 最后，举例说明高阶导数的求法.

2.2.1　导数的四则运算法则

定理 2.3　如果函数 $u(x)$ 及 $v(x)$ 都在点 x 处可导，那么它们的和、差、积、商(除分母为零的点外)都在点 x 处可导，且有以下法则：

(1) $(u(x)\pm v(x))'=u'(x)\pm v'(x)$.

(2) $(u(x)v(x))'=u'(x)v(x)+u(x)v'(x)$.

特别地，　　$(Cu(x))'=Cu'(x)$ (C 为常数).

(3) $\left(\frac{u(x)}{v(x)}\right)'=\frac{u'(x)v(x)-u(x)v'(x)}{v^2(x)}$ $(v(x)\neq 0)$.

特别地，　　$\left(\frac{1}{v(x)}\right)'=-\frac{v'(x)}{v^2(x)}$.

下面我们给出法则(1)的证明，法则(2)和法则(3)的证明从略.

证 设 $y=u(x)+v(x)$，记 $\Delta u=u(x+\Delta x)-u(x)$，$\Delta v=v(x+\Delta x)-v(x)$，则

$$\begin{aligned}\Delta y &= [u(x+\Delta x)+v(x+\Delta x)]-[u(x)+v(x)]\\ &= [u(x+\Delta x)-u(x)]+[v(x+\Delta x)-v(x)]\\ &= \Delta u+\Delta v,\end{aligned}$$

从而

$$\frac{\Delta y}{\Delta x}=\frac{\Delta u}{\Delta x}+\frac{\Delta v}{\Delta x},$$

取极限，得

$$\begin{aligned}\lim_{\Delta x\to 0}\frac{\Delta y}{\Delta x} &= \lim_{\Delta x\to 0}\left(\frac{\Delta u}{\Delta x}+\frac{\Delta v}{\Delta x}\right)\\ &= \lim_{\Delta x\to 0}\frac{\Delta u}{\Delta x}+\lim_{\Delta x\to 0}\frac{\Delta v}{\Delta x}=u'(x)+v'(x),\end{aligned}$$

所以

$$(u(x)+v(x))'=u'(x)+v'(x).$$

同理，可证

$$(u(x)-v(x))'=u'(x)-v'(x).$$

定理2.3中的法则(1)、法则(2)可以推广到任意有限个可导函数的情形. 例如，设 $u=u(x)$、$v=v(x)$、$w=w(x)$ 均可导，则有

$$(u\pm v\pm w)'=u'\pm v'\pm w';$$

$$\begin{aligned}(uvw)' &= [(uv)w]'=(uv)'w+(uv)w'\\ &= (u'v+uv')w+uvw',\end{aligned}$$

即

$$(uvw)'=u'vw+uv'w+uvw'.$$

例2.12 求函数 $y=x^{\frac{2}{3}}-\frac{1}{x}+\cos x+\ln x$ 的导数.

解 由法则(1)，得

$$\begin{aligned}y' &= (x^{\frac{2}{3}})'-\left(\frac{1}{x}\right)'+(\cos x)'+(\ln x)'\\ &= \frac{2}{3}x^{-\frac{1}{3}}+\frac{1}{x^2}-\sin x+\frac{1}{x}.\end{aligned}$$

例2.13 求函数 $y=(3x+2)\sin x$ 的导数.

解 由法则(1)和法则(2)，得

$$\begin{aligned}y' &= (3x+2)'\sin x+(3x+2)(\sin x)'\\ &= [(3x)'+2']\sin x+(3x+2)\cos x\\ &= 3\sin x+(3x+2)\cos x.\end{aligned}$$

例 2.14　求函数 $y=\tan x$ 的导数.

解　$y'=(\tan x)'=\left(\dfrac{\sin x}{\cos x}\right)'=\dfrac{(\sin x)'\cos x-\sin x(\cos x)'}{\cos^2 x}$

$$=\frac{\cos^2 x+\sin^2 x}{\cos^2 x}=\frac{1}{\cos^2 x}=\sec^2 x.$$

即得正切函数的求导公式:

$$(\tan x)'=\sec^2 x. \tag{2-9}$$

类似地，可得到余切函数的求导公式:

$$(\cot x)'=-\csc^2 x. \tag{2-10}$$

例 2.15　求函数 $y=\sec x$ 的导数.

解　$y'=(\sec x)'=\left(\dfrac{1}{\cos x}\right)'$

$$=\frac{1'\cdot\cos x-1\cdot(\cos x)'}{\cos^2 x}$$

$$=\frac{\sin x}{\cos^2 x}=\sec x\tan x.$$

即得正割函数的求导公式:

$$(\sec x)'=\sec x\tan x. \tag{2-11}$$

类似地，可得到余割函数的求导公式:

$$(\csc x)'=-\csc x\cot x. \tag{2-12}$$

例 2.16　求下列函数的导数:

(1) $y=\dfrac{2x+1}{x+1}$;　　(2) $y=\dfrac{x^3}{1+x}$;　　(3) $y=\dfrac{\sin x}{1+\cos x}$.

解　(1) $y'=\dfrac{(2x+1)'(x+1)-(2x+1)(x+1)'}{(x+1)^2}=\dfrac{1}{(x+1)^2}$.

(2) $y'=\dfrac{(x^3)'(1+x)-x^3(1+x)'}{(1+x)^2}=\dfrac{3x^2+2x^3}{(1+x)^2}$.

(3) $y'=\dfrac{(\sin x)'(1+\cos x)-\sin x(1+\cos x)'}{(1+\cos x)^2}$

$$=\frac{\cos x(1+\cos x)-\sin x(-\sin x)}{(1+\cos x)^2}$$

$$=\frac{\cos x+\cos^2 x+\sin^2 x}{(1+\cos x)^2}$$

$$=\frac{1+\cos x}{(1+\cos x)^2}$$

$$=\frac{1}{1+\cos x}.$$

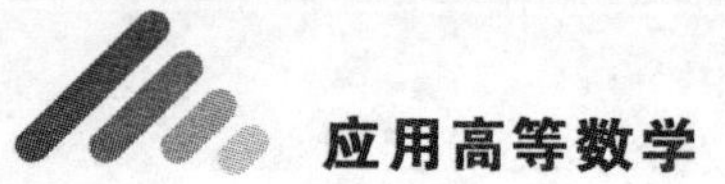

在电压的变化率问题中，电压关于可变电阻 R 的变化率为

$$\begin{aligned}V' &= \left(\frac{6R+25}{R+3}\right)' = \frac{(6R+25)'(R+3)-(6R+25)(R+3)'}{(R+3)^2}\\ &= \frac{6(R+3)-(6R+25)}{(R+3)^2}\\ &= -\frac{7}{(R+3)^2},\end{aligned}$$

在 $R=7\Omega$ 时电压关于可变电阻 R 的变化率为

$$V'\big|_{R=7} = -\frac{7}{10^2} = -0.07(\mathrm{V}/\Omega).$$

2.2.2 复合函数、反函数和隐函数的导数

1. 复合函数的求导法则

在上述2.2.1的内容中，我们应用导数的四则运算和一些基本初等函数的导数公式求出了一些比较复杂的初等函数的导数．但是，产生初等函数的方法，除了四则运算外，还有函数的复合，因而复合函数的求导法则是求初等函数的导数所不可或缺的工具．

关于复合函数的求导法则，我们有下面的定理．

定理 2.4 如果函数 $u=\varphi(x)$ 在点 x 处可导，而函数 $y=f(u)$ 在对应点 $u=\varphi(x)$ 处可导，则复合函数 $y=f(\varphi(x))$ 在点 x 处也可导，且

$$\frac{\mathrm{d}y}{\mathrm{d}x}=\frac{\mathrm{d}y}{\mathrm{d}u}\cdot\frac{\mathrm{d}u}{\mathrm{d}x} \quad 或 \quad \frac{\mathrm{d}y}{\mathrm{d}x}=f'(u)\cdot\varphi'(x) \quad 或 \quad y'_x=y'_u\cdot u'_x. \tag{2-13}$$

式中，y'_x 表示函数 y 对 x 的导数；y'_u 表示函数 y 对中间变量 u 的导数；u'_x 表示中间变量 u 对自变量 x 的导数．

上式表明：复合函数的导数等于已知函数对中间变量的导数乘以中间变量对自变量的导数，这一法则一环扣一环，又称为**链式法则**．

*__证__ 当自变量 x 取得增量 Δx 时，对应的函数 $u=\varphi(x)$ 取得增量 Δu，$y=f(u)$ 取得相应的增量 Δy，且

$$\Delta u = \varphi(x+\Delta x)-\varphi(x),$$
$$\Delta y = f(u+\Delta u)-f(u),$$

当 $\Delta u\neq 0$ 时，有

$$\frac{\Delta y}{\Delta x}=\frac{\Delta y}{\Delta u}\cdot\frac{\Delta u}{\Delta x}.$$

因为 $u=\varphi(x)$ 可导，则 $u=\varphi(x)$ 必连续，所以，当 $\Delta x\to 0$ 时，$\Delta u\to 0$．因此

$$\lim_{\Delta x \to 0}\frac{\Delta y}{\Delta x} = \lim_{\Delta x \to 0}\frac{\Delta y}{\Delta u} \cdot \lim_{\Delta x \to 0}\frac{\Delta u}{\Delta x} = \lim_{\Delta u \to 0}\frac{\Delta y}{\Delta u} \cdot \lim_{\Delta x \to 0}\frac{\Delta u}{\Delta x},$$

于是

$$\frac{\mathrm{d}y}{\mathrm{d}x} = f'(u) \cdot \varphi'(x),$$

或写成

$$y'_x = y'_u \cdot u'_x.$$

当 $\Delta u = 0$ 时，可以证明式(2-13)仍然成立.

显然，重复利用式(2-13)可将此公式推广到有限次复合的情况.

例如，设 $y=f(u)$，$u=\varphi(v)$，$v=\psi(x)$，则复合函数 $y=f(\varphi(\psi(x)))$ 对 x 的导数是

$$\frac{\mathrm{d}y}{\mathrm{d}x} = f'(u)\varphi'(v)\psi'(x) \quad 或 \quad y'_x = y'_u \cdot u'_v \cdot v'_x.$$

例 2.17　求下列函数的导数:

(1) $y=\sin 2x$;　　(2) $y=\sqrt{3x^2+1}$.

解　(1) 设 $y=\sin u$，$u=2x$，则

$$y'_x = y'_u \cdot u'_x = (\sin u)' \cdot (2x)' = 2\cos u = 2\cos 2x.$$

(2) 设 $y=\sqrt{u}$，$u=3x^2+1$，则

$$y'_x = y'_u \cdot u'_x = (\sqrt{u})' \cdot (3x^2+1)' = \frac{1}{2\sqrt{u}} \cdot 6x = \frac{3x}{\sqrt{3x^2+1}}.$$

从上面的例子可以看出，应用复合函数的求导法则时，首先要分析所给函数可看做由哪些函数复合而成，或者说，所给函数能分解成哪些函数．如果所给函数能分解成比较简单的函数，而这些简单函数的导数我们已经会求，那么应用复合函数求导法则就可以求所给函数的导数了.

当我们对复合函数的分解比较熟练后，就不必再把中间变量写出来，只要记在心中，按照复合函数的求导法则，由外向里，逐层求导即可.

例 2.18　求函数 $y=(1-3x^2)^{\frac{3}{2}}$ 的导数.

解　$y' = \frac{3}{2}(1-3x^2)^{\frac{1}{2}} \cdot (1-3x^2)' = \frac{3}{2}(1-3x^2)^{\frac{1}{2}} \cdot (-6x)$

$= -9x\sqrt{1-3x^2}.$

例 2.19 求函数 $y=\sin^2\left(2x-\frac{\pi}{4}\right)$的导数.

解 $y'=2\sin\left(2x-\frac{\pi}{4}\right)\cdot\left[\sin\left(2x-\frac{\pi}{4}\right)\right]'$

$$=2\sin\left(2x-\frac{\pi}{4}\right)\cdot\cos\left(2x-\frac{\pi}{4}\right)\cdot\left(2x-\frac{\pi}{4}\right)'$$

$$=2\sin\left(4x-\frac{\pi}{2}\right)=-2\sin\left(\frac{\pi}{2}-4x\right)=-2\cos 4x.$$

有时，计算函数的导数需要同时运用函数的和、差、积、商的求导法则和复合函数的求导法则.

例 2.20 求函数 $y=(x-1)\sqrt{x^2-1}$的导数.

解 $y'=(x-1)'\sqrt{x^2-1}+(x-1)(\sqrt{x^2-1})'$

$$=\sqrt{x^2-1}+(x-1)\cdot\frac{1}{2\sqrt{x^2-1}}(x^2-1)'$$

$$=\sqrt{x^2-1}+(x-1)\cdot\frac{2x}{2\sqrt{x^2-1}}=\frac{2x^2-x-1}{\sqrt{x^2-1}}.$$

在求函数的导数时，为计算简便起见，有时还需要先把函数变形为易于求导的形式，然后再进行求导.

例 2.21 求下列函数的导数：

(1) $y=\frac{1}{x-\sqrt{x^2+1}}$；　　(2) $y=\frac{\sin^2 x}{1-\cos x}$；

(3) $y=\log_5\left(\frac{x}{1-x}\right)$.

解 (1) 因为

$$y=\frac{1}{x-\sqrt{x^2+1}}=\frac{x+\sqrt{x^2+1}}{(x-\sqrt{x^2+1})(x+\sqrt{x^2+1})}$$

$$=-x-\sqrt{x^2+1},$$

所以

$$y'=-1-\frac{1}{2\sqrt{x^2+1}}\cdot(x^2+1)'=-1-\frac{x}{\sqrt{x^2+1}}.$$

(2) 因为

$$y=\frac{\sin^2 x}{1-\cos x}=\frac{1-\cos^2 x}{1-\cos x}=1+\cos x,$$

所以

$$y' = (1+\cos x)' = -\sin x.$$

(3) 因为

$$y = \log_5 x - \log_5(1-x),$$

所以

$$\begin{aligned} y' &= \frac{1}{x\ln 5} - \frac{1}{(1-x)\ln 5}(1-x)' \\ &= \frac{1}{x\ln 5} + \frac{1}{(1-x)\ln 5} \\ &= \frac{1}{x(1-x)\ln 5}. \end{aligned}$$

例 2.22 求函数 $y=\ln\sqrt{\dfrac{1+x^2}{1-x^2}}$ 的导数.

解 由对数性质，有

$$y = \frac{1}{2}[\ln(1+x^2) - \ln(1-x^2)],$$

所以

$$y' = \frac{1}{2}\left(\frac{2x}{1+x^2} - \frac{-2x}{1-x^2}\right) = \frac{2x}{1-x^4}.$$

2. 反函数的求导法则

下面的这个定理描述的是反函数的求导法则.

定理 2.5（反函数的求导法则） 如果函数 $x=\varphi(y)$ 在区间 I_y 内单调、可导且导数 $\varphi'(y)\neq 0$，那么它的反函数 $y=\varphi^{-1}(x)$ 在相应的区间 $I_x=\{x \mid x=\varphi(y),\ y\in I_y\}$ 内也可导，并且

$$y'_x = \frac{1}{\varphi'(y)} \quad 或 \quad \frac{dy}{dx} = \frac{1}{\dfrac{dx}{dy}}. \tag{2-14}$$

这个结论可以简单地说成：反函数的导数等于直接函数的导数的倒数.

下面用上述结论来求指数函数及反三角函数的导数.

例 2.23 求指数函数 $y=a^x(a>0$ 且 $a\neq 1)$ 的导数.

解 $y=a^x(a>0$ 且 $a\neq 1)$ 是 $x=\log_a y(a>0$ 且 $a\neq 1)$ 的反函数，函数 $x=\log_a y$ 在区间 $I_y=(0,\ +\infty)$ 内单调可导，且 $x'_y\neq 0$，因此根据反函数的求导法则，可得在对应区间 $I_x=(-\infty,\ +\infty)$ 内，

$$y'_x = \frac{1}{x'_y} = \frac{1}{\dfrac{1}{y\ln a}} = y\ln a,$$

由于 $y=a^x$，所以

$$y'_x = a^x \ln a.$$

即

$$(a^x)' = a^x \ln a. \tag{2-15}$$

这就是以 a 为底的指数函数的求导公式.

特别地，当 $a=\mathrm{e}$ 时，有

$$(\mathrm{e}^x)' = \mathrm{e}^x. \tag{2-16}$$

这表明，以 e 为底的指数函数的导数就是它本身，这是以 e 为底的指数函数的一个重要特性.

例 2.24 求函数 $y=\arcsin x\ (-1<x<1)$ 的导数.

解 当 $-1<x<1$ 时，$y=\arcsin x\ (-1<x<1)$ 的反函数是

$$x = \sin y \quad \left(-\frac{\pi}{2} < y < \frac{\pi}{2}\right).$$

而

$$x'_y = (\sin y)' = \cos y = \sqrt{1-\sin^2 y} = \sqrt{1-x^2} > 0,$$

所以

$$y'_x = \frac{1}{x'_y} = \frac{1}{\sqrt{1-x^2}} \quad (-1 < x < 1).$$

即

$$(\arcsin x)' = \frac{1}{\sqrt{1-x^2}} \quad (-1 < x < 1). \tag{2-17}$$

同样可证

$$(\arccos x)' = -\frac{1}{\sqrt{1-x^2}} \quad (-1 < x < 1). \tag{2-18}$$

$$(\arctan x)' = \frac{1}{1+x^2} \quad (-\infty < x < +\infty). \tag{2-19}$$

$$(\operatorname{arccot} x)' = -\frac{1}{1+x^2} \quad (-\infty < x < +\infty). \tag{2-20}$$

3. 隐函数的导数

前面所讨论的函数，其自变量 x 与因变量 y 之间的关系，可以用解析法表示成 $y=f(x)$，如 $y=x+3$，$y=3x^2-2x+5$，$y=\mathrm{e}^x+1$ 等，这种形式的函数称为**显函数**；另外一种函数 y 与自变量 x 的函数关系是由一个含 x 和 y 的方程 $f(x,\ y)=0$ 所确定的，即 y 与 x 的关系隐含在方程 $f(x,\ y)=0$ 中，我们称这种由未解出因变量的方程所确定的 y 与 x 之间的函数关系为**隐函数**.

把一个隐函数化成显函数，叫做隐函数的显化．例如，从方程 $x+$

$y^3-1=0$ 中解出 $y=\sqrt[3]{1-x}$，就把隐函数化成了显函数，但是有的隐函数不易显化甚至不可能显化．例如，方程 $y^3+xy+x^4=0$ 就很难解出

$$y=f(x).$$

对于由方程 $f(x, y)=0$ 所确定的隐函数求 y 关于 x 的导数不能完全寄希望于把它显化，而是要能从方程 $f(x, y)=0$ 中直接把导数求出来．具体的操作方法是：利用复合函数的求导法则，将方程的两边同时对 x 求导，并注意到变量 y 是 x 的函数，遇到含有 y 的项，先对 y 求导，再乘以 y 对 x 的导数，得到一个含有 y' 的方程式，然后从中解出 y' 即可，所得结论中允许保留 y.

下面通过具体的例子来说明这种方法.

例 2.25 求由方程 $e^y=x+y$ 确定的函数的导数 y'.

解 方程两边对 x 求导，得

$$e^y\cdot y' = 1+y',$$

所以

$$y' = \frac{1}{e^y-1}(e^y-1\neq 0).$$

例 2.26 求由方程 $x^2+y^2=2x$ 确定的函数的导数 y'.

解 方程两边对 x 求导，得

$$2x+2y\cdot y' = 2,$$

所以

$$y' = \frac{1-x}{y}(y\neq 0).$$

例 2.27 求曲线 $xy+\ln y=1$ 在点 $M(1, 1)$ 处的切线方程.

解 由导数的几何意义知道，所求切线的斜率为

$$k = y'|_{x=1}.$$

下面先求由 $xy+\ln y=1$ 所确定的隐函数的导数.

方程两边对 x 求导，得

$$y+xy'+\frac{1}{y}y' = 0,$$

解出 y'，得

$$y' = \frac{-y}{x+\frac{1}{y}} = -\frac{y^2}{xy+1}(xy+1\neq 0).$$

在点 $M(1, 1)$ 处，有

$$k = y'\Big|_{\substack{x=1\\y=1}} = -\frac{1}{2},$$

于是，在点 $M(1, 1)$ 处的切线方程为

$$y-1=-\frac{1}{2}(x-1),$$

即

$$x+2y-3=0.$$

对某些函数，利用对数求导法求导数比用通常的方法简便些．这种方法是先在 $y=f(x)$ 的两边取对数（$f(x)>0$），然后等式两边分别对 x 求导数，再解出 y'．我们通过下面的例子来说明这种方法．

例 2.28 求函数 $y=\sqrt[3]{\dfrac{(x+1)^2}{(x-1)(x+2)}}$ 的导数．

解 已知函数的形式比较复杂，为了简化求导运算，对等式两边取自然对数，得

$$\ln y=\frac{1}{3}[2\ln(x+1)-\ln(x-1)-\ln(x+2)],$$

上式两边同时对 x 求导，得

$$\begin{aligned}\frac{1}{y}\cdot y'&=\frac{1}{3}\left[\frac{2(x+1)'}{x+1}-\frac{(x-1)'}{x-1}-\frac{(x+2)'}{x+2}\right]\\&=\frac{1}{3}\left(\frac{2}{x+1}-\frac{1}{x-1}-\frac{1}{x+2}\right),\end{aligned}$$

所以

$$y'=\frac{1}{3}\sqrt[3]{\frac{(x+1)^2}{(x-1)(x+2)}}\left(\frac{2}{x+1}-\frac{1}{x-1}-\frac{1}{x+2}\right).$$

例 2.29 求 $y=x^{\sin x}\ (x>0)$ 的导数．

解 这个函数是幂指函数，为了求这个函数的导数，可以先在两边取对数，得

$$\ln y=\sin x\ln x,$$

两边同时对 x 求导，得

$$\frac{1}{y}\cdot y'=\cos x\ln x+\frac{1}{x}\sin x,$$

所以

$$y'=x^{\sin x}\left(\cos x\ln x+\frac{1}{x}\sin x\right).$$

4. 基本初等函数求导公式表

我们知道，初等函数是由基本初等函数及常数经过有限次四则运算和复合而构成的函数，因此基本初等函数的导数和各种求导法则是初等函数求导运算的基础，只有熟练掌握这些公式和求导法则，才能解决初

等函数的求导问题.

下面我们分别列表给出基本初等函数的求导公式和求导法则.

表 2-1　基本初等函数的求导公式

(1)	$(C)'=0$（C 为常数）	(9)	$(\tan x)'=\sec^2 x$
(2)	$(x^{\mu})'=\mu x^{\mu-1}$（μ 为实数）	(10)	$(\cot x)'=-\csc^2 x$
(3)	$(a^x)'=a^x\ln a(a>0,\ a\neq 1)$	(11)	$(\sec x)'=\sec x\tan x$
(4)	$(e^x)'=e^x$	(12)	$(\csc x)'=-\csc x\cot x$
(5)	$(\log_a x)'=\dfrac{1}{x\ln a}(a>0,\ a\neq 1)$	(13)	$(\arcsin x)'=\dfrac{1}{\sqrt{1-x^2}}$
(6)	$(\ln x)'=\dfrac{1}{x}$	(14)	$(\arccos x)'=-\dfrac{1}{\sqrt{1-x^2}}$
(7)	$(\sin x)'=\cos x$	(15)	$(\arctan x)'=\dfrac{1}{1+x^2}$
(8)	$(\cos x)'=-\sin x$	(16)	$(\text{arccot}\, x)'=-\dfrac{1}{1+x^2}$

表 2-2　求导法则

(1)	$(u\pm v)'=u'\pm v'$	(5)	设 $y=f(u)$，$u=\varphi(x)$，则复合函数 $y=f(\varphi(x))$ 的求导法则为 $\dfrac{dy}{dx}=f'(u)\cdot\varphi'(x)$ 或 $y'_x=y'_u\cdot u'_x$
(2)	$(uv)'=u'v+uv'$		
(3)	$(Cu)'=Cu'$（C 为常数）		
(4)	$\left(\dfrac{u}{v}\right)'=\dfrac{u'v-uv'}{v^2}(v\neq 0)$ $\left(\dfrac{1}{v}\right)'=-\dfrac{v'}{v^2}(v\neq 0)$	(6)	设 $x=\varphi(y)$ 有反函数 $y=f(x)$ 且 $\varphi'(y)\neq 0$，则 $f'(x)=\dfrac{1}{\varphi'(y)}$
		(7)	由 $f(x,\ y)=0$ 所确定的隐函数，两边同时对 x 求导，再解出 y'

例 2.30　求下列函数的导数：

（1）$y=e^{-\cos x}$；　　（2）$y=\arctan(x^2+1)$；

（3）$y=\log_2(3x^2-1)$；　　（4）$y=\sqrt{1-x^2}+\ln(\cos x)$.

解　（1）$y'=(e^{-\cos x})'=e^{-\cos x}\cdot(-\cos x)'=e^{-\cos x}\sin x$.

（2）$y'=[\arctan(x^2+1)]'=\dfrac{1}{1+(x^2+1)^2}\cdot(x^2+1)'=\dfrac{2x}{2+2x^2+x^4}$.

（3）$y'=[\log_2(3x^2-1)]'=\dfrac{1}{(3x^2-1)\ln 2}\cdot(3x^2-1)'$

$$=\frac{6x}{(3x^2-1)\ln 2}.$$

(4) $y' = (\sqrt{1-x^2})' + [\ln(\cos x)]'$

$$= \frac{1}{2\sqrt{1-x^2}} \cdot (1-x^2)' + \frac{1}{\cos x} \cdot (\cos x)'$$

$$= -\frac{2x}{2\sqrt{1-x^2}} - \frac{\sin x}{\cos x} = -\frac{x}{\sqrt{1-x^2}} - \tan x.$$

2.2.3 导数在实际问题中的应用

现在列举几个导数在实际问题中的应用的例子.

例 2.31 （制冷效果）对冰箱制冷后断电测试其制冷效果，th后冰箱的温度为

$$T = \frac{2t}{0.05t+1} - 20 \quad (\text{单位:℃}).$$

问冰箱的温度 T 关于时间 t 的变化率是多少?

解 冰箱的温度 T 关于时间 t 的变化率为

$$\frac{\mathrm{d}T}{\mathrm{d}t} = \left(\frac{2t}{0.05t+1} - 20\right)' = \left(\frac{2t}{0.05t+1}\right)' - (20)'$$

$$= \frac{2(0.05t+1) - 2t \times 0.05}{(0.05t+1)^2} - 0$$

$$= \frac{2}{(0.05t+1)^2} \quad (\text{℃/h})$$

例 2.32（充电速度） 对电容器充电的过程中，电容器充电的电压为 $u_C = E(1 - \mathrm{e}^{-\frac{t}{RC}})$，求电容器的充电速度$\frac{\mathrm{d}u_C}{\mathrm{d}t}$.

解 $\frac{\mathrm{d}u_C}{\mathrm{d}t} = [E(1 - \mathrm{e}^{-\frac{t}{RC}})]' = E(1 - \mathrm{e}^{-\frac{t}{RC}})'$

$$= E\left[0 - \mathrm{e}^{-\frac{t}{RC}} \cdot \left(-\frac{t}{RC}\right)'\right]$$

$$= -E\mathrm{e}^{-\frac{t}{RC}}\left(-\frac{1}{RC}\right) = \frac{E}{RC}\mathrm{e}^{-\frac{t}{RC}}.$$

例 2.33（气球充气） 设气体以 $100\mathrm{cm}^3/\mathrm{s}$ 的常速注入球状的气球中，假定气体的压力不变，那么当半径为 10cm 时，气球半径增加的速率是多少?

解 设在时刻 t 时，气球的体积与半径分别为 V 和 r. 显然，

$$V = \frac{4}{3}\pi r^3, \quad r = r(t),$$

所以 V 通过中间变量 r 与时间 t 联系，V 是关于 t 的复合函数，即

$$V=\frac{4}{3}\pi[r(t)]^3.$$

由题意，已知$\frac{\mathrm{d}V}{\mathrm{d}t}=100\mathrm{cm}^3/\mathrm{s}$，要求当 $r=10\mathrm{cm}$ 时$\frac{\mathrm{d}r}{\mathrm{d}t}$的值.

根据复合函数求导法则，得

$$\frac{\mathrm{d}V}{\mathrm{d}t}=3\times\frac{4}{3}\pi[r(t)]^2\frac{\mathrm{d}r}{\mathrm{d}t},$$

将已知数据代入上式，得

$$100=4\pi\times10^2\times\frac{\mathrm{d}r}{\mathrm{d}t},$$

所以$\frac{\mathrm{d}r}{\mathrm{d}t}=\frac{1}{4\pi}\mathrm{cm/s}$，即在 $r=10\mathrm{cm}$ 这一瞬间，半径以$\frac{1}{4\pi}\mathrm{cm/s}$ 的速率增加.

2.2.4　高阶导数

如果函数 $y=f(x)$ 的导数 $y'=f'(x)$ 仍然是可导函数，则把导数 $y'=f'(x)$ 的导数叫做函数 $y=f(x)$ 的**二阶导数**，记作

$$y'', f''(x) \quad 或 \quad \frac{\mathrm{d}^2y}{\mathrm{d}x^2}.$$

即

$$y''=(y')', f''(x)=[f'(x)]' \quad 或 \quad \frac{\mathrm{d}^2y}{\mathrm{d}x^2}=\frac{\mathrm{d}}{\mathrm{d}x}\left(\frac{\mathrm{d}y}{\mathrm{d}x}\right).$$

相应地，把 $y'=f'(x)$ 叫做函数 $y=f(x)$ 的一阶导数. 类似地，函数 $y=f(x)$ 的二阶导数的导数叫做函数 $y=f(x)$ 的三阶导数，记作 y'''，$f'''(x)$ 或$\frac{\mathrm{d}^3y}{\mathrm{d}x^3}$. 依次类推，函数 $y=f(x)$ 的 $n-1$ 阶导数的导数叫做函数 $y=f(x)$ 的 n **阶导数**，记作 $y^{(n)}$，$f^{(n)}(x)$ 或$\frac{\mathrm{d}^ny}{\mathrm{d}x^n}$.

二阶及二阶以上的导数统称为**高阶导数**.

由此可见，求一个函数的高阶导数可反复应用求函数的一阶导数的方法进行计算即可.

例 2.34　求下列函数的二阶导数：

（1）$y=ax+b \quad (a\neq0)$；　　（2）$y=\cos^2\frac{x}{2}$；

（3）$y=x^2(1+\ln x)$.

解　（1）因为

$$y=ax+b,$$

所以

$$y' = (ax+b)' = a, \quad y'' = a' = 0.$$

(2) 因为

$$y = \cos^2 \frac{x}{2},$$

所以

$$y' = 2\cos\frac{x}{2}\left(\cos\frac{x}{2}\right)' = 2\cos\frac{x}{2}\left(-\sin\frac{x}{2}\right)\left(\frac{x}{2}\right)' = -\frac{1}{2}\sin x,$$

$$y'' = \left(-\frac{1}{2}\sin x\right)' = -\frac{1}{2}\cos x.$$

(3) 因为

$$y = x^2(1+\ln x),$$

所以

$$\begin{aligned} y' &= (x^2)'(1+\ln x) + x^2(1+\ln x)' \\ &= 2x(1+\ln x) + x^2 \cdot \frac{1}{x} = 3x + 2x\ln x, \end{aligned}$$

$$y'' = 3 + 2\ln x + 2x \cdot \frac{1}{x} = 5 + 2\ln x.$$

例 2.35 求函数 $y = xe^x$ 的 n 阶导数.

解 因为

$$y = xe^x,$$

所以

$$\begin{aligned} y' &= e^x + xe^x = (1+x)e^x, \\ y'' &= e^x + (1+x)e^x = (2+x)e^x, \\ y''' &= e^x + (2+x)e^x = (3+x)e^x, \\ &\vdots \\ y^{(n)} &= (n+x)e^x. \end{aligned}$$

例 2.36 求函数 $y = \sin x$ 的 n 阶导数.

解 因为

$$y = \sin x,$$

所以

$$y' = \cos x = \sin\left(\frac{\pi}{2} + x\right),$$

$$y'' = \cos\left(\frac{\pi}{2} + x\right) = \sin\left[\frac{\pi}{2} + \left(\frac{\pi}{2} + x\right)\right] = \sin\left(2 \cdot \frac{\pi}{2} + x\right),$$

$$y''' = \cos\left(2 \cdot \frac{\pi}{2} + x\right) = \sin\left[\frac{\pi}{2} + \left(2 \cdot \frac{\pi}{2} + x\right)\right] = \sin\left(3 \cdot \frac{\pi}{2} + x\right),$$

$$\vdots$$

$$y^{(n)} = \sin\left(n \cdot \frac{\pi}{2} + x\right).$$

在求这种高阶导数的过程中，要注意总结归纳，找出共同的规律.

我们已经知道物体作变速直线运动时，若其运动方程为 $s = s(t)$，则物体在某一时刻的运动速度 v 是路程 s 对时间 t 的一阶导数，即

$$v = s'(t) = \frac{\mathrm{d}s}{\mathrm{d}t}.$$

如果这个函数仍然可导，同时由于速度 v 仍是时间 t 的函数，那么不难得出物体运动的加速度

$$a = v'(t) = s''(t) = \frac{\mathrm{d}^2 s}{\mathrm{d}t^2}.$$

它是路程 s 对时间 t 的二阶导数，通常把它看做二阶导数的力学意义.

例 2.37　设一物体作直线运动，其运动规律为 $s = kt + b$（k，b 为常数），求物体运动的加速度.

解　物体运动的速度为

$$v = s'(t) = (kt + b)' = k,$$

加速度为

$$a = v'(t) = k' = 0.$$

所以，该物体作匀速直线运动，其速度是常量 k，加速度为零.

例 2.38　某物体作直线运动，其运动规律是 $s = t + \frac{1}{t}$（s 的单位是为 m，时间 t 的单位是 s），求该物体在 $t = 3\text{s}$ 时的速度与加速度.

解　物体运动的速度为

$$v = s'(t) = \left(t + \frac{1}{t}\right)' = 1 - \frac{1}{t^2},$$

加速度为

$$a = v'(t) = \left(1 - \frac{1}{t^2}\right)' = \frac{2}{t^3}.$$

当 $t = 3\text{s}$ 时，

$$v = 1 - \frac{1}{3^2} = \frac{8}{9}(\text{m/s}),$$

$$a = \frac{2}{3^3} = \frac{2}{27}(\text{m/s}^2).$$

习 题 2.2

1. 求下列函数的导数：

(1) $y=3\sqrt{x}+\frac{1}{x}+4\sqrt{5}$；

(2) $y=(\sqrt{x}+1)\left(\frac{1}{\sqrt{x}}-1\right)$；

(3) $y=\frac{5\sin x}{1+\cos x}$；

(4) $y=\frac{x}{\sqrt{1-x^2}}$；

(5) $y=(3x^2+2)\sqrt{1+5x^2}$；

(6) $y=\frac{x\sqrt{x}}{\sqrt[3]{x^2}}\cos x$；

(7) $y=xe^2$；

(8) $y=10\cot x\ln x$；

(9) $y=xe^x\cos x$；

(10) $y=(1+\sqrt{x})(1+\sqrt{2x})(1+\sqrt{3x})$；

(11) $y=\frac{\ln x}{\sin x}$；

(12) $y=\frac{e^x}{x^2}+\ln 3$；

(13) $y=\frac{10^x-1}{x^{10}+1}$；

(14) $y=\frac{\sqrt{x}}{2}+\frac{2}{2-\sqrt{x}}$；

(15) $y=\frac{x}{e^x}-\frac{2\log_2 x}{\cos t}$ （t 为常数）.

2. 求下列函数的导数：

(1) $y=\sin^2 x\sin x^2$；

(2) $y=\ln\frac{1+\sqrt{x}}{1-\sqrt{x}}$；

(3) $y=\ln\sqrt{x}+\sqrt{\ln x}$；

(4) $y=\log_a(1+x^2)$；

(5) $y=\ln\tan\frac{x}{2}$；

(6) $y=\cos^3\frac{x}{2}$；

(7) $y=e^{-x}\cos 3x$；

(8) $y=x^2e^{-2x}\sin 3x$；

(9) $y=\frac{e^x-e^{-x}}{e^x+e^{-x}}$；

(10) $y=\sin e^{x^2+x-2}$；

(11) $y=\cos\ln(1+2x)$；

(12) $y=\sqrt{x+\sqrt{x}}$；

(13) $y=\frac{1}{\sqrt{x\sqrt{x\sqrt{x}}}}$；

(14) $y=\ln(\sec x+\tan x)$；

(15) $y=\ln(\ln(\ln x))$；

(16) $y=f^2\left(\arctan\frac{1}{x}\right)$；

(17) $y=f(e^x)e^{f(x)}$；

(18) $y=f(\sin^2 x)+f(\cos^2 x)$.

3. 求曲线 $y=2\sin x+x^2$ 上横坐标为零处的

(1) 切线方程；

(2) 法线方程(称过切点且与该点处的切线垂直的直线为法线).

4. 求曲线 $y=x-\frac{1}{x}$ 与 Ox 轴交点的切线方程.

5. 以初速度 v_0 上抛的物体，其上升高度 h 与时间 t 的关系是 $h=v_0t-\frac{1}{2}gt^2$，求：

(1) 该物体上升过程中，任一时刻的瞬时速度；

(2) 该物体达到最高点的时刻.

6. 已知 $f\left(\frac{1}{x}\right)=\frac{x}{1+x}$，求 $f'(x)$.

7. 已知 $\varphi(x)=a^{f^2(x)}$，且 $f'(x)=\frac{1}{f(x)\ln a}$，证明：$\varphi'(x)=2\varphi(x)$.

8. 求下列函数的导数：

(1) $y=\arctan\frac{1}{x}$；　(2) $y=\arctan\frac{2x}{1-x^2}$；

(3) $y=\left(\arcsin\frac{x}{2}\right)^2$；　(4) $y=\sec^2(e^{x^2+1})$.

9. 求下列隐函数的导数：

(1) $x^2+y^2-xy=1$；　(2) $y=1+xe^y$；

(3) $y-x-\ln y=0$；　(4) $e^x-e^y-xy=0$；

(5) $y+xe^y+1=0$，求 y'，y''；　(6) $\arctan\frac{y}{x}=\ln\sqrt{x^2+y^2}$，求 y'；

(7) 已知 $xy=e^{x+y}$，求 y'.

10. 求下列函数的二阶导数：

(1) $y=\ln(1+x^2)$；　(2) $y=(1+x^2)\arctan x$；

(3) $y=\sin ax$；　(4) $y=\tan(x+y)$.

11. 已知 $xy-\sin(\pi y^2)=0$，求 $y'\Big|_{\substack{x=0\\y=1}}$，$y''\Big|_{\substack{x=0\\y=-1}}$.

12. 若 $f''(x)$ 存在，求下列函数的二阶导数：

(1) $y=f(x^2)$；　(2) $y=\ln(f(x))$.

13. 求下列函数的 n 阶导数：

(1) $y=\ln(1+x)$；　(2) $y=a^x$；

(3) $y=x^2e^{2x}$，求 $y^{(20)}$.

(4) $f(x)=x(x-1)(x-2)\cdots(x-n)$，求 $f^{(n)}(x)$.

14. 验证函数 $y=e^x\sin x$ 满足关系式 $y''-2y'+2y=0$.

15. 用对数求导法求下列函数对 x 的导数：

(1) $y=x^{e^x}$；　(2) $y=(2x)^{\sqrt{x}}$；

(3) $y=(\sin x)^x$；　(4) $y=(\sin x)^{\ln x}$；

(5) $y=\sqrt[3]{\frac{x(x^2+1)}{(x^2-1)^2}}(|x|>1)$；　(6) $y=\sqrt{\frac{e^x}{1+x^2}}$；

(7) $y=x\sqrt{\frac{1-x}{1+x}}$；　(8) $y=\frac{(x+1)\sqrt[3]{x-1}}{(x+4)^2e^x}$；

(9) $y=\sqrt{\dfrac{(x-1)(x-2)}{(x-3)(2x-9)}}\quad\left(x>\dfrac{9}{2}\right)$;

(10) $y=(x^2+1)^3(x+2)^2x^6$.

16. 求由下列方程所确定的隐函数的导数$\dfrac{\mathrm{d}y}{\mathrm{d}x}$:

(1) $x+3x^7-2y-y^5=0$;

(2) $y+x\mathrm{e}^y=1$;

(3) $\mathrm{e}^{x+y}-xy=1$, 求$\left.\dfrac{\mathrm{d}y}{\mathrm{d}x}\right|_{x=0}$;

(4) $x-\sin\dfrac{y}{x}+\tan\varphi=0$;

(5) $\cos(x^2+y)=x$;

(6) $y\mathrm{e}^x+\ln y=1$;

(7) $\mathrm{e}^{xy}+y\ln x-\cos 2x=0$;

(8) $y^2-2axy+b=0$.

17. 求双曲线$\dfrac{x^2}{a^2}-\dfrac{y^2}{b^2}=1$在点$(x_0, y_0)$处的切线方程.

2.3 函数的微分

在许多实际问题中，常常需要计算当自变量微小变化时函数的增量. 当函数较为复杂时，函数的因变量的增量 Δy 的精确计算会相当麻烦，这就需要寻求函数增量近似值的方法. 为此，我们引出微分学中的另一个重要概念——微分.

2.3.1 微分的概念及其几何意义

先从一个具体的实例分析.

一块正方形金属薄片，受热膨胀，其边长由 x_0 变到 $x_0+\Delta x$(图 2-3)，此薄片的面积增加了多少?

设此薄片的边长为 x，面积为 S，则 $S=x^2$

薄片受温度影响时面积的改变量可以看成自变量 x 由 x_0 变到 $x_0+\Delta x$ 时，函数 $S=x^2$ 相应的增量 ΔS，则

$$\Delta S=(x_0+\Delta x)^2-x_0^2=2x_0\Delta x+(\Delta x)^2.$$

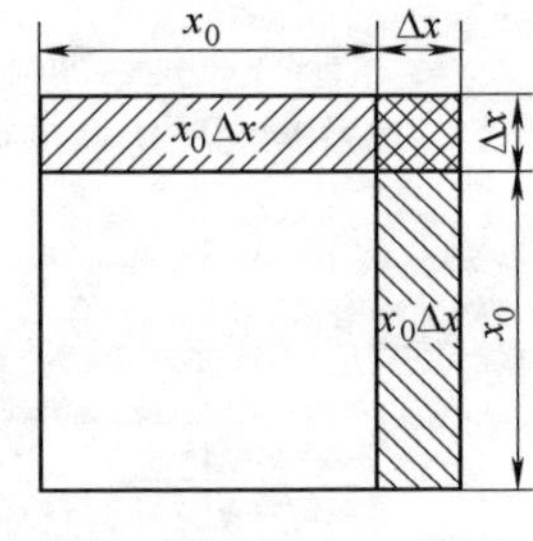

图 2-3

从上式可以看出，ΔS 由两部分组成. 第一部分 $2x_0\Delta x$ 是 Δx 的线性函数，即图中带斜线的两个矩形面积之和；当 $\Delta x\to 0$ 时，它是

Δx 的同阶无穷小．而第二部分 $(\Delta x)^2$，在图中是带有交叉斜线的小正方形的面积；当 $\Delta x \to 0$ 时，它是比 Δx 较高阶的无穷小，即

$$\lim_{\Delta x \to 0} \frac{2x_0 \Delta x}{\Delta x} = 2x_0, \quad \lim_{\Delta x \to 0} \frac{(\Delta x)^2}{\Delta x} = 0.$$

因此，对 ΔS 来说，当 $|\Delta x|$ 很小时，$(\Delta x)^2$ 可以忽略不计，而 $2x_0 \Delta x$ 可以作为其较好的近似值.

事实上，如果函数 $y = f(x)$ 在点 x 处可导，即有

$$\lim_{\Delta x \to 0} \frac{\Delta y}{\Delta x} = f'(x),$$

由无穷小与极限的关系，有

$$\frac{\Delta y}{\Delta x} = f'(x) + \alpha,$$

其中 $\lim\limits_{\Delta x \to 0} \alpha = 0$，所以

$$\Delta y = f'(x) \cdot \Delta x + \alpha \cdot \Delta x,$$

这样，Δy 由两部分组成．一部分是 Δx 的线性函数 $f'(x)\Delta x$，称为 Δy 的**线性主部**；另一部分 $\alpha \cdot (\Delta x)$，当 $\Delta x \to 0$ 时，是比 Δx 较高阶的无穷小.

反之，如果函数的增量 Δy 可以表示成

$$\Delta y = A\Delta x + o(\Delta x)\left(\text{其中} \lim_{\Delta x \to 0} \frac{o(\Delta x)}{\Delta x} = 0\right),$$

则有

$$\frac{\Delta y}{\Delta x} = A + \frac{o(\Delta x)}{\Delta x},$$

这样

$$\lim_{\Delta x \to 0} \frac{\Delta y}{\Delta x} = \lim_{\Delta x \to 0}\left(A + \frac{o(\Delta x)}{\Delta x}\right) = A,$$

即

$$A = f'(x),$$

因此

$$\Delta y = f'(x) \cdot \Delta x + o(\Delta x).$$

为此我们引入微分的概念.

定义 2.2　设函数 $y = f(x)$ 在点 x 的某个邻域内有定义，则对于自变量在点 x 处的增量 Δx，相应的函数的增量 Δy 可以表示成

$$\Delta y = f(x + \Delta x) - f(x) = A\Delta x + o(\Delta x),$$

其中，$o(\Delta x)$ 是比 Δx 较高阶的无穷小量 $(\Delta x \to 0)$，则称**函数 $y = f(x)$ 在点 x 处可微**，并称其线性主部 $A\Delta x$ 为**函数 $y = f(x)$ 在点 x 处的微分**，记

作 $\mathrm{d}y$ 或 $\mathrm{d}f(x)$，即 $\mathrm{d}y=A\Delta x$ 且有 $A=f'(x)$，这样 $\mathrm{d}y=f'(x)\Delta x$.

对于函数 $y=f(x)$ 在点 x_0 处的微分，记作 $\mathrm{d}y|_{x=x_0}=f'(x_0)\Delta x$.

当 $|\Delta x|$ 很小时，函数 $y=f(x)$ 在点 x_0 处的改变量近似等于函数 $y=f(x)$ 在点 x_0 处的微分，即

$$\Delta y\approx \mathrm{d}y=f'(x_0)\Delta x.$$

由微分的定义知，自变量的微分 $\mathrm{d}x=(x)'\Delta x=\Delta x$，所以上面的微分又可以写成

$$\mathrm{d}y=f'(x)\mathrm{d}x \tag{2-21}$$

由此可得 $f'(x)=\dfrac{\mathrm{d}y}{\mathrm{d}x}$，即函数可微与函数可导等价且函数的导数 $f'(x)$ 等于函数的微分 $\mathrm{d}y$ 与自变量的微分 $\mathrm{d}x$ 之商．因此，导数又称为**微商**.

因为函数 $y=f(x)$ 的微分为 $\mathrm{d}y=f'(x)\mathrm{d}x$，所以求微分的问题可归纳为求导数的问题，因此，求导数与微分的方法叫做**微分法**.

应当注意，微分与导数虽然有着密切的联系，但它们是有区别的：导数是函数在一点处的变化率，而微分是函数在一点处由自变量增量所引起的函数增量的主要部分；导数的值只与 x 有关，而微分的值与 x 和 Δx 都有关.

为了对微分有比较直观的了解，我们来说明微分的几何意义.

设函数 $y=f(x)$ 的图形如图 2-4 所示，MT 是曲线上点 $M(x_0,\ y_0)$ 处的切线，设 MT 的倾斜角为 α，当自变量由 x_0 增加到 $x_0+\Delta x$ 时，得到曲线上另一点 $N(x_0+\Delta x,\ y_0+\Delta y)$，从图 2-4 可知，$MQ=\Delta x$，$QN=\Delta y$，则

$$QP=MQ\cdot\tan\alpha=f'(x_0)\cdot\Delta x.$$

即 $\quad \mathrm{d}y=f'(x_0)\cdot\Delta x=QP.$

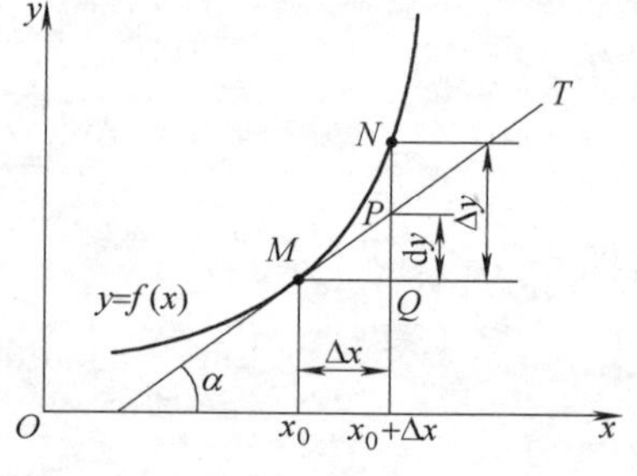

图 2-4

由此可知，微分 $\mathrm{d}y=f'(x_0)\cdot\Delta x$ 是当 x 有增量 Δx 时，曲线 $y=f(x)$ 在点 $(x_0,\ y_0)$ 处的切线的纵坐标的增量．用 $\mathrm{d}y$ 近似代替 Δy 就是用点 $M(x_0,\ y_0)$ 处的切线纵坐标的增量 QP 来近似代替 $y=f(x)$ 的纵坐标的增量 QN，并且有 Δy 与 $\mathrm{d}y$ 之差 PN 随着 Δx 趋近于零而趋近于零，且为 Δx 的高阶无穷小.

因此，微分的几何意义是：在点 x_0 处的一个充分小的范围内，可用点 x_0 处的切线段的改变量近似代替在点 x_0 处曲线段的改变量，这叫

做“以直代曲”，它是微积分中的重要数学思想.

2.3.2　微分的运算法则

由微分的定义 $\mathrm{d}y=f'(x)\mathrm{d}x$ 知，要计算函数的微分，只要计算函数的导数，再乘以自变量的微分．因此，可得如下的微分公式和微分运算法则．

1. 基本初等函数的微分公式

(1) $\mathrm{d}(C)=0$　（C 为常数）；　(2) $\mathrm{d}(x^{\mu})=\mu x^{\mu-1}\mathrm{d}x$；

(3) $\mathrm{d}(a^x)=a^x\ln a\mathrm{d}x$　$(a>0,\ a\neq1)$；　(4) $\mathrm{d}(\mathrm{e}^x)=\mathrm{e}^x\mathrm{d}x$；

(5) $\mathrm{d}(\log_a x)=\dfrac{1}{x\ln a}\mathrm{d}x$　$(a>0,\ a\neq1)$；　(6) $\mathrm{d}(\ln x)=\dfrac{1}{x}\mathrm{d}x$；

(7) $\mathrm{d}(\sin x)=\cos x\mathrm{d}x$；　(8) $\mathrm{d}(\cos x)=-\sin x\mathrm{d}x$；

(9) $\mathrm{d}(\tan x)=\sec^2x\mathrm{d}x$；

(10) $\mathrm{d}(\cot x)=-\csc^2x\mathrm{d}x$；

(11) $\mathrm{d}(\sec x)=\sec x\tan x\mathrm{d}x$；

(12) $\mathrm{d}(\csc x)=-\csc x\cot x\mathrm{d}x$；

(13) $\mathrm{d}(\arcsin x)=\dfrac{1}{\sqrt{1-x^2}}\mathrm{d}x$；

(14) $\mathrm{d}(\arccos x)=-\dfrac{1}{\sqrt{1-x^2}}\mathrm{d}x$；

(15) $\mathrm{d}(\arctan x)=\dfrac{1}{1+x^2}\mathrm{d}x$；

(16) $\mathrm{d}(\mathrm{arccot}\,x)=-\dfrac{1}{1+x^2}\mathrm{d}x$.

2. 微分的四则运算法则

(1) $\mathrm{d}(u\pm v)=\mathrm{d}u\pm\mathrm{d}v$；

(2) $\mathrm{d}(uv)=v\mathrm{d}u+u\mathrm{d}v$，特别地，$\mathrm{d}(Cu)=C\mathrm{d}u$　（C 为任意常数）；

(3) $\mathrm{d}\left(\dfrac{u}{v}\right)=\dfrac{v\mathrm{d}u-u\mathrm{d}v}{v^2}$　$(v\neq0)$.

3. 复合函数的微分法则

与复合函数的求导法则相应的复合函数微分法则可推导如下：

设 $y=f(u)$，$u=\varphi(x)$ 都可导，则复合函数 $y=f(\varphi(x))$ 的微分为

$$\mathrm{d}y=\frac{\mathrm{d}y}{\mathrm{d}x}\mathrm{d}x=f'(u)\cdot\varphi'(x)\mathrm{d}x,$$

由于 $\varphi'(x)\mathrm{d}x=\mathrm{d}u$，所以，复合函数 $y=f(\varphi(x))$ 的微分公式也可写成

$$\mathrm{d}y=f'(u)\mathrm{d}u \tag{2-22}$$

或
$$dy = \frac{dy}{du}du.$$

由此可见，无论 u 是自变量还是另一个变量的可微函数，微分形式 $dy = f'(u)du$ 保持不变．这一性质称为**一阶微分形式不变性**．利用这一性质求复合函数的微分十分方便．

例 2.39 设 $y=\ln(x+1)$，求 dy.

解法 1 先求导，再求微分：

因为
$$\frac{dy}{dx} = [\ln(x+1)]' = \frac{1}{x+1},$$
所以
$$dy = \frac{1}{x+1}dx.$$

解法 2 直接利用微分表达式计算：
$$dy = y'dx = [\ln(x+1)]'dx = \frac{1}{x+1}dx.$$

例 2.40 设 $y=e^{\cos x}$，求 dy.

解 $dy = y'dx = (e^{\cos x})'dx = e^{\cos x}\cdot(\cos x)'dx = -e^{\cos x}\sin x dx.$

例 2.41 求函数 $y=\tan 2x$ 的微分.

解 令 $u=2x$，则 $y=\tan u$，利用微分形式的不变性，得
$$\begin{aligned} dy &= d(\tan u) = \sec^2 u du \\ &= \sec^2 2x d(2x) = \sec^2 2x \cdot 2dx \\ &= 2\sec^2 2x dx. \end{aligned}$$

例 2.42 求函数 $y=e^{ax+bx^2}$ 的微分.

解 把 $ax+bx^2$ 看成中间变量 u，但不必写出，则
$$\begin{aligned} dy &= d(e^{ax+bx^2}) = e^{ax+bx^2}d(ax+bx^2) \\ &= e^{ax+bx^2}(a+2bx)dx = (a+2bx)e^{ax+bx^2}dx. \end{aligned}$$

例 2.43 求函数 $y=e^{-2x}\cos 3x$ 的微分.

解
$$\begin{aligned} dy &= d(e^{-2x}\cos 3x) \\ &= e^{-2x}d(\cos 3x) + \cos 3x d(e^{-2x}) \\ &= e^{-2x}(-\sin 3x)d(3x) + \cos 3x \cdot e^{-2x}d(-2x) \\ &= -3e^{-2x}\sin 3x dx - 2e^{-2x}\cos 3x dx \\ &= -e^{-2x}(3\sin 3x + 2\cos 3x)dx. \end{aligned}$$

例 2.44 在括号内填上适当的函数，使下列等式成立：

(1) $d(\qquad) = x^2 dx$；　　(2) $d(\qquad) = \sin 3x dx$.

解 (1) 因为 $d(x^3) = 3x^2 dx$，所以

$$x^2\mathrm{d}x = \frac{1}{3}\mathrm{d}(x^3) = \mathrm{d}\left(\frac{1}{3}x^3\right),$$

因此，对任何常数 C，都有

$$\mathrm{d}\left(\frac{1}{3}x^3 + C\right) = x^2\mathrm{d}x.$$

（2）因为 $\mathrm{d}(-\cos 3x) = 3\sin 3x\mathrm{d}x$，所以

$$\sin 3x\mathrm{d}x = \frac{1}{3}\mathrm{d}(-\cos 3x) = \mathrm{d}\left(-\frac{1}{3}\cos 3x\right),$$

因此

$$\mathrm{d}\left(-\frac{1}{3}\cos 3x + C\right) = \sin 3x\mathrm{d}x.$$

2.3.3　微分在近似计算中的应用

在实际问题中，经常利用微分作近似计算.

前面说过，如果函数 $y = f(x)$ 在点 x_0 处的导数 $f'(x_0) \neq 0$，且 $|\Delta x|$ 很小时，函数微分可作为函数增量的近似值，即

$$\Delta y \approx \mathrm{d}y = f'(x_0)\Delta x. \tag{2-23}$$

用 $\Delta y = f(x_0 + \Delta x) - f(x_0)$ 代入上式，可得

$$f(x_0 + \Delta x) \approx f(x_0) + f'(x_0)\Delta x. \tag{2-24}$$

上式中令 $x = x_0 + \Delta x$，则

$$f(x) \approx f(x_0) + f'(x_0)(x - x_0). \tag{2-25}$$

利用式(2-23)，可以求出函数增量 Δy 的近似值；利用式(2-24)和式(2-25)可以求出函数 $f(x)$ 在点 x_0 附近某点 $x_0 + \Delta x$ 处的函数值的近似值.

例 2.45　一种金属圆片，半径为 20cm；加热后半径增大了 0.05cm，那么圆的面积增大了多少？

解　圆面积公式为 $S = \pi r^2$（r 为半径）.

此题是求函数 S 的增量问题，$\Delta r = \mathrm{d}r = 0.05$，可以认为是比较小的，所以可以用微分 $\mathrm{d}S$ 来近似代替 ΔS.

$$\begin{aligned}\Delta S \approx \mathrm{d}S &= (\pi r^2)'\Big|_{r=20}\mathrm{d}r = 2\pi r\Big|_{r=20}\cdot\Delta r \\ &= 2\pi \times 20 \times 0.05 = 2\pi(\mathrm{cm}^2).\end{aligned}$$

因此，当半径增大 0.05cm 时，则圆的面积增大了 $2\pi\mathrm{cm}^2$.

例 2.46　计算 $\mathrm{e}^{0.002}$ 的近似值.

解　设 $f(x) = \mathrm{e}^x$，$x_0 = 0$，$\Delta x = 0.002$，则

$$f'(x) = \mathrm{e}^x,$$

所以

$$f(x_0)=e^0=1,\quad f'(x_0)=e^0=1,$$

由式$f(x_0+\Delta x)\approx f(x_0)+f'(x_0)\Delta x$，得

$$e^{0.002}\approx 1+1\times 0.002=1.002.$$

利用公式$f(x_0+\Delta x)\approx f(x_0)+f'(x_0)\Delta x$，可以得到工程上常用的近似公式(当$|x|$很小时)：

(1) $\sqrt[n]{1+x}\approx 1+\frac{1}{n}x$;

(2) $\sin x\approx x$(x用弧度作单位)；

(3) $\tan x\approx x$(x用弧度作单位)；

(4) $e^x\approx 1+x$;

(5) $\ln(1+x)\approx x$.

例 2.47 计算$\sqrt[5]{1.002}$的近似值.

$$\sqrt[5]{1.002}=\sqrt[5]{1+0.002}\approx 1+\frac{1}{5}\times 0.002=1.0004.$$

习 题 2.3

1. 求下列各函数的微分：

(1) $y=x\ln x$;　　(2) $y=\ln\sqrt{1-x^3}$;

(3) $y=\arcsin\sqrt{x}$;

(4) $y=(e^x+e^{-x})^2$;

(5) $y=\arcsin(2x^2-1)$;

(6) $y-xe^y=1$;

(7) $\cos(xy)=x^2y^2$.

2. 求球壳厚度为$\frac{1}{16}$cm，外直径为10cm的球壳体积的近似值.

3. 一平面圆环形，其内半径为10cm，宽为0.1cm，求其面积的精确值与近似值.

4. 证明：当$|x|$很小时，

(1) $e^x\approx 1+x$;　　(2) $\sin x\approx x$;

(3) $\ln(1+x)\approx x$;　　(4) $\sqrt[n]{1+x}\approx 1+\frac{x}{n}$.

5. 求下列近似值：

(1) $\arctan 1.02$;　　(2) $\ln 1.01$;

(3) $\sqrt[3]{1.03}$;　　(4) $e^{0.05}$.

2.4 导数的应用

学习了导数的概念后，本章将介绍利用导数研究函数的单调性、曲线的凹凸性等性质及利用导数求极限的方法——洛必达法则，并简单介绍一元函数微分学在经济学中的应用.

2.4.1 函数的单调性与极值

1. 函数的单调性

函数的单调性是函数的一个重要性态，它反映了函数在某个区间随自变量的增大而增大(或减少)的一个特征. 但是，利用单调性的定义来讨论函数的单调性往往是比较困难的. 本节利用导数符号来研究函数的单调性.

由图2-5、图2-6可以看出，如果函数$y=f(x)$在$[a, b]$上单调增加(单调减少)，那么它的图形是一条沿x轴正向上升(下降)的曲线，此时曲线上各点处的切线斜率是非负的(非正的)，即$y'=f'(x)\geqslant 0$($y'=f'(x)<0$)，易知，函数的单调性与导数的符号有着密切的关系.

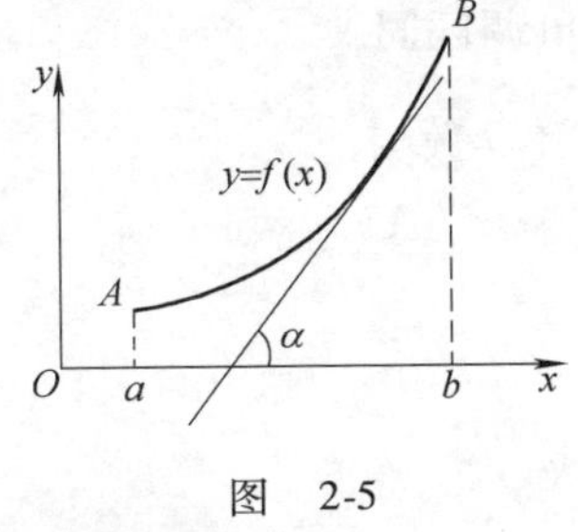

图 2-5

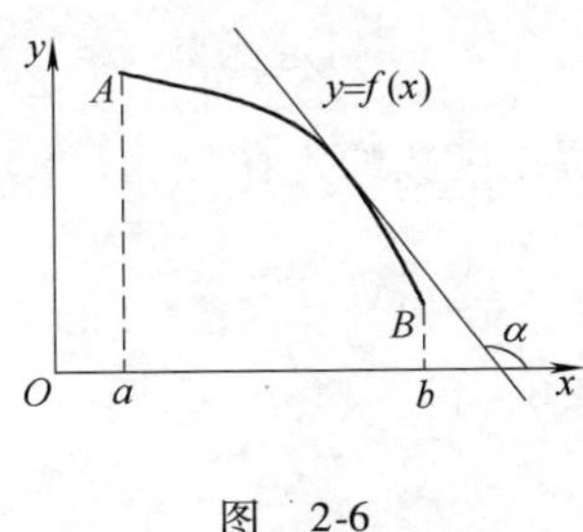

图 2-6

定理 2.6 设函数$y=f(x)$在$[a, b]$上连续，在(a, b)内可导，

(1) 如果在(a, b)内$f'(x)>0$，那么函数$y=f(x)$在$[a, b]$上单调增加;

(2) 如果在(a, b)内$f'(x)<0$，那么函数$y=f(x)$在$[a, b]$上单调减少.

注 定理中的闭区间换成其他各种区间，结论也成立.

例 2.48 判断函数$y=x+e^x$的单调性.

解 函数的定义域为$(-\infty, +\infty)$，且其导数为

$$y'=1+e^x>0,$$

所以，函数$y=x+e^x$在其定义域$(-\infty, +\infty)$内是单调增加的.

例 2.49　确定函数 $y=x^3-x^2-x+1$ 的单调区间.

解　函数 $y=x^3-x^2-x+1$ 的定义域为 $(-\infty, +\infty)$，且其导数为

$$y' = 3x^2 - 2x - 1 = (3x+1)(x-1),$$

令 $y'=0$，得

$$x_1 = -\frac{1}{3}, \quad x_2 = 1.$$

用它们将定义域分为小区间，我们分别考察导数 y' 在各区间内的符号，就可以判断出函数的单调区间. 为了更清楚起见，列表如下：

x	$\left(-\infty, -\frac{1}{3}\right)$	$-\frac{1}{3}$	$\left(-\frac{1}{3}, 1\right)$	1	$(1, +\infty)$
y'	+	0	—	0	+
y	↗		↘		↗

从表中看得很清楚，函数的单调增加区间为 $\left(-\infty, -\frac{1}{3}\right)$ 和 $(1, +\infty)$，函数的单调减少区间为 $\left(-\frac{1}{3}, 1\right)$.

还应该注意到，导数不存在的点，也可能成为单调增区间和单调减区间的分界点，看下面的例子.

例 2.50　确定函数 $y=\frac{3}{8}x^{\frac{8}{3}}-\frac{3}{2}x^{\frac{2}{3}}$ 的单调区间.

解　函数的定义域为 $(-\infty, +\infty)$，其导数为

$$y' = x^{\frac{5}{3}} - x^{-\frac{1}{3}} = \frac{(x+1)(x-1)}{\sqrt[3]{x}},$$

令 $y'=0$，得

$$x_1 = -1, x_2 = 1.$$

当 $x=0$ 时，y' 不存在.

我们用以上三个点把定义域分成小区间，列表考察各区间内 y' 的符号：

x	$(-\infty, -1)$	-1	$(-1, 0)$	0	$(0, 1)$	1	$(1, +\infty)$
y'	−	0	+	不存在	−	0	+
y	↘		↗		↘		↗

所以，函数的单调增加区间为 $(-1, 0)$ 和 $(1, +\infty)$，单调减少区间为 $(-\infty, -1)$ 和 $(0, 1)$.

从以上三例可以看出，函数 $f(x)$ 的单调性是函数的局部状态. 研究函数的单调性，求函数 $y=f(x)$ 的单调区间，就是找 $f'(x)$ 正负号不同的区间，从上例中可以看出，使 $f'(x)=0$ 的点可能成为函数单调区间

的分界点．称使 $f'(x)=0$ 的点为函数 $y=f(x)$ 的**驻点**或**稳定点**．另外，导数不存在的点也可能成为函数单调区间的分界点，用这些点把定义域分为若干个小区间，考察 $f'(x)$ 在各个区间内的符号，然后根据定理 2.6 判断 $f(x)$ 在各个小区间内的单调性.

2. 函数的极值

函数的极值不仅是函数的重要局部性质，而且在实际问题中有着广泛的应用．下面用求导的方法来讨论函数的极值问题.

定义 2.3　设函数 $f(x)$ 在点 x_0 的某邻域内有定义，

(1) 如果对于点 x_0 邻域内的任一点 $x(x\neq x_0)$，都有 $f(x)<f(x_0)$，那么称 $f(x_0)$ 为函数 $f(x)$ 的一个**极大值**，点 x_0 称为 $f(x)$ 的一个**极大值点**.

(2) 如果对于点 x_0 邻域内的任一点 $x(x\neq x_0)$，都有 $f(x)>f(x_0)$，那么称 $f(x_0)$ 为函数 $f(x)$ 的一个**极小值**，点 x_0 称为 $f(x)$ 的一个**极小值点**.

函数的极大值与极小值统称为函数的**极值**，极大值点与极小值点统称为函数的**极值点**.

图 2-7 中所示的 x_1 和 x_3 是函数 $f(x)$ 的极大值点，$f(x_1)$ 和 $f(x_3)$ 是函数 $f(x)$ 的极大值；x_2 和 x_4 是函数 $f(x)$ 的极小值点，$f(x_2)$ 和 $f(x_4)$ 是函数 $f(x)$ 的极小值.

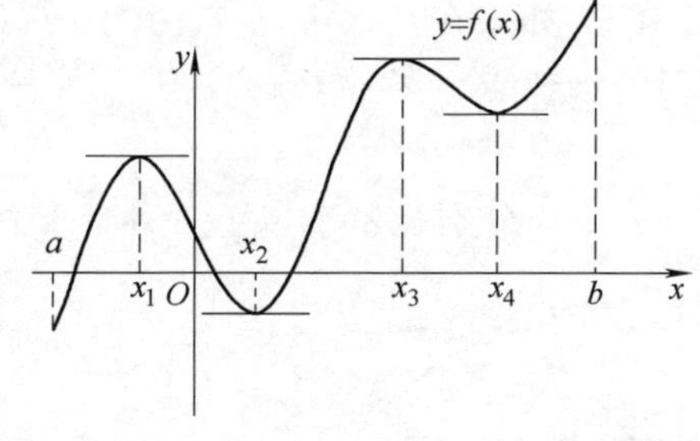

图　2-7

注意　(1) 极值只是一个局部概念，它仅是与极值点邻近的函数值比较而言较大或较小的，而不是在整个区间上的最大值或最小值．函数的极值点一定出现在区间的内部，在区间的端点处不能取得极值；

(2) 函数的极大值与极小值可能有很多个，极大值不一定比极小值大，极小值不一定比极大值小；

(3) 函数的极值可能取在导数不存在的点.

从图中还可以看出，曲线在点 x_1、x_2、x_3、x_4 取得极值处的切线都是水平的，即在极值点处函数 $f(x)$ 的导数等于零．对此，我们给出函数存在极值的必要条件：

定理 2.7　如果函数 $f(x)$ 在点 x_0 处可导，且在 x_0 处取得极值，那

么 $f'(x_0)=0$.

定理 2.7 就是说：可导函数的极值点必定是它的驻点．但是反过来，函数的驻点却不一定是极值点．例如，点 $x=0$ 是函数 $y=x^3$ 的驻点，但不是极值点．所以函数的驻点只是可能的极值点．事实上，定理 2.7 并不能解决所有求函数极值的问题，但是，它提供了寻求可导函数极值点的范围，即从驻点中去寻找．此外，函数在它的导数不存在的点处也可能取得极值．例如，$f(x)=|x|$ 在点 $x=0$ 处不可导，但函数在 $x=0$ 处取得极小值.

怎样判定函数在驻点或不可导的点处究竟是否取得极值？如果是的话，究竟是极大值还是极小值？下面给出两个判定极值的充分条件：

定理 2.8 （第一充分条件） 设函数 $f(x)$ 在点 x_0 处连续，且在点 x_0 的某去心邻域内可导.

(1) 如果当 $x<x_0$ 时，$f'(x)>0$；当 $x>x_0$ 时，$f'(x)<0$，那么 x_0 是 $f(x)$ 的极大值点，$f(x_0)$ 是函数 $f(x)$ 的一个极大值；

(2) 如果当 $x<x_0$ 时，$f'(x)<0$；当 $x>x_0$ 时，$f'(x)>0$，那么 x_0 是 $f(x)$ 的极小值点，$f(x_0)$ 是函数 $f(x)$ 的一个极小值.

(3) 如果在点 x_0 的左右两侧，$f'(x)$ 的符号保持不变，那么 x_0 不是 $f(x)$ 的极值点，函数 $f(x)$ 在点 x_0 处没有极值.

证明从略.

图 2-8 分别显示了以上三种情形：

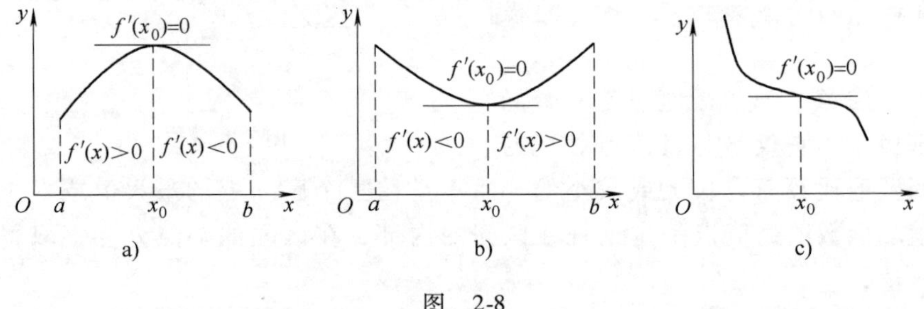

图 2-8

根据定理 2.7 和定理 2.8，可得到求函数 $f(x)$ 极值点和极值的步骤如下：

(1) 求出函数的定义域；

(2) 求出函数的导数 $f'(x)$；

(3) 令 $f'(x)=0$，求出函数 $f(x)$ 在定义域内的全部驻点；

(4) 用所有驻点和导数不存在的点把定义域分成若干个部分区间，列表考察每个部分区间内 $f'(x)$ 的符号，确定极值点；

（5）求出各极值点处的函数值，即得函数 $f(x)$ 的全部极值.

例 2.51 求函数 $f(x)=x^3-x^2-x+1$ 的极值.

解 （1）函数 $f(x)$ 的定义域为 $(-\infty,+\infty)$；

（2）$f'(x)=3x^2-2x-1=(3x+1)(x-1)$；

（3）令 $f'(x)=0$，得驻点

$$x_1=-\frac{1}{3},\ x_2=1;$$

（4）列表考察：

x	$\left(-\infty,-\frac{1}{3}\right)$	$-\frac{1}{3}$	$\left(-\frac{1}{3},1\right)$	1	$(1,+\infty)$
$f'(x)$	+	0	−	0	+
$f(x)$	↗	极大值 $\frac{32}{27}$	↘	极小值 0	↗

所以，函数 $f(x)$ 的极大值为 $f\left(-\frac{1}{3}\right)=\frac{32}{27}$，极小值为 $f(1)=0$.

例 2.52 求函数 $f(x)=(x^2-1)^3+1$ 的极值.

解 （1）函数 $f(x)$ 的定义域为 $(-\infty,+\infty)$；

（2）$f'(x)=3(x^2-1)^2 2x=6x(x+1)^2(x-1)^2$；

（3）令 $f'(x)=0$，得驻点

$$x_1=-1,\ x_2=0,\ x_3=1;$$

（4）列表考察：

x	$(-\infty,-1)$	-1	$(-1,0)$	0	$(0,1)$	1	$(1,+\infty)$
$f'(x)$	−	0	−	0	+	0	+
$f(x)$	↘		↘	极小值 0	↗		↗

由上表可知，函数 $f(x)$ 的极小值为 $f(0)=0$，驻点 $x_1=-1$，$x_3=1$ 不是极值点.

例 2.53 求函数 $f(x)=\sqrt[3]{(2x-x^2)^2}$ 的极值.

解 （1）函数的定义域为 $(-\infty,+\infty)$；

（2）$f'(x)=\frac{2}{3}\ \frac{(2-2x)}{\sqrt[3]{2x-x^2}}=\frac{4}{3}\ \frac{(1-x)}{\sqrt[3]{2x-x^2}}$；

（3）令 $f'(x)=0$ 得驻点 $x=1$，

又函数 $f(x)$ 在点 $x=0$ 和 $x=2$ 处的导数都不存在；

（4）用 $x=0$，$x=1$ 和 $x=2$ 这三个点将定义域分为四个区间. 列表考察：

x	$(-\infty, 0)$	0	$(0, 1)$	1	$(1, 2)$	2	$(2, +\infty)$
$f'(x)$	-	不存在	+	0	-	不存在	+
$f(x)$	↘	极小值0	↗	极大值1	↘	极小值0	↗

由上表可知，函数$f(x)$的极大值为$f(1)=1$，极小值为$f(0)=f(2)=0$.

定理 2.9 （第二充分条件）设函数$f(x)$在点x_0处具有二阶导数，且$f'(x_0)=0$，$f''(x_0)\neq 0$.

(1) 如果$f''(x_0)<0$，那么x_0是$f(x)$的极大值点，$f(x_0)$是函数$f(x)$的一个极大值；

(2) 如果$f''(x_0)>0$，那么x_0是$f(x)$的极小值点，$f(x_0)$是函数$f(x)$的一个极小值.

若$f''(x_0)=0$，则此判别法失效，该驻点是否为极值点还要用第一充分条件进行判别.

例 2.54 求函数$f(x)=x+\mathrm{e}^{-x}$的极值.

解 函数的定义域为$(-\infty, +\infty)$，且

$$f'(x)=1-\mathrm{e}^{-x},$$

令$f'(x)=0$，得驻点$x=0$，该函数没有导数不存在的点.

因为$f''(x)=\mathrm{e}^{-x}$，则

$$f''(0)=1>0,$$

所以$x=0$是函数的极小值点，$f(x)$的极小值为$f(0)=1$.

例 2.55 求函数$f(x)=(x-1)^2(x+1)^3$的极值.

解 函数的定义域为$(-\infty, +\infty)$，且

$$f'(x)=(x-1)(x+1)^2(5x-1),$$

令$f'(x)=0$，得驻点$x_1=-1$，$x_2=\frac{1}{5}$，$x_3=1$，该函数没有导数不存在的点.

又 $$f''(x)=4(x+1)(5x^2-2x-1),$$

则 $$f''(-1)=0,\quad f''\left(\frac{1}{5}\right)=-\frac{144}{25}<0,\quad f''(1)=16>0,$$

所以，$x_2=\frac{1}{5}$是极大值点，极大值是$f\left(\frac{1}{5}\right)=\frac{3456}{3125}$；$x_3=1$是极小值点，极小值是$f(1)=0$.

由于$f''(-1)=0$，不能用第二充分条件判别$x_1=-1$是否为极值点，改用第一充分条件判别.

因$x\in(-\infty, -1)$时，$f'(x)>0$；而当$x\in\left(-1, \frac{1}{5}\right)$时，$f'(x)$

>0，故由定理 2.8 知，$x_1=-1$ 不是 $f(x)$ 的极值点.

2.4.2　函数的最值及其应用

在工农业生产和实际生活中，经常会遇到这样一类问题：在一定的条件下，如何做才能使“用料最省”、“产值最高”、“质量最好”、“耗时最少”等问题．例如，厂家生产一种圆柱形杯子，就要考虑在一定条件下，杯子的直径和高取多大时，用料最省；又如，在销售某种商品时，在成本固定之下，怎样确定零售价，才能使商品售出最多，获得利润最大等．这类问题在数学上叫做最大值、最小值问题，简称最值问题.

假设函数 $y=f(x)$ 在闭区间 $[a, b]$ 上连续，由闭区间上连续函数的性质知道，函数 $y=f(x)$ 在闭区间 $[a, b]$ 上一定有最大值与最小值. 最大值与最小值可能取在区间内部，也可能取在区间的端点处；如果取在区间内部，那么，它们一定取在函数的驻点处或者导数不存在的点处.

函数的极值是局部概念，在一个区间内可能有很多个极值，但函数的最值是整体概念，在一个区间上只有一个最大值和一个最小值.

由以上分析知，求函数在闭区间 $[a, b]$ 上的最大值与最小值的步骤为：

(1) 求出函数 $f(x)$ 在区间 (a, b) 内的所有驻点，导数不存在的点；

(2) 求出函数 $f(x)$ 在所有驻点和不可导点的函数值及区间端点的函数值 $f(a)$ 和 $f(b)$；

(3) 比较以上所有函数值的大小，其中最大的就是函数在 $[a, b]$ 上的最大值，最小的就是函数在 $[a, b]$ 上的最小值.

例 2.56　求函数 $f(x)=2x^3+3x^2-12x+14$ 在区间 $[-3, 4]$ 上的最大值与最小值.

解　函数 $f(x)=2x^3+3x^2-12x+14$ 在区间 $[-3, 4]$ 上连续，所以在该区间上存在最大值和最小值.

(1) 又因为

$$f'(x)=6x^2+6x-12=6(x+2)(x-1),$$

令 $f'(x)=0$，得函数 $f(x)$ 的驻点为 $x_1=-2$，$x_2=1$，则

$$f(-2)=34,\quad f(1)=7.$$

(2) 在 $[-3, 4]$ 的区间端点处的函数值分别为

$$f(-3)=23,\quad f(4)=142.$$

(3) 比较以上各函数值，可以得到，函数 $f(x)$ 在区间 $[-3, 4]$ 上的最大值为 $f(4)=142$，最小值为 $f(1)=7$.

例 2.57 求函数 $f(x)=\dfrac{x}{1+x^2}$ 在区间 $[0,\ 2]$ 上的最大值与最小值.

解 函数 $f(x)=\dfrac{x}{1+x^2}$ 在区间 $[0,\ 2]$ 上连续，所以在该区间上存在最大值和最小值.

因为

$$f'(x)=\frac{x^2+1-2x^2}{(1+x^2)^2}=\frac{1-x^2}{(1+x^2)^2},$$

令 $f'(x)=0$，得函数 $f(x)$ 在区间 $(0,\ 2)$ 内的驻点为 $x=1$（因为 $x=-1$ 不合题意舍去）. 由

$$f(1)=\frac{1}{2},\quad f(0)=0,\quad f(2)=\frac{2}{5}$$

可知，函数 $f(x)$ 在区间 $[0,\ 2]$ 上的最大值是 $f(1)=\dfrac{1}{2}$，最小值是 $f(0)=0$.

如图 2-9 所示，如果函数 $f(x)$ 在一个开区间内可导且有唯一的极值点 x_0，那么当 $f(x_0)$ 是极大值时，$f(x_0)$ 就是 $f(x)$ 在该区间上的最大值；当 $f(x_0)$ 是极小值时，$f(x_0)$ 就是 $f(x)$ 在该区间上的最小值.

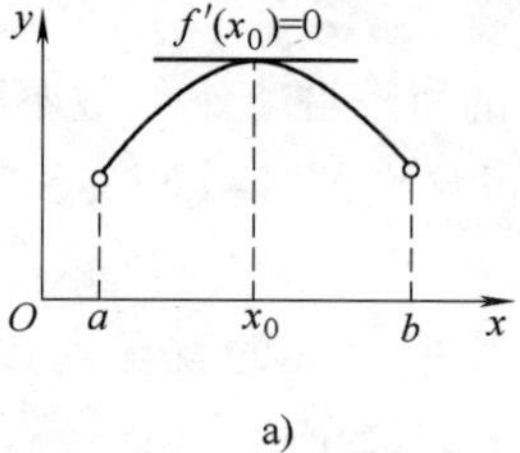

a)

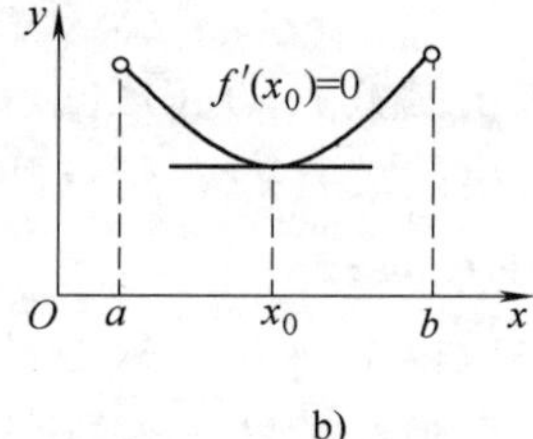

b)

图 2-9

例 2.58 求函数 $y=f(x)=-x^2+4x-3$ 的最大值.

解 函数的定义域为 $(-\infty,\ +\infty)$，因为

$$f'(x)=-2x+4=-2(x-2),$$

令 $f'(x)=0$，得驻点为 $x=2$.

由 $f''(x)=-2<0$ 可以判断 $x=2$ 是函数的极大值点. 由于函数在 $(-\infty,\ +\infty)$ 内只有唯一的一个极值点，所以函数的极大值就是它的最大值，即最大值为 $f(2)=1$，如图 2-10 所示.

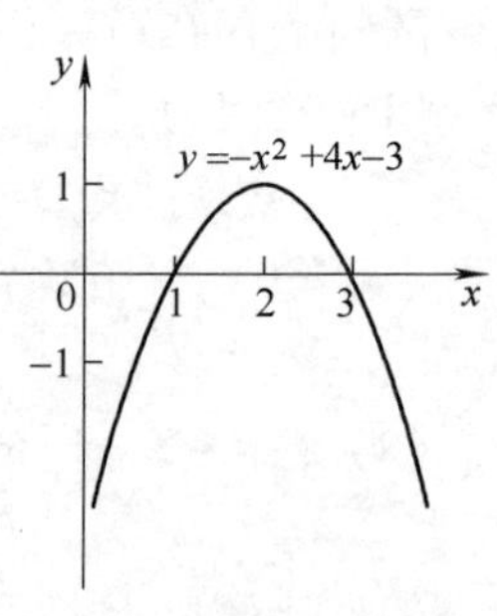

图 2-10

在实际问题中，往往根据问题的性质就可以断定函数 $f(x)$ 确有最大值或最小值，而且

一定在定义区间内部取得．这时如果函数 $f(x)$ 在定义区间内部只有一个驻点 x_0，那么不必讨论 $f(x_0)$ 是不是极值，就可以断定 $f(x_0)$ 是所要求的最大值或最小值．

例 2.59（最大乘积）　设两正数之和为定值，求它们乘积的最大值．

解　设两正数分别为 x，y，它们的乘积为 s，依题意，有

$$x + y = a \quad (a\text{为常数}),$$

则
$$s = xy = x(a - x) = ax - x^2, x \in (0, a),$$

$$s' = a - 2x,$$

令 $s' = 0$，得驻点为 $x = \frac{a}{2}$.

因为在 $(0,\ a)$ 内只有一个驻点，所以由题意可知，当两正数 x 与 y 相等时，其积 s 最大，它的最大值为 $s = \frac{a^2}{4}$.

例 2.60（最大容积）　把边长为 $a$cm 的正方形纸板的四个角剪去四个相等的小正方形（图 2-11a），折成一个无盖的盒子（图 2-11b），问怎样做才能使盒子的容积最大？

解　设剪去的小正方形的边长为 x，则盒子的容积为

$$V = x(a - 2x)^2 \quad \left(0 < x < \frac{a}{2}\right),$$

求导数，得

$$V' = (a - 2x)^2 - 4x(a - 2x) = (a - 2x)(a - 6x),$$

令 $V' = 0$ 得驻点 $x_1 = \frac{a}{6}$，$x_2 = \frac{a}{2}$，其中 $x_2 = \frac{a}{2}$ 不合题意，故在区间 $\left(0,\ \frac{a}{2}\right)$ 内只有一个驻点 $x_1 = \frac{a}{6}$.

而所做的纸盒一定有最大容积，因此，当四角剪去边长为 $\frac{a}{6}$cm 的小正方形时，做成的纸盒的容积最大．

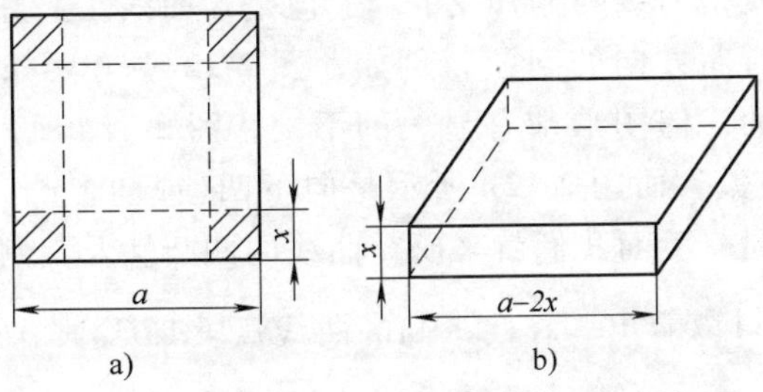

图　2-11

例 2.61(学习兴趣)　小学生接受新概念的接受能力函数为

$$G(t)=-0.1t^2+2.6t+43, t\in[0,30].$$

问 t 为何值时小学生学习兴趣增加或减退？何时学习兴趣最大？

解　$G'(t)=-0.2t+2.6=-0.2(t-13)$,

由 $G'(t)=0$，得唯一驻点为 $t=13$.

当 $t<13$ 时，$G'(t)>0$，$G(t)$单调增加；当 $t>13$ 时，$G'(t)<0$，$G(t)$单调减少.

可见讲课开始后第 13min 时小学生学习兴趣最大．在此时刻之前学习兴趣递增，在此时刻之后学习兴趣递减.

例 2.62　一公司有 50 套公寓要出租，当月租金定为 2000 元时，公寓会全部租出去，当月租金每增加 100 元时，就会多一套公寓租不出去，而租出去的公寓每月需花费 200 元的维修费，试问租金定为多少可获得最大收入？最大收入是多少？

解　设每套公寓租金定为 x 元，所获收入为 y 元，则

$$y=\left(50-\frac{x-2000}{100}\right)(x-200), x\in[2000,+\infty).$$

得　$y=\frac{1}{100}(-x^2+7200x-1400000)$，则 $y'=\frac{1}{100}(-2x+7200)$.

令 $y'=0$，得驻点 $x=3600$，而

$$y''=-\frac{1}{50}<0,$$

故 $x=3600$ 是使 y 取极大值的点，即使 y 取最大值的点．而

$$y\Big|_{x=3600}=115600,$$

因此，租金定为 3600 元可获得最大收入，最大收入是 115600 元.

2.4.3　曲线的凹凸性与拐点

在 2.4.1 中，我们研究了函数单调性的判定方法．函数的单调性反映在图形上，就是曲线的上升或下降．但是，曲线在上升或下降的过程中，还有一个弯曲方向的问题．例如，图 2-12 中有两条曲线弧，虽然它们都是上升的，但图形却有显著的不同，图 2-12a 所示是向下凸(或向上凹)的曲线弧，而图 2-12b 所示是向下凹(或向上凸)的曲线弧，它们的凹凸性不同，下面我们就来研究曲线的凹凸性及其判别法.

从图 2-13 可以看出，在向下凸的曲线弧段$\overset{\frown}{ABC}$上，任一点处的切线都在曲线的下方；在向上凸的曲线弧段$\overset{\frown}{CDE}$上，任一点处的切线都在曲线的上方．对于此，我们给出下面的定义：

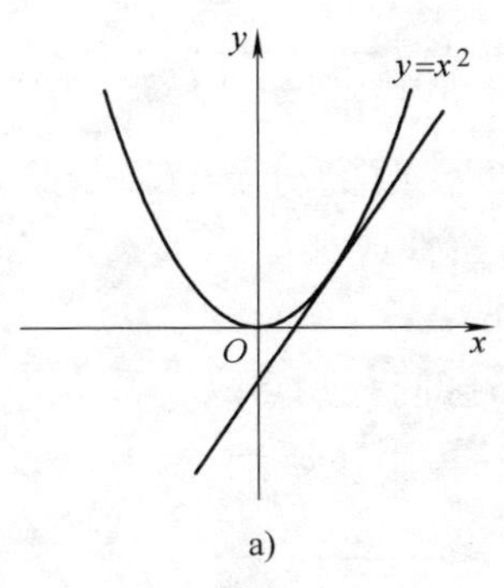

a)

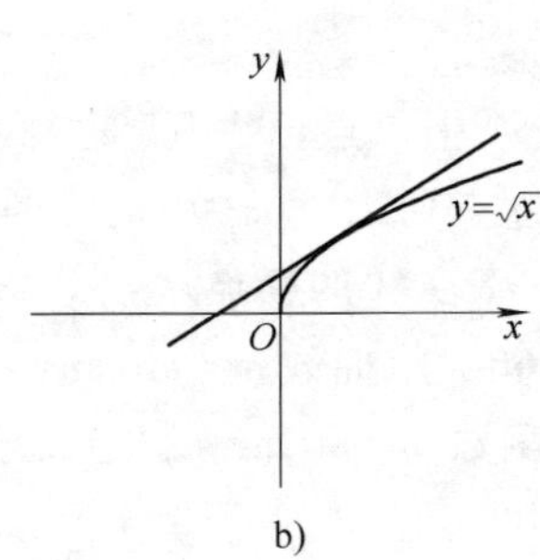

b)

图　2-12

定义 2.4　在某区间(a, b)内，如果曲线弧段总位于其上任意一点处切线的上方，那么称此曲线弧段在(a, b)内是**凹曲线**；如果曲线弧段总位于其上任意一点处切线的下方，那么称此曲线弧段在(a, b)内是**凸曲线**.

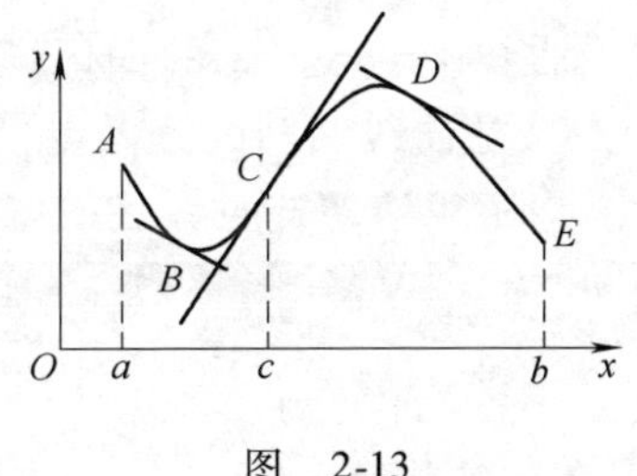

图　2-13

从图 2-13 中还可以看出，当曲线弧段是凹的时候，其切线的斜率是逐渐增加的，即函数的导数是单调增加的；当曲线弧段是凸的时候，其切线的斜率是逐渐减少的，即函数的导数是单调减少的. 根据函数单调性的判定方法，有如下定理：

定理 2.10　设函数$f(x)$在$[a, b]$上连续，在(a, b)内具有一阶和二阶导数.

(1) 如果当$x\in(a, b)$时，恒有$f''(x)>0$，则曲线$f(x)$在区间(a, b)内是凹的；

(2) 如果当$x\in(a, b)$时，恒有$f''(x)<0$，则曲线$f(x)$在区间(a, b)内是凸的.

例 2.63　判定曲线$y=x-\ln(x+1)$的凹凸性.

解　函数$y=x-\ln(x+1)$的定义域为$(-1, +\infty)$，因为

$$y'=1-\frac{1}{x+1},\quad y''=\frac{1}{(x+1)^2}>0,$$

所以，函数在其定义域$(-1, +\infty)$内是凹的.

例 2.64　判定曲线$y=x^3$的凹凸性.

解　函数$y=x^3$的定义域是$(-\infty, +\infty)$，因为

$$y'=3x^2,\quad y''=6x,$$

所以，当$x<0$时，$y''<0$；当$x>0$时，$y''>0$，由定理 2.10 知：

曲线 $y=x^3$ 在区间$(-\infty, 0)$内是凸的，在区间$(0, +\infty)$内是凹的.

例 2.64 中，点$(0, 0)$是曲线由凸变凹的分界点. 如果曲线 $y=f(x)$在经过点$(x_0, f(x_0))$时曲线的凹凸性改变了，那么就称点$(x_0, f(x_0))$为这条曲线的**拐点**.

例 2.65 求曲线 $y=\arctan x$ 的凹凸区间与拐点.

解 函数 $y=\arctan x$ 的定义域为$(-\infty, +\infty)$，因为

$$y'=\frac{1}{1+x^2},\quad y''=-\frac{2x}{(1+x^2)^2},$$

所以，当 $x<0$ 时，$y''>0$；当 $x>0$ 时，$y''<0$，由定理 2.10 知：

曲线 $y=\arctan x$ 的凹区间为$(-\infty, 0)$，凸区间为$(0, +\infty)$，点$(0, 0)$是曲线凹凸的分界点，所以拐点为$(0, 0)$.

为了更清楚起见，我们列出表格：

x	$(-\infty, 0)$	0	$(0, +\infty)$
y''	+	0	−
y	⌣	拐点(0, 0)	⌢

由例 2.65 可以看出，判定曲线的凹凸性，求拐点的步骤如下：

(1) 确定函数 $y=f(x)$的定义域；

(2) 求出函数 $y=f(x)$的二阶导数 y''；

(3) 用二阶导数为零的点和二阶导数不存在的点把函数的定义域分成小区间；

(4) 列表考察各部分区间内二阶导数的符号，判断出曲线的凹凸区间，求出曲线的拐点.

例 2.66 求曲线 $y=2x^4-4x^3+3$ 的凹凸区间与拐点.

解 (1) 函数的定义域为$(-\infty, +\infty)$.

(2) $y'=8x^3-12x^2$,

$$y''=24x^2-24x=24x(x-1).$$

(3) 解方程 $y''=0$，得

$$x_1=0,\quad x_2=1.$$

(4) 列表考察：

x	$(-\infty, 0)$	0	$(0, 1)$	1	$(1, +\infty)$
y''	+	0	−	0	+
y	⌣	拐点(0, 3)	⌢	拐点(1, 1)	⌣

2.4.4 洛必达(L'Hospital)法则

如果当 $x \to a$(或 $x \to \infty$)时，两个函数 $f(x)$ 与 $g(x)$ 都趋于零或都趋于无穷大，那么极限 $\lim\limits_{\substack{x \to a \\ (x \to \infty)}} \dfrac{f(x)}{g(x)}$ 可能存在，也可能不存在．例如，$\lim\limits_{x \to 0} \dfrac{\sin x}{x}$ 存在且等于1，$\lim\limits_{x \to 0} \dfrac{x}{x^3}$ 不存在，通常把这种极限叫做**未定式**，分别称之为 $\dfrac{0}{0}$ 型未定式或 $\dfrac{\infty}{\infty}$ 型未定式．对于这类极限，即使它存在也不能用"商的极限等于极限的商"这一法则．下面给出求未定式极限的简便而有效的方法——洛必达法则.

定理 2.11 (洛必达法则)如果函数 $f(x)$ 与 $g(x)$ 满足下列条件：

(1) $\lim\limits_{x \to a} f(x) = \lim\limits_{x \to a} g(x) = 0$ (或 $\lim\limits_{x \to a} f(x) = \lim\limits_{x \to a} g(x) = \infty$)；

(2) 在点 a 的某去心邻域内(即点 a 可以除外) $f'(x)$ 和 $g'(x)$ 都存在，且 $g'(x) \neq 0$；

(3) $\lim\limits_{x \to a} \dfrac{f'(x)}{g'(x)} = A$ (或 ∞)，

则
$$\lim_{x \to a} \frac{f(x)}{g(x)} = \lim_{x \to a} \frac{f'(x)}{g'(x)} = A \quad (\text{或} \infty).$$

注 定理2.11对 $x \to \infty$ 时的"$\dfrac{0}{0}$"型未定式同样适用，对 $x \to a$ 或 $x \to \infty$ 时的"$\dfrac{\infty}{\infty}$"型未定式，也有相应的法则.

例 2.67 求极限 $\lim\limits_{x \to 0} \dfrac{2^x - 1}{x}$.

解 当 $x \to 0$ 时，分子 $(2^x - 1) \to 0$，分母 $x \to 0$，此极限为"$\dfrac{0}{0}$"型，由洛必达法则，得

$$\lim_{x \to 0} \frac{2^x - 1}{x} = \lim_{x \to 0} \frac{2^x \ln 2}{1} = \ln 2.$$

例 2.68 求极限 $\lim\limits_{x \to 0} \dfrac{\ln(1 + 3x)}{x^2}$.

解 当 $x \to 0$ 时，分子 $\ln(1 + 3x) \to 0$，分母 $x^2 \to 0$，此极限为"$\dfrac{0}{0}$"型，利用洛必达法则，得

$$\lim_{x \to 0} \frac{\ln(1 + 3x)}{x^2} = \lim_{x \to 0} \frac{\dfrac{3}{1 + 3x}}{2x} = \lim_{x \to 0} \frac{3}{2x(1 + 3x)} = \infty.$$

例 2.69 求极限$\lim\limits_{x\to\frac{\pi}{2}}\dfrac{\ln\sin x}{(\pi-2x)^2}$.

解 当$x\to\dfrac{\pi}{2}$时，分子、分母都趋近于零，由洛必达法则，得

$$\lim_{x\to\frac{\pi}{2}}\frac{\ln\sin x}{(\pi-2x)^2}=\lim_{x\to\frac{\pi}{2}}\frac{\frac{1}{\sin x}\cdot\cos x}{-4(\pi-2x)}=-\frac{1}{4}\lim_{x\to\frac{\pi}{2}}\frac{\cot x}{\pi-2x},$$

而此极限仍为"$\dfrac{0}{0}$"型，可以继续使用洛必达法则，有

$$\lim_{x\to\frac{\pi}{2}}\frac{\ln\sin x}{(\pi-2x)^2}=-\frac{1}{4}\lim_{x\to\frac{\pi}{2}}\frac{-\csc^2x}{-2}=-\frac{1}{8}.$$

如果$\lim\limits_{x\to a}\dfrac{f'(x)}{g'(x)}$仍属$\dfrac{0}{0}$型未定式，且这时$f'(x)$，$g'(x)$能满足定理中$f(x)$、$g(x)$所要满足的条件，那么可以继续使用洛必达法则，即

$$\lim_{x\to a}\frac{f(x)}{g(x)}=\lim_{x\to a}\frac{f'(x)}{g'(x)}=\lim_{x\to a}\frac{f''(x)}{g''(x)},$$

且可以此类推.

例 2.70 求极限$\lim\limits_{x\to+\infty}\dfrac{\ln x}{x^2}$.

解 当$x\to+\infty$时，分子、分母都趋近于∞，此极限为"$\dfrac{\infty}{\infty}$"型，由洛必达法则，得

$$\lim_{x\to+\infty}\frac{\ln x}{x^2}=\lim_{x\to+\infty}\frac{\frac{1}{x}}{2x}=\lim_{x\to+\infty}\frac{1}{2x^2}=0.$$

例 2.71 求极限$\lim\limits_{x\to+\infty}\dfrac{x^n}{e^x}$($n$为正整数).

解 当$x\to+\infty$时，此极限为"$\dfrac{\infty}{\infty}$"型，由洛必达法则，得

$$\lim_{x\to+\infty}\frac{x^n}{e^x}=\lim_{x\to+\infty}\frac{nx^{n-1}}{e^x}=\lim_{x\to+\infty}\frac{n(n-1)x^{n-2}}{e^x}$$

$$=\cdots=\lim_{x\to+\infty}\frac{n!}{e^x}=0.$$

需要注意，这里多次使用了洛必达法则.

未定式极限除了上述两种以外，还有$0\cdot\infty$、$\infty-\infty$、1^∞、0^0、∞^0等类型. 对此，我们可以通过简单的变形把它们化为$\dfrac{0}{0}$型或$\dfrac{\infty}{\infty}$型，再用洛必达法则求出极限.

例 2.72 求极限 $\lim\limits_{x\to 0^+} x^n \ln x \quad (n>0)$.

解 此极限为"$0\cdot\infty$"型，先将其化为"$\dfrac{\infty}{\infty}$"型，再利用洛必达法则，得

$$\lim_{x\to 0^+} x^n \ln x = \lim_{x\to 0^+} \frac{\ln x}{\dfrac{1}{x^n}} = \lim_{x\to 0^+} \frac{\dfrac{1}{x}}{-nx^{-n-1}}$$

$$= \lim_{x\to 0^+} \frac{1}{-nx^{-n}} = \lim_{x\to 0^+} \frac{-x^n}{n} = 0.$$

例 2.73 求极限 $\lim\limits_{x\to\frac{\pi}{2}} (\sec x - \tan x)$.

解 此极限为"$\infty-\infty$"型，先将其变形为

$$\lim_{x\to\frac{\pi}{2}} (\sec x - \tan x) = \lim_{x\to\frac{\pi}{2}} \left(\frac{1}{\cos x} - \frac{\sin x}{\cos x}\right) = \lim_{x\to\frac{\pi}{2}} \frac{1-\sin x}{\cos x},$$

现已化为"$\dfrac{0}{0}$"型，利用洛必达法则，得

$$\lim_{x\to\frac{\pi}{2}} (\sec x - \tan x) = \lim_{x\to\frac{\pi}{2}} \frac{-\cos x}{-\sin x} = 0.$$

例 2.74 求极限 $\lim\limits_{x\to 0^+} x^x$.

解 此极限为"0^0"型，先将其变形为

$$\lim_{x\to 0^+} x^x = \lim_{x\to 0^+} \mathrm{e}^{\ln x^x} = \lim_{x\to 0^+} \mathrm{e}^{x\ln x} = \mathrm{e}^{\lim\limits_{x\to 0^+} x\ln x},$$

由例 2.72，知

$$\lim_{x\to 0^+} x^x = \mathrm{e}^0 = 1.$$

使用洛必达法则必须注意以下两点：

(1) 每次使用洛必达法则之前，必须先检验是否属于"$\dfrac{0}{0}$"型或"$\dfrac{\infty}{\infty}$"型未定式，若不是未定式则不能使用洛必达法则；其他未定式须先化成这两种类型之一，然后再用该法则；

(2) 洛必达法则的条件是充分的，但不是必要的，因此，该法则失效但极限仍有可能存在.

有些极限虽然是未定式，但使用洛必达法则无法计算出其极限值，这时应考虑用其他方法.

例如，求 $\lim\limits_{x\to+\infty} \dfrac{\sqrt{1+x^2}}{x}$，两次使用洛必达法则后，又还原成原来的

形式，因而洛必达法则对它失效．事实上，

$$\lim_{x\to+\infty}\frac{\sqrt{1+x^2}}{x}=\lim_{x\to+\infty}\sqrt{\frac{1}{x^2}+1}=1.$$

再如，$\lim\limits_{x\to\infty}\dfrac{x+\sin x}{x}\left(\dfrac{\infty}{\infty}\right)$，由 $\lim\limits_{x\to\infty}\dfrac{(x+\sin x)'}{(x)'}=\lim\limits_{x\to\infty}\dfrac{1+\cos x}{1}$，因为 $\lim\limits_{x\to\infty}\cos x$ 不存在，所以 $\lim\limits_{x\to\infty}\dfrac{1+\cos x}{1}$ 不存在，但不能说 $\lim\limits_{x\to\infty}\dfrac{x+\sin x}{x}$ 不存在，这是因为 $\lim\limits_{x\to\infty}\dfrac{x+\sin x}{x}=\lim\limits_{x\to\infty}\dfrac{1+\dfrac{\sin x}{x}}{1}=1$.

*2.4.5 一元函数微分学在经济学中的应用

企业的经营效益取决于企业的成本支出、收入以及二者关于产量的变化率等因素．下面主要研究导数应用于成本函数和收入函数.

在经济学中，习惯用平均和边际这两个概念来描述一个经济变量 y 对另一个经济变量 x 的变化．平均概念表示在 x 值的某一范围内 y 的变化．边际概念表示当 x 的改变量 Δx 趋于 0 时，y 的相应改变量 Δy 与 Δx 比值 $\dfrac{\Delta y}{\Delta x}$ 的变化，即当 x 在某一给定值附近有微小变化时，y 的瞬时变化.

1. 成本函数和边际成本

成本函数为某种产品产量为 q 时的总成本，记为 $C(q)$.

生产的产品越多，成本越高，所以成本函数是一个单增函数．对一些产品如汽车、电视机来说，产量 q 是一个整数，所以 $C(q)$ 的图像由一些离散的点组成(图 2-14)；对煤、电等产品，产量 q 可以连续变化，所以 $C(q)$ 的图像是一条连续的曲线(图 2-15).

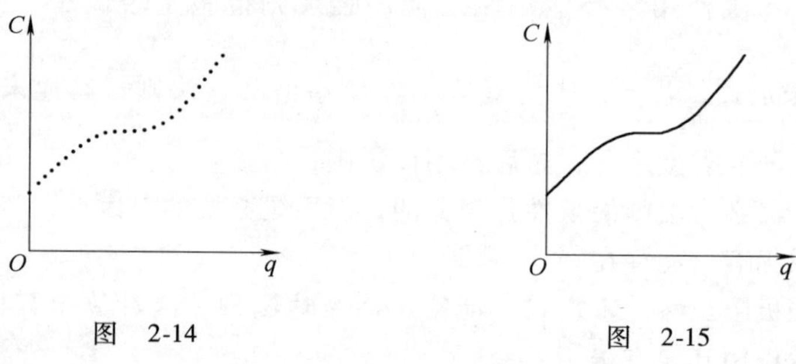

图 2-14　　图 2-15

当 $q=0$ 时，$C(0)=C_0$ 一般不为零，称为固定成本．这一部分成本的特点是短期内不随产量的变化而变化，如厂房、设备、管理者的固定

工资．在几何上，固定成本就是成本函数曲线在 C 轴上的截距．而产品中如原材料、劳动者工资这部分成本随产品的变化而变化，称为可变成本.

在经济学中，边际成本定义为产量增加一个单位时总成本的增量，即总成本对产量的变化率．于是，如果 $C(q)$ 可导，当产量 $q=q_0$ 时，边际成本用 MC 表示，且

$$MC = C'(q_0) = \lim_{\Delta q \to 0} \frac{C(q_0+\Delta q)-C(q_0)}{\Delta q} = \left.\frac{\mathrm{d}C}{\mathrm{d}q}\right|_{q=q_0}.$$

产量为 q 时，边际成本 $MC=C'(q)$，即边际成本是总成本函数关于产量的导数，其经济意义是：$C'(q)$ 近似等于产量为 q 时，再增加一个单位产品所需要增加的成本．这是因为

$$C(q+1)-C(q) = \Delta C(q) \approx C'(q).$$

2. 收入函数和边际收入

收入函数表示企业售出数量为 q 的产品时所获得的总收入，记为 $R(q)$. 由于售出量 q 越多，收入 $R(q)$ 越大，所以 $R(q)$ 是单调递增的函数.

如果价格 p 为常数，那么收入 $R(q)=pq$，此时 $R(q)$ 的图像是通过原点的直线．实际上，当产量 q 的值增大时，产品可能充斥市场，从而造成价格下降，因此 $R(q)$ 的图像会发生变化.

在经济学中，边际收入定义为多销售一个单位产品时总收入的增量，即边际收入为总收入关于产品销量 q 的变化率，记为 MR，且

$$MR = R'(q) = \lim_{\Delta q \to 0} \frac{R(q+\Delta q)-R(q)}{\Delta q} = \frac{\mathrm{d}R}{\mathrm{d}q}.$$

其经济意义是：$R'(q)$ 近似等于当销售量为 q 时，再多销售一个单位产品所增加的收入．这是因为

$$R(q+1)-R(q) = \Delta R(q) \approx R'(q).$$

3. 利润函数和边际利润

利润是生产者收入扣除成本的剩余部分，用 $L(q)$ 表示，即

$$L(q) = R(q) - C(q),$$

所以利润也是 q 的函数.

边际利润

$$L'(q) = R'(q) - C'(q).$$

例 2.75　设某厂每月生产的产品固定成本为 1000 元，生产 x 个单位产品的可变成本为 $0.01x^2+10x$ 元，如果每单位产品的售价为 30 元，试求：总成本函数、总收入函数、总利润函数、边际成本、边际收入和

边际利润为零时的产量?

解 总成本为可变成本与固定成本之和，即

$$C(x) = 0.01x^2 + 10x + 1000.$$

总收入函数 $R(x) = px = 30x.$

总利润函数

$$\begin{aligned} L(x) &= R(x) - C(x) = 30x - 0.01x^2 - 10x - 1000 \\ &= -0.01x^2 + 20x - 1000. \end{aligned}$$

边际成本 $C'(x) = 0.02x + 10.$

边际收入 $R'(x) = 30.$

边际利润

$$L'(x) = -0.02x + 20.$$

令 $L'(x) = 0$，得 $x = 1000$，即当月产量为 1000 个单位时，边际利润为零. 这说明，当月产量为 1000 个单位时，再多生产一个单位产品不会增加利润.

例 2.76 一工厂生产某种产品每月产量为 Q(kg)的总成本为

$$C(Q) = \frac{1}{2}Q^2 + 4Q + 3200(\text{元}).$$

对该产品的需求函数为 $Q = 600 - 2p$，其中 p(元/kg)是产品的价格. 为使平均成本最低，试确定每月的产量和每千克产品的利润及边际利润.

解 因为总成本

$$C(Q) = \frac{1}{2}Q^2 + 4Q + 3200,$$

所以平均成本

$$\overline{C}(Q) = \frac{C(Q)}{Q} = \frac{1}{2}Q + 4 + \frac{3200}{Q},$$

令 $\overline{C}'(Q) = \frac{1}{2} - \frac{3200}{Q^2} = 0$，得唯一驻点 $Q = 80$.

而 $\overline{C}''(Q) = \frac{6400}{Q^3} > 0$，所以 $Q = 80$kg 时，$\overline{C}(Q)$ 最小.

又因为需求函数 $Q = 600 - 2p$，所以

$$R(Q) = pQ = 300Q - \frac{Q^2}{2},$$

则

$$\begin{aligned} L(Q) &= R(Q) - C(Q) \\ &= \left(300Q - \frac{Q^2}{2}\right) - \left(\frac{1}{2}Q^2 + 4Q + 3200\right) \end{aligned}$$

$$= -Q^2 + 296Q - 3200,$$

所以 $$\overline{L}(Q) = \frac{L(Q)}{Q} = -Q + 296 - \frac{3200}{Q},$$

故 $$\overline{L}(80) = -80 + 296 - \frac{3200}{80} = 176(\text{元}).$$

又 $$L'(Q) = -2Q + 296,$$

则 $$L'(80) = -2 \times 80 + 296 = 136(\text{元}).$$

答：平均成本最低时每月的产量是 80kg；每千克产品的利润是 176 元，每千克产品的边际利润为 136 元.

例 2.77　设某产品的平均单位成本

$$\overline{C}(Q) = Q + 4 + \frac{16}{Q}(\text{元}).$$

若产品以每件 1000 元的价格销售，试问产量 Q 为多少时总利润最大？最大利润是多少？

解　依题意，总成本

$$C(Q) = Q\,\overline{C}(Q) = Q\left(Q + 4 + \frac{16}{Q}\right) = Q^2 + 4Q + 16,$$

总收入

$$R(Q) = pQ = 1000Q,$$

所以，总利润

$$\begin{aligned} L(Q) &= R(Q) - C(Q) \\ &= 1000Q - (Q^2 + 4Q + 16) \\ &= -Q^2 + 996Q - 16. \end{aligned}$$

令 $L'(Q) = -2Q + 996 = 0$，得唯一驻点 $Q = 498$.

又因为 $L''(Q) = -2 < 0$，所以 $Q = 498$ 件时，$L(Q)$ 最大，且

$$L(498) = -498^2 + 996 \times 498 - 16 = 247988(\text{元}).$$

答：产量为 498 件时总利润最大，最大利润是 247988 元.

例 2.78　某商店每年分批购进彩电 1000 台，每批订货费为 2500 元，每台年库存费用为 80 元，商品均匀投放市场，求使总费用最低的进货批量、最低费用和进货批数.

解　(1) 设进货批量为 x，则总费用为

$$P(x) = 2500\,\frac{1000}{x} + 80\,\frac{x}{2},$$

令 $P'(x) = -\dfrac{2500000}{x^2} + 40 = 0$，得唯一驻点 $x = 250$ 台.

又因为 $P''(x) = \dfrac{5000000}{x^3} > 0$，所以 $x = 250$ 时，$P(x)$ 最小.

(2) $P(250)=\frac{2500000}{250}+40\times250=20000$(元).

(3) 最低进货批数是$\frac{1000}{250}=4$(批).

答：总费用最低的进货批量是250台，最低费用是20000元，进货批数是4批.

例2.79 某厂生产某产品，年销售量为100万件，每批产品生产需增加准备费1000元，而每件产品的年库存费为0.05元．如果年销售率是均匀的，问分几批生产，能使生产准备费与库存费之和最小?

解 设分x批进行生产，则生产准备费与库存费之和为

$$P(x)=1000x+0.05\frac{1000000}{2x},$$

令$P'(x)=1000-\frac{25000}{x^2}=0$，得唯一驻点$x=5$批．

又因为$P''(x)=\frac{50000}{x^3}>0$，所以$x=5$时，$P(x)$最小.

答：分5批生产，能使生产准备费与库存费之和最小.

4. 相对变化率——函数的弹性

弹性概念是经济学中的另一个重要概念，用来定量地描述一个经济变量对另一个经济变量变化的反应程度，或者说，一个经济变量变动百分之一会使另一个经济变量变动百分之几.

定义2.5 设函数$f(x)$在点x_0的某邻域内有定义，且$f(x_0)\neq0$，如果极限

$$\lim_{\Delta x\to0}\frac{\Delta y/f(x_0)}{\Delta x/x_0}=\lim_{\Delta x\to0}\frac{(f(x_0+\Delta x)-f(x_0))/f(x_0)}{\Delta x/x_0}$$

存在，则称此极限值为函数在点x_0处的**弹性**，记为$\left.\frac{Ey}{Ex}\right|_{x=x_0}$.

而称比值

$$\frac{\Delta y/f(x_0)}{\Delta x/x_0}=\frac{[f(x_0+\Delta x)-f(x_0)]/f(x_0)}{\Delta x/x_0}$$

为函数$y=f(x)$在点x_0与点$x_0+\Delta x$之间的**弧弹性**.

由定义可知

$$\left.\frac{Ey}{Ex}\right|_{x=x_0}=\left.\frac{x_0\mathrm{d}y}{f(x_0)\mathrm{d}x}\right|_{x=x_0},$$

且当$|\Delta x|$很小时，有

$$\left.\frac{Ey}{Ex}\right|_{x=x_0} \approx \frac{\Delta y/f(x_0)}{\Delta x/x_0} = \text{弧弹性}.$$

如果函数 $y=f(x)$ 在区间 (a, b) 内可导，且 $f(x)\neq 0$，则称

$$\frac{Ey}{Ex} = \frac{x}{f(x)}f'(x)$$

为函数 $y=f(x)$ 在区间 (a, b) 内的**弹性函数**.

注意　弹性与量纲无关(因为经济学中各种商品的计量单位不同，比较弹性时不受量纲的影响)，函数 $f(x)$ 在点 x 的弹性反映了随 x 的变化，$f(x)$ 变化幅度的大小，也就是 $f(x)$ 对 x 变化反应的强烈程度或灵敏度.

下面我们介绍需求弹性.

若 Q 表示某商品的需求量，价格为 p，若需求函数 $Q=Q(p)$ 可导，则称

$$-\frac{p}{Q(p)}\frac{\mathrm{d}Q}{\mathrm{d}p}$$

为**商品的需求价格弹性**，简称为**需求弹性**，记为 ε_p.

因为需求函数 $Q=Q(p)$ 单调递减，Δp 与 ΔQ 反号，为使需求弹性为正数，所以冠以"－"号. 需求弹性刻画了价格变动时，需求变动的强弱.

需求弹性 ε_p 表示某商品需求量 Q 对价格 p 的变动的反应程度. 由于需求函数为价格的减函数，故当商品的价格上涨(或下跌)1%时，其需求量将减少(或增加)约 $|\varepsilon_p|$ %.

当 $\varepsilon_p=1$ 时，称为单位弹性，此时商品需求量变动的百分比与价格变动的百分比相等.

当 $\varepsilon_p>1$ 时，称为高弹性，此时商品需求量变动的百分比高于价格变动的百分比. 价格变动对需求量的影响较大.

当 $0<\varepsilon_p<1$ 时，称为低弹性，此时商品需求量变动的百分比低于价格变动的百分比. 价格变动对需求量的影响不大.

例 2.80　求函数 $y=3+2x$ 在 $x=3$ 处的弹性.

解　因为 $\frac{Ey}{Ex}=x\frac{y'}{y}=x\frac{2}{3+2x}=\frac{2x}{3+2x}$，

所以

$$\left.\frac{Ey}{Ex}\right|_{x=3} = \frac{2\times 3}{3+2\times 3} = \frac{2}{3}.$$

例 2.81　求 $y=100\mathrm{e}^{3x}$ 的弹性.

解　$\frac{Ey}{Ex}=x\frac{y'}{y}=x\frac{300\mathrm{e}^{3x}}{100\mathrm{e}^{3x}}=3x.$

例 2.82 求 $y=x^{\alpha}$ 的弹性.

解 $\dfrac{Ey}{Ex}=x\dfrac{y'}{y}=x\dfrac{\alpha x^{\alpha-1}}{x^{\alpha}}=\alpha.$

由此可知，幂函数的弹性是常数，称为不变弹性函数.

例 2.83 设某商品的需求函数 $Q=\mathrm{e}^{-\frac{p}{5}}$，求需求弹性.

解 $\varepsilon_p=-p\dfrac{Q'}{Q}=-p\dfrac{-\dfrac{1}{5}\mathrm{e}^{-\frac{p}{5}}}{\mathrm{e}^{-\frac{p}{5}}}=\dfrac{p}{5}.$

例 2.84 设某商品的需求函数 $Q=12-\dfrac{p}{2}$，

(1) 求需求弹性；

(2) 求 $p=6$ 时的需求弹性；

(3) p 为何值时总收益最大？最大收益是多少？

解 (1) $\varepsilon_p=-p\dfrac{Q'}{Q}=-p\dfrac{-\dfrac{1}{2}}{12-\dfrac{p}{2}}=\dfrac{p}{24-p}.$

(2) $\varepsilon_p\big|_{p=6}=\dfrac{6}{24-6}=\dfrac{1}{3}.$

(3) 因为

$$R(p)=pQ=p\left(12-\frac{p}{2}\right)=12p-\frac{p^2}{2},$$

所以令 $R'=12-p=0$，得唯一驻点 $p=12$.

而 $R''=-1<0$，知 $p=12$ 时，R 最大且 $R(12)=72$.

答：价格是 12 时，总收益最大，最大收益是 72.

习 题 2.4

1. 求下列函数的单调区间：

(1) $y=x^4-2x^2+2$； (2) $y=\dfrac{x^2}{1+x}$；

(3) $y=x^2\mathrm{e}^x$； (4) $y=\ln(x+\sqrt{4+x^2})$；

(5) $y=2x^3-6x^2-18x+7$.

2. 求下列函数的极值：

(1) $y=x^3-3x^2+7$； (2) $y=x^2\mathrm{e}^{-x}$；

(3) $y=\dfrac{2x}{1+x^2}$； (4) $y=(x-1)\sqrt[3]{x^2}$；

(5) $y=2x-\ln(4x)^2$;　　(6) $y=(x-3)^2(x-2)$.

3. 求下列函数在所给的区间上的最大值与最小值：

(1) $y=\ln(1+x^2)$, $[-1, 2]$;　　(2) $y=\dfrac{x^2}{1+x}$, $\left[-\dfrac{1}{2}, 1\right]$;

(3) $y=\sqrt{5-4x}$, $[-1, 1]$;　　(4) $y=x^{\frac{1}{3}}(1-x)^{\frac{2}{3}}$, $(0, 1]$.

4. 某农场要围建一个面积为 512m^2 的矩形晒谷场. 矩形的一边利用原来的石条围沿，其他三边需砌新石条围沿，问晒谷场的长和宽各为多少米时，才能使用料最省?

5. 把一直径为 d 的圆木锯成截面为矩形的梁. 问矩形截面的高 h 和宽 b 应如何选取，使梁的抗弯截面系数 $W=\dfrac{1}{6}bh^2$ 最大?

6. 一鱼雷艇停泊在距海岸 9km 的 A 处(海岸线为直线)，派人送信给距鱼雷艇 $3\sqrt{34}$km 设在海岸边上的司令部 B. 若送信人步行 5km/h，划船 4km/h，问他在何处上岸，到达司令部所用的时间最短?

7. 确定下列曲线的凹凸区间和拐点：

(1) $y=x^4-6x^2-5$;　　(2) $y=\ln(1+x^2)$;

(3) $y=(x+1)^2+\mathrm{e}^x$;　　(4) $y=(x-2)^{\frac{5}{3}}$;

(5) $y=x\mathrm{e}^{-x}$.

8. 利用洛必达法则求下列极限：

(1) $\lim\limits_{x\to 1}\dfrac{\ln x}{x-1}$;　　(2) $\lim\limits_{x\to\frac{\pi}{2}^+}\dfrac{\ln\left(x-\dfrac{\pi}{2}\right)}{\tan x}$;

(3) $\lim\limits_{x\to+\infty}\dfrac{\ln\left(1+\dfrac{1}{x}\right)}{\operatorname{arccot}x}$;　　(4) $\lim\limits_{x\to 0}\left(\dfrac{1}{x}-\dfrac{1}{\mathrm{e}^x-1}\right)$;

(5) $\lim\limits_{x\to 0}\dfrac{x-\sin x}{x^3}$;　　(6) $\lim\limits_{x\to 0}\dfrac{\mathrm{e}^x-\mathrm{e}^{-x}-2x}{x-\sin x}$;

(7) $\lim\limits_{x\to 0}\dfrac{\ln(1+x)}{x^2}$;　　(8) $\lim\limits_{x\to 1}\dfrac{x^3-3x+2}{x^3-x^2-x+1}$;

(9) $\lim\limits_{x\to 0^+}\dfrac{\ln\cot x}{\ln x}$;　　(10) $\lim\limits_{x\to+\infty}\dfrac{\ln x}{x^n}\quad(n>0)$;

(11) $\lim\limits_{x\to+\infty}x\left(\dfrac{\pi}{2}-\arctan x\right)$;　　(12) $\lim\limits_{x\to 0^+}\left(\ln\dfrac{1}{x}\right)^x$;

(13) $\lim\limits_{x\to 0}\dfrac{\ln\tan 7x}{\ln\tan 2x}$;　　(14) $\lim\limits_{x\to\frac{\pi}{2}}\dfrac{\ln\sin x}{(\pi-2x)^2}$;

(15) $\lim\limits_{x\to 1}\left(\dfrac{2}{x^2-1}-\dfrac{1}{x-1}\right)$;　　(16) $\lim\limits_{x\to 1}\dfrac{x^3-1+\ln x}{\mathrm{e}^x-\mathrm{e}}$;

(17) $\lim\limits_{x\to 1}\left(\dfrac{x}{x-1}-\dfrac{1}{\ln x}\right)$;　　(18) $\lim\limits_{x\to 1^-}\ln x\ln(1-x)$.

9. 设 $f(x)=\dfrac{1-\cos x}{1+\cos x}$，问：

(1) $\lim\limits_{x \to 0} f(x)$是否存在？其极限值等于什么？

(2)能否由洛必达法则求出其极限值，为什么？

10. 生产某商品q(单位：t)的利润是$L(q) = -\frac{1}{3}q^3 + 6q^2 - 11q - 40$(单位：万元)，问生产商品多少时，获利最大？

11. 有一个企业生产某种产品，每批生产q个单位的总成本为$C(q) = 3 + q$(单位：百元)，可得的总收入为$R(q) = 6q - q^2$(单位：百元)．问每批生产多少个单位产品时，才能使总利润最大？最大利润是多少？

12. 一商店每年销售某种商品a件，该商品的销售率是均匀的(即商品的库存量为批量的一半)．商店分几批进货，每次购进货物的手续费为b元，而每件商品的年库存费为c元．问商店应分几批购进该商品，能使所花的手续费与库存费之和最少？

综合练习题2

1. 填空题：

(1) 设$f(x) = \mathrm{e}^x$，则$\lim\limits_{x \to 0} \frac{f(x) - f(0)}{x} =$________；设$f(x) = \frac{1}{1+x}$，则$\lim\limits_{h \to 0} \frac{f(x+h) - f(x)}{h} =$________.

(2) 设函数$y = f(x)$可导，在几何上$f'(x_0)$表示________.

(3) 设(x_0, y_0)是曲线$y = f(x)$上的点，则过该点的切线方程是________；若$f'(x_0) = 0$，那么过该点的切线方程是________，且与x轴________；若$f(x)$在点x_0处导数不存在，且为无穷时，过该点的切线方程是________，与x轴________.

(4) 曲线$y = x^{-\frac{1}{2}}$在点(1, 1)处的切线方程是________.

(5) 设函数$f(x) = \begin{cases} x^2 & x \leqslant 1 \\ ax + b & x > 1 \end{cases}$在$x = 1$处可导，则$a =$________，$b =$________.

(6) 若$y = x(x-1)(x-2)(x-3)$，则$y'(0) =$________；若$f(x) = \ln 2x$，则$[f(2)]' =$________.

(7) 若$f(x) = x^2$，则$f(f'(2)) =$________；$(2^{\sqrt{x}})' =$________.

(8) 若$f(x) = x\mathrm{e}^{-x}$，则$f''(0) =$__________.

(9) 函数$y = f(x)$在点x_0处可导，当Δx很小时，有$\Delta y \approx$__________.

(10) 设$y = f(x)$是可微函数，则$\mathrm{d}f(x^2) =$__________.

(11) 函数$f(x) = ax^2 + 1$在区间$(0, +\infty)$内单调增加，则a应满足__________.

(12) 函数$y = x - \mathrm{e}^{-x}$的单调增区间为________.

(13) 当$x = 4$时，$y = x^2 + px + q$取得极值，则$p =$________.

(14) 设$f(x)$在$x=0$处有$f'(0)=0$，$f''(0)\neq 0$，则$x=0$必为函数$f(x)$的________.

(15) 若函数$f(x)$在$[a,b]$上恒有$f'(x)<0$，则$f(x)$在$[a,b]$上的最大值为________.

(16) 函数$f(x)=|x-1|+2$的最小值点是$x=$________.

(17) 设函数$f(x)$在点x_0的邻域内可导，而且$f'(x_0)=0$，如果$f'(x)$的符号在点x_0的左右由正变负，则$f(x_0)$为$f(x)$的________.

(18) 若曲线$f(x)$在(a,b)内是凹的，而且$f(x)$有二阶导数，则$f''(x)$________.

(19) 若$f(x)$在点x_0处二阶可导，$(x_0,f(x_0))$是曲线的拐点，必须满足________.

(20) 曲线$y=x^3+x+2$拐点是________.

2. 选择题：

(1) 设函数$f(x)=\begin{cases}2x & x>1\\ x^2 & x\leqslant 1\end{cases}$，在点$x=1$处该函数(　　).

A. 不可导　　B. 可导且$f'(1)=2$　　C. 可微　　D. 连续

(2) 若函数$f(x)$在点x_0处可导，则(　　)是错误的.

A. 函数$f(x)$在点x_0处有定义

B. $\lim\limits_{x\to x_0}f(x)=A$，但$A\neq f(x_0)$

C. 函数$f(x)$在点x_0处连续

D. 函数$f(x)$在点x_0处可微

(3) 若$f(x)=e^x+\ln x$，则$f'(2)=$(　　).

A. $e^x+\frac{1}{x}$　　B. $e^2+\frac{1}{2}$　　C. $e^2+\frac{1}{x}$　　D. $e^2+\ln 2$

(4) 抛物线$y=x^2$上的点$\left(-\frac{1}{2},\frac{1}{4}\right)$处的切线(　　).

A. 平行于x轴　　B. 垂直于x轴

C. 与x轴正向夹角为45°　　D. 与x轴正向夹角为135°

(5) 曲线$y=e^{2x}+1$在$x=2$处切线的斜率是(　　).

A. e^4　　B. e^2　　C. $2e^4$　　D. 2

(6) 一质点按规律$s=\frac{1}{2}(e^t-e^{-t})$运动，其加速度等于(　　).

A. $\frac{1}{2}(e^t+e^{-t})$　　B. (e^t-e^{-t})

C. 1　　D. s

(7) 若$f(x)=x\cos x$，则$f''(x)=$(　　).

A. $\cos x+x\sin x$　　B. $\cos x-x\sin x$

C. $-2\sin x-x\cos x$　　D. $2\sin x+x\cos x$

(8) 设$y=f(x)$在点x_0处可导，当自变量x从x_0增至$x_0+\Delta x$时，曲线$y=f(x)$

在其上点(x_0, y_0)处的切线的纵坐标的改变量是(　　).

A. $f'(x_0)\Delta x$　　B. $f(x_0+\Delta x)-f(x_0)$

C. $f'(x)\Delta x$　　D. $f(x_0)\Delta x$

(9) 设$y=f(x)$是可微函数，则$\mathrm{d}f(\cos 2x)=$(　　).

A. $2f'(\cos 2x)\mathrm{d}x$　　B. $f'(\cos 2x)\sin 2x\mathrm{d}(2x)$

C. $2f'(\cos 2x)\sin 2x\mathrm{d}x$　　D. $-f'(\cos 2x)\sin 2x\mathrm{d}(2x)$

(10) 函数$f(x)$在点x_0处取得极值，则必有(　　).

A. $f'(x_0)=0$　　B. $f''(x_0)\neq 0$

C. $f'(x_0)=0$且$f''(x_0)\neq 0$　　D. $f'(x_0)=0$或$f'(x_0)$不存在

(11) 求下列极限过程中，可以用洛必达法则的有(　　).

A. $\lim\limits_{x\to\infty}\dfrac{x-\sin x}{x+\sin x}$　　B. $\lim\limits_{x\to 0}\dfrac{x-\sin x}{x+\sin x}$

C. $\lim\limits_{x\to+\infty}\dfrac{e^x-e^{-x}}{e^x+e^{-x}}$　　D. $\lim\limits_{x\to 0}\dfrac{e^x-e^{-x}}{e^x+e^{-x}}$

(12) 函数$y=ax^3+bx^2+cx+d$满足条件$b^2-3ac<0$，则该函数(　　).

A. 有一个极大值和一个极小值　B. 仅有一个极大值

C. 无极值　　D. 无法确定极值的有无

(13) 下列结论正确的有(　　).

A. x_0是$f(x)$的极值点且$f'(x_0)$存在，必有$f'(x_0)=0$

B. x_0是$f(x)$的极值点，则点x_0必是$f(x)$的驻点

C. 若$f'(x_0)=0$，则x_0必是$f(x)$的极值点

D. 函数$f(x)$在(a, b)内的极大值必大于其极小值

(14) 如果函数$f(x)$在区间(a, b)内恒有$f'(x)<0$，$f''(x)>0$，则曲线$f(x)$的弧为(　　).

A. 上升且凸　　B. 下降且凸

C. 上升且凹　　D. 下降且凹

(15) 函数$f(x)$的连续但不可导的点一定(　　).

A. 不是极值点　　B. 是极值点

C. 是拐点　　D. 不是拐点

(16) 在区间(a, b)内任意一点，函数$f(x)$的曲线弧总位于其切线的上方，则该曲线在(a, b)内是(　　).

A. 凹的　　B. 凸的

C. 单调上升　　D. 单调下降

(17) 设曲线$y=3x^5-5x^3$，则下列结论不正确的是(　　).

A. 曲线有四个极值点　　B. 曲线有两个极值点

C. 曲线有三个拐点　　D. 曲线对称于原点

3. 试确定常数a，b，使函数$f(x)=\begin{cases} e^{3x}-1 & x<0 \\ b(1+\sin x)+a+2 & x\geqslant 0 \end{cases}$处处可导.

4. 设曲线$f(x)=x^3+ax$与$g(x)=bx^2+c$都通过点$(-1, 0)$，且在点$(-1, 0)$

有公共切线，求常数 a，b，c.

5. 求 $y=x^{e^{f(-x)}}$ 的导数.

6. 求 $y=\frac{1}{2}\operatorname{arccot}\frac{2x}{1-x^2}$的导数.

7. 求 $y=x^{a^a}+a^{x^a}+a^{a^x}$的导数.

8. 已知 $y=\ln\sqrt{\sqrt{1-e^{-x}}x\sin x}$，求 $y'\left(\frac{\pi}{2}\right)$.

9. 求 $y=e^{x+y}+x^{\sin x}$的导数.

10. 落在平静水面上的石头产生同心圆形波纹. 若最外一圈半径的增大率总是6m/s，问2s末受到扰动的水面面积的增大率为多少?

11. 溶液从深为15cm，顶直径为12cm的正圆锥形漏斗漏入一直径为10cm的圆柱形容器中，开始时漏斗中盛满了溶液. 已知当溶液在漏斗中深为12cm时，其液面下降的速率为1cm/min. 问这时圆柱形容器中液面上升的速率是多少?

12. 一飞机在离地面2km的高度，以200km/h的速度飞行到某目标的上空，以便进行航空摄影，试求飞机飞到该目标的正上方时，摄影机转动的角速度.

第3章 一元函数积分学及其应用

在第2章中，我们研究的是一元函数的微分学．本章将研究一元函数的积分学，主要介绍不定积分和定积分这两个基本概念，以及基本积分方法和积分的应用．

3.1 不定积分

3.1.1 不定积分的概念与性质

1. 不定积分的概念

引例 若物体的运动方程为 $s=s(t)$，则其速度为 $v(t)=s'(t)$．反过来，若物体的速度为 $v(t)$，又如何求物体的运动方程呢？

它的数学实质是已知一个函数的导数，求此函数，对于这类问题，我们引入下面的概念．

定义3.1 设 $f(x)$ 是定义在区间 I 上的已知函数，如果存在 $F(x)$，使

$$F'(x)=f(x) \text{ 或 } \mathrm{d}F(x)=f(x)\mathrm{d}x, \tag{3-1}$$

则称 $F(x)$ 为函数 $f(x)$ 在区间 I 上的一个**原函数**．

例如，$(x^2)'=2x$，故 x^2 是 $2x$ 的一个原函数；又如，$(\sin x)'=\cos x$，故 $\sin x$ 是 $\cos x$ 的一个原函数.

又因 $(\sin x+C)'=\cos x$，所以 $\sin x+C$（C 为任意常数）也是 $\cos x$ 的原函数，由 C 的任意性，可知 $\cos x$ 的原函数不是唯一的.

若 $F(x)$，$G(x)$ 为 $f(x)$ 的两个不同的原函数，因为

$$[F(x)-G(x)]'=F'(x)-G'(x)=f(x)-f(x)=0,$$

所以 $F(x)-G(x)=C$（C 为任意常数），即

$$F(x)=G(x)+C.$$

因此，若 $F(x)$ 是 $f(x)$ 在区间 I 上的一个原函数，那么 $F(x)+C$（C 为任意常数）是 $f(x)$ 的全体原函数，且任意两个原函数之间相差一个常数.

那么一个函数具备何种条件，才能保证它的原函数一定存在呢？我们有下面的定理.

定理 3.1　（原函数存在定理）如果函数 $f(x)$ 在区间 I 上连续，则 $f(x)$ 在区间 I 上必有原函数．简单地说就是，连续的函数一定有原函数.

定义 3.2　函数 $f(x)$ 的原函数的全体称为 $f(x)$ 的不定积分，记作

$$\int f(x)\,dx.$$

其中记号 $\int$ 称为积分号，$f(x)$ 称为被积函数，$f(x)\,dx$ 称为被积表达式，x 称为积分变量.

如果 $F(x)$ 是 $f(x)$ 在区间 I 上的一个原函数，那么 $F(x)+C$ 就是 $f(x)$ 在区间 I 上的不定积分，即

$$\int f(x)\,dx = F(x)+C\ (C\text{ 为任意常数}). \tag{3-2}$$

其中，C 称为积分常数.

因此求已知函数的不定积分，就是求其全体原函数.

由前面讨论知 $\int \cos x\,dx = \sin x + C$，$\int 2x\,dx = x^2 + C$.

通常把一个原函数 $F(x)$ 的图像称为 $f(x)$ 的一条积分曲线，其方程为 $y=F(x)$．因此，不定积分 $\int f(x)\,dx$ 在几何上就表示全体积分曲线所组成的曲线族，它们的方程是 $y=F(x)+C$.

例 3.1　求 $f(x)=x^2$ 的不定积分.

解　因为 $\left(\frac{1}{3}x^3\right)'=x^2$，所以 $\frac{1}{3}x^3$ 是 x^2 的一个原函数，所以

$$\int x^2\,dx = \frac{1}{3}x^3 + C.$$

例 3.2　求 $\int \frac{1}{x}dx$.

解　当 $x>0$ 时，由于 $(\ln x)'=\frac{1}{x}$，所以在 $(0,\ +\infty)$ 内，有

$$\int \frac{1}{x}\mathrm{d}x = \ln x + C.$$

当 $x<0$ 时，由于

$$[\ln(-x)]' = \frac{1}{-x}\cdot(-1) = \frac{1}{x},$$

所以在 $(-\infty, 0)$ 内，有

$$\int \frac{1}{x}\mathrm{d}x = \ln(-x) + C.$$

又因为

$$\ln|x| = \begin{cases}\ln x & x>0 \\ \ln(-x) & x<0\end{cases},$$

所以

$$\int \frac{1}{x}\mathrm{d}x = \ln|x| + C.$$

例 3.3 验证下列不定积分结果：

（1）$\int(\arcsin x + 2\sin x)\mathrm{d}x = x\arcsin x + \sqrt{1-x^2} - 2\cos x + C$；

（2）$\int(\mathrm{e}^{2x} + x^2)\mathrm{d}x = \frac{1}{2}\mathrm{e}^{2x} + \frac{1}{3}x^3 + C.$

解 （1）因为

$$(x\arcsin x + \sqrt{1-x^2} - 2\cos x)' = \arcsin x + 2\sin x,$$

所以

$$\int(\arcsin x + 2\sin x)\mathrm{d}x = x\arcsin x + \sqrt{1-x^2} - 2\cos x + C.$$

（2）因为

$$\left(\frac{1}{2}\mathrm{e}^{2x} + \frac{1}{3}x^3\right)' = \mathrm{e}^{2x} + x^2,$$

所以

$$\int(\mathrm{e}^{2x} + x^2)\mathrm{d}x = \frac{1}{2}\mathrm{e}^{2x} + \frac{1}{3}x^3 + C.$$

例 3.4 求过点 $(2, 5)$ 且在曲线上任意点 (x, y) 处切线的斜率为 $2x$ 的曲线方程.

解 设曲线方程为 $y=f(x)$，因为 $f'(x)=2x$，所以

$$y = \int 2x\mathrm{d}x = x^2 + C.$$

因为曲线过点 $(2, 5)$，代入上式得

$$5 = 2^2 + C,\ C=1.$$

所以，$y=x^2+1$ 为满足条件的曲线方程.

2. 不定积分的性质

根据不定积分的定义，可以推得不定积分的性质.

性质 1 $(\int f(x)\mathrm{d}x)'=f(x)$ 或 $\mathrm{d}(\int f(x)\mathrm{d}x)=f(x)\mathrm{d}x.$ (3-3)

性质 2 $\int F'(x)\mathrm{d}x=F(x)+C$ 或 $\int \mathrm{d}F(x)=F(x)+C.$ (3-4)

性质 1 和性质 2 说明:微分运算与积分运算具有互逆性.

例如,$(\int \cos x\mathrm{d}x)'=\cos x$,$\mathrm{d}(\int \cos x\mathrm{d}x)=\cos x\mathrm{d}x$,

$$\int (\cos x)'\mathrm{d}x=\cos x+C,\int \mathrm{d}(\cos x)=\cos x+C.$$

性质 3 $\int kf(x)\mathrm{d}x=k\int f(x)\mathrm{d}x$($k$ 是非零常数)， (3-5)

即被积函数中不为零的常数因子可以提到积分号外面.

性质 4 $\int [f(x)\pm g(x)]\mathrm{d}x=\int f(x)\mathrm{d}x\pm\int g(x)\mathrm{d}x$， (3-6)

即可积函数的代数和的不定积分等于各个函数的不定积分的代数和.

性质 3 和性质 4 是不定积分的两个基本运算性质. 其中，性质 4 还可以推广到有限个可积函数的代数和的情形，即

$$\int [f_1(x)\pm f_2(x)\pm\cdots\pm f_n(x)]\mathrm{d}x=$$

$$\int f_1(x)\mathrm{d}x\pm\int f_2(x)\mathrm{d}x\pm\cdots\pm\int f_n(x)\mathrm{d}x.$$

3. 基本积分公式

由于求不定积分是求导数的逆运算，所以由导数公式可以相应地得出下列积分公式，称为基本积分公式. 其中 C 为任意常数.

(1) $\int k\mathrm{d}x=kx+C$ （k 为常数）;

(2) $\int x^{\mu}\mathrm{d}x=\dfrac{1}{\mu+1}x^{\mu+1}+C$ （$\mu\neq-1$）;

(3) $\int \dfrac{1}{x}\mathrm{d}x=\ln|x|+C$;

(4) $\int a^x\mathrm{d}x=\dfrac{1}{\ln a}a^x+C$;

(5) $\int e^x dx = e^x + C$;

(6) $\int \cos x dx = \sin x + C$;

(7) $\int \sin x dx = -\cos x + C$;

(8) $\int \sec^2 x dx = \int \frac{1}{\cos^2 x} dx = \tan x + C$;

(9) $\int \csc^2 x dx = \int \frac{1}{\sin^2 x} dx = -\cot x + C$;

(10) $\int \sec x \tan x dx = \sec x + C$;

(11) $\int \csc x \cot x dx = -\csc x + C$;

(12) $\int \frac{1}{\sqrt{1-x^2}} dx = \arcsin x + C$;

(13) $\int \left(-\frac{1}{\sqrt{1-x^2}}\right) dx = \arccos x + C$;

(14) $\int \frac{1}{x^2+1} dx = \arctan x + C$;

(15) $\int \left(-\frac{1}{x^2+1}\right) dx = \operatorname{arccot} x + C$.

例 3.5 计算下列不定积分:

(1) $\int (x^3 + 2\sin x) dx$;　　(2) $\int \sqrt{x}(x^2 - 3) dx$;

(3) $\int \frac{x^4}{x^2+1} dx$;　　(4) $\int \frac{1+2x^2}{x^2(x^2+1)} dx$.

解 (1)
$$\begin{aligned}\int (x^3 + 2\sin x) dx &= \int x^3 dx + \int 2\sin x dx \\ &= \frac{1}{4}x^4 + 2\int \sin x dx \\ &= \frac{1}{4}x^4 - 2\cos x + C.\end{aligned}$$

(2)
$$\begin{aligned}\int \sqrt{x}(x^2 - 3) dx &= \int (x^{\frac{5}{2}} - 3x^{\frac{1}{2}}) dx \\ &= \int x^{\frac{5}{2}} dx - \int 3x^{\frac{1}{2}} dx \\ &= \frac{2}{7}x^{\frac{7}{2}} - 2x^{\frac{3}{2}} + C.\end{aligned}$$

(3) $\int \frac{x^4}{x^2+1}dx = \int \frac{x^4-1+1}{x^2+1}dx$

$= \int \frac{(x^2-1)(x^2+1)+1}{x^2+1}dx$

$= \int (x^2-1)dx + \int \frac{1}{x^2+1}dx$

$= \frac{1}{3}x^3 - x + \arctan x + C.$

(4) $\int \frac{1+2x^2}{x^2(x^2+1)}dx = \int \frac{x^2+x^2+1}{x^2(x^2+1)}dx$

$= \int \frac{1}{x^2+1}dx + \int \frac{1}{x^2}dx$

$= \arctan x - \frac{1}{x} + C.$

例 3.6　计算下列不定积分：

(1) $\int 3^x e^x dx$；　(2) $\int \frac{1}{\sin^2 x\cos^2 x}dx$；　(3) $\int \tan^2 x dx$.

解　(1) $\int 3^x e^x dx = \int (3e)^x dx = \frac{1}{\ln(3e)}(3e)^x + C = \frac{3^x e^x}{1+\ln 3} + C.$

(2) $\int \frac{1}{\sin^2 x\cos^2 x}dx = \int \frac{\sin^2 x + \cos^2 x}{\sin^2 x\cos^2 x}dx$

$= \int \frac{1}{\cos^2 x}dx + \int \frac{1}{\sin^2 x}dx$

$= \tan x - \cot x + C.$

(3) $\int \tan^2 x dx = \int (\sec^2 x - 1)dx$

$= \int \sec^2 x dx - \int dx$

$= \tan x - x + C.$

注意　(1) 运用 $\left(\int f(x)dx\right)' = f(x)$ 检验积分结果的正确与否；

(2) 运用不定积分的性质和基本积分公式计算简单函数的不定积分也称为**直接积分法**.

例 3.7　设 $\int f(x)dx = \sin\frac{x}{3} + C$，求 $f'(x)$.

解　根据题意有

$$f(x) = \left(\sin\frac{x}{3}\right)' = \frac{1}{3}\cos\frac{x}{3},$$

所以

$$f'(x) = -\frac{1}{9}\sin\frac{x}{3}.$$

3.1.2 不定积分的计算方法

能利用基本积分表与不定积分的性质进行直接积分的函数是非常有限的，对于较复杂的被积函数有必要进一步来研究不定积分的求法．下面介绍计算不定积分的换元积分法和分部积分法.

1. 第一换元积分法（凑微分法）

第一换元积分法是与微分学中的复合函数的求导法则（或微分形式不变性）相互对应的积分方法.

例如，$\int 2\mathrm{e}^{2x}\mathrm{d}x$ 这个不定积分，因为被积函数中 e^{2x} 是复合函数，不能直接用积分公式 $\int \mathrm{e}^{x}\mathrm{d}x = \mathrm{e}^{x} + C$，而 $2\mathrm{d}x = \mathrm{d}(2x)$，故我们可以作如下计算：

$$\int 2\mathrm{e}^{2x}\mathrm{d}x \xlongequal{t=2x} \int \mathrm{e}^{t}\mathrm{d}t = \mathrm{e}^{t} + C \xlongequal{t=2x} \mathrm{e}^{2x} + C.$$

上述计算是引入新的变量 t，从而化原被积函数为关于 t 的一个简单函数，使不定积分变为可运用基本积分公式进行计算的简单积分．一般来说，设 $F(u)$ 为 $f(u)$ 的原函数，如果 $u=\varphi(x)$，且 $\varphi(x)$ 可微，由微分形式不变性有

$$\mathrm{d}F(u) = f(u)\mathrm{d}u = f(\varphi(x))\mathrm{d}(\varphi(x)) = f(\varphi(x))\varphi'(x)\mathrm{d}x,$$

即

$$\begin{aligned}\int f(\varphi(x))\varphi'(x)\mathrm{d}x &= \int \mathrm{d}F(u) = F(u) + C \\ &= F(\varphi(x)) + C\ (C\text{ 为任意常数}).\end{aligned}$$

因此有如下定理：

定理 3.2 设 $\int f(u)\mathrm{d}u = F(u) + C, u = \varphi(x)$ 可微，则

$$\int f(\varphi(x))\varphi'(x)\mathrm{d}x = F(\varphi(x)) + C\ (C\text{ 为任意常数}). \tag{3-7}$$

式(3-7)称为**第一换元积分公式**，即

$$\begin{aligned}\int f(\varphi(x))\varphi'(x)\mathrm{d}x &\xlongequal{\text{凑微分}} \int f(\varphi(x))\mathrm{d}(\varphi(x)) \\ &\xlongequal{u=\varphi(x)} \int f(u)\mathrm{d}u = F(u) + C \\ &\xlongequal{u=\varphi(x)} F(\varphi(x)) + C.\end{aligned}$$

注意 利用第一换元积分法求不定积分 $\int g(x)\mathrm{d}x$，关键是如何将被积函数 $g(x)$ 化为 $f(\varphi(x))\varphi'(x)$ 的形式. 这就需要对复合函数和某些简单函数的导数形式非常熟悉．一般要求能够在被积表达式中很熟练地分出 $f(\varphi(x))$ 和 $\varphi'(x)\mathrm{d}x$，从而将 $\varphi'(x)\mathrm{d}x$ 写成 $\mathrm{d}(\varphi(x))$（凑微分），即 $\int f(u)\mathrm{d}u$ 的形式，其中 $u=\varphi(x)$ 为任意可微函数. 因此第一换元积分法也称为凑微分法.

例 3.8 计算下列不定积分：

(1) $\int 2\cos 2x\mathrm{d}x$；　　(2) $\int (2x+1)^{98}\mathrm{d}x$；

(3) $\int \frac{1}{1+2x}\mathrm{d}x$；　　(4) $\int \frac{1}{x(1+2\ln x)}\mathrm{d}x$.

解 (1) 因为 $2\mathrm{d}x=\mathrm{d}(2x)$，所以

$$\int 2\cos 2x\mathrm{d}x = \int \cos 2x\cdot 2\mathrm{d}x \xlongequal{u=2x} \int \cos u\mathrm{d}u = \sin u + C \xlongequal{u=2x} \sin 2x + C.$$

方法应用熟练后，可略去中间的换元步骤，不必写出中间变量 $u=\varphi(x)$，直接凑微分成基本积分公式的形式，从而避免回代的过程.

(2) 这个积分在基本积分表中没有，但是 $2\mathrm{d}x=\mathrm{d}(2x+1)$，用凑微分法，则

$$\begin{aligned}\int (2x+1)^{98}\mathrm{d}x &= \frac{1}{2}\int (2x+1)^{98}\mathrm{d}(2x+1)\\ &= \frac{1}{2}\cdot\frac{1}{98+1}(2x+1)^{98+1} + C\\ &= \frac{1}{198}(2x+1)^{99} + C.\end{aligned}$$

(3) $$\begin{aligned}\int \frac{1}{1+2x}\mathrm{d}x &= \frac{1}{2}\int \frac{1}{1+2x}\cdot(1+2x)'\mathrm{d}x\\ &= \frac{1}{2}\int \frac{1}{1+2x}\mathrm{d}(1+2x)\\ &= \frac{1}{2}\ln|1+2x| + C.\end{aligned}$$

(4) $$\begin{aligned}\int \frac{1}{x(1+2\ln x)}\mathrm{d}x &= \frac{1}{2}\int \frac{1}{1+2\ln x}\cdot(1+2\ln x)'\mathrm{d}x\\ &= \frac{1}{2}\int \frac{1}{1+2\ln x}\mathrm{d}(1+2\ln x)\end{aligned}$$

$$= \frac{1}{2}\ln|1+2\ln x|+C.$$

例 3.9 计算下列不定积分：

(1) $\int\frac{1}{4+x^2}\mathrm{d}x$；　　(2) $\int\frac{x+3}{x^2-5x+6}\mathrm{d}x$；

(3) $\int\frac{x-2}{x^2+2x+3}\mathrm{d}x$.

解 (1)
$$\int\frac{1}{4+x^2}\mathrm{d}x = \frac{1}{4}\int\frac{1}{1+\left(\frac{x}{2}\right)^2}\mathrm{d}x$$
$$= \frac{1}{2}\int\frac{1}{1+\left(\frac{x}{2}\right)^2}\mathrm{d}\left(\frac{x}{2}\right)$$
$$= \frac{1}{2}\arctan\frac{x}{2}+C.$$

(2)
$$\int\frac{x+3}{x^2-5x+6}\mathrm{d}x = \int\left(\frac{-5}{x-2}+\frac{6}{x-3}\right)\mathrm{d}x$$
$$= -5\int\frac{1}{x-2}\mathrm{d}x+6\int\frac{1}{x-3}\mathrm{d}x$$
$$= -5\ln|x-2|+6\ln|x-3|+C.$$

(3)
$$\int\frac{x-2}{x^2+2x+3}\mathrm{d}x = \int\frac{\frac{1}{2}(2x+2)-3}{x^2+2x+3}\mathrm{d}x$$
$$= \frac{1}{2}\int\frac{2x+2}{x^2+2x+3}\mathrm{d}x-3\int\frac{\mathrm{d}x}{x^2+2x+3}$$
$$= \frac{1}{2}\int\frac{\mathrm{d}(x^2+2x+3)}{x^2+2x+3}-3\int\frac{\mathrm{d}(x+1)}{(x+1)^2+(\sqrt{2})^2}$$
$$= \frac{1}{2}\ln(x^2+2x+3)-\frac{3}{\sqrt{2}}\arctan\frac{x+1}{\sqrt{2}}+C.$$

例 3.10 计算下列不定积分：

(1) $\int\sin^3x\mathrm{d}x$；　　(2) $\int\tan x\mathrm{d}x$；

(3) $\int\sec x\mathrm{d}x$；　　(4) $\int\tan^5x\sec^3x\mathrm{d}x$.

解 (1)
$$\int\sin^3x\mathrm{d}x = \int(1-\cos^2x)\sin x\mathrm{d}x$$

$$= -\int(1-\cos^2 x)(\cos x)'\mathrm{d}x$$

$$= -\int(1-\cos^2 x)\mathrm{d}(\cos x)$$

$$= -\cos x + \frac{1}{3}\cos^3 x + C.$$

(2) $\int \tan x\mathrm{d}x = \int \frac{\sin x}{\cos x}\mathrm{d}x$

$$= -\int \frac{1}{\cos x}\mathrm{d}(\cos x) = -\ln|\cos x| + C.$$

类似可得

$$\int \cot x\mathrm{d}x = \ln|\sin x| + C.$$

(3) $\int \sec x\mathrm{d}x = \int \frac{\sec x(\sec x+\tan x)}{\sec x+\tan x}\mathrm{d}x$

$$= \int \frac{\sec^2 x+\sec x\tan x}{\sec x+\tan x}\mathrm{d}x$$

$$= \int \frac{1}{\sec x+\tan x}\mathrm{d}(\sec x+\tan x)$$

$$= \ln|\sec x+\tan x| + C.$$

类似可得

$$\int \csc x\mathrm{d}x = \ln|\csc x-\cot x| + C.$$

(4) $\int \tan^5 x\sec^3 x\mathrm{d}x = \int \tan^4 x\sec^2 x\tan x\sec x\mathrm{d}x$

$$= \int(\sec^2 x-1)^2\sec^2 x\mathrm{d}(\sec x)$$

$$= \int(\sec^6 x-2\sec^4 x+\sec^2 x)\mathrm{d}(\sec x)$$

$$= \frac{1}{7}\sec^7 x - \frac{2}{5}\sec^5 x + \frac{1}{3}\sec^3 x + C.$$

因为凑微分法的重点在如何凑出合适的微分形式 $\mathrm{d}(\varphi(x))$，使积分式子变为 $\int f(\varphi(x))\mathrm{d}(\varphi(x))$ 的形式（凑微分），根据基本微分公式，列出常用的凑微分公式.

(1) $\mathrm{d}x = \frac{1}{a}\mathrm{d}(ax+b)$　（其中 a，b 均为常数且 $a\neq 0$）；

(2) $x\mathrm{d}x = \frac{1}{2}\mathrm{d}(x^2)$；　(3) $\frac{1}{x}\mathrm{d}x = \mathrm{d}(\ln|x|)$；

(4) $\frac{1}{x^2}\mathrm{d}x = -\mathrm{d}\left(\frac{1}{x}\right)$； (5) $\frac{1}{\sqrt{x}}\mathrm{d}x = 2\mathrm{d}(\sqrt{x})$；

(6) $x^{\mu}\mathrm{d}x = \frac{1}{\mu+1}\mathrm{d}(x^{\mu+1})$ （其中 $\mu \neq -1$）；

(7) $\mathrm{e}^x\mathrm{d}x = \mathrm{d}(\mathrm{e}^x)$； (8) $\cos x\mathrm{d}x = \mathrm{d}(\sin x)$；

(9) $\sin x\mathrm{d}x = -\mathrm{d}(\cos x)$； (10) $\sec^2 x\mathrm{d}x = \mathrm{d}(\tan x)$；

(11) $\csc^2\mathrm{d}x = -\mathrm{d}(\cot x)$；

(12) $\frac{1}{\sqrt{1-x^2}}\mathrm{d}x = \mathrm{d}(\arcsin x) = -\mathrm{d}(\arccos x)$；

(13) $\frac{1}{1+x^2}\mathrm{d}x = \mathrm{d}(\arctan x) = -\mathrm{d}(\mathrm{arccot}\,x)$.

2. 第二换元积分法

第一换元积分法是把积分 $\int f(\varphi(x))\varphi'(x)\mathrm{d}x$ 通过变换 $u=\varphi(x)$ 化为容易积分的$\int f(u)\mathrm{d}u$,但有时却相反,积分$\int f(x)\mathrm{d}x$ 不易求得,而令 $x=\psi(t)$,积分$\int f(\psi(t))\psi'(t)\mathrm{d}t$ 却容易求出. 这种方法就是下面介绍的第二换元积分法.

定理 3.3 设 $x=\psi(t)$是单调的可导函数，且 $\psi'(t)\neq 0$，$f(\psi(t))\psi'(t)$具有原函数，则

$$\int f(x)\mathrm{d}x \xlongequal{x=\psi(t)} \int f(\psi(t))\psi'(t)\mathrm{d}t, \tag{3-8}$$

其中 $t=\psi^{-1}(x)$为 $x=\psi(t)$的反函数.

公式(3-8)称为**第二换元积分公式**. 具体过程为

$$\begin{aligned}\int f(x)\mathrm{d}x &\xlongequal{x=\psi(t)} \int f(\psi(t))\psi'(t)\mathrm{d}t \\ &\xlongequal{\text{积分}} F(t)+C \\ &\xlongequal{t=\psi^{-1}(x)} F(\psi^{-1}(x))+C.\end{aligned}$$

注意 运用第二换元积分法的关键是适当地引入新的变换函数 $x=\psi(t)$，要求变换函数单调且可导.

例 3.11 计算 $\int\frac{1}{1+\sqrt{x}}\mathrm{d}x$.

解 令 $t=\sqrt{x}$，得 $x=t^2$，$\mathrm{d}x=2t\mathrm{d}t$，则

$$\int\frac{1}{1+\sqrt{x}}\mathrm{d}x \xlongequal{x=t^2} \int\frac{2t\mathrm{d}t}{1+t}$$

$$= 2\int\left(1 - \frac{1}{1+t}\right)dt$$

$$= 2t - 2\int\frac{1}{1+t}d(1+t)$$

$$= 2t - 2\ln|1+t| + C$$

$$\xlongequal{t=\sqrt{x}} 2\sqrt{x} - 2\ln|1+\sqrt{x}| + C.$$

例 3.12　计算$\int\frac{dx}{1+\sqrt[3]{x+2}}$.

解　令$\sqrt[3]{x+2}=t$，得$x=t^3-2$，$dx=3t^2dt$，代入得

$$\int\frac{dx}{1+\sqrt[3]{x+2}} = \int\frac{3t^2}{1+t}dt$$

$$= 3\int\frac{t^2-1+1}{1+t}dt$$

$$= 3\int\left(t-1+\frac{1}{1+t}\right)dt$$

$$= 3\left(\frac{t^2}{2} - t + \ln|1+t|\right) + C$$

$$= \frac{3}{2}\sqrt[3]{(x+2)^2} - 3\sqrt[3]{x+2} + 3\ln|1+\sqrt[3]{x+2}| + C.$$

例 3.13　计算下列不定积分($a>0$)：

(1) $\int\sqrt{a^2-x^2}dx$；　(2) $\int\frac{dx}{\sqrt{x^2-a^2}}$；　(3) $\int\frac{dx}{\sqrt{x^2+a^2}}$.

解　(1) 令$x=a\sin t\left(-\frac{\pi}{2}\leqslant t\leqslant\frac{\pi}{2}\right)$，得

$$\sqrt{a^2-x^2}=a\sqrt{1-\sin^2 t}=a\cos t,\qquad dx=a\cos t dt,$$

故
$$\int\sqrt{a^2-x^2}dx \xlongequal{x=a\sin t} \int a\cos t\cdot a\cos t dt$$

$$= a^2\int\cos^2 t dt = a^2\int\frac{1+\cos 2t}{2}dt$$

$$= \frac{a^2}{2}t + \frac{a^2}{4}\int\cos 2t d(2t)$$

$$= \frac{a^2}{2}t + \frac{a^2}{4}\sin 2t + C$$

$$= \frac{a^2}{2}t + \frac{a^2}{2}\sin t\cos t + C$$

$$\xlongequal{t=\arcsin\frac{x}{a}}\frac{a^2}{2}\arcsin\frac{x}{a}+\frac{1}{2}x\sqrt{a^2-x^2}+C.$$

(2) 当 $x>a$ 时，设 $x=a\sec t\left(0<t<\frac{\pi}{2}\right)$，得

$$\mathrm{d}x=a\sec t\tan t\mathrm{d}t,$$

$$\sqrt{x^2-a^2}=a\sqrt{\sec^2 t-1}=a\tan t,$$

故

$$\int\frac{\mathrm{d}x}{\sqrt{x^2-a^2}}\xlongequal{x=a\sec t}\int\frac{1}{a\tan t}a\sec t\tan t\mathrm{d}t$$

$$=\int\sec t\mathrm{d}t$$

$$=\ln|\sec t+\tan t|+C_1$$

$$\xlongequal{\sec t=\frac{x}{a}}\ln(x+\sqrt{x^2-a^2})+C,$$

其中,$C=C_1-\ln a$.

当 $x<-a$ 时,令 $x=-u$,则 $u>a$,有

$$\int\frac{\mathrm{d}x}{\sqrt{x^2-a^2}}=-\int\frac{\mathrm{d}u}{\sqrt{u^2-a^2}}$$

$$=-\ln(u+\sqrt{u^2-a^2})+C_1$$

$$=-\ln(-x+\sqrt{x^2-a^2})+C_1$$

$$=\ln\frac{-x-\sqrt{x^2-a^2}}{a^2}+C_1$$

$$=\ln(-x-\sqrt{x^2-a^2})+C,$$

其中,$C=C_1-2\ln a$. 合起来有

$$\int\frac{\mathrm{d}x}{\sqrt{x^2-a^2}}=\ln|x+\sqrt{x^2-a^2}|+C.$$

(3) 令 $x=a\tan t\left(-\frac{\pi}{2}<t<\frac{\pi}{2}\right)$，得

$$\mathrm{d}x=a\sec^2 t\mathrm{d}t,$$

$$\sqrt{x^2+a^2}=\sqrt{a^2(\tan^2 t+1)}=a\sec t,$$

故 $\int\frac{\mathrm{d}x}{\sqrt{x^2+a^2}}\xlongequal{x=a\tan t}\int\frac{1}{a\sec t}a\sec^2 t\mathrm{d}t=\int\sec t\mathrm{d}t$

$$=\ln|\sec t+\tan t|+C_1$$

$$\xlongequal{\tan t=\frac{x}{a}}\ln\left|\frac{x}{a}+\frac{\sqrt{x^2+a^2}}{a}\right|+C_1$$

$$=\ln|x+\sqrt{x^2+a^2}|+C,$$

其中 $C=C_1-\ln a$.

例 3.13 分别利用三角公式 $\sin^2t+\cos^2t=1$（第（1）小题），$\tan^2t+1=\sec^2t$（第（2）、（3）小题），化去形如 $\sqrt{a^2-x^2}$、$\sqrt{x^2-a^2}$、$\sqrt{x^2+a^2}$的二次根式．在回代的过程中，根据题设，借助辅助直角三角形（图 3-1、图 3-2、图 3-3）得到回代过程中所需要的其他三角函数关系式，从而简化回代的过程．此题的三个积分结果均可作为公式用.

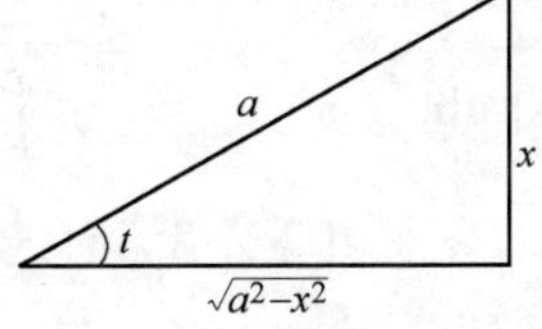

图 3-1　变换 $x=a\sin t$ 的辅助图

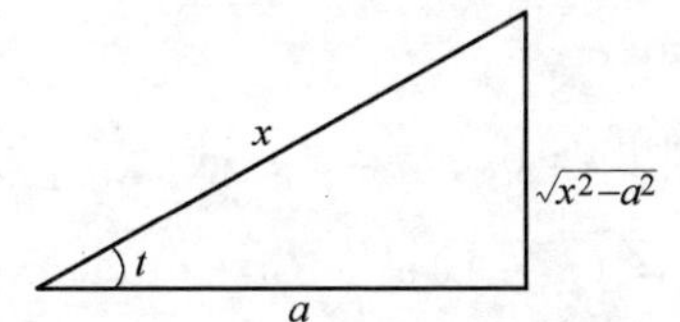

图 3-2　变换 $x=a\sec t$ 的辅助图

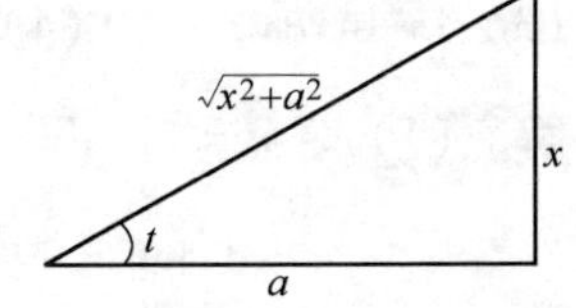

图 3-3　变换 $x=a\tan t$ 的辅助图

一般地，当被积函数中含有根式：

（1）$\sqrt{a^2-x^2}$，可令 $x=a\sin t\left(-\frac{\pi}{2}\leqslant t\leqslant\frac{\pi}{2}\right)$；

（2）$\sqrt{x^2+a^2}$，可令 $x=a\tan t\left(-\frac{\pi}{2}<t<\frac{\pi}{2}\right)$；

（3）$\sqrt{x^2-a^2}$，可令 $x=a\sec t\left(0<t<\frac{\pi}{2}\right)$.

其中 $a>0$ 为常数．通常称以上三种代换为**三角代换**，它是应用第二换元积分法求积分的重要组成部分，但在具体解题时，还要具体分析．例如，$\int x\sqrt{x^2-1}\mathrm{d}x$ 就不必用三角代换，而用凑微分法更简单.

3. 分部积分法

下面我们观察几个不定积分：

$$\int x^3\sin x\mathrm{d}x,\int\mathrm{e}^x\cos x\mathrm{d}x,\int x^2\ln x\mathrm{d}x,\int x\arcsin x\mathrm{d}x,\cdots.$$

这些积分的被积函数都是由两种不同类型的函数的乘积组成，这种积分需要用分部积分法来解决．下面将在乘积的微分法则的基础上介绍不定积分的分部积分法.

设 $u=u(x)$，$v=v(x)$具有连续导数，由微分公式 $\mathrm{d}(uv)=u\mathrm{d}v+v\mathrm{d}u$

得

$$u\mathrm{d}v=\mathrm{d}(uv)-v\mathrm{d}u,$$

两边积分得

$$\int u\mathrm{d}v = uv - \int v\mathrm{d}u \quad 或 \quad \int uv'\mathrm{d}x = uv - \int vu'\mathrm{d}x.$$

称 $\int u\mathrm{d}v = uv - \int v\mathrm{d}u$ 和 $\int uv'\mathrm{d}x = uv - \int vu'\mathrm{d}x$ 为**分部积分公式**.

分部积分公式将求 $\int u\mathrm{d}v$ 的积分问题转化为求 $\int v\mathrm{d}u$ 的积分问题．当 $\int v\mathrm{d}u$ 容易求时，分部积分公式就起到了化难为易的作用.

例 3.14 求下列不定积分：

(1) $\int x\mathrm{e}^x\mathrm{d}x$；　(2) $\int x\cos x\mathrm{d}x$；

(3) $\int x^2\ln x\mathrm{d}x$；　(4) $\int x\arctan x\mathrm{d}x$.

解 (1) 令 $u=x$，$v'\mathrm{d}x=\mathrm{e}^x\mathrm{d}x$，则 $\mathrm{d}u=\mathrm{d}x$，$v=\mathrm{e}^x$，故

$$\int x\mathrm{e}^x\mathrm{d}x = x\mathrm{e}^x - \int \mathrm{e}^x\mathrm{d}x = (x-1)\mathrm{e}^x + C.$$

分部积分法运用熟练后，选取 u，$\mathrm{d}v$ 的步骤不必写出.

例如，(1)可以这样求不定积分：

$$\begin{aligned}\int x\mathrm{e}^x\mathrm{d}x &= \int x\mathrm{d}\mathrm{e}^x\\ &= x\mathrm{e}^x - \int \mathrm{e}^x\mathrm{d}x\\ &= x\mathrm{e}^x - \mathrm{e}^x + C\\ &= (x-1)\mathrm{e}^x + C.\end{aligned}$$

(2)
$$\begin{aligned}\int x\cos x\mathrm{d}x &= \int x\mathrm{d}\sin x\\ &= x\sin x - \int \sin x\mathrm{d}x\\ &= x\sin x + \cos x + C.\end{aligned}$$

(3)
$$\begin{aligned}\int x^2\ln x\mathrm{d}x &= \int \ln x\mathrm{d}\left(\frac{1}{3}x^3\right)\\ &= \frac{1}{3}x^3\ln x - \int \frac{1}{3}x^3\mathrm{d}\ln x\\ &= \frac{1}{3}x^3\ln x - \frac{1}{3}\int x^2\mathrm{d}x\\ &= \frac{1}{3}x^3\ln x - \frac{1}{9}x^3 + C\end{aligned}$$

$$= \frac{1}{9}(3\ln x - 1)x^3 + C.$$

（4）$\int x\arctan x\mathrm{d}x = \int \arctan x\mathrm{d}\left(\frac{1}{2}x^2\right)$

$$= \frac{1}{2}x^2\arctan x - \int \frac{1}{2}x^2\mathrm{d}\arctan x$$

$$= \frac{1}{2}x^2\arctan x - \frac{1}{2}\int \frac{x^2}{1+x^2}\mathrm{d}x$$

$$= \frac{1}{2}x^2\arctan x - \frac{1}{2}\int \left(1 - \frac{1}{1+x^2}\right)\mathrm{d}x$$

$$= \frac{1}{2}(x^2+1)\arctan x - \frac{x}{2} + C.$$

例 3.15　求下列不定积分：

（1）$\int x^2\mathrm{e}^x\mathrm{d}x$；　　　（2）$\int \mathrm{e}^x\cos x\mathrm{d}x$．

解　（1）$\int x^2\mathrm{e}^x\mathrm{d}x = \int x^2\mathrm{d}\mathrm{e}^x$

$$= x^2\mathrm{e}^x - \int \mathrm{e}^x\mathrm{d}x^2$$

$$= x^2\mathrm{e}^x - 2\int x\mathrm{e}^x\mathrm{d}x$$

$= (x^2 - 2x + 2)\mathrm{e}^x + C$　（运用例 3.14(1) 的结果）.

（2）$\int \mathrm{e}^x\cos x\mathrm{d}x = \int \cos x\mathrm{d}\mathrm{e}^x$

$$= \mathrm{e}^x\cos x - \int \mathrm{e}^x\mathrm{d}\cos x$$

$$= \mathrm{e}^x\cos x + \int \mathrm{e}^x\sin x\mathrm{d}x$$

$$= \mathrm{e}^x\cos x + \int \sin x\mathrm{d}\mathrm{e}^x$$

$$= \mathrm{e}^x\cos x + \mathrm{e}^x\sin x - \int \mathrm{e}^x\mathrm{d}\sin x$$

$$= (\cos x + \sin x)\mathrm{e}^x - \int \mathrm{e}^x\cos x\mathrm{d}x,$$

故

$$\int \mathrm{e}^x\cos x\mathrm{d}x = \frac{1}{2}(\cos x + \sin x)\mathrm{e}^x + C.$$

例 3.15 两小题都需经过两次分部积分，才得出所求的结果．特别地，在例 3.15 第(2)小题中等号的右边出现了所求的不定积分 $\int e^x\cos x\mathrm{d}x$，然后通过移项才得到了积分结果．此解法称为**循环法**.

运用分部积分法关键是从被积表达式中恰当地选择 u 和 $v'\mathrm{d}x$，一般来说，选取 u 和 $v'\mathrm{d}x$ 考虑以下两点：

(1) $v'\mathrm{d}x$ 很容易凑成 $\mathrm{d}v$；

(2) $\int v\mathrm{d}u$ 要比 $\int u\mathrm{d}v$ 易求.

注意　u 的选取可依反三角函数、对数函数、幂函数、指数函数、三角函数的出现顺序选取，即若是其中两个函数的乘积作为被积函数，则顺序靠前面的函数选为 u，顺序靠后面的函数和 $\mathrm{d}x$ 凑成 $\mathrm{d}v$. 一般地，

(1) $\int x^n\sin ax\mathrm{d}x, \int x^n\cos ax\mathrm{d}x, \int x^n e^{ax}\mathrm{d}x$，设 $u = x^n$；

(2) $\int x^n\ln ax\mathrm{d}x, \int x^n\arcsin ax\mathrm{d}x, \int x^n\arctan ax\mathrm{d}x$，设 $u = \ln ax, \arcsin ax, \arctan ax$；

(3) $\int e^{ax}\sin bx\mathrm{d}x, \int e^{ax}\cos bx\mathrm{d}x$，设 $u = \sin bx, \cos bx$.

在运用积分基本方法计算不定积分时，常常需要将换元积分法和分部积分法综合使用.

例 3.16　求 $\int e^{\sqrt{x}}\mathrm{d}x$.

解　令 $\sqrt{x}=t$，得 $x=t^2$，$\mathrm{d}x=2t\mathrm{d}t$，则

$$\int e^{\sqrt{x}}\mathrm{d}x \xlongequal{\sqrt{x}=t} \int e^t 2t\mathrm{d}t = 2\int te^t\mathrm{d}t$$

$$= 2(t-1)e^t + C \xlongequal{t=\sqrt{x}} 2e^{\sqrt{x}}(\sqrt{x}-1) + C.$$

对于有些不定积分而言，如 $\int e^{-x^2}\mathrm{d}x, \int \frac{e^x}{x}\mathrm{d}x, \int \sin x^2\mathrm{d}x$ 等，虽然它们的原函数都存在，却不能用初等函数来表示，这时称其为"积不出".

习　题　3.1

1. 计算下列不定积分：

(1) $\int (x-2)^2\mathrm{d}x$；　　(2) $\int \cos^2\frac{x}{2}\mathrm{d}x$；

(3) $\int \sqrt[3]{x}(x^2-5)\mathrm{d}x$；　　(4) $\int \frac{1}{x^2(x^2+1)}\mathrm{d}x$；

(5) $\int \frac{(x-1)^3}{x^2}dx$;　(6) $\int (e^x - 3\cos x + 2^x e^x)dx$;

(7) $\int \cot^2 x dx$;　(8) $\int \frac{\cos 2x}{\sin x + \cos x}dx$;

(9) $\int \frac{e^{2x}-1}{e^x - 1}dx$;　(10) $\int \frac{1}{1+\cos 2x}dx$.

2. 验证：

(1) $\int x\sin x dx = -x\cos x + \sin x + C$;

(2) $\int (\ln x + 1)dx = x\ln x + C$.

3. 已知 $f'(\sin x) = \cos^2 x$，求 $f(x)$.

4. 计算下列不定积分：

(1) $\int \frac{2+x}{\sqrt{4-x^2}}dx$;　(2) $\int \frac{dx}{(1+\sqrt[3]{x})\sqrt{x}}$;

(3) $\int \frac{\arctan x}{1+x^2}dx$;　(4) $\int \frac{e^x}{1+e^x}dx$;

(5) $\int \frac{2x+1}{x^2+x-5}dx$;　(6) $\int \frac{1}{x(3+2\ln x)}dx$;

(7) $\int x e^{x^2}dx$;　(8) $\int \frac{1}{1+e^x}dx$;

(9) $\int \frac{\sin\sqrt{x}}{\sqrt{x}}dx$;　(10) $\int \sin^2 x dx$;

(11) $\int \frac{1}{\sqrt{x(1-x)}}dx$;　(12) $\int \frac{1}{\sqrt{x^2+2x+2}}dx$;

(13) $\int \frac{x^2-5x+9}{x^2-5x+6}dx$;　(14) $\int \frac{3x-2}{x^2+2x+4}dx$.

5. 计算下列不定积分：

(1) $\int x\sin 2x dx$;　(2) $\int x^3 \ln x dx$;

(3) $\int x e^{2x}dx$;　(4) $\int \arcsin^2 x dx$;

(5) $\int \ln(1+x^2)dx$;　(6) $\int \sin\sqrt{x}dx$;

(7) $\int \sec^3 x dx$;　(8) $\int \frac{\ln x}{x^2}dx$;

(9) $\int e^{2x}\sin^2 x dx$;　(10) $\int x^2 \arctan x dx$.

6. 已知 $f(x)$ 的一个原函数是 $\frac{\sin x}{x}$，求 $\int x f'(x)dx$.

7. 若$\int f(x)\mathrm{d}x = \ln(1+x^2)+C$,求$\int xf(x)\mathrm{d}x$.

3.2 定积分

本节将讨论积分学的另一个基本问题——定积分问题．我们先从实际问题出发引入定积分的概念，并简要讨论定积分的性质，再介绍沟通微分和积分的微积分基本定理，建立计算定积分的换元积分法和分部积分法，然后把定积分的概念加以推广，介绍广义积分.

3.2.1 定积分概念的引入

引例 1　曲边梯形的面积

设$f(x)$在$[a, b]$上连续，且$f(x)\geqslant 0$. 试问如何求由曲线$y=f(x)$，直线$x=a$，$x=b$以及x轴围成的**曲边梯形**(图 3-4)的面积?

由于$f(x)$在$[a, b]$上连续，它在很小的一段小区间上变化非常小，可以近似地看做不变．因此，(图 3-5)如果将$[a, b]$划分成许多小区间，相应地就将曲边梯形分割成许多小曲边梯形，每个小曲边梯形可以近似地看成一个小矩形，所有这些小矩形面积的和可作为曲边梯形面积的近似值，而且分割越细，误差越小．当每个小区间的长度都趋于零时，所有小矩形面积和的极限即为曲边梯形的面积.

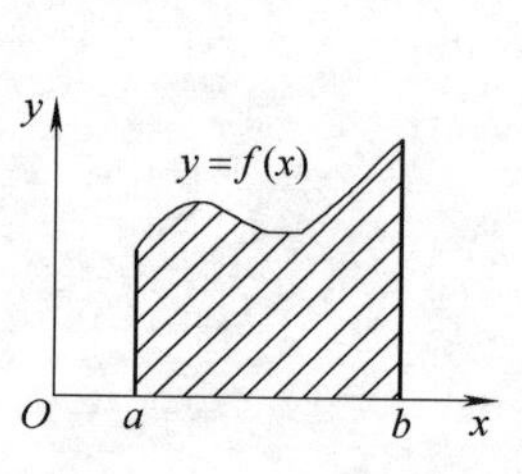

图　3-4

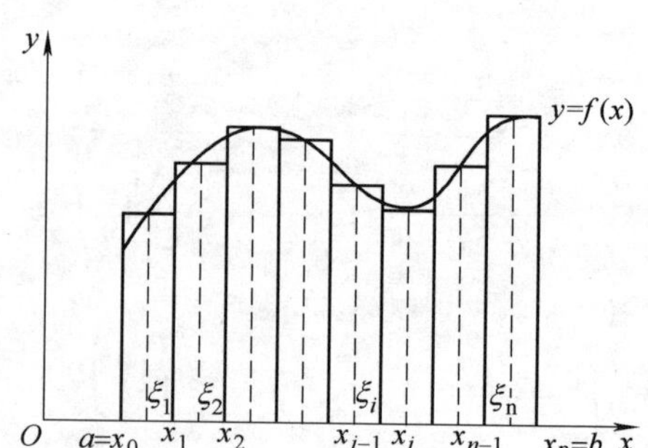

图　3-5

由以上分析，计算曲边梯形面积的具体步骤：

(1) **分割**　任取$a=x_0<x_1<x_2<\cdots<x_{i-1}<x_i<\cdots<x_{n-1}<x_n=b$，将$[a, b]$分成$n$个小区间

$$[x_0, x_1], [x_1, x_2], \cdots, [x_{i-1}, x_i], \cdots, [x_{n-1}, x_n].$$

第i个小区间$[x_{i-1}, x_i]$的长度记为$\Delta x_i=x_i-x_{i-1}(i=1, 2, \cdots, n)$. 过

每一个分点 $x_i(i=1, 2, \cdots, n-1)$ 作平行于 y 轴的直线，从而将曲边梯形分割成 n 个小曲边梯形，记小区间 $[x_{i-1}, x_i]$ 对应的小曲边梯形的面积为 $\Delta A_i(i=1, 2, \cdots, n)$.

（2）**取近似**　在每一个小区间 $[x_{i-1}, x_i]$ 上任取一点 ξ_i，以 Δx_i 为底，$f(\xi_i)$ 为高作小矩形，以此小矩形的面积作为相应的小曲边梯形的面积的近似值，即

$\Delta A_i \approx f(\xi_i)\Delta x_i \quad (i=1, 2, \cdots, n).$

（3）**求和**　将 n 个小矩形的面积相加就得到原曲边梯形面积 A 的近似值，即

$$A = \sum_{i=1}^{n} \Delta A_i \approx \sum_{i=1}^{n} f(\xi_i)\Delta x_i.$$

（4）**取极限**　记 $\lambda = \max\limits_{1 \leqslant i \leqslant n}\{\Delta x_i\}$，当 $\lambda \to 0$ 时，和式 $\sum\limits_{i=1}^{n} f(\xi_i)\Delta x_i$ 的极限即为曲边梯形的面积，即

$$A = \lim_{\lambda \to 0}\sum_{i=1}^{n} f(\xi_i)\Delta x_i.$$

引例2　变速直线运动的路程

设物体作变速直线运动，速度 $v=v(t)$ 是时间间隔 $[T_1, T_2]$ 上的连续函数，且 $v(t) \geqslant 0$，计算在时间 $[T_1, T_2]$ 内物体所经过的路程 s.

解决这个问题的思路和步骤与求曲边梯形的面积相类似：

（1）**分割**　任取 $T_1=t_0<t_1<t_2<\cdots<t_{i-1}<t_i<\cdots<t_{n-1}<t_n=T_2$，将 $[T_1, T_2]$ 分成 n 个小段 $[t_0, t_1]$，$[t_1, t_2]$，$\cdots$，$[t_{i-1}, t_i]$，$\cdots$，$[t_{n-1}, t_n]$，每一小段 $[t_{i-1}, t_i]$ 的长度记为 $\Delta t_i = t_i - t_{i-1}(i=1, 2, \cdots, n)$，相应小段时间上的路程记为 $\Delta s_i(i=1, 2, \cdots, n)$.

（2）**取近似**　把每一小段 $[t_{i-1}, t_i]$ 上的运动近似看成匀速，任取 $\xi_i \in [t_{i-1}, t_i]$，把在时刻 ξ_i 的速度 $v(\xi_i)$ 作为时间段 $[t_{i-1}, t_i]$ 上的速度，则

$$\Delta s_i \approx v(\xi_i)\Delta t_i \quad (i=1, 2, \cdots, n).$$

（3）**求和**　把 n 个小段时间上的路程的近似值加起来便得到变速直线运动的总路程 s 的近似值，即

$$s = \sum_{i=1}^{n} s_i \approx \sum_{i=1}^{n} v(\xi_i)\Delta t_i.$$

（4）**取极限**　记 $\lambda = \max\limits_{1 \leqslant i \leqslant n}\{\Delta t_i\}$，当 $\lambda \to 0$ 时，和式 $\sum\limits_{i=1}^{n} v(\xi_i)\Delta t_i$ 的极限就是作变速直线运动的物体在时间间隔 $[T_1, T_2]$ 上的路程，即

$$s = \lim_{\lambda \to 0} \sum_{i=1}^{n} v(\xi_i)\Delta t_i.$$

在科学技术中还有很多问题也都可以归结为求这种和式的极限，这就是产生定积分概念的背景.

3.2.2 定积分的概念与性质

1. 定积分的概念

定义 3.3 设函数 $f(x)$ 在 $[a, b]$ 上连续或分段连续[㊀]，任取分点

$$a = x_0 < x_1 < x_2 < \cdots < x_{i-1} < x_i < \cdots < x_{n-1} < x_n = b,$$

将 $[a, b]$ 分成 n 个小区间 $[x_0, x_1]$，$[x_1, x_2]$，$\cdots$，$[x_{i-1}, x_i]$，$\cdots$，$[x_{n-1}, x_n]$，记 $\Delta x_i = x_i - x_{i-1}$ $(i=1, 2, \cdots, n)$，$\lambda = \max\limits_{1 \leqslant i \leqslant n}\{\Delta x_i\}$，任取 $\xi_i \in [x_{i-1}, x_i]$ $(i=1, 2, \cdots, n)$，作乘积 $f(\xi_i)\Delta x_i$ 的和式：$\sum\limits_{i=1}^{n} f(\xi_i)\Delta x_i$，当 $\lambda \to 0$ 时，和式 $\sum\limits_{i=1}^{n} f(\xi_i)\Delta x_i$ 的极限称为函数 $f(x)$ 在 $[a, b]$ 上的定积分，记作 $\int_a^b f(x)\mathrm{d}x$，即

$$\int_a^b f(x)\mathrm{d}x = \lim_{\lambda \to 0} \sum_{i=1}^{n} f(\xi_i)\Delta x_i.$$

其中 $f(x)$ 称为**被积函数**，$f(x)\mathrm{d}x$ 称为**被积表达式**，x 称为**积分变量**，$[a, b]$ 称为**积分区间**，a，b 分别称为**积分下限**和**积分上限**.

由定积分的定义，3.2.1 中的两个实际问题都可用定积分来表示，即有

曲边梯形的面积： $A = \int_a^b f(x)\mathrm{d}x$；

在时间间隔 $[T_1, T_2]$ 上作变速直线运动的路程：$s = \int_{T_1}^{T_2} v(t)\mathrm{d}t$.

注意 (1) 定积分 $\int_a^b f(x)\mathrm{d}x$ 是和式 $\sum\limits_{i=1}^{n} f(\xi_i)\Delta x_i$ 的极限，是一个数值，它只与被积函数 $f(x)$ 和积分区间 $[a, b]$ 有关，而与积分变量用什么字母表示无关，即

$$\int_a^b f(x)\mathrm{d}x = \int_a^b f(u)\mathrm{d}u = \int_a^b f(t)\mathrm{d}t.$$

(2) 在定积分 $\int_a^b f(x)\mathrm{d}x$ 的定义中，假设 $a < b$. 为了以后应用方便起

㊀ 分段连续：$f(x)$ 在 $[a,b]$ 上有界，且只有有限个第一类间断点.

见，我们规定：当 $a=b$ 时，$\int_a^b f(x)\,\mathrm{d}x=0$；当 $a>b$ 时，$\int_a^b f(x)\,\mathrm{d}x=-\int_b^a f(x)\,\mathrm{d}x$.

(3) 定积分存在的条件：$f(x)$在区间$[a,b]$上连续或分段连续，则$f(x)$在$[a,b]$上的定积分存在，此时，称函数$f(x)$在$[a,b]$上可积.

在以后的讨论中，如果不作特别的说明，总假定所讨论的定积分是存在的.

2. 定积分的性质

由于定积分是特殊和式的极限，所以由极限的性质可以推出定积分的以下性质.

性质1　两个函数和(差)的定积分等于它们的定积分的和(差).

即
$$\int_a^b [f(x)\pm g(x)]\,\mathrm{d}x=\int_a^b f(x)\,\mathrm{d}x\pm\int_a^b g(x)\,\mathrm{d}x.$$

注此性质可以推广到有限个可积函数的和的形式.

性质2　被积函数的常数因子可以提到积分号外面.

即
$$\int_a^b kf(x)\,\mathrm{d}x=k\int_a^b f(x)\,\mathrm{d}x\ (k\text{ 为常数}).$$

性质3　(积分区间的可加性)若 $c\in(a,b)$，则
$$\int_a^b f(x)\,\mathrm{d}x=\int_a^c f(x)\,\mathrm{d}x+\int_c^b f(x)\,\mathrm{d}x.$$

注若 c 在$[a,b]$外，性质3仍成立.

性质4　在$[a,b]$上，若$f(x)\geqslant g(x)$，则
$$\int_a^b f(x)\,\mathrm{d}x\geqslant\int_a^b g(x)\,\mathrm{d}x.$$

3. 定积分的几何意义

设由曲线 $y=f(x)$，直线 $x=a$，$x=b$ 及 x 轴所围成的曲边梯形的面积为 A，根据前面的曲边梯形面积的讨论，

(1) 当$f(x)\geqslant 0$ 时，$\int_a^b f(x)\,\mathrm{d}x=A$（图3-6）.

(2) 当$f(x)<0$ 时，$\int_a^b f(x)\,\mathrm{d}x=-\int_a^b(-f(x))\,\mathrm{d}x=-A$（图3-7）.

(3) 如果$f(x)$在区间$[a,b]$上有正有负(图3-8)，则
$$\int_a^b f(x)\,\mathrm{d}x=\int_a^c f(x)\,\mathrm{d}x+\int_c^d f(x)\,\mathrm{d}x+\int_d^b f(x)\,\mathrm{d}x=A_1-A_2+A_3.$$

由定积分的几何意义，可得到奇、偶函数在对称区间$[-a,a]$上的积分性质. 我们有

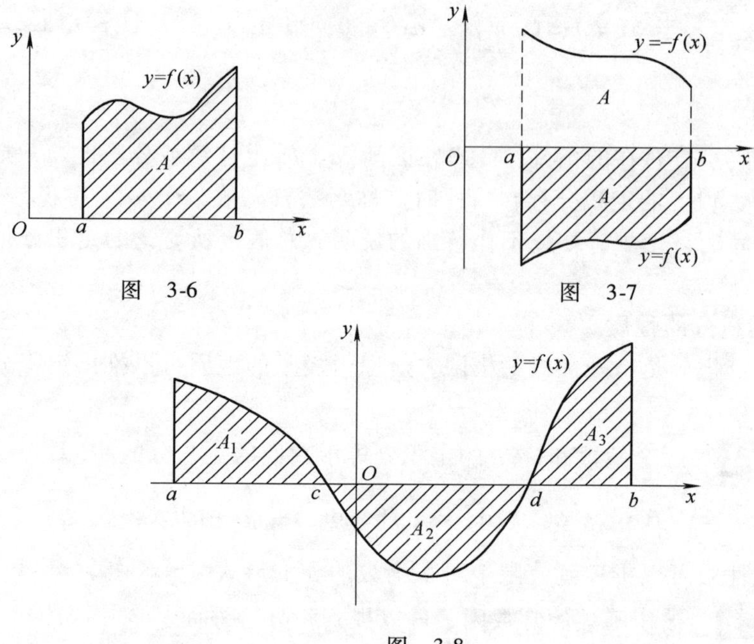

图 3-6

图 3-7

图 3-8

$$\int_{-a}^{a} f(x)\,\mathrm{d}x = \begin{cases} 2\int_{0}^{a} f(x)\,\mathrm{d}x & \text{当} f(x) \text{为偶函数时} \\ 0 & \text{当} f(x) \text{为奇函数时} \end{cases},$$

如图 3-9 所示.

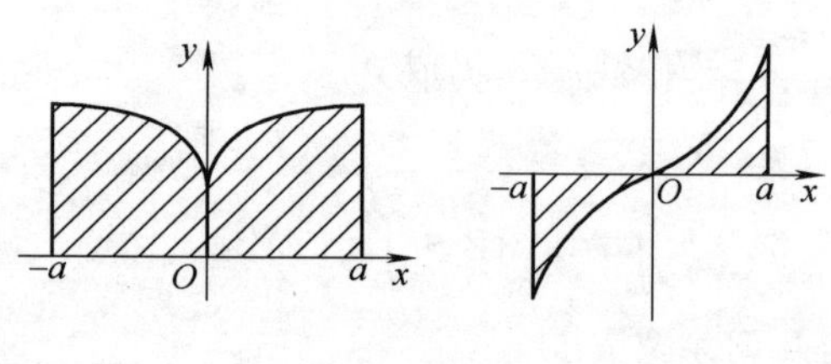

图 3-9

4. 微积分基本公式

定积分是一种特殊和式的极限，按定义计算是非常复杂和困难的，下面将介绍一种计算定积分的简便的公式——牛顿-莱布尼茨公式.

在求作变速直线运动物体的路程问题中，物体的运动速度为 $v = v(t)$,则物体在时间间隔$[T_1, T_2]$内经过的路程 $s = \int_{T_1}^{T_2} v(t)\,\mathrm{d}t$, 如果已知位置函数 $s = s(t)$，则在时间间隔$[T_1, T_2]$内经过的路程是 $s(T_2) - s(T_1)$,因此有

$$\int_{T_1}^{T_2} v(t)\,\mathrm{d}t = s(T_2) - s(T_1). \tag{3-9}$$

而$s'(t)=v(t)$，即$s(t)$是$v(t)$的一个原函数．式(3-9)中的定积分，等于其原函数$s(t)$在$[T_1, T_2]$上的改变量．取时间间隔$[T_1, t]$($T_1 \leqslant t \leqslant T_2$)，则有$\int_{T_1}^{t} v(t)\,\mathrm{d}t = s(t) - s(T_1)$，其中$\int_{T_1}^{t} v(t)\,\mathrm{d}t$为变上限积分，它是变上限$t$的函数，是$v(t)$的一个原函数，即

$$\frac{\mathrm{d}}{\mathrm{d}t}\int_{T_1}^{t} v(t)\,\mathrm{d}t = \frac{\mathrm{d}}{\mathrm{d}t}(s(t) - s(T_1)) = v(t). \tag{3-10}$$

上述从求作变速直线运动物体的路程这个特殊问题中得出的结论(式3-9、式3-10)，在一定条件下具有普遍性，这就是下面要介绍的微积分学基本定理.

定理3.4　(微积分学基本定理(微分形式))如果函数$f(x)$在区间$[a, b]$上连续，则变上限积分$\Phi(x) = \int_a^x f(t)\,\mathrm{d}t$在区间$[a, b]$上可导，且

$$\Phi'(x) = \frac{\mathrm{d}}{\mathrm{d}x}\int_a^x f(t)\,\mathrm{d}t = f(x) \quad (x \in [a,b]).$$

定理3.5　(微积分学基本定理(积分形式))如果函数$f(x)$在区间$[a, b]$上连续，$F(x)$是$f(x)$在$[a, b]$上的一个原函数，则

$$\int_a^b f(x)\,\mathrm{d}x = F(b) - F(a). \tag{3-11}$$

定理3.5中的公式(3-11)称为**微积分基本公式**，也称为牛顿-莱布尼茨公式.

微积分基本公式也可以写为

$$\int_a^b f(x)\,\mathrm{d}x = F(x)\Big|_a^b = F(b) - F(a).$$

例3.18　计算下列函数的导数：

(1) $\int_1^x \sin t\,\mathrm{d}t$；　(2) $\int_a^{\mathrm{e}^x} \frac{\ln t}{t}\mathrm{d}t$；　(3) $\int_x^{x^2} \sin t^2\,\mathrm{d}t$.

解　(1) $\left(\int_1^x \sin t\,\mathrm{d}t\right)' = \sin x$.

(2) $\frac{\mathrm{d}}{\mathrm{d}x}\int_a^{\mathrm{e}^x} \frac{\ln t}{t}\mathrm{d}t = \left(\frac{\mathrm{d}}{\mathrm{d}u}\int_a^u \frac{\ln t}{t}\mathrm{d}t\right)\frac{\mathrm{d}}{\mathrm{d}x}(\mathrm{e}^x)$(其中$u = \mathrm{e}^x$)

$$= \frac{\ln u}{u}\mathrm{e}^x = \frac{\ln \mathrm{e}^x}{\mathrm{e}^x}\mathrm{e}^x = x.$$

(3) 因为

$$\int_x^{x^2} \sin t^2\,\mathrm{d}t = \int_x^0 \sin t^2\,\mathrm{d}t + \int_0^{x^2} \sin t^2\,\mathrm{d}t$$

$$= -\int_0^x \sin t^2 \mathrm{d}t + \int_0^{x^2} \sin t^2 \mathrm{d}t,$$

所以

$$\frac{\mathrm{d}}{\mathrm{d}x}\left(\int_x^{x^2} \sin t^2 \mathrm{d}t\right) = \frac{\mathrm{d}}{\mathrm{d}x}\left(-\int_0^x \sin t^2 \mathrm{d}t\right) + \frac{\mathrm{d}}{\mathrm{d}x}\left(\int_0^{x^2} \sin t^2 \mathrm{d}t\right)$$

$$= -\sin x^2 + 2x\sin x^4.$$

例 3.19 求 $\Phi(x) = \int_a^x \sin t \mathrm{d}t$ 在 $x = \frac{\pi}{2}$ 处的导数.

解 因为 $\Phi'(x) = \sin x$，所以

$$\Phi'\left(\frac{\pi}{2}\right) = \sin\frac{\pi}{2} = 1.$$

例 3.20 计算 $\lim\limits_{x\to 0}\dfrac{\int_0^{x^2} \mathrm{e}^t \sin t \mathrm{d}t}{x^4}$.

解 $$\lim_{x\to 0}\frac{\int_0^{x^2} \mathrm{e}^t \sin t \mathrm{d}t}{x^4} \xlongequal{\frac{0}{0}\text{型}} \lim_{x\to 0}\frac{\mathrm{e}^{x^2}\sin x^2 (2x)}{4x^3} = \lim_{x\to 0}\frac{\mathrm{e}^{x^2}}{2}\frac{\sin x^2}{x^2} = \frac{1}{2}.$$

例 3.21 求下列定积分：

(1) $\int_1^{\frac{4}{3}} \frac{1}{1-3x}\mathrm{d}x$；　　(2) $\int_0^2 |x^2 - 3x + 2|\mathrm{d}x$；

(3) $\int_0^{\frac{\pi}{2}} \sin^2 x\cos x \mathrm{d}x$.

解 (1) $$\int_1^{\frac{4}{3}} \frac{1}{1-3x}\mathrm{d}x = -\frac{1}{3}\int_1^{\frac{4}{3}} \frac{1}{1-3x}\mathrm{d}(1-3x)$$

$$= -\frac{1}{3}\ln|1-3x|\Big|_1^{\frac{4}{3}}$$

$$= -\frac{1}{3}(\ln 3 - \ln 2).$$

(2) 因为

$$|x^2 - 3x + 2| = \begin{cases} x^2 - 3x + 2 & \text{当 } x \in [0, 1] \text{ 时} \\ -(x^2 - 3x + 2) & \text{当 } x \in [1, 2] \text{ 时} \end{cases},$$

所以

$$\int_0^2 |x^2 - 3x + 2|\mathrm{d}x = \int_0^1 (x^2 - 3x + 2)\mathrm{d}x + \int_1^2 [-(x^2 - 3x + 2)]\mathrm{d}x$$

$$= \left(\frac{1}{3}x^3 - \frac{3}{2}x^2 + 2x\right)\Big|_0^1 - \left(\frac{1}{3}x^3 - \frac{3}{2}x^2 + 2x\right)\Big|_1^2$$

$$= 1.$$

(3) $\int_0^{\frac{\pi}{2}}\sin^2x\cos x\mathrm{d}x=\int_0^{\frac{\pi}{2}}\sin^2x\mathrm{d}\sin x=\frac{1}{3}\sin^3x\Big|_0^{\frac{\pi}{2}}=\frac{1}{3}.$

例 3.22　计算$\int_{\frac{1}{4}}^{\frac{3}{4}}\frac{1}{\sqrt{x(1-x)}}\mathrm{d}x.$

解

$$\begin{aligned}\int_{\frac{1}{4}}^{\frac{3}{4}}\frac{1}{\sqrt{x(1-x)}}\mathrm{d}x&=\int_{\frac{1}{4}}^{\frac{3}{4}}\frac{1}{\sqrt{1-x}}\frac{1}{\sqrt{x}}\mathrm{d}x=2\int_{\frac{1}{4}}^{\frac{3}{4}}\frac{1}{\sqrt{1-(\sqrt{x})^2}}\mathrm{d}(\sqrt{x})\\&=2\arcsin\sqrt{x}\Big|_{\frac{1}{4}}^{\frac{3}{4}}=2\left(\arcsin\frac{\sqrt{3}}{2}-\arcsin\frac{1}{2}\right)\\&=\frac{\pi}{3}.\end{aligned}$$

注　(1) 求定积分的关键是求出被积函数的一个原函数，从而可以运用牛顿-莱布尼茨公式进行求解.

(2) 当被积函数带有绝对值符号时，去掉绝对值符号是首要问题，这就要求讨论 x 的取值与被积函数的关系，利用积分的性质达到去掉绝对值符号的目的.

(3) 对需要分段积分的，若不分区间进行积分求解，则会出现错误的结果. 例如，

$$\int_{-1}^{1}\sqrt{x^2}\mathrm{d}x=\int_{-1}^{1}\sqrt{x^2}\mathrm{d}x=\frac{1}{2}x^2\Big|_{-1}^{1}=0,$$

实际上，

$$\begin{aligned}\int_{-1}^{1}\sqrt{x^2}\mathrm{d}x&=\int_{-1}^{1}|x|\mathrm{d}x=\int_{-1}^{0}(-x)\mathrm{d}x+\int_0^1x\mathrm{d}x\\&=-\frac{1}{2}x^2\Big|_{-1}^{0}+\frac{1}{2}x^2\Big|_0^1=1.\end{aligned}$$

3.2.3　定积分的计算方法

由牛顿-莱布尼茨公式计算定积分，只要求出被积函数的一个原函数即可. 也就是说，先计算不定积分，再由牛顿-莱布尼茨公式计算定积分的值. 但是，在运用不定积分的第二换元积分法时，变量必须还原到 x 才能运用牛顿-莱布尼茨公式；在多次运用不定积分的分部积分法时，每用一次，前面就有一个函数表达式，因而造成书写上的不便.

例如，计算

$$\int_0^{\frac{1}{2}}\frac{1}{1+\sqrt{2x}}\mathrm{d}x.$$

先算不定积分，有

$$\int\frac{1}{1+\sqrt{2x}}\mathrm{d}x\xlongequal{\sqrt{2x}=u}\int\frac{1}{1+u}u\mathrm{d}u=\int\left(1-\frac{1}{1+u}\right)\mathrm{d}u$$

$$= u - \ln|1+u| + C$$

$$\xlongequal{u=\sqrt{2x}} \sqrt{2x} - \ln(1+\sqrt{2x}) + C,$$

故有

$$\int_0^{\frac{1}{2}} \frac{1}{1+\sqrt{2x}} \mathrm{d}x = \left[\sqrt{2x} - \ln(1+\sqrt{2x})\right]\Big|_0^{\frac{1}{2}} = 1 - \ln 2.$$

能否简化上述计算定积分的步骤呢？通过下面介绍的定积分的换元积分法和分部积分法上述问题将迎刃而解.

1. 定积分的换元积分法

定理 3.6 若函数 $f(x)$ 在区间 $[a, b]$ 上连续，函数 $x=\varphi(t)$ 满足条件：

(1) $\varphi(\alpha)=a$，$\varphi(\beta)=b$，且 $a \leqslant \varphi(t) \leqslant b$，$t\in[\alpha, \beta]$（或 $t\in[\beta, \alpha]$）；

(2) $x=\varphi(t)$ 在 $[\alpha, \beta]$（或 $[\beta, \alpha]$）上单调且具有连续的导数，则有定积分换元公式

$$\int_a^b f(x)\mathrm{d}x = \int_\alpha^\beta f(\varphi(t))\varphi'(t)\mathrm{d}t. \tag{3-12}$$

由定理 3.6 可知

$$\int_0^{\frac{1}{2}} \frac{1}{1+\sqrt{2x}} \mathrm{d}x \xlongequal{\sqrt{2x}=u} \int_0^1 \frac{1}{1+u} u\mathrm{d}u$$

$$= \left[u - \ln|1+u|\right]\Big|_0^1 = 1 - \ln 2.$$

在应用定积分的换元积分法时要求：换元必须换限．即用 $x=\varphi(t)$ 将原来的变量 x 换成新变量 t，积分限也必须换成新变量 t 的积分限，并且原来下限对应新的下限，上限对应新的上限.

例 3.23 计算下列定积分：

(1) $\int_1^4 \frac{1}{x+\sqrt{x}}\mathrm{d}x$；　(2) $\int_3^8 \frac{x}{\sqrt{1+x}}\mathrm{d}x$.

解 (1) 令 $\sqrt{x}=t$，则 $\mathrm{d}x=2t\mathrm{d}t$，当 $x=1$ 时，$t=1$；当 $x=4$ 时，$t=2$.

$$\int_1^4 \frac{1}{x+\sqrt{x}}\mathrm{d}x = \int_1^2 \frac{2t}{t^2+t}\mathrm{d}t = \int_1^2 \frac{2}{t+1}\mathrm{d}t$$

$$= 2\ln|1+t|\Big|_1^2 = 2\ln 3 - 2\ln 2.$$

(2) 令 $\sqrt{1+x}=t$，则 $x=t^2-1$. 当 $x=3$ 时，$t=2$；当 $x=8$ 时，$t=3$.

$$\int_3^8 \frac{x}{\sqrt{1+x}}\mathrm{d}x = \int_2^3 \frac{t^2-1}{t} 2t\mathrm{d}t = 2\left(\frac{t^3}{3}-t\right)\Big|_2^3 = \frac{32}{3}.$$

例 3.24 计算下列定积分：

（1）$\int_0^1 \sqrt{1-x^2}\mathrm{d}x$； （2）$\int_1^2 \frac{\sqrt{x^2-1}}{x^4}\mathrm{d}x$.

解 （1）令 $x=\sin t$，当 $x=0$ 时，取 $t=0$；当 $x=1$ 时，取 $t=\frac{\pi}{2}$.

$$\int_0^1 \sqrt{1-x^2}\mathrm{d}x = \int_0^{\frac{\pi}{2}} \sqrt{1-\sin^2 t}\cos t\mathrm{d}t = \int_0^{\frac{\pi}{2}} \cos^2 t\mathrm{d}t$$

$$= \int_0^{\frac{\pi}{2}} \frac{1+\cos 2t}{2}\mathrm{d}t = \frac{1}{2}\left(t+\frac{\sin 2t}{2}\right)\Bigg|_0^{\frac{\pi}{2}} = \frac{\pi}{4}.$$

（2）令 $x=\sec t$，则 $\mathrm{d}x=\sec t\tan t\mathrm{d}t$，当 $x=1$ 时，$t=0$；当 $x=2$ 时，$t=\frac{\pi}{3}$.

$$\int_1^2 \frac{\sqrt{x^2-1}}{x^4}\mathrm{d}x = \int_0^{\frac{\pi}{3}} \frac{\sqrt{\sec^2 t-1}}{\sec^4 t}\sec t\tan t\mathrm{d}t$$

$$= \int_0^{\frac{\pi}{3}} \frac{\tan^2 t}{\sec^3 t}\mathrm{d}t = \int_0^{\frac{\pi}{3}} \sin^2 t\cos t\mathrm{d}t$$

$$= \int_0^{\frac{\pi}{3}} \sin^2 t\mathrm{d}\sin t = \frac{1}{3}\sin^3 t\Bigg|_0^{\frac{\pi}{3}}$$

$$= \frac{1}{3}\left(\frac{\sqrt{3}}{2}\right)^3 = \frac{\sqrt{3}}{8}.$$

2. 定积分的分部积分法

将不定积分的分部积分公式带上积分限，就是定积分的分部积分公式，我们有下面的定理.

定理 3.7 设函数 $u(x)$，$v(x)$ 在区间 $[a,\ b]$ 上有连续导数，则

$$\int_a^b u\mathrm{d}v = (uv)\Big|_a^b - \int_a^b v\mathrm{d}u. \tag{3-13}$$

例 3.25 计算 $\int_0^1 x\mathrm{e}^x\mathrm{d}x$.

解 令 $u=x$，$\mathrm{d}v=\mathrm{e}^x\mathrm{d}x$，则 $\mathrm{d}u=\mathrm{d}x$，$v=\mathrm{e}^x$，所以

$$\int_0^1 x\mathrm{e}^x\mathrm{d}x = (x\mathrm{e}^x)\Big|_0^1 - \int_0^1 \mathrm{e}^x\mathrm{d}x = \mathrm{e}-(\mathrm{e}-1) = 1.$$

例 3.26 计算 $\int_1^{\mathrm{e}} x\ln x\mathrm{d}x$.

解 $\int_1^{\mathrm{e}} x\ln x\mathrm{d}x = \frac{1}{2}\int_1^{\mathrm{e}} \ln x\mathrm{d}(x^2) = \frac{1}{2}\left[(x^2\ln x)\Big|_1^{\mathrm{e}} - \int_1^{\mathrm{e}} x\mathrm{d}x\right]$

$$= \frac{1}{2}\mathrm{e}^2 - \frac{1}{4}x^2\Big|_1^{\mathrm{e}} = \frac{1}{4}\mathrm{e}^2 + \frac{1}{4}.$$

例 3.27 计算 $\int_0^{\frac{\pi}{2}} x^2\cos x\mathrm{d}x$.

解 $\int_0^{\frac{\pi}{2}} x^2\cos x\mathrm{d}x = \int_0^{\frac{\pi}{2}} x^2\mathrm{d}\sin x = x^2\sin x\Big|_0^{\frac{\pi}{2}} - 2\int_0^{\frac{\pi}{2}} x\sin x\mathrm{d}x$

$$= \frac{\pi^2}{4} + 2\int_0^{\frac{\pi}{2}} x\mathrm{d}\cos x$$

$$= \frac{\pi^2}{4} + 2x\cos x\Big|_0^{\frac{\pi}{2}} - 2\int_0^{\frac{\pi}{2}}\cos x\mathrm{d}x$$

$$= \frac{\pi^2}{4} - 2.$$

例 3.28 计算 $\int_0^4 \mathrm{e}^{\sqrt{x}}\mathrm{d}x$.

解 $\int_0^4 \mathrm{e}^{\sqrt{x}}\mathrm{d}x \xlongequal{t=\sqrt{x}} \int_0^2 2t\mathrm{e}^t\mathrm{d}t = 2\int_0^2 t\mathrm{d}\mathrm{e}^t = 2\left[t\mathrm{e}^t\Big|_0^2 - \int_0^2 \mathrm{e}^t\mathrm{d}t\right]$

$$= 4\mathrm{e}^2 - 2\mathrm{e}^t\Big|_0^2 = 2\mathrm{e}^2 + 2.$$

*3.2.4 广义积分

在前面所学的定积分中，其积分区间都是有限的，并且被积函数在积分区间上也都是有界的. 但在实际问题中往往需要突破这两个限制，常常会出现积分区间是无限的或被积函数是无界的积分，这类积分就不是我们前面定义的定积分了，我们称此类积分为**广义积分**(或**反常积分**). 相应地，定积分有时也称为**常义积分**或**正常积分**.

1. 无穷区间上的广义积分

定义 3.4 设函数 $f(x)$ 在区间 $[a, +\infty)$ 上连续，如果极限 $\lim\limits_{b\to+\infty}\int_a^b f(x)\mathrm{d}x$ 存在，则称此极限为 $f(x)$ 在区间 $[a, +\infty)$ 上的广义积分，记为 $\int_a^{+\infty} f(x)\mathrm{d}x$ ，即

$$\int_a^{+\infty} f(x)\mathrm{d}x = \lim_{b\to+\infty}\int_a^b f(x)\mathrm{d}x,$$

此时称广义积分 $\int_a^{+\infty} f(x)\mathrm{d}x$ **收敛**;否则称广义积分 $\int_a^{+\infty} f(x)\mathrm{d}x$ **发散**.

类似地，可定义 $(-\infty, b]$ 上的广义积分

$$\int_{-\infty}^b f(x)\mathrm{d}x = \lim_{a\to-\infty}\int_a^b f(x)\mathrm{d}x$$

和 $(-\infty, +\infty)$ 上的广义积分

$$\int_{-\infty}^{+\infty} f(x)\,\mathrm{d}x = \int_{-\infty}^{c} f(x)\,\mathrm{d}x + \int_{c}^{+\infty} f(x)\,\mathrm{d}x.$$

其中 c 为任一实数，当右端的两个广义积分都收敛时，广义积分 $\int_{-\infty}^{+\infty} f(x)\,\mathrm{d}x$ 才收敛，否则是发散的.

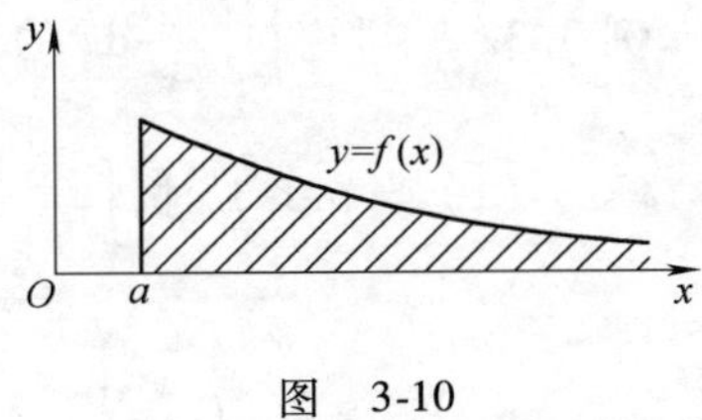

图　3-10

若被积函数 $f(x)$ 在 $[a,\ +\infty)$ 上取值为非负，则广义积分 $\int_{a}^{+\infty} f(x)\,\mathrm{d}x$ 收敛的几何意义是：图 3-10 中介于曲线 $y=f(x)$、直线 $x=a$ 以及 x 轴之间的那一块向右无限延伸的阴影区域的面积，并以极限 $\lim\limits_{b\to+\infty}\int_{a}^{b} f(x)\,\mathrm{d}x$ 的值作为它的面积.

判别广义积分 $\int_{a}^{+\infty} f(x)\,\mathrm{d}x$ 敛散性的步骤：

(1) 求定积分 $\int_{a}^{b} f(x)\,\mathrm{d}x$；(2) 求极限 $\lim\limits_{b\to+\infty}\int_{a}^{b} f(x)\,\mathrm{d}x$；(3) 判别敛散性.

例 3.29　计算 $\int_{\mathrm{e}}^{+\infty} \dfrac{1}{x\ln x}\mathrm{d}x$.

解　$\lim\limits_{b\to+\infty}\int_{\mathrm{e}}^{b} \dfrac{1}{x\ln x}\mathrm{d}x = \lim\limits_{b\to+\infty}\int_{\mathrm{e}}^{b} \dfrac{1}{\ln x}\mathrm{d}(\ln x) = \lim\limits_{b\to+\infty} \ln\ln x\Big|_{\mathrm{e}}^{b} = \lim\limits_{b\to+\infty}(\ln\ln b) = +\infty$，所以 $\int_{\mathrm{e}}^{+\infty} \dfrac{1}{x\ln x}\mathrm{d}x$ 发散.

例 3.30　计算 $\int_{-\infty}^{0} \dfrac{1}{\mathrm{e}^{x}+\mathrm{e}^{-x}}\mathrm{d}x$.

解

$$\begin{aligned}\int_{-\infty}^{0} \frac{1}{\mathrm{e}^{x}+\mathrm{e}^{-x}}\mathrm{d}x &= \int_{-\infty}^{0} \frac{\mathrm{e}^{x}}{1+(\mathrm{e}^{x})^{2}}\mathrm{d}x = \int_{-\infty}^{0} \frac{1}{1+(\mathrm{e}^{x})^{2}}\mathrm{d}(\mathrm{e}^{x})\\ &= \lim_{b\to-\infty}\int_{b}^{0} \frac{1}{1+(\mathrm{e}^{x})^{2}}\mathrm{d}(\mathrm{e}^{x}) = \lim_{b\to-\infty} \arctan\mathrm{e}^{x}\Big|_{b}^{0}\\ &= \lim_{b\to-\infty}(\arctan\mathrm{e}^{0} - \arctan\mathrm{e}^{b})\\ &= \lim_{b\to-\infty}\left(\frac{\pi}{4} - \arctan\mathrm{e}^{b}\right) = \frac{\pi}{4}.\end{aligned}$$

为了写法上的方便，在实际运算中常常省去极限的记号，将符号"∞"当成一个"数"，仍采取用牛顿-莱布尼茨公式的表达形式，如例 3.31.

例 3.31　计算 $\int_{0}^{+\infty} x\mathrm{e}^{-x}\mathrm{d}x$.

解　$\int_{0}^{+\infty} x\mathrm{e}^{-x}\mathrm{d}x = -\int_{0}^{+\infty} x\mathrm{d}(\mathrm{e}^{-x}) = (-x\mathrm{e}^{-x})\Big|_{0}^{+\infty} + \int_{0}^{+\infty} \mathrm{e}^{-x}\mathrm{d}x$

$$= -e^{-x}\Big|_0^{+\infty} = 1.$$

例 3.32 讨论$\int_a^{+\infty}\frac{1}{x^p}dx$的敛散性($a>0$).

解 (1) 当$p<1$时,$\int_a^{+\infty}\frac{1}{x^p}dx=\frac{x^{1-p}}{1-p}\Big|_a^{+\infty}=+\infty$,所以$\int_a^{+\infty}\frac{1}{x^p}dx$发散;

(2) 当$p=1$时,$\int_a^{+\infty}\frac{1}{x^p}dx=\int_a^{+\infty}\frac{1}{x}dx=\ln x\Big|_a^{+\infty}=+\infty$,所以$\int_a^{+\infty}\frac{1}{x^p}dx$发散;

(3) 当$p>1$时,$\int_a^{+\infty}\frac{1}{x^p}dx=\frac{x^{1-p}}{1-p}\Big|_a^{+\infty}=\frac{1}{(p-1)a^{p-1}}$,所以$\int_a^{+\infty}\frac{1}{x^p}dx$收敛.

因此,

$$\int_a^{+\infty}\frac{1}{x^p}dx=\begin{cases}\frac{1}{(p-1)a^{p-1}} & p>1(\text{收敛})\\ +\infty & p\leqslant 1(\text{发散})\end{cases}.$$

2. 无界函数的积分(瑕积分)

定义 3.5 设函数$f(x)$在区间$(a,b]$上连续,且$\lim\limits_{x\to a^+}f(x)=\infty$,取$t>a$,如果极限$\lim\limits_{t\to a^+}\int_t^b f(x)dx$存在,则称此极限为$f(x)$在区间$(a,b]$上的广义积分,记为$\int_a^b f(x)dx$,即

$$\int_a^b f(x)dx=\lim_{t\to a^+}\int_t^b f(x)dx,$$

此时称广义积分$\int_a^b f(x)dx$收敛;否则称广义积分$\int_a^b f(x)dx$发散.

类似地,如果函数$f(x)$在区间$[a,b)$上连续,且$\lim\limits_{x\to b^-}f(x)=\infty$,取$t<b$,若$\lim\limits_{t\to b^-}\int_a^t f(x)dx$存在,定义$f(x)$在区间$[a,b)$上的广义积分为

$$\int_a^b f(x)dx=\lim_{t\to b^-}\int_a^t f(x)dx,$$

此时称广义积分$\int_a^b f(x)dx$收敛,否则称广义积分$\int_a^b f(x)dx$发散.

如果函数$f(x)$在区间$[a,b]$上除点$c(a<c<b)$外都连续,且$\lim\limits_{x\to c}f(x)=\infty$,若两个广义积分$\int_a^c f(x)dx$和$\int_c^b f(x)dx$都收敛,则定义$f(x)$

在区间$[a, b]$上的广义积分为

$$\int_a^b f(x)\mathrm{d}x = \int_a^c f(x)\mathrm{d}x + \int_c^b f(x)\mathrm{d}x,$$

此时称广义积分 $\int_a^b f(x)\mathrm{d}x$ 收敛;否则称广义积分$\int_a^b f(x)\mathrm{d}x$ 发散.

为了书写方便起见，若 $\lim\limits_{x\to a^+} f(x) = \infty$，记

$$\int_a^b f(x)\mathrm{d}x = \lim_{t\to a^+} F(x)\Big|_t^b = F(x)\Big|_a^b = F(b) - \lim_{x\to a^+} F(x),$$

其他情形类似.

例 3.33　判别广义积分 $\int_1^{\mathrm{e}} \frac{1}{x\sqrt{1-\ln^2 x}}\mathrm{d}x$ 的敛散性.

解　
$$\begin{aligned}\int_1^{\mathrm{e}} \frac{1}{x\sqrt{1-\ln^2 x}}\mathrm{d}x &= \int_1^{\mathrm{e}} \frac{1}{\sqrt{1-\ln^2 x}}\mathrm{d}(\ln x)\\ &= \arcsin\ln x\Big|_1^{\mathrm{e}}\\ &= \lim_{x\to \mathrm{e}^-}\arcsin\ln x - \arcsin\ln 1\\ &= \frac{\pi}{2},\end{aligned}$$

所以广义积分$\int_1^{\mathrm{e}} \frac{1}{x\sqrt{1-\ln^2 x}}\mathrm{d}x$ 收敛.

习　题　3.2

1. 根据定积分的几何意义求下列定积分的值:

(1) $\int_0^1 (x-1)\mathrm{d}x$;　　(2) $\int_{-R}^R \sqrt{R^2 - x^2}\mathrm{d}x$;

(3) $\int_0^{2\pi} \sin x\mathrm{d}x$;　　(4) $\int_{-1}^1 x^2\sin x\mathrm{d}x$.

2. 计算下列定积分:

(1) $\int_1^2 (x^3 + 2x)\mathrm{d}x$;　　(2) $\int_{-1}^1 \frac{1}{1+x^2}\mathrm{d}x$;

(3) $\int_0^1 2^x \mathrm{e}^x\mathrm{d}x$;　　(4) $\int_1^3 |2-x|\mathrm{d}x$;

(5) $\int_0^1 \frac{x^4}{1+x^2}\mathrm{d}x$;　　(6) $\int_1^{\mathrm{e}^3} \frac{1}{x}\mathrm{d}x$;

(7) $\int_{-\frac{1}{2}}^{\frac{1}{2}} \frac{1}{\sqrt{1-x^2}}\mathrm{d}x$;　　(8) $\int_1^4 \sqrt{x}\mathrm{d}x$.

3. 求下列函数的导数:

(1) $F(x)=\int_1^{x^2}\sin t^2\mathrm{d}t$;　　(2) $G(x)=\int_x^1 t^2\mathrm{e}^t\mathrm{d}t$;

(3) $f(x)=\int_1^{2x}\frac{1}{\sqrt{1+2t}}\mathrm{d}t$;　　(4) $f(x)=\int_2^{\mathrm{e}^x}\sqrt{t}\mathrm{d}t$.

4. 计算下列定积分:

(1) $\int_0^9\frac{1}{1+\sqrt{x}}\mathrm{d}x$;　　(2) $\int_1^2\frac{\sqrt{x^2-1}}{x}\mathrm{d}x$;

(3) $\int_0^{\ln 2}\sqrt{\mathrm{e}^x-1}\mathrm{d}x$;　　(4) $\int_0^4 x^2\sqrt{16-x^2}\mathrm{d}x$;

(5) $\int_0^1\frac{1}{\mathrm{e}^x+\mathrm{e}^{-x}}\mathrm{d}x$;　　(6) $\int_1^2\frac{\mathrm{e}^{\frac{1}{x}}}{x^2}\mathrm{d}x$;

(7) $\int_0^3\frac{x}{1+\sqrt{1+x}}\mathrm{d}x$;　　(8) $\int_0^{\pi}\sqrt{\sin^3 x-\sin^5 x}\mathrm{d}x$.

5. 计算下列定积分:

(1) $\int_0^1 x\arctan x\mathrm{d}x$;　　(2) $\int_0^1 x\ln(1+x^2)\mathrm{d}x$;

(3) $\int_{\frac{1}{\mathrm{e}}}^{\mathrm{e}}|\ln x|\mathrm{d}x$;　　(4) $\int_0^{\pi}\mathrm{e}^{-x}\sin x\mathrm{d}x$;

(5) $\int_0^1 x^3\mathrm{e}^{x^2}\mathrm{d}x$;　　(6) $\int_{\frac{\pi}{4}}^{\frac{\pi}{2}}\frac{x}{\sin^2 x}\mathrm{d}x$;

(7) $\int_{-\frac{1}{2}}^{\frac{1}{2}}\left(\frac{x\arcsin x}{\sqrt{1-x^2}}+x\right)\mathrm{d}x$;　　(8) $\int_1^{\mathrm{e}}\frac{\ln x}{x^3}\mathrm{d}x$.

6. 设$f(x)=\int_1^x\mathrm{e}^{-t^2}\mathrm{d}t$,求$\int_0^1 f(x)\mathrm{d}x$.

7. 计算下列广义积分:

(1) $\int_0^{+\infty}\mathrm{e}^{-2x}\mathrm{d}x$;　　(2) $\int_1^{+\infty}\frac{1}{\sqrt[3]{x^2}}\mathrm{d}x$;

(3) $\int_2^{+\infty}\frac{1}{x^2+x-2}\mathrm{d}x$;　　(4) $\int_0^2\frac{1}{(1-x)^2}\mathrm{d}x$;

(5) $\int_0^1\ln x\mathrm{d}x$.

3.3 定积分的应用

与导数一样，定积分在几何、物理及经济活动中有着广泛的应用.本节主要介绍定积分在几何、物理及经济方面的简单应用，重点是要掌握用微元法将实际问题表示成定积分的方法.

3.3.1 定积分应用的微元法

回顾引入定积分概念的两个实例：曲边梯形的面积和变速直线运动

的路程，不难看出，如果某一实际问题中的所求量 U 满足以下条件：

（1）U 是与一个变量 x 的变化区间 $[a, b]$ 有关的量，且在该区间上具有可加性．也就是说，U 是对应于 $[a, b]$ 上的整体量，当把 $[a, b]$ 分成许多小区间时，整体量 U 等于所有部分量之和；

（2）在 $[a, b]$ 的部分区间 $[x_i, x_i+\Delta x_i]$ 上对应部分量 ΔU_i 的近似值可表示为 $f(\xi_i)\Delta x_i(\xi_i \in [x_i, x_i+\Delta x_i])$，其中 $f(x)$ 为 $[a, b]$ 上的连续函数，那么就可考虑用定积分来表达这个量 U. 写出量 U 的积分表达式可简化为如下步骤：

（1）求出区间 $[a, b]$ 上任一小区间 $[x, x+\mathrm{d}x]$ 所对应量 ΔU 的近似值

$$\Delta U \approx f(x)\,\mathrm{d}x,$$

其中，$f(x)\,\mathrm{d}x$ 称为量 U 的微元，记作 $\mathrm{d}U = f(x)\,\mathrm{d}x$.

（2）将 U 的微元 $f(x)\,\mathrm{d}x$ 在 $[a, b]$ 上积分，即得

$$U = \int_a^b f(x)\,\mathrm{d}x.$$

上述方法通常称为**微元法**（或元素法）. 下面就用微元法来讨论定积分的一些应用.

3.3.2　定积分的几何应用

1. 平面图形的面积

应用定积分不但可以计算曲边梯形的面积，还可以计算一些比较复杂的平面图形的面积.

（1）曲线 $y=f(x)\,(f(x)\geqslant 0)$，直线 $x=a$，$x=b$ 及 x 轴所围成图形（图3-11）的面积微元 $\mathrm{d}A = f(x)\,\mathrm{d}x$，面积 $A = \int_a^b f(x)\,\mathrm{d}x$.

（2）由上下两条曲线 $y=f(x)$，$y=g(x)\,(f(x)\geqslant g(x))$ 及直线 $x=a$，$x=b$ 所围成的图形（图3-12）的面积微元 $\mathrm{d}A = (f(x)-g(x))\,\mathrm{d}x$，面积 $A = \int_a^b (f(x)-g(x))\,\mathrm{d}x$.

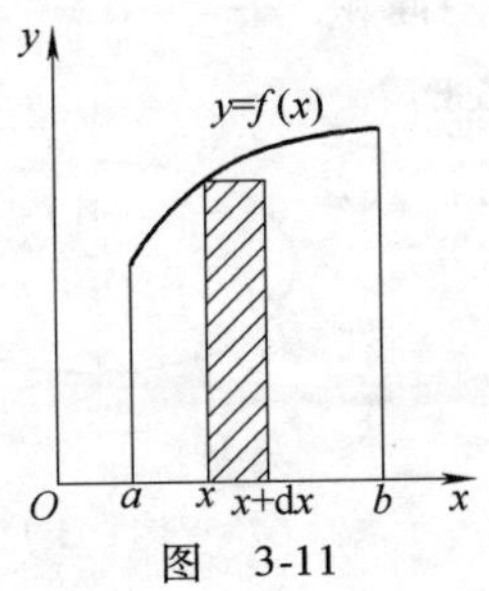

图　3-11

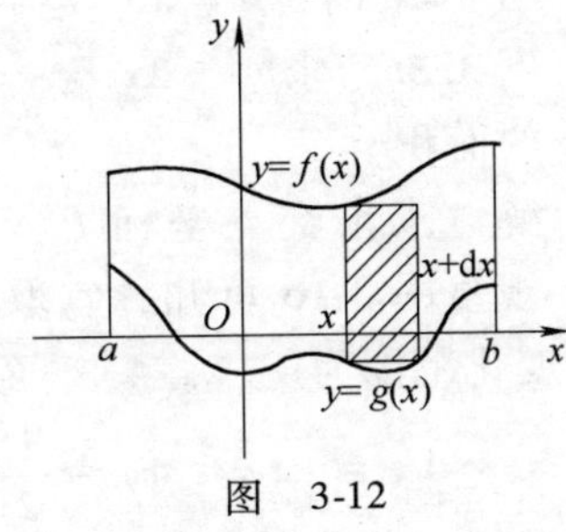

图　3-12

(3) 由左右两条曲线 $x=\psi(y)$，$x=\varphi(y)$ 及直线 $y=c$，$y=d$ 所围成的图形(图 3-13)的面积微元(注意：这时就取横条矩形为 $\mathrm{d}A$，即取 y 为积分变量) $\mathrm{d}A=(\varphi(y)-\psi(y))\mathrm{d}y$，面积 $A=\int_c^d(\varphi(y)-\psi(y))\mathrm{d}y$.

例 3.34 求两条抛物线 $y^2=x$，$y=x^2$ 所围成的图形的面积.

解 先画出图形简图(图 3-14)，并求曲线交点以确定积分区间. 解方程组 $\begin{cases}y^2=x\\ y=x^2\end{cases}$ 得交点 $(0,0)$ 及 $(1,1)$，选取 x 为积分变量，x 的变化范围为 $[0,1]$，面积微元 $\mathrm{d}A=(\sqrt{x}-x^2)\mathrm{d}x$，于是

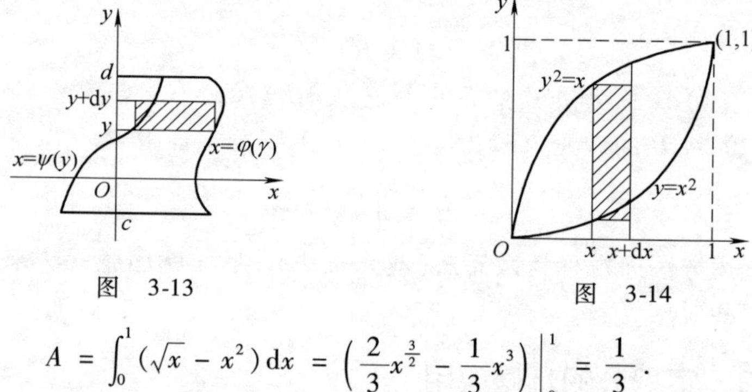

图 3-13　　　　图 3-14

$$A=\int_0^1(\sqrt{x}-x^2)\mathrm{d}x=\left(\frac{2}{3}x^{\frac{3}{2}}-\frac{1}{3}x^3\right)\Big|_0^1=\frac{1}{3}.$$

例 3.35 计算椭圆 $\frac{x^2}{a^2}+\frac{y^2}{b^2}=1$ 所围成的平面图形的面积 A.

解 根据对称性，总面积等于第一象限部分面积的 4 倍，由图 3-15 可知，面积微元 $\mathrm{d}A=y\mathrm{d}x$，于是 $A=4\int_0^a y\mathrm{d}x$，其中 $y=\frac{b}{a}\sqrt{a^2-x^2}$，所以

$$\begin{aligned}A&=4\int_0^a\frac{b}{a}\sqrt{a^2-x^2}\mathrm{d}x\\&=\frac{4b}{a}\left(\frac{1}{2}x\sqrt{a^2-x^2}+\frac{a^2}{2}\arcsin\frac{x}{a}\right)\Big|_0^a\\&=\pi ab.\end{aligned}$$

当 $b=a$ 时，$A=\pi a^2$ 是半径为 a 的圆的面积.

例 3.36 求 $y^2=2x$ 及 $y=x-4$ 所围成的图形的面积.

解 求出交点坐标 $P(2,-2)$，$Q(8,4)$，观察图 3-16 可知，宜取 y 为积分变量，y 的变化范围为 $[-2,4]$，面积微元为

$$\mathrm{d}A=\left[(y+4)-\frac{1}{2}y^2\right]\mathrm{d}y,$$

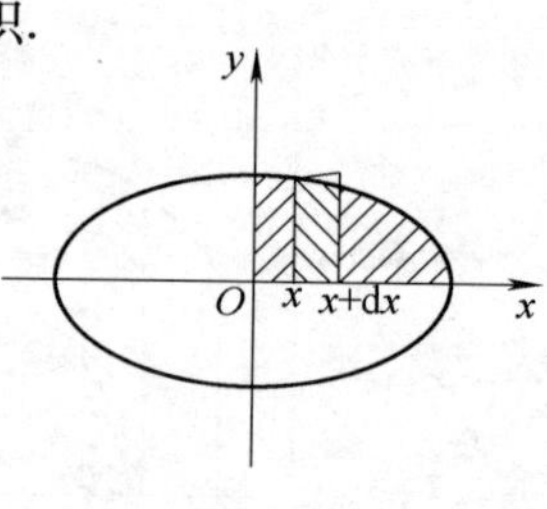

图 3-15

于是

$$A = \int_{-2}^{4}\left[(y+4) - \frac{1}{2}y^2\right]\mathrm{d}y$$
$$= \left(\frac{1}{2}y^2 + 4y - \frac{1}{6}y^3\right)\Bigg|_{-2}^{4} = 18.$$

思考：若取 x 为积分变量，会出现什么情况？

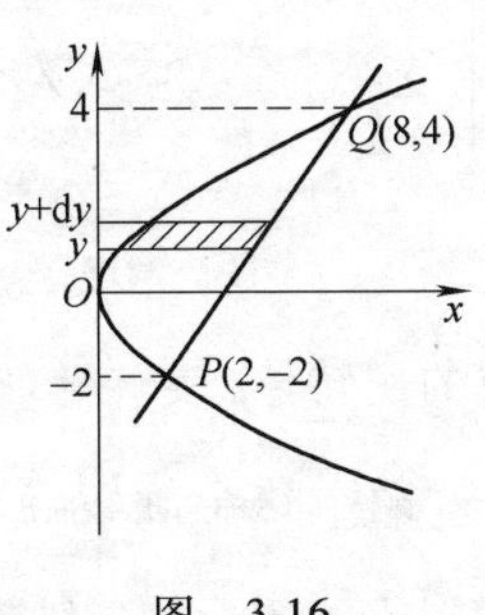

图　3-16

2. 旋转体的体积

旋转体是由一个平面图形绕这个平面内一条直线旋转一周而成的立体，这条直线叫做旋转轴．例如，圆柱可以看做矩形绕它的一条边，圆锥可以看做直角三角形绕它的一条直角边，圆台可以看做直角梯形绕它的直角腰以及球体可以看做半圆绕它的直径旋转一周而成的立体，它们都是旋转体.

设由连续曲线 $y=f(x)$ 和直线 $x=a$，$x=b(a<b)$ 及 x 轴所围成的曲边梯形绕 x 轴旋转一周而成的旋转体（图 3-17），我们来求它的体积 V.

把在 $[a, b]$ 上任取区间 $[x, x+\mathrm{d}x]$ 截得的部分立体近似看成是底面半径为 $y=f(x)$，高为 Δx 的一个圆柱体，体积微元为 $\mathrm{d}V=\pi[f(x)]^2\mathrm{d}x$，于是所求旋转体的体积公式为

$$V = \pi\int_a^b [f(x)]^2\mathrm{d}x.$$

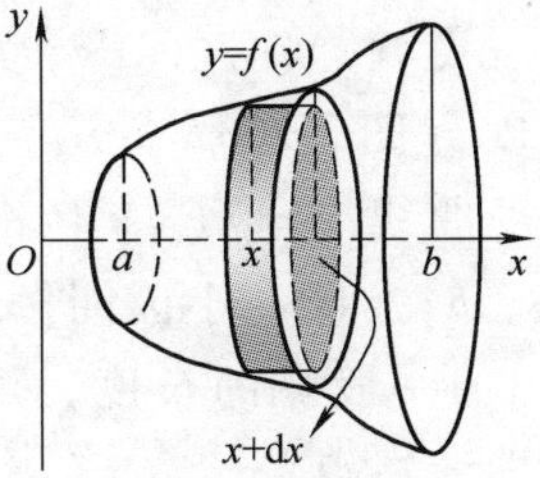

图　3-17

类似地，曲线由 $x=\varphi(y)$ 和直线 $y=c$，$y=d$ 及 y 轴所围成的曲边梯形绕 y 轴旋转，所得旋转体的体积为

$$V = \pi\int_c^d [\varphi(y)]^2\mathrm{d}y.$$

例 3.37　求由直线 $y=\frac{r}{h}x$，$x=h(h>0)$ 及 x 轴所围成的三角形绕 x 轴旋转一周而生成的圆锥体（图 3-18）的体积.

解　取 x 为积分变量，则 $x\in[0, h]$，于是所求圆锥体的体积为

$$V = \int_0^h \pi\left(\frac{r}{h}x\right)^2\mathrm{d}x = \frac{\pi r^2}{3h^2}x^3\Bigg|_0^h = \frac{\pi}{3}r^2h.$$

例 3.38　计算由椭圆 $\frac{x^2}{a^2}+\frac{y^2}{b^2}=1$ 所围成的图形绕 x 轴旋转一周而生

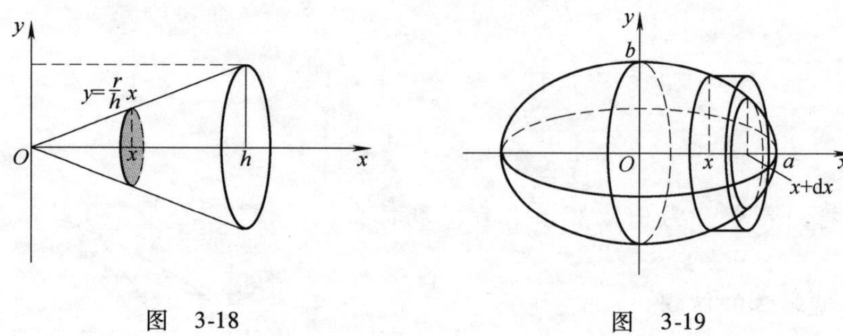

图 3-18　　　　图 3-19

成的旋转体(旋转椭球体，图 3-19)的体积.

解　这个旋转椭球体也可以看做是由半个椭圆 $y=\frac{b}{a}\sqrt{a^2-x^2}$ 及 x 轴围成的图形绕 x 轴旋转而成的立体．于是所求旋转椭球体的体积为

$$V=\int_{-a}^{a}\pi\frac{b^2}{a^2}(a^2-x^2)\mathrm{d}x=\pi\frac{b^2}{a^2}\left(a^2x-\frac{1}{3}x^3\right)\Big|_{-a}^{a}=\frac{4}{3}\pi ab^2.$$

特别地，当 $a=b=R$ 时，即得球的体积 $V=\frac{4}{3}\pi R^3$.

***3. 平面曲线的弧长**

设 $f(x)$ 在区间 $[a, b]$ 上具有一阶连续的导数，计算曲线 $y=f(x)$ 的长度 s(图 3-20).

曲线 $y=f(x)$ 上相应于 $[a, b]$ 上任一小区间 $[x, x+\mathrm{d}x]$ 的一段弧的长度，可以用该曲线在点 $(x, f(x))$ 处的切线上相应的一小段的长度来近似代替．而切线上这相应的一小段的长度为

$$\sqrt{(\mathrm{d}x)^2+(\mathrm{d}y)^2}=\sqrt{1+y'^2}\mathrm{d}x,$$

从而得弧长微元(即弧微分)

$$\mathrm{d}s=\sqrt{1+y'^2}\mathrm{d}x,$$

则所求的弧长为

$$s=\int_a^b\sqrt{1+y'^2}\mathrm{d}x.$$

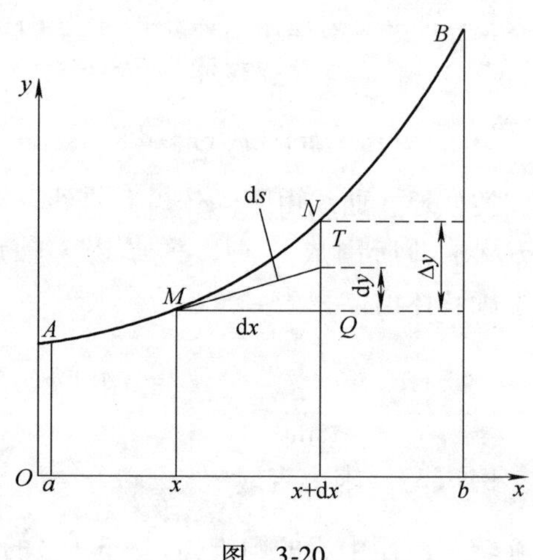

图 3-20

若曲线由参数方程

$$\begin{cases}x=\varphi(t)\\ y=\psi(t)\end{cases}\quad(\alpha\leqslant t\leqslant\beta)$$

给出，其中 $\varphi(t)$、$\psi(t)$ 在 $[\alpha, \beta]$ 上具有连续导数，这时弧微分为

$$ds = \sqrt{(dx)^2 + (dy)^2} = \sqrt{[\varphi'(t)]^2 + [\psi'(t)]^2}dt,$$

从而所求弧长为

$$s = \int_\alpha^\beta \sqrt{[\varphi'(t)]^2 + [\psi'(t)]^2}dt.$$

例 3.39　计算曲线 $y = \frac{2}{3}x^{\frac{3}{2}}$ 介于 $x = 3$ 与 $x = 8$ 之间的一段弧（图 3-21）的长度.

解　弧微分为

$$ds = \sqrt{1 + (\sqrt{x})^2}dx = \sqrt{1 + x}dx,$$

则所求弧长为

$$s = \int_3^8 \sqrt{1 + x}dx = \frac{2}{3}(1 + x)^{\frac{3}{2}}\Big|_3^8 = \frac{38}{3}.$$

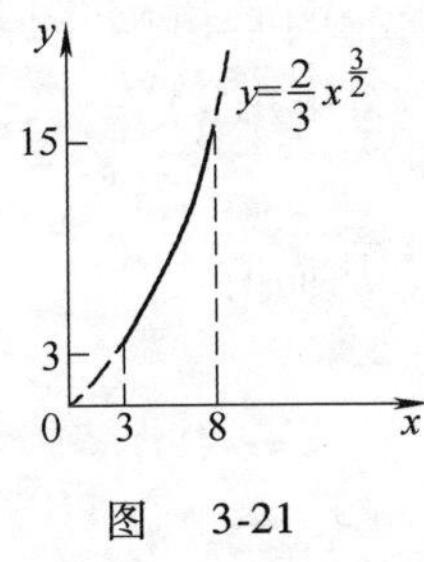

图　3-21

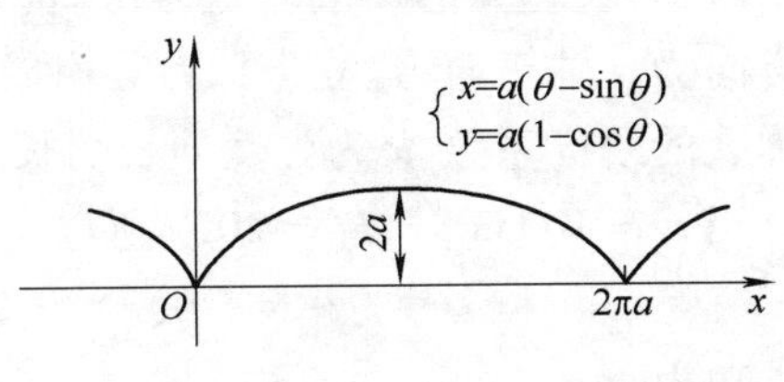

图　3-22

例 3.40　计算摆线（图 3-22）$\begin{cases} x = a(\theta - \sin\theta) \\ y = a(1 - \cos\theta) \end{cases}$ 的一拱（$0 \leqslant \theta \leqslant 2\pi$）的长度.

解　弧微分为

$$\begin{aligned} ds &= \sqrt{a^2(1 - \cos\theta)^2 + a^2\sin^2\theta}d\theta \\ &= a\sqrt{2(1 - \cos\theta)}d\theta \\ &= 2a\sin\frac{\theta}{2}d\theta, \end{aligned}$$

则所求弧长为

$$s = \int_0^{2\pi} 2a\sin\frac{\theta}{2}d\theta = 2a\left(-2\cos\frac{\theta}{2}\right)\Big|_0^{2\pi} = 8a.$$

*3.3.3　定积分的物理应用

1. 变力沿直线所做的功

如果物体受恒力 F 作用沿力的方向移动一段距离 s，则力 F 所做的功

是 $W = F \cdot s$;如果物体是在变力 $F(x)$ 作用下沿 x 轴由 a 处移动到 b 处(图 3-23),其中 $F(x)$ 在 $[a,b]$ 上连续．求变力 $F(x)$ 所做的功.

由于 $F(x)$ 在 $[a,b]$ 上连续,在微小区间 $[x,x+\mathrm{d}x]$ 上作用力可近似看做恒力 $F(x)$,在 $[x,x+\mathrm{d}x]$ 上作用力所做的功近似为 $F(x)\mathrm{d}x$,即所求功的微元为 $\mathrm{d}W = F(x)\mathrm{d}x$,物体在变力 $F(x)$ 作用下沿 x 轴由 a 处移动到 b 处,变力 $F(x)$ 所做的功为

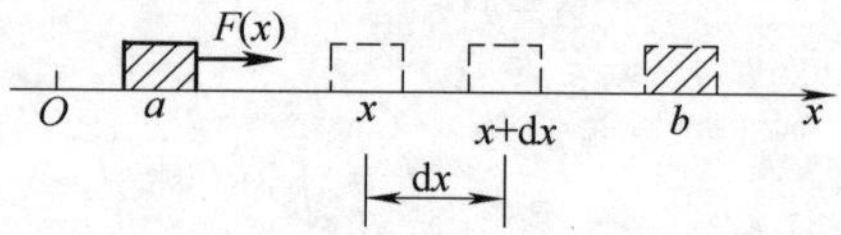

图 3-23

$$W = \int_a^b F(x)\mathrm{d}x.$$

例 3.41 一弹簧拉长 0.1m 时所用的力为 20N. 求将弹簧从自然长度拉长 0.2m 时所做的功.

解 设弹簧的一端固定,将弹簧在平衡位置时的自由端作原点,拉伸方向为 x 轴正向,建立坐标系．由胡克定理有,弹力 $F(x) = kx$,其中 k 是弹簧的劲度系数,x 为弹簧伸长的长度.

当 $x = 0.1\mathrm{m}$ 时,$F = 20\mathrm{N}$,所以 $k = 200\mathrm{N/m}$,从而有

$$F(x) = 200x,$$

所求功为

$$W = \int_0^{0.2} 200x\mathrm{d}x = 100x^2 \Big|_0^{0.2} = 4(\mathrm{J}).$$

例 3.42 把一个带电荷量 $+q$ 的点电荷放在 r 轴上坐标原点 O 处,它产生一个电场,若有一个单位正电荷与原点的距离为 r,则电场对它的作用力为 $F = k\dfrac{q}{r^2}$(k 为常数)．求单位正电荷由 $r = a$ 移动到 $r = b(a < b)$ 时,电场力对它所做的功．又如果把该单位正电荷移到无穷远处,电场力做了多少功?

解 单位正电荷与原点的距离为 r 时,电场对它的作用力为 $F = k\dfrac{q}{r^2}$,单位正电荷由 $r = a$ 移动到 $r = b(a < b)$ 时,电场力对它所做的功为

$$W = \int_a^b k\frac{q}{r^2}\mathrm{d}r = -kq\frac{1}{r}\Big|_a^b = kq\left(\frac{1}{a} - \frac{1}{b}\right).$$

若移到无穷远处,电场力对单位正电荷所做的功为无穷区间上的广义积分,即

$$\int_a^{+\infty} k\frac{q}{r^2}\mathrm{d}r = -kq\frac{1}{r}\Big|_a^{+\infty} = \frac{kq}{a}.$$

下面举一个计算功的例子,它不是一个变力做功问题,但也可用积分来计算.

例 3.43　半径为 R,高为 H 的圆柱形水箱,盛满了水,问要将箱内的水全部抽出要做多少功?

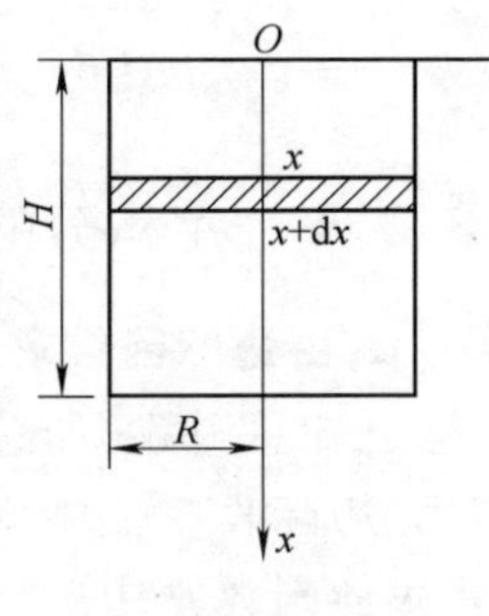

图　3-24

解　作 x 轴如图 3-24 所示,取 x 为积分变量. 相应于 $[0,H]$ 上任一小区间 $[x,x+\mathrm{d}x]$ 的小薄圆柱体水重为 $\rho g\pi R^2\mathrm{d}x$(ρ 为水的密度),把这小薄圆柱体水抽出箱外需做功近似为 $\rho g\pi R^2x\mathrm{d}x$,即所求功的微元为

$$\mathrm{d}W = \rho g\pi R^2x\mathrm{d}x.$$

所求功为

$$W = \int_0^H \rho g\pi R^2x\mathrm{d}x = \frac{1}{2}\rho g\pi R^2H^2.$$

2. 水的压力

从物理学知道,在水深为 h 处的压强为 $p = \rho gh$,这里 ρ 是水的密度,g 是重力加速度. 如果有一面积为 A 的平板水平地放置在水深为 h 处,那么,平板一侧所受的水压力为

$$F = pA = \rho ghA.$$

如果平板铅垂地放置在水中,那么,由于水深不同的点处压强 p 不相等,平板一侧所受水的压力就不能用上述方法计算.

例 3.44　一个横放的半径为 R 的圆柱形水桶,里面盛有半桶水,计算桶的一个端面所受的压力(设水的密度为 ρ).

解　桶的一个端面是圆片,所以现在要计算的是当水平面通过圆心时,垂直放置的一个半圆片的一侧所受的水压力.

建立坐标系(如图 3-25 所示,圆心为坐标原点,沿液体表面作 y 轴,x 轴铅垂向下的坐标系),圆方程为 $x^2 + y^2 = R^2$,取水深 x 为积分变量,在 x 的变化区间 $[0,R]$ 上任取一小区间 $[x,x+\mathrm{d}x]$,这窄条上各点处的压强近似于 ρgx,这窄条的面积近似于 $2\sqrt{R^2-x^2}\mathrm{d}x$. 因此,这窄条一侧所受水压力的近似值,即压力微元为

$$\mathrm{d}F = 2\rho gx\sqrt{R^2-x^2}\mathrm{d}x.$$

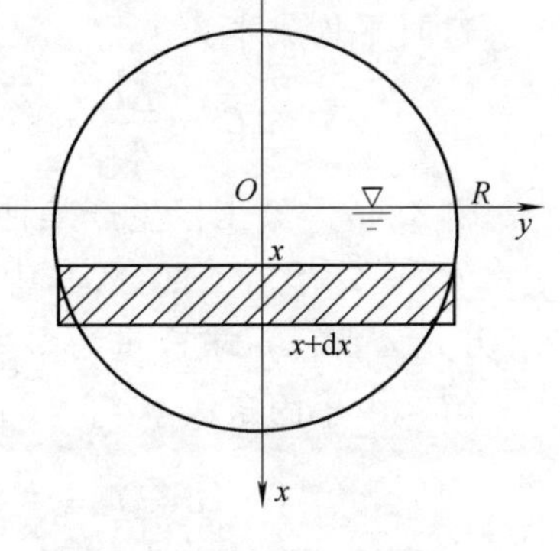

图　3-25

于是所求压力为

$$F = \int_0^R 2\rho g x\sqrt{R^2 - x^2}\mathrm{d}x = -\rho g\int_0^R (R^2 - x^2)^{\frac{1}{2}}\mathrm{d}(R^2 - x^2)$$

$$= -\frac{2}{3}\rho g(R^2 - x^2)^{\frac{3}{2}}\Big|_0^R = \frac{2}{3}\rho g R^3.$$

*3.3.4 定积分的经济应用

1. 由边际函数求总函数及总函数的改变量

已知总函数(如总成本、总收益、总利润等),求其边际函数(如边际成本、边际收益、边际利润等)是求导数问题;反之,已知总函数的边际函数,求此函数或其改变量,则是积分问题.

以成本函数为例,若已知边际成本 $MC = C'(x)$,则产量为 x 的总成本函数

$$C(x) = \int_0^x MC\mathrm{d}t + C_0 = \int_0^x C'(t)\mathrm{d}t + C_0.$$

这里 C_0 为固定成本,而产量从 a 增加到 b 时总成本的改变量为

$$\Delta C = C(b) - C(a) = \int_0^b C'(t)\mathrm{d}t + C_0 - \left(\int_0^a C'(t)\mathrm{d}t + C_0\right)$$

$$= \int_a^b C'(x)\mathrm{d}x.$$

例 3.45 某工厂生产一种产品,每天生产 x 吨时的总成本为 $C(x)$ 百元. 已知它的边际成本为 $MC = C'(x) = 100 + 6x + 0.6x^2$(百元/吨),求产量从 2 吨增加到 4 吨时的总成本的改变量和平均成本.

解 产量从 2 吨增加到 4 吨时总成本的改变量为

$$\Delta C = \int_2^4 C'(x)\mathrm{d}x = \int_2^4 (100 + 6x + 0.6x^2)\mathrm{d}x$$

$$= (100x + 3x^2 - 0.2x^3)\Big|_2^4 = 224.8(\text{百元}).$$

这时平均成本为

$$\Delta\overline{C} = \frac{\Delta C}{\Delta x} = \frac{224.8}{2} = 112.4(\text{百元/吨}).$$

例 3.46 某工厂生产某种产品 x 百台的总成本为 $C(x)$ 万元,其边际成本 $C' = 2$ 万元/百台,其中固定成本为零,边际收益为 $R'(x) = 7 - 2x$(万元/百台),求产量为多少时总利润最大?

解 由于固定成本 $C_0 = 0$,所以总成本为

$$C(x) = \int_0^x C'(t)\mathrm{d}t = \int_0^x 2\mathrm{d}t = 2x.$$

又当 $x = 0$ 时,总收益 $R = 0$,所以总收益为

$$R(x)=\int_0^x R'(t)\,\mathrm{d}t=\int_0^x(7-2t)\,\mathrm{d}t=7x-x^2.$$

总利润为

$$L(x)=R(x)-C(x)=7x-x^2-2x=5x-x^2,$$

则

$$L'(x)=5-2x,$$

令 $L'(x)=0$，得驻点 $x=2.5$(百台)，又因 $L''(x)=-2<0$，所以 $L(2.5)=6.25$(万元)为最大利润．即产量为 2.5 百台时总利润最大.

2. 收益流的现值和将来值

若现有本金 P 元，以年利率 r 的连续复利计算，t 年后的本利和(将来值)$B=P\mathrm{e}^{rt}$.

若 t 年后得到 B 元人民币，则现在需要存入银行的金额(现值)$P=B\mathrm{e}^{-rt}$.

设在时间区间$[0,T]$内，t 时刻的单位时间收入为 $P(t)$，称此为收入率或收益流量，按年利率 r 的连续复利计算，则在时间区间$[t,t+\mathrm{d}t]$内的收入现值为 $P(t)\mathrm{e}^{-rt}\mathrm{d}t$，将来值为 $P(t)\mathrm{e}^{r(T-t)}\mathrm{d}t$；在$[0,T]$内得到的总收入现值为 $P=\int_0^T P(t)\mathrm{e}^{-rt}\mathrm{d}t$,将来值为 $B=\int_0^T P(t)\mathrm{e}^{r(T-t)}\mathrm{d}t$.

进行某项投资后，我们将投资期间内总收入的现值与总投资的差额称为该项投资纯收入的贴现值，即

纯收入的贴现值 = 总收入现值 - 总投资.

例 3.47　假设以年连续复利 $r=0.1$ 计息.

(1) 求收益流量为 100 元/年的收益流在 20 年期间的现值和将来值.

(2) 将来值和现值的关系如何？解释这一关系.

解　(1)现值 $=\int_0^{20}100\mathrm{e}^{-0.1t}\mathrm{d}t=1000(1-\mathrm{e}^{-2})\approx 864.66$ (元).

$$\begin{aligned}
\text{将来值} &= \int_0^{20}100\mathrm{e}^{0.1(20-t)}\mathrm{d}t\\
&=\int_0^{20}100\mathrm{e}^2\mathrm{e}^{-0.1t}\mathrm{d}t=1000\mathrm{e}^2(1-\mathrm{e}^{-2})\\
&\approx 6389.06(\text{元}).
\end{aligned}$$

(2)显然，将来值 = 现值 $\cdot\,\mathrm{e}^2$，若在 $t=0$ 时刻，以现值 $1000(1-\mathrm{e}^{-2})$作为一笔款项存入银行，以年连续复利率 $r=0.1$ 计息，则 20 年中这笔单独款项的将来值为

$$1000(1-\mathrm{e}^{-2})\mathrm{e}^{0.1\times 20}=1000(1-\mathrm{e}^{-2})\mathrm{e}^2.$$

这正好是上述收益流在 20 年期间的将来值。

一般来说，以年连续复利 r 计息，则从现值起到 T 年后该收益流的将来值等于该收益流的现值作为单笔款项存入银行 T 年后的将来值。

例 3.48 设有一项计划现在($t=0$)需要投入 1000 万元，在 10 年中每年的收益流量为 200 万元，若连续利率为 5%，求该投资的纯收入贴现值(设购置的设备 10 年后完全失去价值).

解 纯收入贴现值为

$$W=\int_0^{10}200\mathrm{e}^{-0.05t}\mathrm{d}t-1000=\left(\frac{-200}{0.05}\mathrm{e}^{-0.05t}\right)\Bigg|_0^{10}-1000$$

$$=4000(1-\mathrm{e}^{-0.5})-1000\approx 573.88\ (\text{万元}).$$

例 3.49 某企业一项为期 10 年的投资需购置成本 80 万元,每年的收益流量为 10 万元,求内部利率 μ(注:内部利率是使总收益现值等于成本的利率).

解 由总收益现值等于成本得

$$80=\int_0^{10}10\mathrm{e}^{-\mu t}\mathrm{d}t=\left(-\frac{10}{\mu}\mathrm{e}^{-\mu t}\right)\Bigg|_0^{10}=\frac{10}{\mu}(1-\mathrm{e}^{10\mu}),$$

可用近似计算得 $\mu\approx 0.04$.

习 题 3.3

1. 求下列各曲线所围成图形的面积；

(1) $y=\sqrt{x},y=x$; (2) $y=\mathrm{e}^x,x=0,y=\mathrm{e}$; (3) $y=3-x^2,y=2x$;

(4) $y=\dfrac{x^2}{2},x^2+y^2=8$(两部分都要计算)；

(5) $y=\dfrac{1}{x},y=x,y=2$;

(6) $y=\mathrm{e}^x,y=\mathrm{e}^{-x},x=1$;

(7) $y=\ln x,x=0,y=\ln a,y=\ln b(b>a>0)$.

2. 求下列各题中的曲线所围平面图形绕指定轴旋转的旋转体的体积：

(1) $y=x^3,y=0,x=2$ 绕 x 轴、y 轴；

(2) $y=x^2,x=y^2$ 绕 y 轴；

(3) $x^2+(y-5)^2=16$ 绕 x 轴；

(4) $x^2+y^2=a^2$ 绕 $x=b$ $(b>a>0)$.

3. 求曲线 $y=\dfrac{1}{4}x^2-\dfrac{1}{2}\ln x$ 在 $1\leqslant x\leqslant \mathrm{e}$ 内的一段弧的长度.

4. 计算半径为 r 的圆的周长.

5. 一弹簧原长为 1m. 把它压缩 1cm 时所用的力为 0.05N. 求把弹簧从 80cm 压缩到 60cm 时所做的功.

6. 底半径为 r、高为 h 的圆柱体沉入水中，圆柱体的上底面与水面相平，圆柱体的密度和水的密度都为 ρ，现将该圆柱体从水中铅垂取出，需做多少功？

7. 长为 50m，宽为 30m，深为 10m 的水池盛满了水（水的密度为 $\rho = 1000\text{kg/m}^3$）. 现将水全部抽去，问需做多少功？

8. 已知边际成本为 $C'(x) = 100 - 2x$，求当产量由 20 增加到 30 时应追加的成本数.

9. 某产品的需求函数为 $q = \dfrac{1}{2}(28 - p)$，其中 q(件) 是需求量，p(元/件) 是价格. 边际成本 $C' = 2q + 4$，设 $C(0) = 0$，问生产多少件产品（假定产品全部卖出）时利润最大？最大利润是多少？

10. 某地区居民购买冰箱的消费支出 $W(x)$ 的变化率是居民总收入 x 的函数，$W'(x) = \dfrac{1}{200\sqrt{x}}$，当居民收入由 4 亿元增加到 9 亿元时，购买冰箱的消费支出增加多少？

11. 某公司按利率 10%（连续复利）贷款 100 万元用来购买某设备，该设备使用 10 年后报废，公司每年可收入 b 万元.

(1) b 为何值时公司不会亏本？

(2) 当 $b = 20$ 万元时，求内部利率（应满足的方程）.

(3) 当 $b = 20$ 万元时，求该投资的纯收入贴现值.

综合练习题 3

1. 计算下列不定积分：

(1) $\int \sin^2 \dfrac{x}{2} dx$；　　(2) $\int e^{3x} dx$；

(3) $\int \sin^6 x \cos x dx$；　　(4) $\int \dfrac{1}{x^2} e^{\frac{1}{x}} dx$；

(5) $\int \dfrac{1 + x + x^2}{x(1 + x^2)} dx$；　　(6) $\int \cos 3x \cos 2x dx$；

(7) $\int x^2 (2 - 3x^3)^{\frac{1}{3}} dx$；　　(8) $\int \dfrac{dx}{\sqrt{x} + \sqrt[3]{x}}$；

(9) $\int \dfrac{x}{\sqrt{2 - x}} dx$；　　(10) $\int \dfrac{dx}{\sqrt{(x^2 - a^2)^3}}$ $(a > 0)$；

(11) $\int \dfrac{dx}{x^2 + 2x + 3}$；　　(12) $\int \dfrac{1}{x(2 + 3\ln x)} dx$；

(13) $\int \dfrac{e^{\arcsin x}}{\sqrt{1 - x^2}} dx$；　　(14) $\int \dfrac{x^2}{1 + 2x + x^2 + 2x^3} dx$；

(15) $\int \dfrac{1 + \sin x}{\sin x(1 + \cos x)} dx$.

2. 已知 $f'(\cos x + 2) = \sin^2 x + \tan^2 x$，求 $f(x)$.

3. 设$f(x)$的一个原函数是$\frac{\ln x}{x}$,求:

(1) $\int xf(x)\mathrm{d}x$; (2) $\int xf'(x)\mathrm{d}x$; (3) $\int xf''(x)\mathrm{d}x$.

4. 已知$f(u)$具有二阶连续导数,求$\int \mathrm{e}^{2x}f''(\mathrm{e}^x)\mathrm{d}x$.

5. 一物体的运动速度为$v=-\sin t$,当$t=0$时,$v=0$,试确定该物体的运动方程.

6. 已知曲线过点$(\mathrm{e},2)$,且曲线上任意点(x,y)处的切线的斜率为$\frac{1}{x}$,求该曲线的方程.

7. 计算下列定积分:

(1) $\int_{\frac{1}{\sqrt{3}}}^{\sqrt{3}}\frac{1}{1+x^2}\mathrm{d}x$; (2) $\int_0^1\frac{1}{\sqrt{4-x^2}}\mathrm{d}x$;

(3) $\int_0^4|x-1|\mathrm{d}x$; (4) $\int_{-1}^1\frac{x}{\sqrt{5-4x}}\mathrm{d}x$;

(5) $\int_1^8\frac{1}{x+\sqrt[3]{x}}\mathrm{d}x$; (6) $\int_0^{\pi}\sqrt{1+\cos 2x}\mathrm{d}x$;

(7) $\int_{-1}^1\frac{1}{(1+x^2)^2}\mathrm{d}x$; (8) $\int_0^{\ln 5}\frac{\mathrm{e}^x\sqrt{\mathrm{e}^x-1}}{\mathrm{e}^x+3}\mathrm{d}x$.

8. 计算下列定积分:

(1) $\int_0^1 x\mathrm{e}^x\mathrm{d}x$; (2) $\int_1^4\frac{\ln x}{\sqrt{x}}\mathrm{d}x$;

(3) $\int_0^{\frac{\pi}{2}}\mathrm{e}^{2x}\cos x\mathrm{d}x$; (4) $\int_0^{\pi^2}\sin\sqrt{x}\mathrm{d}x$;

(5) $\int_1^2\ln(x+1)\mathrm{d}x$; (6) $\int_0^{\mathrm{e}}(\ln x)^3\mathrm{d}x$;

(7) $\int_0^{\pi}\frac{(1+\cos 2x)x}{2}\mathrm{d}x$; (8) $\int_0^{\frac{\sqrt{2}}{2}}\arccos x\mathrm{d}x$.

9. 计算下列广义积分:

(1) $\int_1^{+\infty}\frac{1}{x^2}\mathrm{d}x$; (2) $\int_0^{+\infty}x\mathrm{e}^{-x}\mathrm{d}x$; (3) $\int_0^1\frac{\arcsin x}{\sqrt{1-x^2}}\mathrm{d}x$.

10. 求下列函数的导数:

(1) 已知$\varphi(x)=\int_2^x t\cos^2 t\mathrm{d}t$,,求$\varphi'\left(\frac{\pi}{2}\right)$;

(2) $\frac{\mathrm{d}}{\mathrm{d}x}\int_x^1\sin t^2\mathrm{d}t$;

(3) $\varphi(x)=\int_{x^2}^x\cos(t+1)\mathrm{d}t$,求$\varphi'(x)$.

11. 求下列极限:

(1) $\lim\limits_{x\to 1}\frac{\int_1^x(t^2-1)\mathrm{d}t}{\ln^2 x}$; (2) $\lim\limits_{x\to 0}\frac{1}{x}\int_x^0\frac{\sin t}{t}\mathrm{d}t$; (3) $\lim\limits_{x\to 1}\frac{\int_0^x\arctan t\mathrm{d}t}{x^2}$.

12. 求下列曲线所围成的平面图形的面积：

(1) $y = 2 - x^2, y - 2x = 2$；　　(2) $y = \frac{1}{x}, y = 4x, x = 2, y = 0$.

13. 求由下列曲线所围成的图形分别绕 x 轴及 y 轴旋转所成的旋转体的体积：

(1) $y = x^3, x = 2, y = 0$；　　(2) $y = \sin x, x = \frac{\pi}{2}, y = 0$.

14. 计算曲线 $y = \ln x$ 上相应于$\sqrt{3} \leqslant x \leqslant \sqrt{8}$ 的一段弧的弧长.

15. 计算$\begin{cases} x = e^t \sin t \\ y = e^t \cos t \end{cases}$由 $t = 0$ 到 $t = \frac{\pi}{2}$ 的一段弧长.

16. 用铁锤将一铁钉击入木板，设木板对铁钉的阻力与铁钉击入木板的深度成正比，在击第一次时将铁钉击入木板 1cm，如果铁锤每次打击铁钉所做的功相等，问铁锤击第二次时，铁钉又击入多少？

17. 设有一半径为 R 的盛满水的半球形水缸，将水从缸口抽出需做多少功(设水的密度为 ρ)？

18. 已知生产某种产品的边际成本为 $C'(x) = 3x^2 - 18x + 30$，问当产量 x 由 12 单位减少到 3 单位时总成本减少多少？

19. 某企业投资 232 万元扩建一个工厂，该厂投产为期 20 年，每年可收益 20 万元，求内部利率(只需求出应满足的方程).

20. 已知某一商品每周生产 x 单位时，边际成本是 $f(x) = 0.4x - 12$(元/单位)，求总成本函数 $C(x)$，如果这种产品的销售单价是 20 元，求总利润函数 $L(x)$，并问每周生产多少单位时，才能获得最大利润？

第4章

微分方程

寻求变量之间的函数关系在科学技术和生产实践中具有重要意义，但在许多问题中常常不易直接找出要求的函数关系，不过，根据问题所给的条件，有时却能比较容易地建立含有所求函数的导数或微分的关系式——微分方程. 通过解这种关系式，最后可以得到要求的函数关系. 本章主要介绍微分方程的一些基本概念和几种常用的微分方程的解法.

4.1 微分方程的基本概念

下面我们通过几何及物理学中的几个具体例题来说明微分方程的基本概念.

例 4.1 已知曲线上任一点的切线斜率等于该点的横坐标的两倍，且此曲线通过点(1，2)，求该曲线的方程.

解 设曲线方程为 $y=y(x)$，根据导数的几何意义，$y(x)$应满足

$$\frac{\mathrm{d}y}{\mathrm{d}x}=2x. \tag{4-1}$$

此外，未知函数 $y(x)$还应满足条件，当 $x=1$ 时，$y=2$，把方程(4-1)两端积分得

$$y=\int 2x\mathrm{d}x,$$

即

$$y=x^2+c, \tag{4-2}$$

其中 c 是任意常数.

把条件“当 $x=1$ 时，$y=2$”代入式(4-2)得 $c=1$，于是得所求曲线方程为

$$y = x^2 + 1.$$

例 4.2 一物体以初速度 v_0 垂直上抛，上抛的高度为 s_0，设此物体的运动只受重力的影响，试确定该物体运动的路程 s 与时间 t 的函数关系.

解 因为物体运动的加速度是路程 s 对时间 t 的二阶导数，且题设只受重力的影响，所以由牛顿第二定律有

$$m\frac{\mathrm{d}^2 s}{\mathrm{d}t^2} = -mg,$$

即

$$\frac{\mathrm{d}^2 s}{\mathrm{d}t^2} = -g, \tag{4-3}$$

其中 m 为物体的质量，g 为重力加速度，且垂直向上的方向为正方向，这里的未知函数 $s=s(t)$ 还应满足两个条件：

$$\begin{cases} s\big|_{t=0} = s_0 \\ \left.\dfrac{\mathrm{d}s}{\mathrm{d}t}\right|_{t=0} = v_0 \end{cases}. \tag{4-4}$$

把方程(4-3)两端积分一次得

$$\frac{\mathrm{d}s}{\mathrm{d}t} = -gt + c_1, \tag{4-5}$$

再积分一次得

$$s = -\frac{1}{2}gt^2 + c_1 t + c_2, \tag{4-6}$$

其中 c_1，c_2 为任意常量.

把条件 $\left.\dfrac{\mathrm{d}s}{\mathrm{d}t}\right|_{t=0} = v_0$ 代入式(4-5)得 $c_1 = v_0$，把条件 $s\big|_{t=0} = s_0$ 代入式(4-6)得 $c_2 = s_0$，于是 $s = -\dfrac{1}{2}gt^2 + v_0 t + s_0$ 即为所求的函数关系.

定义 4.1 含有未知函数的导数或微分的方程称为**微分方程**.

未知函数为一元函数的微分方程，称为**常微分方程**，如方程(4-1)、方程(4-3)都是常微分方程. 未知函数为多元函数，从而出现多元函数的偏导数的方程，称为**偏微分方程**. 例如，

$$yz_x - xz_y = 0, \quad \frac{\partial^2 z}{\partial x^2} = a^2\frac{\partial^2 z}{\partial y^2}$$

等，就是偏微分方程.

本章简要介绍常微分方程的概念，某些简单微分方程的解法. 微分方程中出现的导数的最高阶数，称为微分方程的**阶**，例如，$y' = 2x$ 是一阶微分方程；$s'' = -g$ 是二阶微分方程.

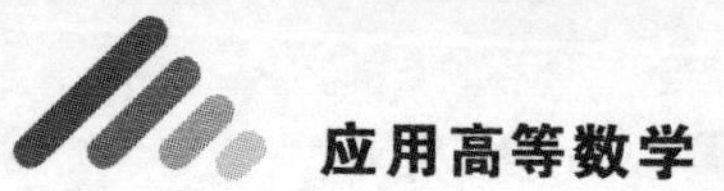

定义 4.2 如果一个函数代入微分方程后使方程两端恒等，则称此函数为该微分方程的**解**.

例如，$y=x^2+c$，$y=x^2+1$ 都是 $y'=2x$ 的解；而 $s=-\frac{1}{2}gt^2+c_1t+c_2$，$s=-\frac{1}{2}gt^2+v_0t+s_0$，都是 $s''=-g$ 的解.

如果微分方程的解中所含任意常数的个数等于微分方程的阶数，则此解称为微分方程的**通解**. 在通解中给予任意常数以确定的值而得到的解，称为**特解**. 例如，$y=x^2+c$ 是 $y'=2x$ 的通解，$y=x^2$，$y=x^2-\frac{1}{2}$都是 $y'=2x$ 的特解.

为了得到合乎要求的特解，必须根据要求对微分方程附加一定条件. 如果这种附加条件是由系统在某一瞬间所处的状态下给出的，则称这种条件为**初始条件**. 例如，例 4.1 中的条件：当 $x=1$ 时，$y=2$；例 4.2 中的 $s\big|_{t=0}=s_0$，$v\big|_{t=0}=v_0$ 都是初始条件；而 $y=x^2+1$，与 $s=-\frac{1}{2}gt^2+v_0t+s_0$ 分别称为例 4.1 与例 4.2 满足初始条件的特解.

习　题　4.1

1. 什么叫做微分方程和微分方程的阶？指出下列各微分方程的阶数.

(1) $x(y')^2-2yy'+x=0$；　(2) $L\frac{\mathrm{d}^2\theta}{\mathrm{d}t^2}+R\frac{\mathrm{d}\theta}{\mathrm{d}t}+\frac{\theta}{C}=0$；

(3) $(7x-6y)\mathrm{d}x=(x+y)\mathrm{d}y$；　(4) $xy'''+2y''+x^2y=0$.

2. 什么叫做微分方程的解？下列各题中的函数是否为所给微分方程的解？

(1) $y=5x^2$，$xy'=2y$；　(2) $y=x^2\mathrm{e}^x$，$y''-2y'+y=0$；

(3) $y=3\sin x-4\cos x$，$y''+y=0$；　(4) $y=c_1\mathrm{e}^{-x}+c_2\mathrm{e}^{2x}$，$y''-y'-2y=0$.

3. 在下列各题中，验证右端二元方程所确定的函数为所给微分方程的解.

(1) $(x-2y)y'=2x-y$，$x^2-xy+y^2=c$；

(2) $(xy-x)y''+x(y')^2+yy'-2y'=0$，$y=\ln(xy)$.

4. 用微分方程表示一物理命题：某种气体的气压 p 对温度 T 的变化率与气压成正比，与温度的平方成反比.

4.2　一阶微分方程

一阶微分方程的一般形式是 $F(x, y, y')=0$，一阶微分方程的通解含有一个任意常数，为了确定这个任意常数，必须给出一个初始条

件，通常都是给出 $x=x_0$ 时未知函数对应的值 $y=y_0$，记作 $y(x_0)=y_0$ 或 $y\big|_{x=x_0}=y_0$.

4.2.1 可分离变量的一阶微分方程

形如
$$f(x)\,\mathrm{d}x=g(y)\,\mathrm{d}y \tag{4-7}$$
的一阶微分方程，称为**变量已分离的微分方程**. 将式(4-7)两边同时积分得
$$\int f(x)\,\mathrm{d}x=\int g(y)\,\mathrm{d}y+c, \tag{4-8}$$
其中 c 是任意常数，式(4-8)就是式(4-7)的通解表达式.

注意 今后为了明显起见，将不定积分 $\int f(x)\,\mathrm{d}x$ 看成 $f(x)$ 的一个原函数，而将积分常数 c(c 为任意常数)单独写出来.

形如
$$\frac{\mathrm{d}y}{\mathrm{d}x}=f(x)g(y) \tag{4-9}$$
或
$$M_1(x)M_2(y)\,\mathrm{d}x=N_1(x)N_2(y)\,\mathrm{d}y \tag{4-10}$$
的微分方程，称为**可分离变量的微分方程**. 因为，经过简单的代数运算式(4-9)、式(4-10)可以化为式(4-7)的形状，即
$$\frac{\mathrm{d}y}{g(y)}=f(x)\,\mathrm{d}x \quad 或 \quad \frac{M_1(x)}{N_1(x)}\mathrm{d}x=\frac{N_2(y)}{M_2(y)}\mathrm{d}y,$$
两边积分可求出它们的通解.

在式(4-9)中，特别地，当 $g(y)\equiv 1$ 或 $f(x)\equiv 1$ 时，得

$\frac{\mathrm{d}y}{\mathrm{d}x}=f(x)$ 的通解为
$$y=\int f(x)\,\mathrm{d}x+c;$$

$\frac{\mathrm{d}y}{\mathrm{d}x}=g(y)$ 的通解为
$$\int\frac{\mathrm{d}y}{g(y)}=x+c.$$

例 4.3 解微分方程 $\frac{\mathrm{d}y}{\mathrm{d}x}=-\frac{y}{x}$.

解 分离变量得 $\frac{\mathrm{d}y}{y}=-\frac{\mathrm{d}x}{x}$，两边积分得
$$\ln y=-\ln x+\ln c,$$
即
$$xy=c \quad 或 \quad y=\frac{c}{x} \quad (c\text{ 为任意常数}).$$

这就是所给微分方程的通解．将 $xy=c$ 代入原方程，不难验证，的确使原方程成为恒等式．

例 4.4 解微分方程$\frac{dy}{dx}=x\sqrt{1-y^2}$.

解 此方程是可分离变量的方程，分离变量后得

$$\frac{dy}{\sqrt{1-y^2}}=x dx,$$

两边积分得到

$$\arcsin y=\frac{x^2}{2}+c,$$

所以方程的通解为
$$y=\sin\left(\frac{x^2}{2}+c\right).$$

例 4.5 求方程 $x(y^2-1)dx+y(x^2-1)dy=0$ 满足初始条件 $y|_{x=0}=0$ 的特解.

解 这方程也是可分离变量的方程，分离变量后得到

$$\frac{y}{y^2-1}dy=-\frac{x}{x^2-1}dx,$$

两边积分(用换元法)得$\frac{1}{2}\ln|y^2-1|=-\frac{1}{2}\ln|x^2-1|+c_1$,

为了化简方便起见，将任意常数 $2c_1$ 写成 $\ln|c|$，于是得

$$\ln|(x^2-1)(y^2-1)|=\ln|c|,$$

所以原方程的通解为

$$(x^2-1)(y^2-1)=c\ (c\text{ 为任意常数})$$

将初始条件 $y|_{x=0}=0$ 代入通解，得 $c=1$，故得特解为

$$(x^2-1)(y^2-1)=1.$$

有的一阶微分方程虽然不可直接分离变量，但作适当的变量代换后，能化为可分离变量方程，再用分离变量法求解.

例 4.6 求方程$\frac{dy}{dx}=(x+y)^2$ 的通解.

解 作变量代换 $u=x+y$，$y=u-x$，$\frac{dy}{dx}=\frac{du}{dx}-1$ 代入原方程，化为可分离变量方程，有

$$\frac{du}{dx}=1+u^2,$$

分离变量，两边积分得

$$\frac{du}{1+u^2}=dx,\quad \arctan u=x+c,$$

换去 u，得原方程通解(隐函数解)为

$$\arctan(x+y)=x+c.$$

4.2.2 齐次方程

形如
$$\frac{dy}{dx}=f\left(\frac{y}{x}\right)$$
的微分方程，称为**齐次微分方程**.

例如，微分方程 $(x^2+xy)dx-(x^2+y^2)dy=0$，可化为

$$\frac{dy}{dx}=\frac{x^2+xy}{x^2+y^2}=\frac{1+\left(\frac{y}{x}\right)}{1+\left(\frac{y}{x}\right)^2},$$

所以是一个齐次微分方程.

齐次微分方程的解法是，先用变量替换化为可分离变量的方程，再求其解. 即作变换

$$u=\frac{y}{x},\ y=xu,\ 且\frac{dy}{dx}=u+x\frac{du}{dx},$$

则齐次方程变为

$$u+x\frac{du}{dx}=f(u),$$

即

$$x\frac{du}{dx}=f(u)-u,$$

这是可分离变量的微分方程. 分离变量，并积分得

$$\frac{du}{f(u)-u}=\frac{dx}{x},\int\frac{du}{f(u)-u}=\int\frac{dx}{x},$$

从而可得 $u=u(x,c)$ 或 $F(u,x,c)=0$，再将 u 换回 $\frac{y}{x}$ 就得到齐次方程的通解.

例 4.7 解微分方程 $xy'=2x+y$.

解 两边除以 x 得 $y'=2+\frac{y}{x}$，此为齐次微分方程. 令 $u=\frac{y}{x}$，$y=xu$，得 $y'=u+xu'$，代入并化简得 $xu'=2$，即 $x\frac{du}{dx}=2$ 为可分离变量的微分方程. 分离变量，两边积分得

$$du=\frac{2dx}{x},\ u=2\ln x+\ln c,$$

则原方程的通解为

$$\frac{y}{x}=\ln cx^2 \quad 或 \quad y=x\ln cx^2.$$

例 4.8 求$(2x-y)\mathrm{d}y=(5x+4y)\mathrm{d}x$的通解.

解 原方程可变为

$$\frac{\mathrm{d}y}{\mathrm{d}x}=\frac{5x+4y}{2x-y}=\frac{5+4\left(\frac{y}{x}\right)}{2-\left(\frac{y}{x}\right)},$$

令$u=\frac{y}{x}$，$y=xu$，$\frac{\mathrm{d}y}{\mathrm{d}x}=u+x\frac{\mathrm{d}u}{\mathrm{d}x}$，代入方程得

$$u+x\frac{\mathrm{d}u}{\mathrm{d}x}=\frac{5+4u}{2-u},$$

整理，分离变量得

$$\frac{(2-u)\mathrm{d}u}{u^2+2u+5}=\frac{\mathrm{d}x}{x},$$

积分得

$$-\left[\frac{1}{2}\ln(u^2+2u+5)-\frac{3}{2}\arctan\frac{u+1}{2}\right]=\ln x+c_1,$$

把$u=\frac{y}{x}$代入上式，整理后得通解为

$$\ln(y^2+2xy+5x^2)-3\arctan\frac{y+x}{2x}=c.$$

4.2.3 一阶线性微分方程

形如
$$y'+p(x)y=Q(x) \tag{4-11}$$
的微分方程，称为**一阶线性微分方程**(因为这是y及y'的一次方程).

(1) 如果$Q(x)\equiv 0$时，即

$$y'+p(x)y=0, \tag{4-12}$$

称其为**一阶线性齐次方程**. 同时也是可分离变量方程，分离变量后有

$$\frac{\mathrm{d}y}{y}=-p(x)\mathrm{d}x,$$

两边积分得

$$\ln y=-\int p(x)\mathrm{d}x+\ln c.$$

一阶线性齐次方程(4-12)的通解为

$$y=c\mathrm{e}^{-\int p(x)\mathrm{d}x} \quad (c 为任意常数).$$

(2) 若 $Q(x)\neq 0$ 时，称方程(4-11)为**一阶线性非齐次方程**. 其通解的求法分为两步：

第一步，求对应的齐次方程(4-12)的通解 $y=ce^{-\int p(x)\mathrm{d}x}$；

第二步，用常数变易法将齐次方程通解中的常数 c 换为 x 的待定函数 $u(x)$，即设

$$y=u(x)e^{-\int p(x)\mathrm{d}x},\tag{4-13}$$

式(4-13)是一阶线性非齐次方程(4-11)的解，则有

$$\frac{\mathrm{d}y}{\mathrm{d}x}=u'(x)e^{-\int p(x)\mathrm{d}x}-p(x)u(x)e^{-\int p(x)\mathrm{d}x},$$

将 y，$\frac{\mathrm{d}y}{\mathrm{d}x}$代入原方程，并化简得

$$u'(x)e^{-\int p(x)\mathrm{d}x}=Q(x),\ u'(x)=Q(x)e^{\int p(x)\mathrm{d}x},$$

两边积分得

$$u(x)=\int Q(x)e^{\int p(x)\mathrm{d}x}\mathrm{d}x+c,$$

其中 c 为任意常数，代入式(4-13)，故一阶线性非齐次方程(4-11)的通解为

$$y=e^{-\int p(x)\mathrm{d}x}\left(\int Q(x)e^{\int p(x)\mathrm{d}x}\mathrm{d}x+c\right).\tag{4-14}$$

解非齐次方程时，可直接利用公式(4-14)但应熟悉常数变易法的解题步骤.

例 4.9 求微分方程$\frac{\mathrm{d}y}{\mathrm{d}x}-\frac{2y}{x+1}=(x+1)^{\frac{5}{2}}$的通解.

解 这是一个非齐次线性方程，先求对应的齐次方程的通解.

$$\frac{\mathrm{d}y}{\mathrm{d}x}-\frac{2y}{x+1}=0,$$

即

$$\frac{\mathrm{d}y}{y}=\frac{2}{x+1}\mathrm{d}x,\ \ln y=2\ln(x+1)+\ln c,$$

所以

$$y=c(x+1)^2.$$

用常数变易法，把 c 换成 $u(x)$，即令

$$y=u(x)(x+1)^2,\tag{4-15}$$

则

$$\frac{\mathrm{d}y}{\mathrm{d}x}=u'(x)(x+1)^2+2u(x)(x+1),$$

代入所给非齐次方程得

$$u'(x)=(x+1)^{\frac{1}{2}},$$

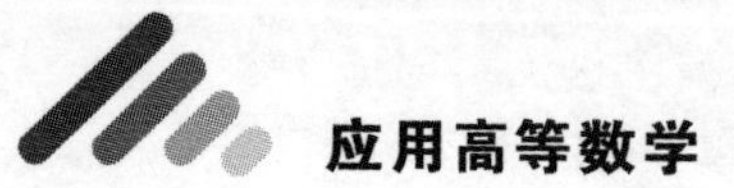

两边积分得

$$u(x)=\frac{2}{3}(x+1)^{\frac{3}{2}}+c,$$

再把上式代入式(4-15)，即得所求的通解为

$$y=(x+1)^2\left[\frac{2}{3}(x+1)^{\frac{3}{2}}+c\right].$$

例 4.10 求微分方程 $y\mathrm{d}x+(x-y^3)\mathrm{d}y=0$（设 $y>0$）.

解 如果将方程改写成

$$y'+\frac{y}{x-y^3}=0,$$

则显然不是线性微分方程，若将原方程改写成

$$\frac{\mathrm{d}x}{\mathrm{d}y}+\frac{x-y^3}{y}=0,$$

即

$$\frac{\mathrm{d}x}{\mathrm{d}y}+\frac{1}{y}x=y^2,$$

将 x 看做 y 的函数，则这是形如

$$x'+p(y)x=Q(y)$$

的微分方程，运用公式(4-14)得所给方程的通解为

$$\begin{aligned}x&=\mathrm{e}^{-\int p(y)\mathrm{d}y}\left(\int Q(y)\mathrm{e}^{\int p(y)\mathrm{d}y}\mathrm{d}y+c_1\right)\\&=\mathrm{e}^{-\int\frac{1}{y}\mathrm{d}y}\left(\int y^2\mathrm{e}^{\int\frac{1}{y}\mathrm{d}y}\mathrm{d}y+c_1\right)\\&=\frac{1}{y}\left(\frac{1}{4}y^4+c_1\right)=\frac{1}{4}y^3+\frac{c_1}{y},\end{aligned}$$

或 $4xy=y^4+c$（c 为任意的常数 $c=4c_1$）.

这就是所给方程的通解.

习 题 4.2

1. 求下列微分方程的通解：

（1）$xy'-y\ln y=0$；（2）$\frac{\mathrm{d}y}{\mathrm{d}x}=10^{x+y}$；

（3）$\sqrt{1-x^2}y'=\sqrt{1-y^2}$；（4）$\cos x\sin y\mathrm{d}x+\sin x\cos y\mathrm{d}y=0$.

2. 求下列微分方程满足初始条件的特解：

（1）$y'=\mathrm{e}^{2x-y}$，$y\big|_{x=0}=0$；（2）$y'\sin x=y\ln y$，$y\big|_{x=\frac{\pi}{2}}=\mathrm{e}$；

（3）$x\mathrm{d}y+2y\mathrm{d}x=0$，$y\big|_{x=2}=1$.

3. 解下列齐次微分方程：

(1) $(x^2+y^2)dx-xydy=0$;　　(2) $x\frac{dy}{dx}=y\ln\frac{y}{x}$;

(3) $y'=\frac{y}{x}+e^{\frac{2y}{x}}$.

4. 求下列微分方程的通解：

(1) $\frac{dy}{dx}+y=e^{-x}$;　　(2) $xy'+y=x^2+3x+2$;

(3) $y'+y\tan x=\sin 2x$;　　(4) $(x^2+1)\frac{dy}{dx}+2xy=4x^2$.

4.3 高阶微分方程

二阶及二阶以上的微分方程统称为**高阶微分方程**. 本节讨论几种特殊的高阶微分方程，它们的特点是，可以通过变量代换化为较低阶的方程来求解.

4.3.1 可降阶的高阶微分方程

下面介绍用降阶法求几种特殊的高阶微分方程的解.

(1) $y^{(n)}=f(x)$型的微分方程

这种 n 阶微分方程 $y^{(n)}=f(x)$ 的特点是右边仅是 x 的函数，其解法是逐次积分法，每积分一次，微分方程降低一阶，经过 n 次积分，就得到含有 n 个积分常数的通解.

例 4.11　求微分方程 $y''=xe^x$ 的通解.

解　积分一次得

$$y'=\int xe^x dx+c_1=(x-1)e^x+c_1,$$

再积分一次得

$$y=(x-2)e^x+c_1x+c_2.$$

例 4.12　求微分方程 $y^{(4)}=\sin x$ 的通解.

解　连续积分四次有

$$y'''=\int \sin x dx=-\cos x+c_1,$$

$$y''=\int(-\cos x+c_1)dx=-\sin x+c_1x+c_2,$$

$$y'=\int(-\sin x+c_1x+c_2)dx=\cos x+\frac{c_1}{2}x^2+c_2x+c_3,$$

$$y=\int\left(\cos x+\frac{c_1}{2}x^2+c_2x+c_3\right)dx=\sin x+\frac{c_1}{6}x^3+\frac{c_2}{2}x^2+c_3x+c_4.$$

(2) $y''=f(x, y')$ 型的微分方程

微分方程 $y''=f(x, y')$ 的特点是不含 y，其解法是用变换 $y'=p$，则 $y''=p'$，原方程化为一阶微分方程 $p'=f(x, p)$，解出 p 后，再积分一次可得到 y.

例 4.13 求微分方程 $y''=1+y'^2$ 的通解.

解 令 $y'=p$，则 $y''=p'$，代入原方程得

$$p'=1+p^2 \quad 或 \quad \frac{\mathrm{d}p}{\mathrm{d}x}=1+p^2,$$

分离变量得

$$\frac{\mathrm{d}p}{1+p^2}=\mathrm{d}x,$$

两边积分得
$$\arctan p=x+c_1,$$
即
$$y'=p=\tan(x+c_1),$$

再积分一次得通解

$$y=-\ln\cos(x+c_1)+c_2.$$

(3) $y''=f(y, y')$ 型的微分方程

微分方程 $y''=f(y, y')$ 的特点是不显含自变量 x，这时可取 y 作为新的自变量，取代换 $y'=p(y)$，则有 $y''=\frac{\mathrm{d}p}{\mathrm{d}x}=\frac{\mathrm{d}p}{\mathrm{d}y}\frac{\mathrm{d}y}{\mathrm{d}x}=p\frac{\mathrm{d}p}{\mathrm{d}y}$，代入原方程得

$$p\frac{\mathrm{d}p}{\mathrm{d}y}=f(y, p).$$

这是一阶微分方程，解出通解 p，由 $p=y'$，再积分便得到 y.

例 4.14 解微分方程 $yy''=2y'^2$.

解 取 y 为自变量，令 $y'=p(y)$，则 $y''=p\frac{\mathrm{d}p}{\mathrm{d}y}$，代入原方程得

$$yp\frac{\mathrm{d}p}{\mathrm{d}y}=2p^2,$$

分离变量后再积分得

$$\ln p=\ln y^2+\ln c_1,$$

即 $p=c_1y^2$，代入 $\frac{\mathrm{d}y}{\mathrm{d}x}=p$ 得

$$\frac{\mathrm{d}y}{\mathrm{d}x}=c_1y^2,\ \frac{\mathrm{d}y}{y^2}=c_1\mathrm{d}x,$$

积分得
$$-\frac{1}{y}=c_1x+c_2,$$
即
$$c_1xy+c_2y+1=0.$$

这就是原方程的通解.

值得注意的是，求上述(2)，(3)两种类型的方程时，所用的代换 $y'=p$ 和 $y'=p(y)$ 是不一样的，前者只换未知函数，不换自变量；而后者，不仅换了未知函数，而且换了自变量.

4.3.2 二阶常系数线性微分方程

未知函数 y 及其一阶导数 y' 和二阶导数 y'' 都是一次的二阶微分方程.

方程
$$y''+py'+qy=f(x) \tag{4-16}$$
称为**二阶常系数非齐次线性微分方程**. 当 $f(x)\equiv 0$ 时，方程
$$y''+py'+qy=0 \tag{4-17}$$
称为**二阶常系数齐次线性微分方程**.

下面对方程(4-16)、方程(4-17)的解法分别进行讨论.

1. 二阶常系数齐次线性微分方程

定理 4.1 如果 y_1 与 y_2 是齐次方程(4-17)的两个特解，而且 $\dfrac{y_1}{y_2}$ 不等于常数，则 $y=c_1y_1+c_2y_2$ 是方程(4-17)的通解，其中 c_1，c_2 为两个任意常数.

证明从略.

注意定理4.1中的 $\dfrac{y_1}{y_2}$ 不等于常数这一条件很重要，满足 $\dfrac{y_1}{y_2}$ 不等于常数的两个特解 y_1 与 y_2 称为线性无关. 因此，求方程(4-17)的通解归结为求它的两个线性无关的特解.

下面讨论如何求方程(4-17)的两个线性无关的特解.

在一般情况下，要求出二阶线性齐次微分方程(即对于变系数的情况下)的特解往往是很困难的，而对于方程(4-17)我们却能十分容易地得到它的两个特解.

事实上，由于指数函数求导后仍为指数函数. 可设二阶常系数线性齐次方程的解为
$$y=\mathrm{e}^{rx}\ (r\text{ 为实的或复的常数}),$$
代入方程(4-17)中得
$$(r^2+pr+q)\mathrm{e}^{rx}=0,$$
因为 $\mathrm{e}^{rx}\neq 0$，故得
$$r^2+pr+q=0. \tag{4-18}$$

称上式为齐次方程(4-17)的特征方程，此特征方程的每个根 r，对

应齐次微分方程的一个特解 e^{rx}，因为 $r^2+pr+q=0$ 的根有三种情况，所以二阶常系数齐次微分方程的通解也分三种情况.

(1) 特征方程有相异的实根：$r_1 \neq r_2$

由上面讨论知 $y_1=e^{r_1x}$，$y_2=e^{r_2x}$ 是微分方程(4-17)的两个特解，且 $\dfrac{y_1}{y_2}=\dfrac{e^{r_1x}}{e^{r_2x}}=e^{(r_1-r_2)x}$ 不是常数，因此，微分方程(4-17)的通解为

$$y=c_1e^{r_1x}+c_2e^{r_2x}.$$

(2) 特征方程有相等实根：$r_1=r_2=-\dfrac{p}{2}$

这时，只得微分方程(4-17)的一个特解 $y_1=e^{r_1x}$，可以证明 $y_2=xe^{r_1x}$ 是另一个与 y_1 线性无关的特解，所以微分方程(4-17)的通解为

$$y=c_1e^{r_1x}+xc_2e^{r_1x}=e^{r_1x}(c_1+c_2x).$$

(3) 特征方程有共轭复根：$r_{1,2}=\alpha\pm i\beta(\beta\neq 0)$，其中 $\alpha=-\dfrac{p}{2}$，$\beta=\dfrac{\sqrt{4q-p^2}}{2}$，$i=\sqrt{-1}$（虚数单位），此时，可以证明 $y_1=e^{\alpha x}\cos\beta x$，$y_2=e^{\alpha x}\sin\beta x$ 是方程(4-17)的两个线性无关的特解，从而微分方程(4-17)的通解为

$$y=e^{\alpha x}(c_1\cos\beta x+c_2\sin\beta x).$$

156

综上所述，求二阶常系数齐次线性微分方程 $y''+py'+qy=0$ 的通解的步骤如下：

第一步，写出微分方程(4-17)的特征方程：$r^2+pr+q=0$；

第二步，求特征方程(4-18)的两个根 r_1，r_2；

第三步，根据特征方程(4-18)两个根的不同情况按照下表写出微分方程(4-17)的通解.

特征方程 $r^2+pr+q=0$ 的两根 r_1，r_2	微分方程 $y''+py'+qy=0$ 的通解
两个不相等的实根 $r_1\neq r_2$	$y=c_1e^{r_1x}+c_2e^{r_2x}$
两个相等的实根 $r_1=r_2$	$y=e^{r_1x}(c_1+c_2x)$
一对共轭复根 $r_{1,2}=\alpha\pm i\beta(\beta\neq 0)$	$y=e^{\alpha x}(c_1\cos\beta x+c_2\sin\beta x)$

例 4.15 求微分方程 $y''-y'-6y=0$ 的通解.

解 所给微分方程的特征方程为

$$r^2-r-6=0,$$

其根为 $r_1=3$，$r_2=-2$，是相异实根，故所求通解为

$$y=c_1e^{3x}+c_2e^{-2x}.$$

例 4.16 求微分方程$\frac{d^2s}{dt^2}+2\frac{ds}{dt}+s=0$满足初始条件$s|_{t=0}=4$，$s'|_{t=0}=-2$的特解.

解 所给微分方程的特征方程为

$$r^2+2r+1=0,$$

其根为$r_1=r_2=-1$，是相等实根，故所求微分方程的通解为

$$s=e^{-t}(c_1+c_2t),$$

将条件$s|_{t=0}=4$，代入通解得$c_1=4$，从而

$$s=e^{-t}(4+c_2t),$$

将上式对t求导得

$$s'=e^{-t}(c_2-4-c_2t),$$

把条件$s'|_{t=0}=-2$代入上式，得$c_2=2$，于是所求特解为

$$s=e^{-t}(4+2t).$$

例 4.17 求微分方程$y''+6y'+25y=0$的通解.

解 所给微分方程的特征方程为

$$r^2+6r+25=0,$$

其根为共轭复根

$$r_{1,2}=\frac{-6\pm\sqrt{36-100}}{2}=-3\pm4i,$$

故微分方程的通解为

$$y=e^{-3x}(c_1\cos 4x+c_2\sin 4x).$$

2. 二阶常系数线性非齐次微分方程

这里，我们先给出二阶常系数线性非齐次微分方程的解的结构定理，然后介绍自由项$f(x)$为两种常见类型时的解法.

定理 4.2 设二阶常系数线性非齐次微分方程

$$y''+py'+qy=f(x) \tag{4-19}$$

的一个特解为y^*，对应的齐次方程为

$$y''+py'+qy=0 \tag{4-20}$$

的通解为$\bar{y}=c_1y_1+c_2y_2$，则非齐次方程(4-19)的通解为

$$y=\bar{y}+y^*=c_1y_1+c_2y_2+y^*.$$

上述定理告诉我们，求非齐次方程$y''+py'+qy=f(x)$的通解可按如下步骤进行：

(1) 求出对应的齐次方程$y''+py'+qy=0$的通解；

(2) 求出非齐次方程$y''+py'+qy=f(x)$的一个特解y^*；

(3) 所求方程的通解为$y=\bar{y}+y^*$.

关于如何求非齐次方程(4-19)的一个特解 y^*，我们不作一般讨论.下面我们不加证明地介绍 $f(x)$ 取两种常见类型时用待定系数法求特解的情况.

结论1 若 $f(x)=p_m(x)e^{\lambda x}$，其中 $p_m(x)$ 是 x 的一个 m 次多项式，λ 为常数(若 $\lambda=0$ 时，$f(x)=p_m(x)$)，则方程(4-19)具有形如

$$y^*=x^kQ_m(x)e^{\lambda x}$$

的特解，其中 $Q_m(x)$ 是与 $p_m(x)$ 同次的多项式，而 k 的取值如下确定:

(1) 若 λ 不是特征方程的根，取 $k=0$;

(2) 若 λ 是特征方程的单根，取 $k=1$;

(3) 若 λ 是特征方程的重根，取 $k=2$.

例4.18 求微分方程 $y''-2y'-3y=2x+1$ 的通解.

解 对应齐次方程的特征方程为

$$r^2-2r-3=0,$$

它的两个实根为 $r_1=3$，$r_2=-1$，所以对应的齐次方程的通解为

$$\bar{y}=c_1e^{3x}+c_2e^{-x}.$$

因为原方程右端是 $2x+1$，与 $p_m(x)e^{\lambda x}$ 比较知

$$p_m(x)=2x+1,\ \lambda=0,$$

由于 $\lambda=0$ 不是特征方程的根，所以设原方程的一个特解为

$$y^*=Q_m(x)=ax+b,$$

相应地，则 $y^{*\prime}=a$，$y^{*\prime\prime}=0$，把它们代入原方程得

$$-2a-3(ax+b)=2x+1,$$

即
$$-3ax-(2a+3b)=2x+1,$$

比较上式两端 x 的同次幂的系数，得

$$\begin{cases}-3a=2\\-2a-3b=1\end{cases},$$

从而求出 $a=-\dfrac{2}{3}$，$b=\dfrac{1}{9}$，于是求得原方程的一个特解为

$$y^*=-\frac{2}{3}x+\frac{1}{9},$$

因此，原方程的通解为

$$y=c_1e^{3x}+c_2e^{-x}-\frac{2}{3}x+\frac{1}{9}.$$

例4.19 求微分方程 $y''-2y'+y=e^x$ 满足初始条件 $y|_{x=0}=1$，$y'|_{x=0}=0$ 的特解.

解 对应的齐次方程的特征方程为

$$r^2-2r+1=0,$$

有两个相等的实根 $r_1=r_2=1$，故齐次方程的通解为

$$\overline{y}=(c_1+c_2x)\mathrm{e}^x.$$

因原方程的右端是 e^x，与 $p_m(x)\mathrm{e}^{\lambda x}$ 比较知

$$p_m(x)=1,\ \lambda=1,$$

由于 $\lambda=1$ 是特征方程的重根，所以设原方程的一个特解为 $y^*=ax^2\mathrm{e}^x$，相应地有

$$y^{*\prime}=(ax^2+2ax)\mathrm{e}^x,\ y^{*\prime\prime}=(ax^2+4ax+2a)\mathrm{e}^x,$$

将它们代入原方程得

$$2a\mathrm{e}^x=\mathrm{e}^x,$$

故 $a=\dfrac{1}{2}$，于是 $y^*=\dfrac{1}{2}x^2\mathrm{e}^x$，从而原方程的通解为

$$y=\overline{y}+y^*=(c_1+c_2x)\mathrm{e}^x+\frac{1}{2}x^2\mathrm{e}^x=\left(c_1+c_2x+\frac{1}{2}x^2\right)\mathrm{e}^x.$$

将初始条件 $y\big|_{x=0}=1$，$y'\big|_{x=0}=0$ 分别代入通解及其导数 $y'=\left(c_1+c_2+x+c_2x+\dfrac{1}{2}x^2\right)\mathrm{e}^x$ 中，得 $c_1=1$，$c_2=-1$，于是满足初始条件的特解为

$$y=\left(1-x+\frac{1}{2}x^2\right)\mathrm{e}^x.$$

结论2 若 $f(x)=\mathrm{e}^{\lambda x}[p_l(x)\cos\omega x+p_n(x)\sin\omega x]$，其中 $p_l(x)$ 与 $p_n(x)$ 分别是 l 次、n 次多项式，ω 为常数，则微分方程(4-19)具有形如

$$y^*=x^k\mathrm{e}^{\lambda x}[R_m^{(1)}(x)\cos\omega x+R_m^{(2)}(x)\sin\omega x]$$

的特解，其中 $R_m^{(1)}(x)$，$R_m^{(2)}(x)$ 是 x 的 m 次多项式，$m=\max\{l,n\}$，而 k 的取值如下确定：

(1) 若 $\lambda\pm\mathrm{i}\omega$ 不是特征方程的根，取 $k=0$；

(2) 若 $\lambda\pm\mathrm{i}\omega$ 是特征方程的单根，取 $k=1$.

例 4.20 求微分方程 $y''+y=x\cos 2x$ 的一个特解.

解 将方程中的 $f(x)=x\cos 2x$ 与 $\mathrm{e}^{\lambda x}[p_l(x)\cos\omega x+p_n(x)\sin\omega x]$ 比较知，$p_l(x)=x$ 与 $p_n(x)=0$ 分别是一次与零次多项式，且 $\lambda=0$，$\omega=2$，由于 $\lambda\pm\mathrm{i}\omega=\pm2\mathrm{i}$ 不是特征方程 $r^2+1=0$ 的根，所以取 $k=0$，则得特解为

$$y^*=(ax+b)\cos 2x+(cx+d)\sin 2x,$$

把它代入所给方程得

$$(-3ax-3b+4c)\cos 2x-(3cx+3d+4a)\sin 2x=x\cos 2x,$$

比较两端同类项的系数得

$$\begin{cases}-3a=1\\-3b+4c=0\\-3c=0\\-3d-4a=0\end{cases},$$

由此解得 $a=-\dfrac{1}{3}$，$b=0$，$c=0$，$d=\dfrac{4}{9}$. 于是求得原方程的一个特解为

$$y^*=-\frac{1}{3}x\cos 2x+\frac{4}{9}\sin 2x.$$

习　题　4.3

1. 求下列各微分方程的通解：

(1) $y''=x+\sin x$；　(2) $y''=xe^x$；

(3) $y''=1+y'^2$；　(4) $y''=y'+x$；

(5) $xy''+y'=0$；　(6) $y^3y''-1=0$；

(7) $y''=y'^3+y'$.

2. 求下列微分方程满足所给初始条件的特解：

(1) $y''-ay'^2=0$，$y\big|_{x=0}=0$，$y'\big|_{x=0}=-1$；

(2) $y''=e^{2y}$，$y\big|_{x=0}=0$，$y'\big|_{x=0}=0$；

(3) $x^2y''+xy'=1$，$y\big|_{x=1}=0$，$y'\big|_{x=1}=1$.

3. 求下列微分方程的通解：

(1) $y''+7y'+12y=0$；　(2) $y''-12y'+36y=0$；

(3) $y''+y'+y=0$；　(4) $y''+\mu y=0$(其中 μ 为实数).

4. 求下列微分方程满足所给初始条件的特解：

(1) $y''-4y'+3y=0$，$y\big|_{x=0}=6$，$y'\big|_{x=0}=10$；

(2) $4y''+4y'+y=0$，$y\big|_{x=0}=2$，$y'\big|_{x=0}=0$；

(3) $y''+4y'+29y=0$，$y\big|_{x=0}=0$，$y'\big|_{x=0}=15$.

5. 求下列微分方程的通解：

(1) $2y''+y'-y=2e^x$；　(2) $y''+a^2y=e^x$(a 为实常数)；

(3) $2y''+5y'=5x^2-2x-1$；(4) $y''-2y'+5y=e^x\sin 2x$.

6. 求下列微分方程满足所给初始条件的特解：

(1) $y''-3y'+2y=5$，$y\big|_{x=0}=1$，$y'\big|_{x=0}=2$；

(2) $y''+y'+\sin 2x=0$，$y\big|_{x=\pi}=1$，$y'\big|_{x=\pi}=1$；

(3) $y''-y'=4xe^x$，$y\big|_{x=0}=0$，$y'\big|_{x=0}=1$.

4.4　微分方程应用举例

微分方程在经济数量分析，特别是在动态经济模型中十分有用，本节举几个经济中的应用实例，着重讨论经济数量关系. 另外，举一个大家熟悉的物理上的振动实例，了解微分方程的应用.

4.4.1　一阶微分方程应用举例

例 4.21　已知某公司的纯利润 L 对广告费 x 的变化率 $\frac{\mathrm{d}L}{\mathrm{d}x}$ 与常数 A 和纯利润 L 之差成正比，当 $x=0$ 时，$L=L_0$，试求纯利润 L 与广告费 x 之间的函数关系.

解　由题意列出微分方程

$$\begin{cases}\dfrac{\mathrm{d}L}{\mathrm{d}x}=k(A-L) \quad (k\text{ 为常数}) \\ L\big|_{x=0}=L_0\end{cases}. \tag{4-21}$$

这是一个线性微分方程，由于自由项是常量，也可以视为变量分离方程.

由公式(4-14)得通解为

$$\begin{aligned} L &= \mathrm{e}^{\int -k\mathrm{d}x}\left(\int kA\mathrm{e}^{\int k\mathrm{d}x}\mathrm{d}x + c\right) \\ &= \mathrm{e}^{-kx}\left(\int kA\mathrm{e}^{kx}\mathrm{d}x + c\right) \\ &= \mathrm{e}^{-kx}(A\mathrm{e}^{kx} + c) = c\mathrm{e}^{-kx} + A. \end{aligned}$$

当 $x=0$ 时，$L=L_0$，代入上式得到 $c=L_0-A$，从而所求解为

$$L=A-(A-L_0)\mathrm{e}^{-kx}.$$

例 4.22　在商品销售预测中，时刻 t 时的销售量用 $x=x(t)$ 表示，如果商品销售量的增长速度 $\frac{\mathrm{d}x(t)}{\mathrm{d}t}$ 正比于销售量 $x(t)$ 与销售接近饱和水平的程度 $a-x(t)$（a 为饱和水平）的乘积，求销售量函数 $x(t)$.

解　依题意可建立微分方程

$$\frac{\mathrm{d}x(t)}{\mathrm{d}t}=kx(t)(a-x(t)),$$

其中 k 是比例因子，分离变量得

$$\frac{\mathrm{d}x(t)}{x(t)(a-x(t))}=k\mathrm{d}t,$$

等式变形得

$$\left(\frac{1}{x(t)}+\frac{1}{a-x(t)}\right)\mathrm{d}x=ak\mathrm{d}t,$$

两边积分得

$$\ln\frac{x(t)}{a-x(t)}=akt+c_1\quad(c_1\text{ 是任意常数}),$$

即

$$\frac{x(t)}{a-x(t)}=\mathrm{e}^{akt+c_1}=c_2\mathrm{e}^{akt}\quad(c_2\text{ 是任意常数}),$$

从而可得通解为

$$x(t)=\frac{ac_2\mathrm{e}^{akt}}{1+c_2\mathrm{e}^{akt}}=\frac{a}{1+c\mathrm{e}^{-akt}}\quad(c\text{ 是任意常数}).$$

其中任意常数 c 将由给定的初始条件确定，该函数的图形如图 4-1 所示，该曲线称为逻辑斯谛曲线.

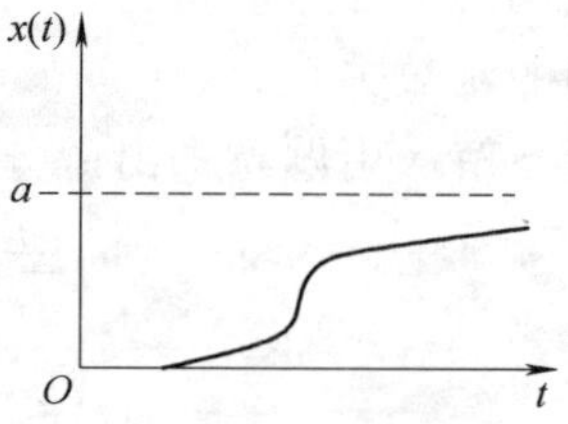

图 4-1　逻辑斯谛曲线

例 4.23　设某种商品的供给量 Q_s 和需求量 Q_D 是仅依赖价格 p 的线性函数，它们分别为

$$Q_s=-a+bp,\qquad Q_D=c-dp,$$

其中 a，b，c，d 都是已知的正常数，易知 Q_s，Q_D 分别是 p 的递增函数和递减函数，当供求相等时，求得平衡价格

$$\bar{p}=\frac{a+c}{b+d}.$$

不难理解，当供给量超过需求量，即 $Q_s>Q_D$，价格下降；当供给量小于需求量，即 $Q_s<Q_D$ 时，价格将上涨，这样市场价格将随时间的变化而围绕着平衡价格 $\bar{p}$ 上下波动，因而我们可以设想价格 p 是时间 t 的函数 $p=p(t)$，假定在时刻 t 时的价格 $p(t)$ 的变化率与这时的过剩需求量 Q_D-Q_s 成正比，即有

$$\frac{\mathrm{d}p}{\mathrm{d}t}=\alpha(Q_D-Q_s),$$

其中 α 是正常数，将 Q_s，Q_D 代入上式得

$$\frac{\mathrm{d}p}{\mathrm{d}t}+kp=h,\tag{4-22}$$

其中 $k=\alpha(b+d)$，$h=\alpha(a+c)$ 都是正常数，式(4-22)是一阶线性方程，由公式(4-14)得

$$p=\mathrm{e}^{-\int k\mathrm{d}t}\left(\int h\mathrm{e}^{\int k\mathrm{d}t}\mathrm{d}t+c\right)=\mathrm{e}^{-kt}\left(\frac{h}{k}\mathrm{e}^{kt}+c\right)=c\mathrm{e}^{-kt}+\bar{p},$$

如果已知初始价格$p(0)=p_0$，得方程式(4-22)的通解为

$$p=(p_0-\bar{p})\mathrm{e}^{-kt}+\bar{p}.$$

例 4.24 一台机器在任何时间的贬值率与当时的价值成反比，若机器全新时的价值是10000元，五年末价值是6000元，求出厂20年末的价值.

解 设p表示机器的价值，显然p是时间t的函数$p=p(t)$，由于贬值率与当时的价值成反比，则有微分方程

$$\frac{\mathrm{d}p}{\mathrm{d}t}=-kp,$$

其中$k>0$是比例常数，这是变量分离方程，分离变量得

$$\frac{\mathrm{d}p}{p}=-k\mathrm{d}t,$$

积分得 $\ln p=-kt+\ln p_0$ （$\ln p_0$是积分常数），

即 $p=p_0\mathrm{e}^{-kt}.$

机器全新时的价值是10000元，即$p(0)=10000$，得$p_0=10000$，于是得到价值$p(t)$与时间t的函数关系为

$$p=10000\mathrm{e}^{-kt}.$$

因为当$t=5$时，$p=6000$元，即$6000=10000\mathrm{e}^{-5k}$，可得$k=-0.2\ln 0.6$，于是得到

$$p(t)=10000\mathrm{e}^{0.2t\ln 0.6},$$

则机器出厂20年末的价值为

$$p=10000\mathrm{e}^{0.2\times 20\times\ln 0.6}=1296\text{ 元}.$$

例 4.25 随着经济的高速增长，环境污染问题备受大家的关注，经测量知某水库目前污染物总量已达Q_0(单位；t)且均匀地分散在水中. 如果已不再向水库排污，清水以不变的速度r(单位：km^3/年)流入水库，并立即和水库中的水混合，水库的水又以同样速度r流出，若记当前的时刻为$t=0$.

(1) 求时刻t，水库中残留污染物的数量$Q(t)$；

(2) 问需要多少年才能使水库中污染物的数量降至原来的10%？

解 (1)依题意，在时刻$t(t\geqslant 0)$，污染物数量的变化率为

$$Q(t)\text{的变化率}=-\text{污染物的流出速度},$$

其中，负号表示停止排污后，Q将随时间逐渐减少，此时污染物的质量浓度为

$$\frac{Q(t)}{V},$$

其中 V 是水库中水的容量，因为水库中的水以速度 r 流出，所以

$$污染物流出速度=污水流出速度\times\frac{Q(t)}{V}=r\frac{Q(t)}{V},$$

由此可得微分方程

$$\frac{\mathrm{d}Q(t)}{\mathrm{d}t}=-\frac{r}{V}Q(t). \tag{4-23}$$

这是一个变量分离方程，分离变量得

$$\frac{\mathrm{d}Q(t)}{Q(t)}=-\frac{r}{V}\mathrm{d}t,$$

积分得

$$\ln Q(t)=-\frac{r}{V}t+\ln c,$$

即

$$Q(t)=c\mathrm{e}^{-\frac{r}{V}t},$$

将所给的初始条件 $Q(0)=Q_0$ 代入上式，得 $c=Q_0$，于是得污染物数量满足的关系式是

$$Q(t)=Q_0\mathrm{e}^{-\frac{r}{V}t}.$$

（2）即求 $Q(t)=10\%Q_0$ 时，t 等于多少，则由

$$10\%Q_0=Q_0\mathrm{e}^{-\frac{r}{V}t}$$

得 $0.1=\mathrm{e}^{-\frac{r}{V}t}$，解得 $t\approx\frac{2.3V}{r}$年.

例如，当水库的库存量为 $V=5000\mathrm{km}^3$，流出（入）的速度为 $2000\mathrm{km}^3$/年，可得

$$t=\frac{2.3\times5000}{2000}年=5.75年.$$

4.4.2 二阶微分方程应用举例

自由落体运动满足微分方程

$$\frac{\mathrm{d}^2s}{\mathrm{d}t^2}=g,$$

再附加上初始条件就是一个二阶常系数线性微分方程．下面举一个不是经济应用，但是大家比较熟悉，也不难理解的例子.

例 4.26（无阻尼简谐振动） 设弹簧 S 固定在一顶板上，其下端挂一质量为 m 的物体 B 使其静止，设此物体 B 的坐标为 $x\leqslant0$，如图 4-2a 所示．现将物体 B 拉到 x_0 处再放开，使物体 B 作上下振动，如图 4-2b 所示，则物体 B 的关于静止点 $x=0$ 的位移 $x=x(t)$ 描述了此弹簧系统的运动规律. 根据胡克定律物体所受的弹力 F 为

$$F=-kx,$$

其中 k 表示弹簧的劲度系数，$k>0$，负号表示弹力 F 与伸长量 x 的方向相反.

根据牛顿第二定律，列出伸长量 $x=x(t)$所满足的微分方程

$$m\frac{\mathrm{d}^2x}{\mathrm{d}t^2}=-kx,$$

即
$$\frac{\mathrm{d}^2x}{\mathrm{d}t^2}+\frac{k}{m}x=0. \tag{4-24}$$

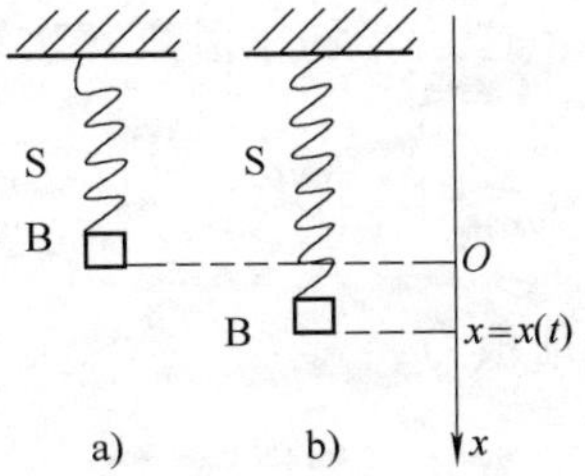

图 4-2 弹簧振动系统

这是物体 B 在弹力作用下的运动方程.

令 $\omega_0^2=\dfrac{k}{m}$，则方程(4-24)的通解为

$$x(t)=c_1\sin\omega_0t+c_2\cos\omega_0t=A\sin(\omega_0+\varphi), \tag{4-25}$$

其中 $A=\sqrt{c_1^2+c_2^2}$，$\tan\varphi=\dfrac{c_2}{c_1}$，式(4-25)告诉我们，如果没有其他外力，只考虑弹力，则物体 B 的位移(即弹簧的伸长量)$x(t)$是时间 t 的正弦(或余弦)函数，我们称之为简谐振动，其中 A 是振幅，φ 是相位角，这两个量都依赖于初始条件，该简谐振动的周期为

$$T=\frac{2\pi}{\omega_0}=2\pi\sqrt{\frac{m}{k}}, \tag{4-26}$$

振动频率为

$$\omega_0=\sqrt{\frac{k}{m}}. \tag{4-27}$$

这两个量与初始条件无关，仅依赖于弹簧的劲度系数 k 和物体 B 的质量 m，也就是说由这一振动系统本身所决定，ω_0 称为该系统的固有频率.

如果当初始条件为 $x(0)=x_0$，$x'(0)=0$ 时，可求得 $c_1=0$，$c_2=x_0$，于是得到相应的特解

$$x(t)=x_0\cos\omega_0t. \tag{4-28}$$

例 4.27(阻尼振动) 现在考虑空气的阻力，由试验可知，空气的阻力 F_1 与物体 B 的运动速度成正比，即 $F_1=-k_1\dfrac{\mathrm{d}x}{\mathrm{d}t}$，其中 k_1 是比例系数($k_1>0$)，称为阻尼系数，负号表示阻力与运动方向相反，由牛顿第二定律知，这时物体 B 的运动方程为

$$m\frac{\mathrm{d}^2x}{\mathrm{d}t^2}=-kx-k_1\frac{\mathrm{d}x}{\mathrm{d}t},$$

即
$$\frac{\mathrm{d}^2x}{\mathrm{d}t^2}+\frac{k_1}{m}\frac{\mathrm{d}x}{\mathrm{d}t}+\frac{k}{m}x=0. \tag{4-29}$$

这是二阶常系数齐次线性微分方程，其特征方程为

$$\lambda^2+\frac{k_1}{m}\lambda+\frac{k}{m}=0,$$

特征根为 $$\lambda_{1,2}=\frac{-k_1\pm\sqrt{k_1^2-4km}}{2m}.$$

需分三种情况讨论：

（1）当 $k_1^2-4km>0$ 时，λ_1，λ_2 是两个相异负实根，方程(4-29)的通解为

$$x(t)=c_1\mathrm{e}^{\lambda_1 t}+c_2\mathrm{e}^{\lambda_2 t}\quad(\lambda_1<0,\ \lambda_2<0).\tag{4-30}$$

这时物体 B 的运动是非周期的，且当 $t\to+\infty$ 时，$x(t)\to 0$，则随着时间的延续，物体逐渐趋于平衡位置. $x(t)$的图形如图 4-3 所示，即物体 B 不具有振动性质，这种运动称为衰减运动.

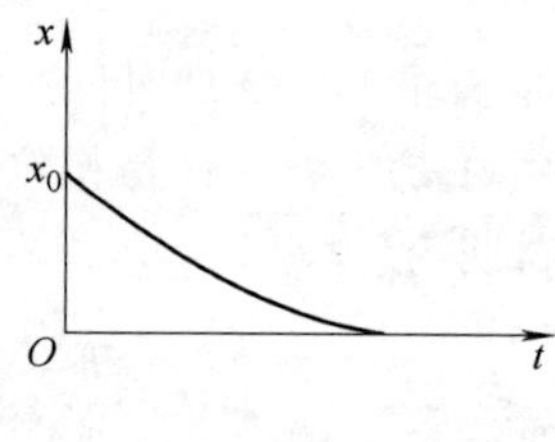

图 4-3　衰减运动

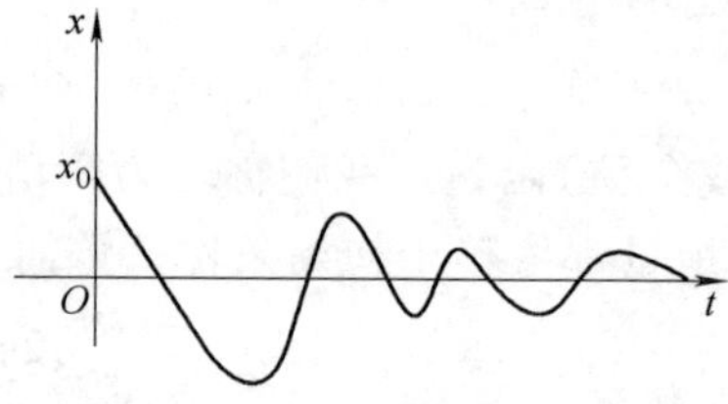

图 4-4　阻尼振动

（2）当 $k_1^2-4km=0$ 时，$\lambda_1=\lambda_2=-\frac{k_1}{2m}$，方程(4-29)的通解为

$$x(t)=(c_1+c_2t)\mathrm{e}^{-\frac{k_1}{2m}}.\tag{4-31}$$

它表明物体 B 的运动也是非周期的，不具有振动性质，当 $t\to+\infty$ 时，$x(t)\to 0$，$x(t)$的图形与图 4-3 类似.

（3）当 $k_1^2-4km<0$ 时，λ_1，λ_2 是一对共轭复根，方程式(4-29)的通解为

$$x(t)=\mathrm{e}^{-\frac{k_1}{m}t}(c_1\cos\omega_1 t+c_2\sin\omega_1 t)$$

或

$$x(t)=\mathrm{e}^{-\frac{k_1}{m}t}A_1\sin(\omega_1 t+\varphi_1)\tag{4-32}$$

式(4-32)含有周期函数，因而产生振动，振动频率为 $\omega_1=\frac{\sqrt{4km-k_1^2}}{2m}$，振幅为 $A_1\mathrm{e}^{-\frac{k_1}{m}t}$，随着时间的延续，振幅越来越小，最后振动消失. 也就是说，任何初始扰动（将物体 B 从平衡位置拉到 $x=x_0$ 处）都将被系统中

的阻尼耗尽，称之为阻尼振动，其图形如图 4-4 所示.

习　题　4.4

1. 设某商品的需求弹性 $E_p = k$，其中 k 是常数，求该商品的需求函数 $Q = Q(p)$.

2. 某商品的需求量 Q 对价格 p 的弹性为 $p\ln 3$，已知该商品的最大需求量为 1200（即当 $p=0$，$Q=1200$），求需求量 Q 对价格 p 的函数关系.

3. 设国内生产总值 1997 年为 7.4 万亿元，平均每年增长 7.7%，求国内生产总值翻一番需要多少年.

4. 设总人数 N 是不变的，t 时刻得某种传染病的人数为 $x(t)$，设 t 时刻 $x(t)$ 对时间的变化率与当时未得病的人数成正比（比例常数 $r>0$，其表示传染给正常人的传染率），求 $\lim\limits_{t\to+\infty} x(t)$，并对所求结果予以解释.

5. 加热后的物体在空气中冷却的速度与每一瞬时物体温度和空气温度之差成正比，试确定物体温度与时间 t 的关系.

综合练习题 4

1. 填空题：

（1）微分方程 $y^{(4)} + p(x)y'' + q(x) = 0$ 的通解中含有________个独立的任意常数.

（2）微分方程 $x(y')^2 - 2yy' + x = 0$ 的阶为________.

（3）微分方程 $y'' - 4y' - 5y = 0$ 的通解为________.

（4）微分方程 $\dfrac{dy}{dx} = \dfrac{xy}{1+x^2}$ 的通解为________.

2. 选择题：

（1）微分方程 $(x+y)dy = (x-y)dx$ 是（　　）.

A. 齐次方程　　B. 可分离变量方程　　C. 一阶线性方程

（2）设 $y_1(x)$，$y_2(x)$ 是方程 $y''+p(x)y'+q(x)y=0$ 的（　　），则 $y=c_1y_1(x)+c_2y_2(x)$（c_1，c_2 为任意常数）为该方程的通解.

A. 两个特解　　B. 任意两个解

C. 两个线性无关的解　　D. 两个线性相关的解

（3）下列微分方程中，线性方程是（　　）.

A. $(y')^2 + xy' = x$　　B. $yy' - 2y = x$

C. $y'' - \dfrac{2}{x}y' + \dfrac{2y}{x^2} = e^x$　　D. $y'' - y' + 3xy = \cos y$

（4）微分方程 $y' = y$ 的通解为（　　）.

A. e^x　　B. $e^x + c$　　C. ce^x

（5）微分方程 $y''-10y'+34y=0$ 的通解为（　　）.

A. $e^{5x}(c_1\cos 3x+c_2\sin 3x)$　　B. $e^{-5x}(c_1\cos 3x+c_2\sin 3x)$

C. $e^{3x}(c_1\cos 5x+c_2\sin 5x)$　　D. $e^{-3x}(c_1\cos 5x+c_2\sin 5x)$

（6）微分方程 $y''-6y'+9y=(x+1)e^{3x}$ 的待定特解为（　　）.

A. $(ax+b)e^{3x}$　　B. $x(ax+b)e^{3x}$

C. $x^2(ax+b)e^{3x}$　　D. $(x+1)e^{3x}$

3. 解下列微分方程：

（1）$x\dfrac{dy}{dx}=y+\sqrt{x^2-y^2}\,(x>0)$；

（2）$x\dfrac{dy}{dx}=y\ln\dfrac{y}{x}$；

（3）$y''=\dfrac{2xy'}{1+x^2}$，$y\big|_{x=0}=1$，$y'\big|_{x=0}=3$；

（4）$y''+2y'+y=e^{2x}$；

（5）$y''+2y'-3y=-10\sin x$.

第 5 章

多元函数微积分学及其应用

前面我们讨论的函数只依赖于一个自变量，即一元函数，但在许多实际问题中，常常会遇到依赖于两个或更多个自变量的函数，这种函数称为多元函数．多元函数微积分学是一元函数微积分学的推广，它们有很多相似之处，但有的地方也有本质的差别，本章将在一元函数微积分知识的基础上，介绍多元函数的微积分及其应用．

5.1 多元函数的极限与连续

5.1.1 平面区域

在一元函数中，我们曾使用过邻域和区间的概念．为了将一元函数微积分推广到多元的情形，下面我们把这些概念进行推广，同时还需要涉及一些其他概念．

1. 邻域

设 $P_0(x_0, y_0)$ 是平面上的一个点（$P_0(x_0, y_0)\in \mathbf{R}^2$），$\delta$ 是某一正数，到点 $P_0(x_0, y_0)$ 的距离小于 δ 的点的全体，称为**点 P_0 的 δ 邻域**，记为 $U(P_0, \delta)$，即

$$U(P_0, \delta)=\left\{(x, y) \mid \sqrt{(x-x_0)^2+(y-y_0)^2}<\delta\right\}.$$

在 P_0 的 δ 邻域中去掉点 P_0，称为**点 P_0 的去心 δ 邻域**，记为 $\mathring{U}(P_0, \delta)$，即

$$\mathring{U}(P_0, \delta)=\left\{(x, y) \mid 0<\sqrt{(x-x_0)^2+(y-y_0)^2}<\delta\right\}.$$

如果不需要强调邻域的半径 δ，则用 $U(P_0)$ 表示点 P_0 的某个邻域，

点 P_0 的去心邻域记为$\mathring{U}(P_0)$.

2. 区域

在平面上由一条或几条曲线围成并且连成一片的点集称为**区域**. 这些曲线称为区域的边界，边界上的每个点称为该区域的**边界点**. 包括全部边界的区域称为**闭区域**，不包括边界上任何点的区域称为**开区域**.

若区域 D 可以被包含在以原点为圆心的某个圆中，则称此区域 D 是**有界区域**. 否则，称区域 D 是**无界区域**. 若闭区域 D 是有界的，则称 D 为**有界闭区域**.

例如，

$D=\{(x,y)\mid -\infty<x<+\infty,\ -\infty<y<+\infty\}$ 是无界区域，它表示整个 xOy 平面；

$D=\{(x,y)\mid 1<x^2+y^2<4\}$ 是有界开区域(图 5-1)；

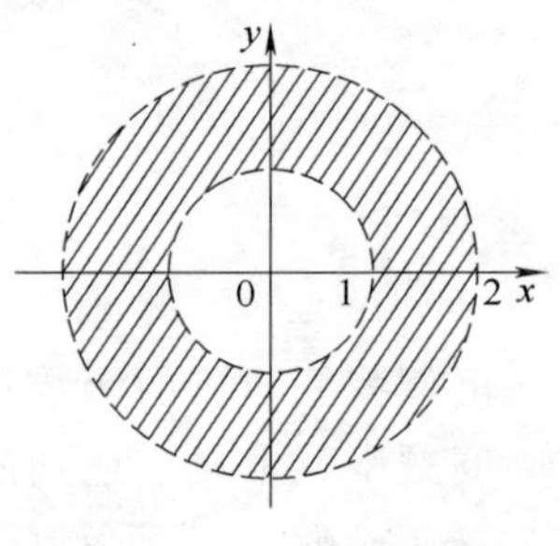

图 5-1

$D=\{(x,y)\}1\leqslant x^2+y^2\leqslant 4\}$ 是有界闭区域(图 5-2)；

$D=\{(x,y)\mid x+y>0\}$ 是无界开区域(图 5-3).

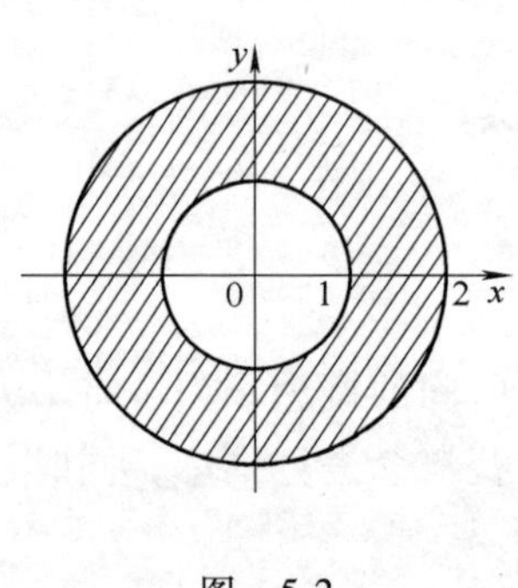

图 5-2

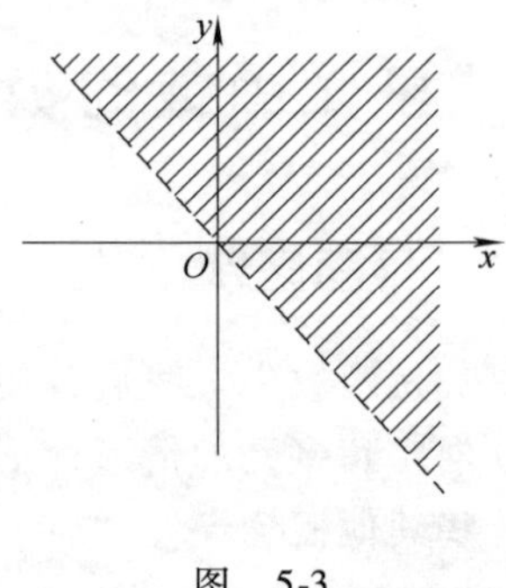

图 5-3

5.1.2 多元函数的概念

在许多实际问题中，经常会遇到一个变量依赖于多个自变量的情形，例如，

引例 1 圆柱体的体积 V 和它的底面半径 r、高 h 之间具有下列关系：

$$V=\pi r^2 h \quad (r>0,\ h>0).$$

对 r, h 的变化范围内的每一组值，V 有唯一确定的值与之对应.

引例 2 在电学中，直流电所产生的热量 Q 与电压 U、电流 I 及时

间 t 有下列依赖关系：

$$Q=0.24IUt \quad (I>0,\ U>0,\ t>0).$$

上式中，对 I，U，t 的变化范围内的每一组值，变量 Q 有唯一确定的值与之对应.

一般地，有如下定义.

定义 5.1 设 D 是一个非空平面点集，如果对于 D 内的每一个点 $(x,\ y)$，按照某种法则 f，都有唯一确定的实数 z 与之对应，则称 z 为 x，y 在 D 上的**二元函数**，记作

$$z=f(x,\ y),$$

其中，x，y 称为**自变量**，z 称为**因变量**. D 称为函数的**定义域**，函数值 $f(x,\ y)$ 的全体所构成的集合称为函数 f 的**值域**.

类似地，可以定义三元函数 $u=f(x,\ y,\ z)$ 以及三元以上的函数. 二元及二元以上的函数统称为**多元函数**.

从实际问题提出的函数，一般根据自变量所表示的实际意义确定函数的定义域，而对于由数学式子表示的函数 $z=f(x,\ y)$，它的定义域就是能使该数学式子有意义的那些自变量取值的全体. 求函数的定义域，就是求出使函数有意义的所有自变量的取值范围.

例 5.1 求函数 $z=\sqrt{9-x^2-y^2}$ 的定义域.

解 容易看出，当且仅当自变量 x，y 满足不等式

$$x^2+y^2\leqslant 9$$

时，函数 z 才有意义. 其几何表示是 xOy 平面上以原点为圆心，以 3 为半径的圆及其边界上点的全体(图 5-4). 即函数的定义域为

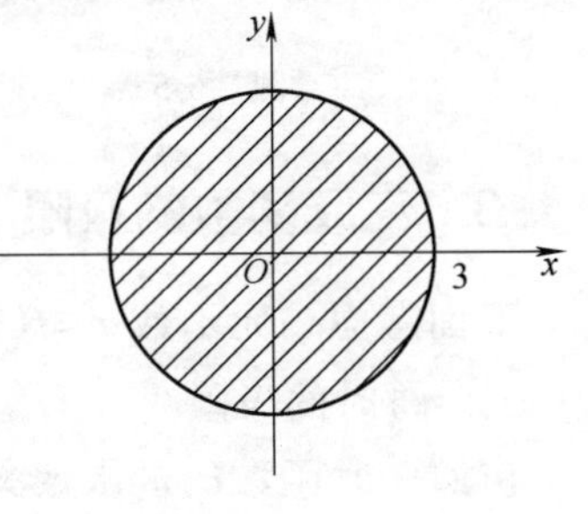

图 5-4

$$D=\{(x,\ y)\mid x^2+y^2\leqslant 9\}.$$

例 5.2 求函数 $z=\ln(x^2+y^2-1)-\dfrac{1}{\sqrt{4-x^2-y^2}}$ 的定义域.

解 要使函数有意义，x，y 应满足不等式组

$$\begin{cases}x^2+y^2-1>0\\4-x^2-y^2>0\end{cases},$$

即

$$1<x^2+y^2<4,$$

因此，函数的定义域为

$$D=\{(x,\ y)\mid 1<x^2+y^2<4\},$$

它的图形是圆环(不包括边界)(图 5-5).

我们知道，一元函数 $y=f(x)$ 的图形在 xOy 平面上一般表示一条曲线. 对于二元函数 $z=f(x,\ y)$，设其定义域为 D，$P_0(x_0,\ y_0)$ 为函数定义域中的一点，与 P_0 点对应的函数值记为 $z_0=f(x_0,\ y_0)$，于是可在空间直角坐标系 $Oxyz$ 中作出点 $M_0(x_0,\ y_0,\ z_0)$. 当点 $P(x,\ y)$ 在定义域 D 内变动时，对应点 $M(x,\ y,\ z)$ 的轨迹就是函数 $z=f(x,\ y)$ 的几何图形. 一般来说，它通常是一张曲面. 这就是二元函数的几何意义，如图 5-6 所示. 而定义域 D 正是这张曲面在 xOy 平面上的投影.

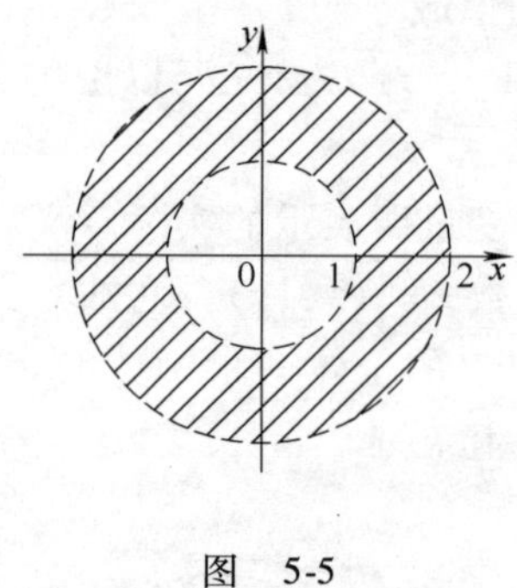

图 5-5

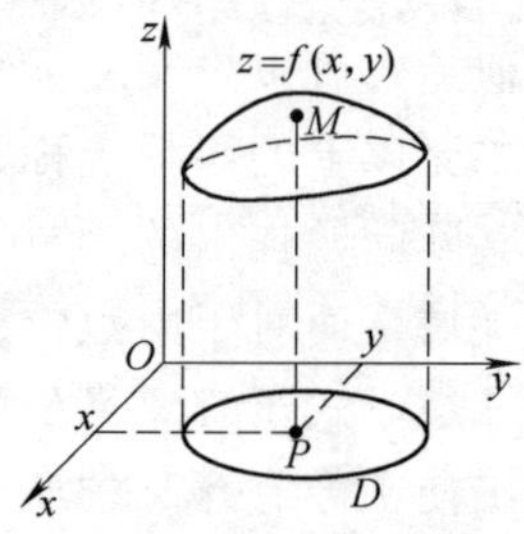

图 5-6

5.1.3 二元函数的极限

下面考虑二元函数 $z=f(x,\ y)$ 当 $(x,\ y)\to(x_0,\ y_0)$，即 $P(x,\ y)\to P_0(x_0,\ y_0)$ 时的极限.

仿照一元函数的极限定义，下面给出二元函数的极限定义.

定义 5.2 设函数 $z=f(x,\ y)$ 在点 $P_0(x_0,\ y_0)$ 的某一去心邻域内有定义，如果动点 $P(x,\ y)$ 以任意方式趋近于点 $P_0(x_0,\ y_0)$ 时，对应的函数值 $f(x,\ y)$ 总趋近于一个确定的常数 A，则称 A 为函数 $z=f(x,\ y)$ 当 $(x,\ y)\to(x_0,\ y_0)$ 时的极限，记为

$$\lim_{(x,y)\to(x_0,y_0)} f(x,\ y)=A,$$

也可记为

$$\lim_{P\to P_0} f(P)=A.$$

注意 (1) 二元函数的极限定义在形式上与一元函数的极限定义没有多大区别，但是二元函数的极限较一元函数要复杂得多，它要求点 $P(x,\ y)$ 以任意方式趋近于点 $P_0(x_0,\ y_0)$ 时，$f(x,\ y)$ 都趋近于同一个确

定的常数 A. 因此，即使当点 $P(x, y)$ 沿着许多特殊的方式趋近于点 $P_0(x_0, y_0)$ 时，二元函数 $z=f(x, y)$ 的对应值都趋近于同一个确定的常数，也不能断定 $\lim\limits_{(x,y)\to(x_0,y_0)} f(x, y)$ 存在；然而如果当 $P(x, y)$ 沿某两条不同的曲线趋近于点 $P_0(x_0, y_0)$ 时，函数 $z=f(x, y)$ 趋近于不同的值，那么可以断定 $\lim\limits_{(x,y)\to(x_0,y_0)} f(x, y)$ 不存在.

（2）一元函数极限的四则运算法则，可以相应地推广到二元函数.

例 5.3　求极限 $\lim\limits_{(x,y)\to(0,0)} xy\sin\dfrac{1}{xy}$.

解　令 $t=xy$，则当 $(x, y)\to(0, 0)$ 时，$t\to0$. 故

$$\lim_{(x,y)\to(0,0)} xy\sin\frac{1}{xy}=\lim_{t\to0} t\sin\frac{1}{t}=0.$$

例 5.4　讨论二元函数

$$f(x, y)=\begin{cases}\dfrac{xy}{x^2+y^2} & x^2+y^2\neq0\\ 0 & x^2+y^2=0\end{cases},$$

当 $P(x, y)\to O(0, 0)$ 时，极限是否存在.

解　当 $P(x, y)$ 沿直线 $y=kx$ 趋近于点 $(0, 0)$ 时，此时

$$f(x, y)=f(x, kx)=\frac{k}{1+k^2}(x\neq0),$$

所以

$$\lim_{\substack{(x,y)\to(0,0)\\ y=kx}} f(x, y)=\lim_{x\to0}\frac{k}{1+k^2}=\frac{k}{1+k^2}.$$

可见其极限值是随直线斜率 k 的不同而不同，因此 $\lim\limits_{(x,y)\to(0,0)} f(x, y)$ 不存在.

5.1.4　二元函数的连续性

仿照一元函数连续性的定义，下面给出二元函数连续性的定义.

定义 5.3　设函数 $z=f(x, y)$ 在点 $P_0(x_0, y_0)$ 的某一邻域内有定义，如果当 $P(x, y)$ 趋近于点 $P_0(x_0, y_0)$ 时，函数 $z=f(x, y)$ 的极限等于 $f(x, y)$ 在点 $P_0(x_0, y_0)$ 处的函数值 $f(x_0, y_0)$，即

$$\lim_{(x,y)\to(x_0,y_0)} f(x, y)=f(x_0, y_0),$$

则称函数 $f(x, y)$ **在点** $P_0(x_0, y_0)$ **处连续**.

如果函数 $z=f(x, y)$ 在区域 D 上的每一点处都连续，则称函数 $z=f(x, y)$ **在区域** D **上连续**.

如果函数 $z=f(x, y)$ 在点 $P_0(x_0, y_0)$ 处不连续，则称该点为函数 $z=f(x, y)$ 的不连续点或**间断点**.

与一元函数相类似，二元连续函数的和、差、积、商(分母不为零)仍为连续函数；二元连续函数的复合函数也是连续函数．下面讨论多元初等函数的连续性，为此，以二元函数为例，给出多元初等函数的定义.

由变量 x，y 的基本初等函数及常数经过有限次的四则运算与复合而构成的，且用一个数学式子表示的函数称为**二元初等函数**.

根据以上所述，可以得到以下结论：

多元初等函数在其定义区域内是连续的．所谓定义区域是指包含在定义域内的区域或闭区域.

设 (x_0, y_0) 是初等函数 $z=f(x, y)$ 的定义区域内的任一点，则有

$$\lim_{(x,y)\to(x_0,y_0)} f(x, y)=f(x_0, y_0).$$

例如，

$$\lim_{(x,y)\to(1,2)} \frac{xy\sqrt{x^2+2y^2}}{x+y}=\frac{1\times 2\sqrt{1^2+2\times 2^2}}{1+2}=2.$$

与闭区间上的一元连续函数的性质类似，在有界闭区域上的二元连续函数也有以下两个重要性质：

性质 1(最值定理)　如果函数 $f(x, y)$ 在有界闭区域 D 上连续，则 $f(x, y)$ 在 D 上一定存在最大值和最小值.

性质 2(介值定理)　如果函数 $f(x, y)$ 在有界闭区域 D 上连续，则 $f(x, y)$ 在 D 上必可取得介于函数最大值与最小值之间的任何值.

以上仅就二元函数的极限与连续进行了讨论，这些理论可以推广到二元以上的函数.

习　题　5.1

1. 已知 $f(x, y)=\frac{2xy}{x^2-y^2}$，求 $f(1, 2)$，$f\left(1, \frac{y}{x}\right)$.

2. 求下列函数的定义域，并画出定义域所表示的区域：

(1) $z=\ln(y-x^2+1)$；　　(2) $z=\sqrt{9-x^2-y^2}+\sqrt{x^2+y^2-1}$.

3. 求下列函数的极限：

(1) $\lim\limits_{(x,y)\to(0,1)} \frac{x+y^2}{\sqrt{x^2+4y^2}}$；　　(2) $\lim\limits_{(x,y)\to(2,0)} \frac{\sin(xy)}{y}$.

5.2　多元函数的偏导数与全微分

5.2.1　偏导数的定义及其计算法

在研究一元函数的变化率时，我们引入了导数的概念．对于多元函数，同样需要讨论它的变化率．由于多元函数的自变量不止一个，多元函数与自变量的关系要比一元函数复杂得多，为此，我们研究多元函数关于一个自变量的变化率．以二元函数 $z=f(x,\ y)$ 为例，如果自变量 x 变化，而自变量 y 保持不变(可看做常量)，这时 z 可视为 x 的一元函数，其对 x 求导，就称为二元函数 $z=f(x,\ y)$ 对 x 的偏导数.

定义 5.4　设函数 $z=f(x,\ y)$ 在点 $(x_0,\ y_0)$ 的某一邻域内有定义，当 y 固定在 y_0，而 x 在 x_0 处有增量 Δx 时，相应的函数有增量

$$f(x_0+\Delta x,\ y_0)-f(x_0,\ y_0),$$

如果极限

$$\lim_{\Delta x\to 0}\frac{f(x_0+\Delta x,\ y_0)-f(x_0,\ y_0)}{\Delta x}$$

存在，则称此极限值为函数 $z=f(x,\ y)$ 在点 $(x_0,\ y_0)$ 处对 x 的**偏导数**，记为

$$\left.\frac{\partial z}{\partial x}\right|_{(x_0,y_0)},\left.\frac{\partial f}{\partial x}\right|_{(x_0,y_0)},\ z_x(x_0,y_0)\text{或}f_x(x_0,y_0).$$

即

$$\left.\frac{\partial z}{\partial x}\right|_{(x_0,y_0)}=\lim_{\Delta x\to 0}\frac{f(x_0+\Delta x,y_0)-f(x_0,y_0)}{\Delta x}.$$

类似地，函数 $z=f(x,y)$ 在点 (x_0,y_0) 处对 y 的偏导数，定义为

$$\left.\frac{\partial z}{\partial y}\right|_{(x_0,y_0)}=\lim_{\Delta y\to 0}\frac{f(x_0,y_0+\Delta y)-f(x_0,y_0)}{\Delta y},$$

又可记为

$$\left.\frac{\partial f}{\partial y}\right|_{(x_0,y_0)},\ f_y(x_0,y_0)\text{或}z_y(x_0,y_0).$$

如果函数 $z=f(x,\ y)$ 在区域 D 内每一点 $(x,\ y)$ 处都存在对 x 的偏导数，则这个偏导数仍是 x，y 的函数，称为函数 $z=f(x,\ y)$ **对自变量 x 的偏导函数**，记为

$$\frac{\partial z}{\partial x},\ \frac{\partial f}{\partial x},\ f_x(x,y)\text{或}z_x(x,y).$$

类似地，可以定义函数 $z=f(x,\ y)$ **对自变量 y 的偏导函数**，记为

$$\frac{\partial z}{\partial y},\ \frac{\partial f}{\partial y},\ f_y(x,y) \text{或} z_y(x,y).$$

且有

$$\frac{\partial z}{\partial x}=\lim_{\Delta x\to 0}\frac{f(x+\Delta x,y)-f(x,y)}{\Delta x},$$

$$\frac{\partial z}{\partial y}=\lim_{\Delta y\to 0}\frac{f(x,y+\Delta y)-f(x,y)}{\Delta y}.$$

函数 $z=f(x,\ y)$ 在点 $(x_0,\ y_0)$ 处对 x 的偏导数 $f_x(x_0,\ y_0)$，就是偏导函数 $f_x(x,\ y)$ 在点 $(x_0,\ y_0)$ 处的函数值，而 $f_y(x_0,\ y_0)$ 就是偏导函数 $f_y(x,\ y)$ 在点 $(x_0,\ y_0)$ 处的函数值．在不至于混淆的情况下，常把偏导函数称为偏导数.

函数 $z=f(x,\ y)$ 在点 $(x_0,\ y_0)$ 处对 x 的偏导数 $f_x(x_0,\ y_0)$ 就是一元函数 $z=f(x,\ y_0)$ 在点 $x=x_0$ 处的导数．因此函数 $z=f(x,\ y)$ 对 x 的偏导数就是把 y 看成常数，把函数 $z=f(x,\ y)$ 视为以 x 为自变量的一元函数 $f(x,\ y)$，然后对这个一元函数求关于 x 的导数，它实质上就是一元函数的导数；同样求 $z=f(x,\ y)$ 对 y 的偏导数时，只需将 x 看成常数而对 y 求导数．因此，计算二元函数的偏导数就归结为计算一元函数的导数.

二元以上的多元函数的偏导数可类似地定义．它们的求法也仍旧是一元函数的微分法问题.

例 5.5 设 $z=xy^2+2x^2+y$，求 $\frac{\partial z}{\partial x}$，$\frac{\partial z}{\partial y}$，$\left.\frac{\partial z}{\partial x}\right|_{(0,1)}$ 及 $\left.\frac{\partial z}{\partial y}\right|_{(0,1)}$.

解 求 $\frac{\partial z}{\partial x}$，把 y 看成常数，函数看成是以 x 为自变量的一元函数，然后对 x 求导数，得

$$\frac{\partial z}{\partial x}=y^2+4x.$$

同理可得

$$\frac{\partial z}{\partial y}=2xy+1.$$

所以

$$\left.\frac{\partial z}{\partial x}\right|_{(0,1)}=1^2+4\times 0=1,$$

$$\left.\frac{\partial z}{\partial y}\right|_{(0,1)}=2\times 0\times 1+1=1.$$

例 5.6 设 $u=\sin(x^2+y^2+z^2)$，求 $\frac{\partial u}{\partial x}$，$\frac{\partial u}{\partial y}$，$\frac{\partial u}{\partial z}$.

解　利用一元复合函数的求导法则，有

$$\frac{\partial u}{\partial x}=\cos(x^2+y^2+z^2)\frac{\partial}{\partial x}(x^2+y^2+z^2)=2x\cos(x^2+y^2+z^2),$$

$$\frac{\partial u}{\partial y}=\cos(x^2+y^2+z^2)\frac{\partial}{\partial y}(x^2+y^2+z^2)=2y\cos(x^2+y^2+z^2),$$

$$\frac{\partial u}{\partial z}=\cos(x^2+y^2+z^2)\frac{\partial}{\partial z}(x^2+y^2+z^2)=2z\cos(x^2+y^2+z^2).$$

例 5.7　求函数 $z=x^y$ 的偏导数.

解　$\frac{\partial z}{\partial x}=yx^{y-1}$，$\frac{\partial z}{\partial y}=x^y\ln x$.

例 5.8　已知理想气体的状态方程 $PV=RT$(R 是常数)，求证：

$$\frac{\partial P}{\partial V}\cdot\frac{\partial V}{\partial T}\cdot\frac{\partial T}{\partial P}=-1.$$

证　因为

$$P=\frac{RT}{V},\ \frac{\partial P}{\partial V}=-\frac{RT}{V^2};$$

$$V=\frac{RT}{P},\ \frac{\partial V}{\partial T}=\frac{R}{P};$$

$$T=\frac{PV}{R},\ \frac{\partial T}{\partial P}=\frac{V}{R};$$

所以

$$\frac{\partial P}{\partial V}\cdot\frac{\partial V}{\partial T}\cdot\frac{\partial T}{\partial P}=-\frac{RT}{V^2}\cdot\frac{R}{P}\cdot\frac{V}{R}=-\frac{RT}{VP}=-1.$$

上式说明，偏导数的记号$\frac{\partial y}{\partial x}$是一个整体记号，这一点与一元函数的导数记号$\frac{\mathrm{d}y}{\mathrm{d}x}$不同，$\frac{\mathrm{d}y}{\mathrm{d}x}$可以看成函数的微分 $\mathrm{d}y$ 与自变量微分 $\mathrm{d}x$ 的商.

我们知道，如果一元函数在某点可导，则它在该点处一定连续，但对于多元函数来说，它在某点的各偏导数都存在，也不能保证函数在该点连续．例如，二元函数

$$f(x,\ y)=\begin{cases}\dfrac{xy}{x^2+y^2} & x^2+y^2\neq 0\\ 0 & x^2+y^2=0\end{cases}.$$

在 5.1 节中我们已经知道，它在点(0，0)处的极限不存在，故在点(0，0)处不连续．但是

$$f_x(0,\ 0)=\lim_{\Delta x\to 0}\frac{f(0+\Delta x,\ 0)-f(0,\ 0)}{\Delta x}=\lim_{\Delta x\to 0}\frac{\dfrac{\Delta x\cdot 0}{(\Delta x)^2+0}-0}{\Delta x}=0,$$

$$f_y(0,\ 0)=\lim_{\Delta y\to 0}\frac{f(0,\ 0+\Delta y)-f(0,\ 0)}{\Delta y}=\lim_{\Delta y\to 0}\frac{\frac{0\cdot\Delta y}{0+(\Delta y)^2}-0}{\Delta y}=0.$$

5.2.2 高阶偏导数

设函数 $z=f(x,\ y)$ 在区域 D 内的每一点 $(x,\ y)$ 都有偏导数

$$\frac{\partial z}{\partial x}=f_x(x,y),\ \frac{\partial z}{\partial y}=f_y(x,y),$$

那么在 D 内 $f_x(x,\ y)$，$f_y(x,\ y)$ 仍是 x，y 的函数．如果它们的偏导数仍存在，则称它们是函数 $z=f(x,\ y)$ 的**二阶偏导数**．按照对变量求偏导次序的不同有下列四个二阶偏导数：

$$\frac{\partial}{\partial x}\left(\frac{\partial z}{\partial x}\right)=\frac{\partial^2 z}{\partial x^2}=f_{xx}(x,y)=z_{xx}(x,y),$$

$$\frac{\partial}{\partial y}\left(\frac{\partial z}{\partial x}\right)=\frac{\partial^2 z}{\partial x\partial y}=f_{xy}(x,y)=z_{xy}(x,y),$$

$$\frac{\partial}{\partial x}\left(\frac{\partial z}{\partial y}\right)=\frac{\partial^2 z}{\partial y\partial x}=f_{yx}(x,y)=z_{yx}(x,y),$$

$$\frac{\partial}{\partial y}\left(\frac{\partial z}{\partial y}\right)=\frac{\partial^2 z}{\partial y^2}=f_{yy}(x,y)=z_{yy}(x,y).$$

其中第二、三两个二阶偏导数称为**混合偏导数**．同样可以得到三阶、四阶，直至 n 阶偏导数．一个多元函数的 $n-1$ 阶偏导数的偏导数称为原来函数的 **n 阶偏导数**．二阶或二阶以上的偏导数统称为**高阶偏导数**.

例 5.9 设 $z=x^3+y^3-2x^2y$，求它的所有二阶偏导数.

解 因为

$$\frac{\partial z}{\partial x}=3x^2-4xy,\ \frac{\partial z}{\partial y}=3y^2-2x^2,$$

所以

$$\frac{\partial^2 z}{\partial x^2}=\frac{\partial}{\partial x}\left(\frac{\partial z}{\partial x}\right)=\frac{\partial}{\partial x}(3x^2-4xy)=6x-4y,$$

$$\frac{\partial^2 z}{\partial x\partial y}=\frac{\partial}{\partial y}\left(\frac{\partial z}{\partial x}\right)=\frac{\partial}{\partial y}(3x^2-4xy)=-4x,$$

$$\frac{\partial^2 z}{\partial y\partial x}=\frac{\partial}{\partial x}\left(\frac{\partial z}{\partial y}\right)=\frac{\partial}{\partial x}(3y^2-2x^2)=-4x,$$

$$\frac{\partial^2 z}{\partial y^2}=\frac{\partial}{\partial y}\left(\frac{\partial z}{\partial y}\right)=\frac{\partial}{\partial y}(3y^2-2x^2)=6y.$$

该题值得注意的是：两个二阶混合偏导数相等．这个结果并不是偶然的．事实上，我们有下面的定理.

定理 5.1　如果函数 $z=f(x,\ y)$ 的两个二阶混合偏导数 $\frac{\partial^2 z}{\partial x\partial y}$，$\frac{\partial^2 z}{\partial y\partial x}$，在区域 D 内连续，则在该区域内这两个二阶混合偏导数必相等.

这个定理说明，二阶混合偏导数在连续的条件下与求导的次序无关.

对于二元以上的函数，我们也可以类似地定义高阶偏导数，而且高阶混合偏导数在连续的条件下也与求导的次序无关.

例 5.10　设 $f(x,\ y)=e^{xy}+\sin(x+y)$，求 f_{xx}，f_{xy}.

解　$f_x=ye^{xy}+\cos(x+y)$，$f_{xx}=y^2e^{xy}-\sin(x+y)$，

$f_{xy}=e^{xy}+xye^{xy}-\sin(x+y)=e^{xy}(1+xy)-\sin(x+y)$.

例 5.11　$f(x,\ y)=x^3+y^3+xy^2$，求 $f_{yy}(1,\ 2)$，$f_{xy}(1,\ 2)$.

解　$f_y=3y^2+2xy$，$f_{xy}=f_{yx}=2y$，$f_{yy}=6y+2x$，

所以

$$f_{yy}(1,\ 2)=6\times 2+2\times 1=14,$$

$$f_{xy}(1,\ 2)=2\times 2=4.$$

5.2.3　全微分

设二元函数 $z=f(x,\ y)$ 在点 $(x,\ y)$ 的某邻域内有定义，当自变量 x，y 在点 $(x,\ y)$ 处分别在该邻域内有增量 Δx，Δy 时，相应的函数 z 的增量为

$$\Delta z=f(x+\Delta x,\ y+\Delta y)-f(x,\ y). \tag{5-1}$$

称其为函数 $z=f(x,\ y)$ 在点 $(x,\ y)$ 处的**全增量**.

一般来说，全增量 Δz 的计算比较复杂. 类似于一元函数，我们希望能从 Δz 中分离出自变量的增量 Δx，Δy 的线性函数来近似地代替 Δz，从而引入如下定义.

定义 5.5　如果 $z=f(x,\ y)$ 在点 $(x,\ y)$ 的全增量

$$\Delta z=f(x+\Delta x,\ y+\Delta y)-f(x,\ y)$$

可以表示为

$$\Delta z=A\Delta x+B\Delta y+o(\rho) \tag{5-2}$$

其中 A，B 与 Δx，Δy 无关而仅与 x，y 有关，$\rho=\sqrt{(\Delta x)^2+(\Delta y)^2}$，则称函数 $z=f(x,\ y)$ 在点 $(x,\ y)$ 处**可微分**，而 $A\Delta x+B\Delta y$ 称为函数 $z=f(x,\ y)$ 在点 $(x,\ y)$ 处的**全微分**，记作 dz，即

$$dz=A\Delta x+B\Delta y.$$

如果函数 $f(x,\ y)$ 在区域 D 内的每一点都可微，则称 $f(x,\ y)$ 在区

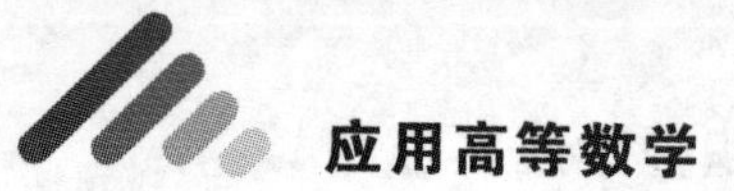

域 D 内是可微的.

由式(5-2)可得

$$\lim_{(\Delta x, \Delta y)\to(0,0)} \Delta z = 0,$$

有
$$\lim_{(\Delta x, \Delta y)\to(0,0)} f(x+\Delta x,\ y+\Delta y) = f(x,\ y),$$

即如果函数 $z=f(x,\ y)$ 在点 $(x,\ y)$ 可微，那么这函数在该点必定连续.

下面讨论函数 $z=f(x,\ y)$ 在点 $(x,\ y)$ 可微分的条件.

定理 5.2(必要条件) 若函数 $z=f(x,\ y)$ 在点 $(x,\ y)$ 处可微分，则该函数在该点 $(x,\ y)$ 的两个偏导数 $\frac{\partial z}{\partial x}$，$\frac{\partial z}{\partial y}$ 必定存在，且函数 $z=f(x,y)$ 在点 (x,y) 的全微分为

$$\mathrm{d}z = \frac{\partial z}{\partial x}\Delta x + \frac{\partial z}{\partial y}\Delta y.$$

习惯上，我们将自变量的增量 Δx，Δy 分别记为 $\mathrm{d}x$，$\mathrm{d}y$，并分别称为自变量的微分. $z=f(x,\ y)$ 在点 $(x,\ y)$ 的全微分又可写成

$$\mathrm{d}z = f_x(x,\ y)\mathrm{d}x + f_y(x,\ y)\mathrm{d}y.$$

由定理 5.2 可知，二元函数在一点可微，则在该点偏导数一定存在. 但多元函数在某点的偏导数存在，却在这个点不一定可微.

例如，函数

$$f(x,\ y) = \begin{cases} \dfrac{xy}{x^2+y^2} & x^2+y^2 \neq 0 \\ 0 & x^2+y^2 = 0 \end{cases}$$

在点 $(0,\ 0)$ 处不连续，则在 $(0,\ 0)$ 点是不可微的. 但这个函数在点 $(0,\ 0)$ 的两个偏导数是存在的，且

$$f_x(0,\ 0)=0,\ f_y(0,\ 0)=0.$$

由上面的分析可知，偏导数存在是可微的必要条件而不是充分条件. 但是，如果再假定函数的各个偏导数连续，则可以证明函数是可微的，即有下面的定理.

定理 5.3(充分条件) 若二元函数 $z=f(x,\ y)$ 的偏导数 $f_x(x,\ y)$，$f_y(x,\ y)$ 存在且在点 $(x,\ y)$ 处连续，则函数 $z=f(x,\ y)$ 在该点一定可微.

以上关于二元函数全微分的定义及可微的必要条件和充分条件，可以完全类似地推广到三元和三元以上的多元函数. 例如，若三元函数 $u=f(x,\ y,\ z)$ 的全微分存在，则其全微分为

$$\mathrm{d}u = \frac{\partial u}{\partial x}\mathrm{d}x + \frac{\partial u}{\partial y}\mathrm{d}y + \frac{\partial u}{\partial z}\mathrm{d}z.$$

例 5.12　求函数 $z=x^2y^2+y^3$ 的全微分 dz.

解　因为

$$\frac{\partial z}{\partial x}=2xy^2,\ \frac{\partial z}{\partial y}=2x^2y+3y^2,$$

所以

$$dz=\frac{\partial z}{\partial x}dx+\frac{\partial z}{\partial y}dy=2xy^2dx+(2x^2y+3y^2)dy.$$

例 5.13　求函数 $z=xy$ 在点(2,3)处，关于 $\Delta x=0.1,\Delta y=0.2$ 的全增量与全微分.

解　因为

$$\Delta z=(x+\Delta x)(y+\Delta y)-xy=y\Delta x+x\Delta y+\Delta x\Delta y,$$

$$dz=\frac{\partial z}{\partial x}dx+\frac{\partial z}{\partial y}dy=ydx+xdy=y\Delta x+x\Delta y,$$

所以，将 $x=2$，$y=3$，$\Delta x=0.1$，$\Delta y=0.2$ 代入 Δz，dz 的表达式，得

$$\Delta z=0.72,\ dz=0.7.$$

例 5.14　求函数 $u=\sin x+y+e^{xz}$ 的全微分 du.

解　因为

$$\frac{\partial u}{\partial x}=\cos x+ze^{xz},\ \frac{\partial u}{\partial y}=1,\ \frac{\partial u}{\partial z}=xe^{xz},$$

所以

$$du=(\cos x+ze^{xz})dx+dy+xe^{xz}dz.$$

5.2.4　全微分在近似计算中的应用

设函数 $z=f(x,y)$ 在点 (x_0,y_0) 处可微，则函数在该点的全增量可以表示为

$$\begin{aligned}\Delta z&=f(x_0+\Delta x,y_0+\Delta y)-f(x_0,y_0)\\&=f_x(x_0,y_0)\Delta x+f_y(x_0,y_0)\Delta y+o(\rho).\end{aligned}$$

当 $|\Delta x|$ 和 $|\Delta y|$ 很小时，就可以用函数的全微分 dz 近似代替函数的全增量 Δz，即

$$\Delta z\approx dz=f_x(x_0,y_0)\Delta x+f_y(x_0,y_0)\Delta y \tag{5-3}$$

或写成

$$f(x_0+\Delta x,y_0+\Delta y)\approx f(x_0,y_0)+f_x(x_0,y_0)\Delta x+f_y(x_0,y_0)\Delta y \tag{5-4}$$

我们可以利用公式(5-3)和公式(5-4)计算二元函数的近似值和估计误差.

例 5.15　要做一个无盖的圆柱体形水槽，其内径为 2m，高为 4m，

厚度为0.01m，求需用多少立方米的材料.

解 设圆柱的底面半径为r，高为h，体积为V，则有

$$V=\pi r^2 h.$$

由题意，$r_0=2$，$h_0=4$，$\Delta r=\Delta h=0.01$，Δr与Δh相对r，h都很小，根据公式(5-3)，可得

$$\Delta V\approx \mathrm{d}V=\left.\frac{\partial V}{\partial r}\right|_{(r_0,h_0)}\Delta r+\left.\frac{\partial V}{\partial h}\right|_{(r_0,h_0)}\Delta h=2\pi r_0 h_0\Delta r+\pi {r_0}^2\Delta h$$

$$=2\pi\times 2\times 4\times 0.01+\pi\times 2^2\times 0.01=0.2\pi.$$

即约需用$0.2\pi \mathrm{m}^3$的材料.

例5.16 计算$(1.04)^{2.02}$的近似值.

解 设函数$f(x, y)=x^y$，需求$f(1.04, 2.02)$，取$x_0=1$，$y_0=2$，$\Delta x=0.04$，$\Delta y=0.02$，其中

$f(1, 2)=1$，$f_x(x, y)=yx^{y-1}$，$f_y(x, y)=x^y\ln x$，$f_x(1, 2)=2$，$f_y(1, 2)=0$.

根据公式(5-4)，有

$$(1.04)^{2.02}\approx 1+2\times 0.04+0\times 0.02=1.08.$$

习 题 5.2

1. 求下列函数的偏导数：

(1) $z=x^2y+x+y^2$； (2) $z=\mathrm{e}^{xy}$； (3) $z=\sqrt{\ln(xy)}$；

(4) $u=\sin(xy)+z^2$； (5) $u=x^{\frac{y}{z}}$； (6) $z=\sin\dfrac{x}{y}\cos\dfrac{y}{x}$.

2. 设$z=\dfrac{x-y}{1-xy}$，求$\left.\dfrac{\partial z}{\partial x}\right|_{(0,0)}$，$\left.\dfrac{\partial z}{\partial y}\right|_{(0,0)}$.

3. 求函数$z=3x^2y^2+x^3+y^2$的所有二阶偏导数.

4. 设$z=x^2y+2xy^2$，求$\left.\dfrac{\partial^2 z}{\partial x^2}\right|_{(1,2)}$，$\left.\dfrac{\partial^2 z}{\partial x\partial y}\right|_{(1,2)}$，$\left.\dfrac{\partial^2 z}{\partial y^2}\right|_{(1,2)}$.

5. 求函数$z=\dfrac{x^2}{y}$在点$(1, -2)$处，当$\Delta x=0.02$，$\Delta y=-0.01$时的全增量与全微分.

6. 求下列函数的全微分：

(1) $z=\dfrac{y}{x}$； (2) $z=\ln(x^2+y^2)$；

(3) $z=y^x$； (4) $u=x^{yz}$.

7. 设一个矩形的长为8m，宽为6m，当长减少10cm，宽增加5cm时，求它的对角线变化的近似值.

8. 用全微分计算下列各数的近似值：

(1) $(1.97)^{1.05}$　($\ln 2 = 0.693$)；　(2) $\sqrt{(1.02)^3+(1.97)^3}$.

5.3　多元函数的极值与最值

5.3.1　多元函数的极值

多元函数的极值在许多实际问题中有着广泛的应用．现以二元函数为例，来讨论多元函数的极值问题．

定义 5.6　设函数 $z=f(x, y)$ 在点 (x_0, y_0) 的某邻域内有定义，如果对于该邻域内的任一点 (x, y) 都有 $f(x, y)<f(x_0, y_0)$（或 $f(x, y)>f(x_0, y_0)$），则称函数 $f(x, y)$ 在点 (x_0, y_0) 处有**极大值**（或**极小值**）$f(x_0, y_0)$，点 (x_0, y_0) 称为函数 $f(x, y)$ 的**极大值点**（或**极小值点**）．函数的极大值与极小值统称为**极值**，极大值点与极小值点统称为**极值点**．

例如，函数 $f(x, y)=1-x^2-y^2$ 在原点 $(0, 0)$ 处取得极大值 1．因为对于点 $(0, 0)$ 任一邻域内异于 $(0, 0)$ 的点 (x, y)，都有 $f(x, y)<f(0, 0)=1$.

又如，函数 $z=xy$ 在点 $(0, 0)$ 处既不取得极大值也不取得极小值．因为在点 $(0, 0)$ 的任何一个邻域内，总有使函数值为正的点，也有使函数值为负的点．

以上关于二元函数的极值概念，可推广到 n 元函数．

对于偏导数存在的二元函数的极值，可以用偏导数来确定．下面两个定理就是关于这一问题的结论．

定理 5.4（必要条件）　设函数 $z=f(x, y)$ 在点 (x_0, y_0) 处的两个偏导数都存在，且在该点处取得极值，则必有

$$f_x(x_0, y_0)=0, f_y(x_0, y_0)=0.$$

使 $f_x(x, y)=0$ 与 $f_y(x, y)=0$ 同时成立的点 (x, y) 称为函数 $f(x, y)$ 的**驻点**．

由以上定理知，对于偏导数存在的函数，它的极值点一定是驻点．但是，驻点未必是极值点．例如，函数 $z=xy$，在点 $(0, 0)$ 处的两个偏导数同时为零，即 $z_x(0, 0)=0$，$z_y(0, 0)=0$，但是驻点 $(0, 0)$ 不是函数 $z=xy$ 的极值点．

如何判定一个驻点是否是极值点呢？下面的定理回答了这个问题．

定理 5.5（充分条件）　设函数 $z=f(x, y)$ 在点 (x_0, y_0) 的某个邻域内有连续的一阶及二阶偏导数，且 (x_0, y_0) 是函数的驻点，即 $f_x(x_0,$

$y_0)=0$, $f_y(x_0, y_0)=0$. 令 $A=f_{xx}(x_0, y_0)$, $B=f_{xy}(x_0, y_0)$, $C=f_{yy}(x_0, y_0)$,则

(1) 当 $AC-B^2>0$ 时，点(x_0, y_0)是极值点，且

1) 当 $A<0$ 时，(x_0, y_0)是极大值点，$f(x_0, y_0)$为极大值；

2) 当 $A>0$ 时，(x_0, y_0)是极小值点，$f(x_0, y_0)$为极小值.

(2) 当 $AC-B^2<0$ 时，(x_0, y_0)不是极值点.

(3) 当 $AC-B^2=0$ 时，$f(x_0, y_0)$可能是极值，也可能不是极值. 还需另作讨论.

利用以上两个定理，把具有二阶连续偏导数的函数 $z=f(x, y)$ 的极值求法叙述如下：

(1) 求方程组 $\begin{cases} f_x(x, y)=0 \\ f_y(x, y)=0 \end{cases}$ 的一切实数解，得所有驻点.

(2) 求出二阶偏导数 $f_{xx}(x, y)$, $f_{xy}(x, y)$, $f_{yy}(x, y)$，并对每一驻点(x_0, y_0)，分别求出二阶偏导数的值 A，B，C.

(3) 判断 $AC-BC$ 的符号，按定理5.5 的结论判定$f(x_0, y_0)$是否是极值，是极大值还是极小值.

例 5.17 求函数 $f(x, y)=x^3+8y^3-6xy+5$ 的极值.

解 解方程组

$$\begin{cases} f_x(x, y)=3x^2-6y=0 \\ f_y(x, y)=24y^2-6x=0 \end{cases},$$

得所有驻点$(0, 0)$及$\left(1, \dfrac{1}{2}\right)$.

求函数 $f(x, y)$ 的二阶偏导数：

$$f_{xx}(x, y)=6x, f_{xy}(x, y)=-6, f_{yy}(x, y)=48y.$$

在点$(0, 0)$处，有 $A=0$，$B=-6$，$C=0$，$AC-B^2=-36<0$，知 $f(0, 0)=5$ 不是极值.

在点$\left(1, \dfrac{1}{2}\right)$处，有 $A=6$，$B=-6$，$C=24$，$AC-B^2=108>0$，而 $A=6>0$，知 $f\left(1, \dfrac{1}{2}\right)=4$ 是函数的极小值.

如果函数在所讨论的区域内具有偏导数，则极值只可能在驻点处取得. 然而，如果函数在个别点处的偏导数不存在，这些点当然不是驻点，但也可能是极值点.

5.3.2 多元函数的最值

与一元函数相类似，我们可以利用函数的极值来求函数的最大值和

最小值．可先求出函数在定义域 D 内的极值，再与函数在边界上的值进行比较，其中最大(小)的一个就是最大(小)值．对于实际问题，往往根据问题的性质，知道函数 $f(x, y)$ 的最大值(或最小值)一定在 D 的内部取得，而函数在 D 内只有一个驻点，那么，可以肯定函数在该驻点一定取得最大值(或最小值).

例 5.18　要做一个容积为 V 的长方体箱子，问箱子的长、宽、高各取怎样的尺寸时，才能使用料最省？

解　设箱子的长、宽分别为 x，y，则高为$\frac{V}{xy}$. 箱子所用材料的表面积为

$$S=2\left(xy+y\cdot\frac{V}{xy}+x\cdot\frac{V}{xy}\right)=2\left(xy+\frac{V}{x}+\frac{V}{y}\right)\quad(x>0,y>0).$$

当面积 S 最小时,所用材料最省．为此求函数 $S(x,y)$ 的驻点，由于

$$\begin{cases}\dfrac{\partial S}{\partial x}=2\left(y-\dfrac{V}{x^2}\right)=0\\[2mm]\dfrac{\partial S}{\partial y}=2\left(x-\dfrac{V}{y^2}\right)=0\end{cases},$$

解这个方程组，得唯一驻点$(\sqrt[3]{V}, \sqrt[3]{V})$. 该点就是使 S 取最小值的点，即当箱子的长为$\sqrt[3]{V}$、宽为$\sqrt[3]{V}$、高为$\frac{V}{\sqrt[3]{V}\sqrt[3]{V}}=\sqrt[3]{V}$时，所用的材料最省.

5.3.3　条件极值　拉格朗日乘数法

前面讨论的函数极值问题，对于函数的自变量而言，除了限制在函数的定义域内以外，并没有其他的限制条件，所以也称为**无条件极值**．但在有些实际问题中，常常会遇到对函数的自变量还有约束条件的极值问题．例如，在上面的例 5.18 中，可设箱子的长、宽、高分别为 x，y，z，箱子所用材料的表面积为

$$S=2(xy+yz+xz)\quad(x>0,\ y>0,\ z>0).$$

而自变量 x，y，z 还要满足约束条件 $xyz=V$. 像这种对自变量有约束条件的极值称为**条件极值**.

某些条件极值可以化为无条件极值，然后按无条件极值的方法加以解决．但是，将有些条件极值化为无条件极值问题，并不容易．为此，下面介绍直接求条件极值的方法，该方法称为拉格朗日乘数法.

拉格朗日乘数法

要求函数 $z=f(x, y)$ 在附加条件 $\varphi(x, y)=0$ 下的可能极值点，可以先构造拉格朗日函数

$$F(x,y,\lambda)=f(x,y)+\lambda\varphi(x,y),$$

再求 $F(x,y,\lambda)$ 对 x,y,λ 的偏导数，建立以下方程组

$$\begin{cases}F_x(x,y,\lambda)=f_x(x,y)+\lambda\varphi_x(x,y)=0\\F_y(x,y,\lambda)=f_y(x,y)+\lambda\varphi_y(x,y)=0.\\F_\lambda(x,y,\lambda)=\varphi(x,y)=0\end{cases}$$

由这方程组解出 x，y 及 λ，则 (x,y) 就是函数 $f(x,y)$ 在附加条件 $\varphi(x,y)=0$ 下的可能极值点.

此外，拉格朗日乘数法，对于多于两个变量的函数，或约束条件多于一个的情形也有类似的结果．例如，求函数 $u=f(x,y,z)$，在条件

$$\varphi(x,y,z)=0,\ \psi(x,y,z)=0$$

下的极值.

构造拉格朗日函数

$$F(x,y,z,\lambda_1,\lambda_2)=f(x,y,z)+\lambda_1\varphi(x,y,z)+\lambda_2\psi(x,y,z),$$

求函数 $F(x,y,z,\lambda_1,\lambda_2)$ 的一阶偏导数，并令其为零，得联立方程组，求解方程组得出的点 (x,y,z) 就是可能的极值点.

至于如何确定所求得的点是否为极值点，在实际问题中往往可根据问题本身的性质来判定.

例 5.19 求表面积为 a^2 而体积为最大的长方体的体积.

解 设长方体的三棱长分别为 x，y，z，则问题就是在条件

$$\psi(x,y,z,t)=2xy+2yz+2xz-a^2=0 \tag{5-5}$$

下，求函数

$$V=xyz\quad(x>0,\ y>0,\ z>0)$$

的最大值. 构造拉格朗日函数

$$F(x,y,z,\lambda)=xyz+\lambda(2xy+2yz+2xz-a^2),$$

求 $F(x,y,z,\lambda)$ 的偏导数，建立方程组

$$\begin{cases}\dfrac{\partial F}{\partial x}=yz+2\lambda(y+z)=0\\\dfrac{\partial F}{\partial y}=xz+2\lambda(x+z)=0\\\dfrac{\partial F}{\partial z}=xy+2\lambda(y+x)=0\\\dfrac{\partial F}{\partial \lambda}=2xy+2yz+2xz-a^2=0\end{cases},$$

因 x，y，z 都不等于零，所以由前三个方程可得

$$\frac{x}{y}=\frac{x+z}{y+z},\ \frac{y}{z}=\frac{x+y}{x+z}.$$

由以上两式解得

$$x=y=z.$$

将此代入式(5-5)，便得

$$x=y=z=\frac{\sqrt{6}}{6}a.$$

从而函数 $V=xyz$ 的最大值就必在点$\left(\frac{\sqrt{6}}{6}a,\frac{\sqrt{6}}{6}a,\frac{\sqrt{6}}{6}a\right)$处取得. 也就是说，表面积为 a^2 的长方体中，以棱长为$\frac{\sqrt{6}}{6}a$ 的正方体的体积最大，最大体积 $V=\frac{\sqrt{6}}{36}a^3$.

例 5.20　生产某产品要用 A、B 两种原料，设该产品的产量 Q 与原料 A、B 的数量 x，y(单位：t)间有关系式 $Q=0.005x^2y$. 要用 15000 元购买原料，已知 A、B 原料的单价分别为 100 元/t、200 元/t，问购进两种原料各多少时，可使产品的产量最大?

解　根据题意，就是求函数 $Q=0.005x^2y$ 在约束条件 $100x+200y=15000$ 下的最大值.

构造拉格朗日函数

$$F(x,y,\lambda)=0.005x^2y+\lambda(100x+200y-15000).$$

求 $F(x,y,\lambda)$的偏导数，并建立方程组

$$\begin{cases}\dfrac{\partial F}{\partial x}=0.01xy+100\lambda=0\\ \dfrac{\partial F}{\partial y}=0.005x^2+200\lambda=0\\ \dfrac{\partial F}{\partial \lambda}=100x+200y-15000=0\end{cases},$$

消去 λ，解得

$$\begin{cases}x=100\\ y=25\end{cases}.$$

函数 $Q=0.005x^2y$ 的最大值必在点(100，25)处取得. 即购进原料 A 100t、原料 B 25t 时，可使产品的产量最大.

习　题　5.3

1. 求下列函数的极值：

(1) $f(x,y)=x^2+y^2-xy-2x+y$；　　(2) $f(x,y)=x^3-y^3-3x^2+27y$.

2. 做一个容积为 32m^3 的无盖长方体容器，问尺寸如何时，用料最省？

3. 求函数 $z=xy$ 在条件 $x+y=1$ 下的极值.

4. 某工厂生产两种型号的重型机器，总成本函数为

$$f(x, y)=x^2+2y^2-xy,$$

其中 x，y 分别表示生产的两种型号机器的台数，如果限制两种型号的机器只能生产 8 台，要使它们的总成本最小，试问两种机器分别生产几台？

5.4 二重积分

本节在一元定积分的基础上，引入二重积分的概念，重点讲解二重积分的概念、性质、计算方法及相关简单应用.

5.4.1 二重积分的概念

1. 引例　曲顶柱体的体积

设 D 是 xOy 平面上的一个有界闭区域，$z=f(x, y)$是区域 D 上连续的二元函数，并且 $f(x, y)\geqslant 0$. 以 D 为底面，曲面 $z=f(x, y)$为顶面，其侧面是以 D 的边界为准线，母线平行于 z 轴的柱面，构成一个柱体. 因其顶面为曲面，故称之为曲顶柱体(图 5-7). 现求此曲顶柱体的体积.

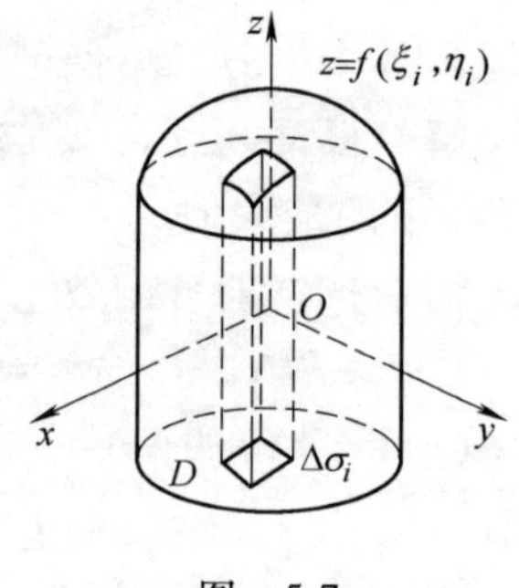

图　5-7

解决此问题的关键在于极限思想的应用，与定积分中求曲边梯形面积的思想方法类似，采取如下步骤：

第一步，分割

将 D 任意分割为几个小区域 $\Delta\sigma_1$，$\Delta\sigma_2$，…，$\Delta\sigma_n$，用 $\Delta\sigma_i(i=1, 2, \cdots, n)$表示该小区域的面积，与之相对应，曲顶柱体被划分为 n 个小曲顶柱体.

第二步，取近似

对于每个小曲顶柱体，在底面 $\Delta\sigma_i$ 上任取一点(ξ_i, η_i)，小曲顶柱体的体积近似等于以 $\Delta\sigma_i$ 为底，$f(\xi_i, \eta_i)$为高的小平顶柱体的体积 $f(\xi_i, \eta_i)\Delta\sigma_i(i=1, 2, \cdots, n)$.

第三步，求和

把 n 个小平顶柱体的体积加起来，构成整个曲顶柱体的体积 V 的近似值，即

$$V \approx \sum_{i=1}^{n} f(\xi_i, \eta_i) \Delta\sigma_i.$$

第四步，取极限

当 n 趋于无穷且每一个小区域 $\Delta\sigma_i$ 的直径充分小时，上述和式无限接近于曲顶柱体的体积的精确值．用 λ 表示 n 个小平面区域的最大直径（区域的直径是指有界闭区域上任意两点间距离的最大值），则

$$V = \lim_{\lambda \to 0} \sum_{i=1}^{n} f(\xi_i, \eta_i) \Delta\sigma_i.$$

求上述和式极限的数学抽象，就是二重积分的概念.

2. 二重积分的概念

定义 5.7　设 $z=f(x, y)$ 在有界闭区域 D 上连续，将闭区域 D 任意分割为 n 个小闭区域 $\Delta\sigma_1$，$\Delta\sigma_2$，…，$\Delta\sigma_i$，…，$\Delta\sigma_n$，其中 $\Delta\sigma_i$ 表示第 i 个小闭区域，也表示它的面积，将所有小闭区域中直径最大者记为 λ. 在每个 $\Delta\sigma_i$ 上任取一点 (ξ_i, η_i) 作乘积

$$f(\xi_i, \eta_i)\Delta\sigma_i \quad (i=1, 2, \cdots, n),$$

并作和式 $\sum\limits_{i=1}^{n} f(\xi_i, \eta_i)\Delta\sigma_i$，称极限 $\lim\limits_{\lambda \to 0}\sum\limits_{i=1}^{n} f(\xi_i, \eta_i)\Delta\sigma_i$ 为函数 $z = f(x,y)$ 在闭区域 D 上的**二重积分**，记作

$$\iint_D f(x,y)\,\mathrm{d}\sigma,$$

即

$$\iint_D f(x,y)\,\mathrm{d}\sigma = \lim_{\lambda \to 0}\sum_{i=1}^{n} f(\xi_i, \eta_i)\Delta\sigma_i,$$

其中，$f(x, y)$ 称为被积函数，D 为积分区域，$\mathrm{d}\sigma$ 为面积微元，x 与 y 叫做积分变量.

如果二重积分 $\iint\limits_D f(x,y)\,\mathrm{d}\sigma$ 存在，则称函数 $f(x, y)$ 在区域 D 上是可积的．如果函数 $f(x, y)$ 在有界闭区域 D 上连续，则 $f(x, y)$ 在 D 上可积.

根据定义，曲顶柱体的体积可表示为

$$V = \iint_D f(x,y)\,\mathrm{d}\sigma.$$

特别地，当函数 $f(x, y) = 1$ 时，二重积分即为区域 D 的面积 σ，即

$$\iint_D \mathrm{d}\sigma = \sigma.$$

二重积分的几何意义：当$f(x, y) \geqslant 0$时，二重积分$\iint\limits_D f(x,y)\mathrm{d}\sigma$等于曲面$z=f(x, y)$在区域$D$上所对应的曲顶柱体的体积. 当$f(x, y)<0$时，二重积分$\iint\limits_D f(x,y)\mathrm{d}\sigma$等于曲面$z=f(x, y)$在区域$D$上所对应的曲顶柱体的体积的负值. 如果$f(x, y)$在$D$的若干部分区域上是正的，而在其他的部分区域上是负的，我们可以把xOy面上方的柱体体积取成正，xOy面下方的柱体体积取成负，那么，$f(x, y)$在D上的二重积分就等于这些部分区域上的柱体体积的代数和.

3. 二重积分的性质

二重积分有着与定积分相类似的基本性质，叙述如下：

性质1 被积函数中常数因子可以提到积分号的外面，即

$$\iint\limits_D kf(x,y)\mathrm{d}\sigma = k\iint\limits_D f(x,y)\mathrm{d}\sigma\ (k\text{为常数}).$$

性质2 有限个函数的代数和的积分等于各个函数积分的代数和，即

$$\iint\limits_D [f(x,y) \pm g(x,y)]\mathrm{d}\sigma = \iint\limits_D f(x,y)\mathrm{d}\sigma \pm \iint\limits_D g(x,y)\mathrm{d}\sigma.$$

性质3 若积分区域D被分割为D_1，D_2两部分，则有

$$\iint\limits_D f(x,y)\mathrm{d}\sigma = \iint\limits_{D_1} f(x,y)\mathrm{d}\sigma + \iint\limits_{D_2} f(x,y)\mathrm{d}\sigma.$$

性质4 若在区域D上，$f(x, y) \leqslant g(x, y)$，则有不等式

$$\iint\limits_D f(x,y)\mathrm{d}\sigma \leqslant \iint\limits_D g(x,y)\mathrm{d}\sigma.$$

5.4.2 二重积分的计算

1. 在直角坐标系中计算二重积分

在直角坐标系中采用平行于x轴和y轴的直线将区域D划分为许多小矩形，则面积微元$\mathrm{d}\sigma=\mathrm{d}x\mathrm{d}y$，二重积分可表示为

$$\iint\limits_D f(x,y)\mathrm{d}x\mathrm{d}y.$$

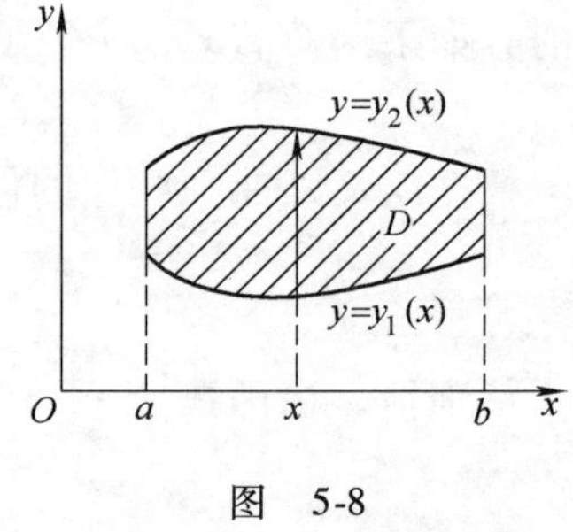

图 5-8

现设积分区域D(图5-8)是由两条直线$x=a$，$x=b$，以及两条连续曲线$y=y_1(x)$，$y=y_2(x)$所围成区域，即

$$D=\{(x,\ y)\mid y_1(x)\leqslant y\leqslant y_2(x),\ a\leqslant x\leqslant b\}.$$

按照二重积分的几何意义，二重积分 $\iint\limits_D f(x,y)\,\mathrm{d}x\mathrm{d}y$ 的值等于以 D 为底，以曲面 $z=f(x,\ y)$ 为顶的曲顶柱体的体积.

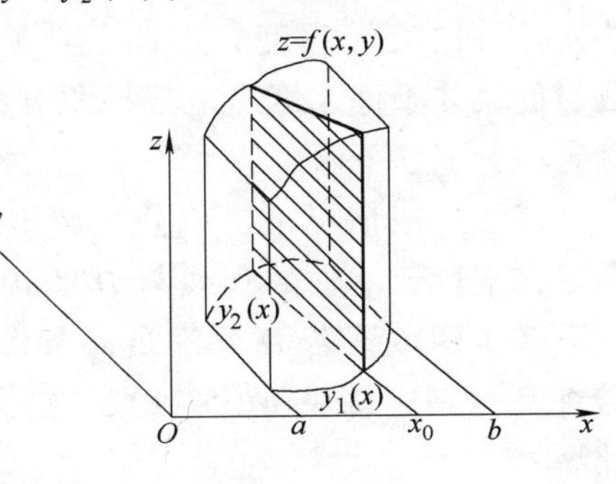

图　5-9

另外，可用定积分中的“切片法”求曲顶柱体的体积．为此，在$[a,\ b]$上任意固定一点 x_0，过 x_0 作垂直于 x 轴的平面与柱体相交，截面面积设为 $S(x_0)$（图5-9），由定积分可知

$$S(x_0)=\int_{y_1(x_0)}^{y_2(x_0)}f(x_0,y)\,\mathrm{d}y.$$

一般地，过$[a,\ b]$上任一点 x，且垂直于 x 轴的平面与柱体相交得到截面面积为

$$S(x)=\int_{y_1(x)}^{y_2(x)}f(x,y)\,\mathrm{d}y.$$

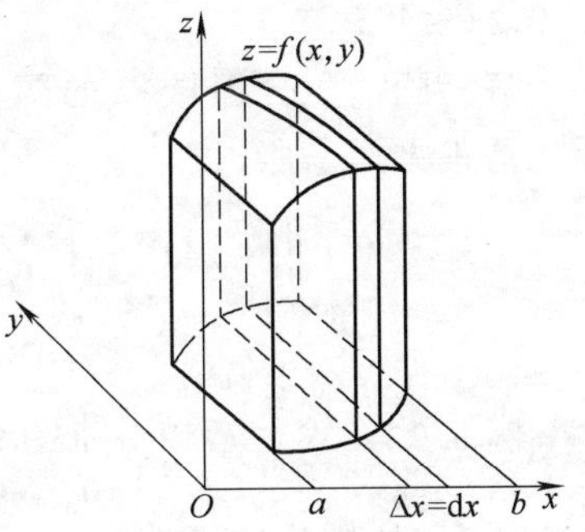

图　5-10

由定积分应用中的“已知平行截面面积，求立体体积”的方法可知（图5-10），所求曲顶柱体的体积为

$$V=\int_a^b S(x)\,\mathrm{d}x=\int_a^b\left[\int_{y_1(x)}^{y_2(x)}f(x,y)\,\mathrm{d}y\right]\mathrm{d}x,$$

即

$$\iint\limits_D f(x,y)\,\mathrm{d}x\mathrm{d}y=\int_a^b\left[\int_{y_1(x)}^{y_2(x)}f(x,y)\,\mathrm{d}y\right]\mathrm{d}x.$$

上式也可写成

$$\iint\limits_D f(x,y)\,\mathrm{d}x\mathrm{d}y=\int_a^b\mathrm{d}x\int_{y_1(x)}^{y_2(x)}f(x,y)\,\mathrm{d}y.\tag{5-6}$$

式(5-6)将二重积分化为先对 y，后对 x 的累次积分，也称为**二次积分**.

类似地，设 $D=\{(x,\ y)\}\mid x_1(y)\leqslant x\leqslant x_2(y),\ c\leqslant y\leqslant d\}$，则有

$$\iint\limits_D f(x,y)\,\mathrm{d}x\mathrm{d}y=\int_c^d\mathrm{d}y\int_{x_1(y)}^{x_2(y)}f(x,y)\,\mathrm{d}x.\tag{5-7}$$

二重积分化为二次积分的关键在于积分上、下限的确定，根据积分区域 D 的不同，需特别注意以下两点：

(1) 一个二重积分常常既可先对 y 积分（式(5-6)），又可以先对 x

积分(式(5-7))，而不同的积分次序往往决定计算的繁简程度．因此，必须根据题目的具体条件，恰当地选择积分次序，确定积分上、下限．

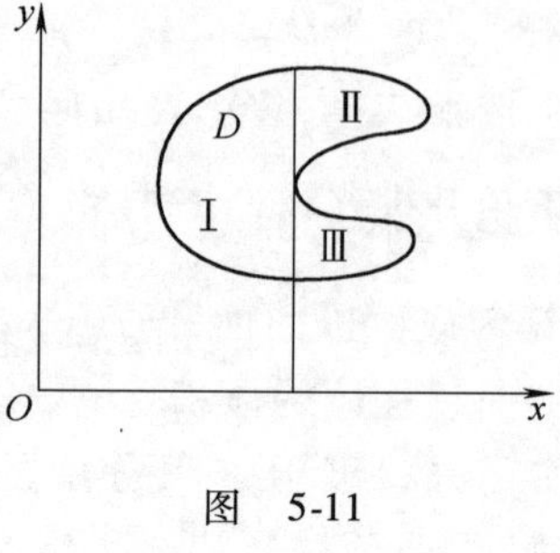

图 5-11

(2) 一般情况下，积分区域 D 需要满足：平行于 y 轴的直线与 D 的边界相交不多于两点．若 D 不满足此条件，则需将 D 分割成几块(图 5-11)，然后分块计算．

例 5.21 求二重积分 $\iint\limits_D xe^{xy}d\sigma$，其中积分区域 $D=\{(x,\ y)\mid 0\leqslant x\leqslant 1,\ 0\leqslant y\leqslant 1\}$．

解 画出积分区域 D 的图形，如图 5-12 所示．因为积分区域 D 的形状是正方形，所以

$$\begin{aligned}\iint\limits_D xe^{xy}d\sigma &= \int_0^1 dx\int_0^1 xe^{xy}dy = \int_0^1 (e^x-1)dx\\ &= (e^x-x)\Big|_0^1 = e-2.\end{aligned}$$

例 5.22 求二重积分 $\iint\limits_D xd\sigma$，其中积分区域 D 是由 $y=\ln x$ 与直线 $x=e$ 及 x 轴所围成的区域．

解 画出积分区域 D(图 5-13)的图形，因此所求二重积分为

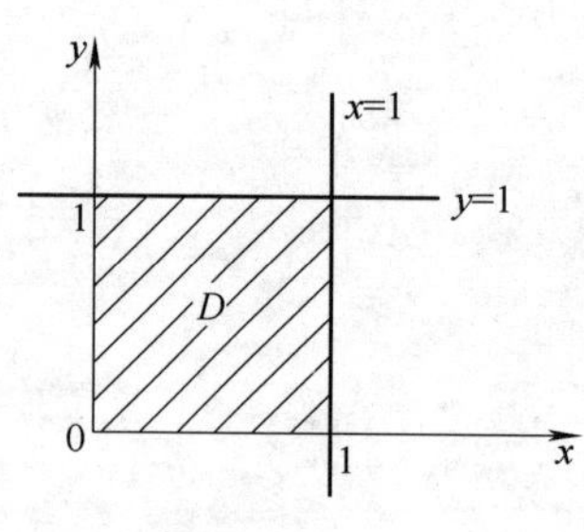

图 5-12

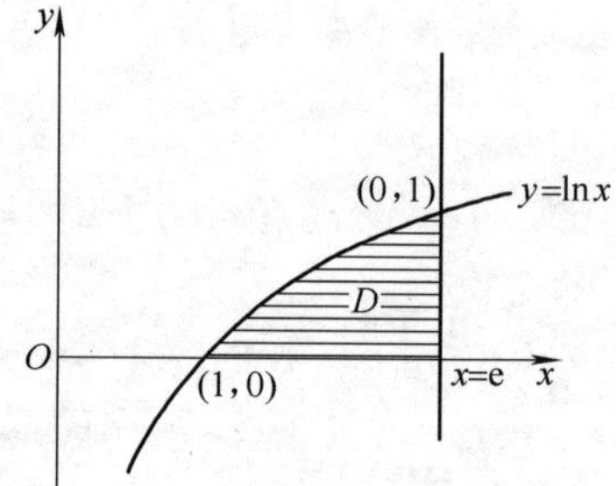

图 5-13

$$\begin{aligned}\iint\limits_D xd\sigma &= \int_1^e dx\int_0^{\ln x} xdy = \int_1^e xdx\int_0^{\ln x} dy\\ &= \int_1^e x\ln x dx = \frac{1}{2}\int_1^e \ln x d(x^2)\\ &= \frac{1}{2}[x^2\ln x]_1^e - \frac{1}{2}\int_1^e x^2 d(\ln x)\end{aligned}$$

$$= \frac{1}{2}e^2 - \frac{1}{2}\int_1^e x\mathrm{d}x = \frac{1}{2}e^2 - \frac{1}{4}x^2\Big|_1^e$$

$$= \frac{1}{4}(e^2 + 1).$$

例 5.23　计算 $\iint\limits_D 2xy^2\mathrm{d}x\mathrm{d}y$，其中 D 由抛物线 $y^2 = x$ 及直线 $y = x - 2$ 所围成.

解　画 D 的图形(图 5-14)，选择先对 x 后对 y 的积分，这时 D 可表示为

$$\begin{cases} y^2 \leqslant x \leqslant y + 2 \\ -1 \leqslant y \leqslant 2 \end{cases},$$

从而

$$\iint\limits_D 2xy^2\mathrm{d}x\mathrm{d}y = \int_{-1}^2 \mathrm{d}y\int_{y^2}^{y+2} 2xy^2\mathrm{d}x = \int_{-1}^2 y^2\left(x^2\Big|_{y^2}^{y+2}\right)\mathrm{d}y$$

$$= \int_{-1}^2 (y^4 + 4y^3 + 4y^2 - y^6)\mathrm{d}y$$

$$= \left(\frac{y^5}{5} + y^4 + \frac{4}{3}y^3 - \frac{y^7}{7}\right)\Big|_{-1}^2 = 15\frac{6}{35}.$$

分析　本题也可先对 y 积分后对 x 积分，但是，这时就必须用直线 $x = 1$将 D 分成 D_1 和 D_2 两块(图 5-15)，其中

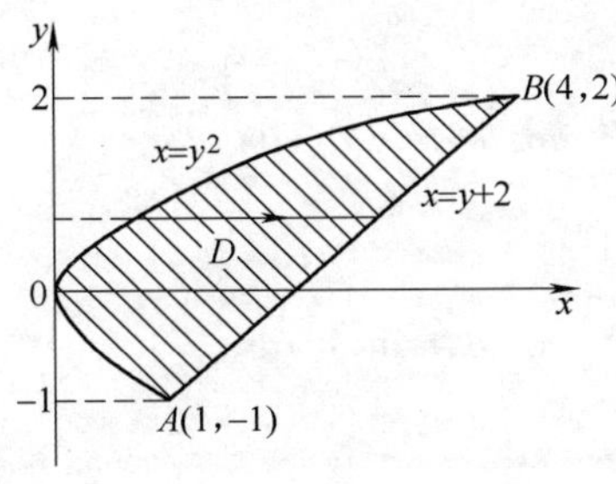

图　5-14

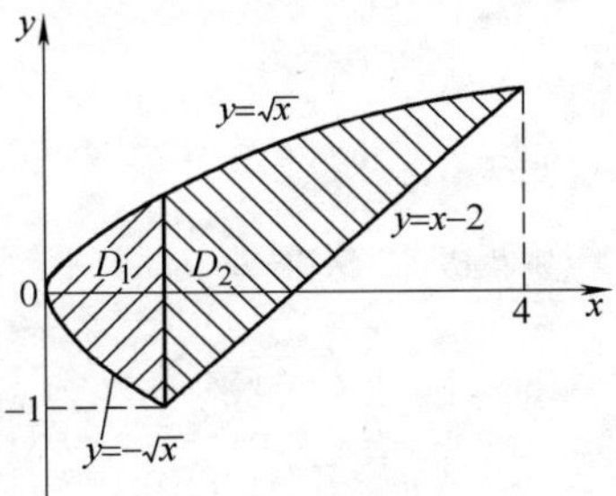

图　5-15

$$D_1: \begin{cases} -\sqrt{x} \leqslant y \leqslant \sqrt{x} \\ 0 \leqslant x \leqslant 1 \end{cases},\quad D_2: \begin{cases} x - 2 \leqslant y \leqslant \sqrt{x} \\ 1 \leqslant x \leqslant 4 \end{cases},$$

由此得

$$\iint\limits_D 2xy^2\mathrm{d}x\mathrm{d}y = \iint\limits_{D_1} 2xy^2\mathrm{d}x\mathrm{d}y + \iint\limits_{D_2} 2xy^2\mathrm{d}x\mathrm{d}y$$

$$= \int_0^1 \mathrm{d}x\int_{-\sqrt{x}}^{\sqrt{x}} 2xy^2\mathrm{d}y + \int_1^4 \mathrm{d}x\int_{x-2}^{\sqrt{x}} 2xy^2\mathrm{d}y = 15\frac{6}{35}.$$

2. 在极坐标系中计算二重积分

对于圆形、扇形、环形等积分区域上的二重积分，利用直角坐标计算往往比较困难，而在极坐标系下则比较简单．下面介绍这种计算方法.

首先，分割积分区域 D，我们用 r 取一系列常数(得到一族中心在极点的同心圆)和 θ 取一系列常数(得到一族过极点的射线)的两组曲线，将 D 分成许多小区域(图 5-16)，于是得到了极坐标系下的面积微元为

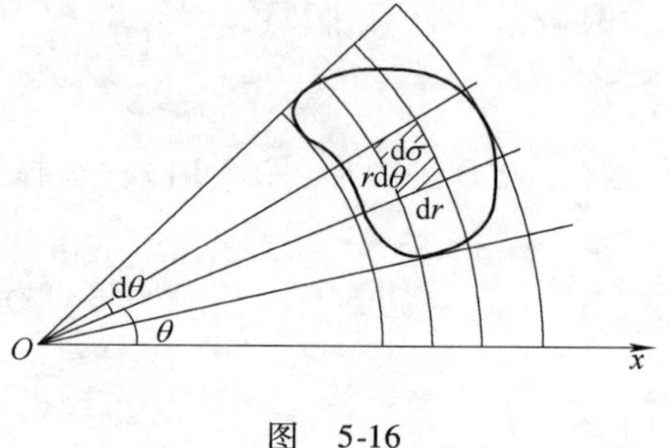

图 5-16

$$d\sigma = r\mathrm{d}r\mathrm{d}\theta,$$

再分别用 $x = r\cos\theta$，$y = r\sin\theta$ 代换被积函数 $f(x, y)$ 中的 x，y，这样二重积分在极坐标系下表达形式为

$$\iint_D f(x,y)\,\mathrm{d}\sigma = \iint_D f(r\cos\theta, r\sin\theta)\,r\mathrm{d}r\mathrm{d}\theta.$$

实际计算时，与直角坐标情况类似，还是化成累次积分来进行.

设 D(图 5-17)位于两条射线 $\theta = \alpha$ 和 $\theta = \beta$ 之间，D 的两段边界线极坐标方程分别为 $r = r_1(\theta)$，$r = r_2(\theta)$，则二重积分就可化为如下的累次积分

$$\iint_D f(x,y)\,\mathrm{d}\sigma = \int_\alpha^\beta \mathrm{d}\theta \int_{r_1(\theta)}^{r_2(\theta)} f(r\cos\theta, r\sin\theta)\,r\mathrm{d}r.$$

如果极点 O 在 D 内部(图 5-18)，则有

$$\iint_D f(x,y)\,\mathrm{d}\sigma = \int_0^{2\pi} \mathrm{d}\theta \int_0^{r(\theta)} f(r\cos\theta, r\sin\theta)\,r\mathrm{d}r.$$

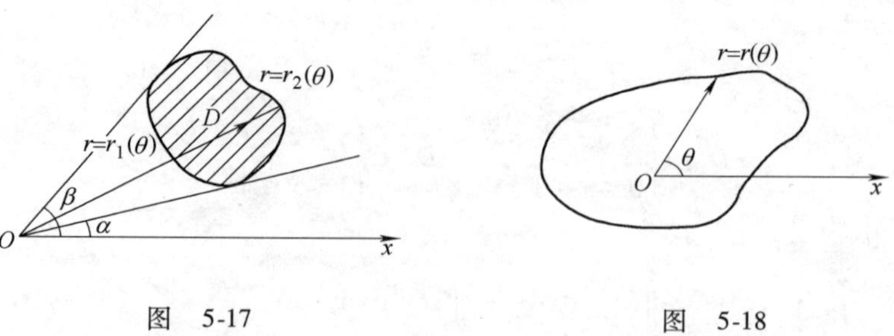

图 5-17　　　　图 5-18

例 5.24　计算 $\iint_D \mathrm{e}^{-(x^2+y^2)}\,\mathrm{d}x\mathrm{d}y$，其中 $D: x^2 + y^2 \leqslant a^2$.

解 选用极坐标系计算，D 表示为 $0\leqslant r\leqslant a$，$0\leqslant\theta\leqslant 2\pi$，故有

$$\iint_D e^{-(x^2+y^2)}\mathrm{d}x\mathrm{d}y=\iint_D e^{-r^2}r\mathrm{d}r\mathrm{d}\theta=\int_0^{2\pi}\mathrm{d}\theta\int_0^a e^{-r^2}r\mathrm{d}r$$
$$=\int_0^{2\pi}\left[\left(-\frac{1}{2}e^{-r^2}\right)\Big|_0^a\right]\mathrm{d}\theta=\pi(1-e^{-a^2}).$$

例 5.25 计算 $\iint_D|x^2+y^2-4|\mathrm{d}x\mathrm{d}y, D:x^2+y^2\leqslant 9$.

解 将区域 D 划分为 D_1，D_2. 其中，D_1：$x^2+y^2\leqslant 4$，D_2：$4\leqslant x^2+y^2\leqslant 9$，则有

$$I=\iint_{D_1}(4-x^2-y^2)\mathrm{d}x\mathrm{d}y+\iint_{D_2}(x^2+y^2-4)\mathrm{d}x\mathrm{d}y$$
$$=\int_0^{2\pi}\mathrm{d}\theta\int_0^2(4-r^2)r\mathrm{d}r+\int_0^{2\pi}\mathrm{d}\theta\int_2^3(r^2-4)r\mathrm{d}r$$
$$=\frac{41}{2}\pi.$$

5.4.3 二重积分的应用举例

我们通过几个物理问题的讨论，来介绍二重积分的应用

1. 平面薄板的质量

例 5.26 设一薄板占有区域为中心在原点，半径为 R 的圆域，面密度为 $\mu=x^2+y^2$，求薄板的质量.

解 应用微元法，在圆域 D 上任取一个微小区域 $\mathrm{d}\sigma$，视面密度不变，则得质量微元

$$\mathrm{d}m=\mu(x,\ y)\mathrm{d}\sigma=(x^2+y^2)\mathrm{d}\sigma,$$

将上述微元在区域 D 上积分，即得

$$m=\iint_D(x^2+y^2)\mathrm{d}\sigma(D:x^2+y^2\leqslant R^2),$$

用极坐标计算，有

$$m=\int_0^{2\pi}\mathrm{d}\theta\int_0^R r^2r\mathrm{d}r=\frac{1}{2}\pi R^4.$$

一般地，面密度为 $\mu(x,\ y)$ 的平面薄板 D 的质量是

$$m=\iint_D\mu(x,y)\mathrm{d}\sigma.$$

2. 平面薄板的重心

由物理学知道，质点系的重心坐标为 $\bar{x}=\frac{m_y}{m}$，$\bar{y}=\frac{m_x}{m}$，其中，m 为质

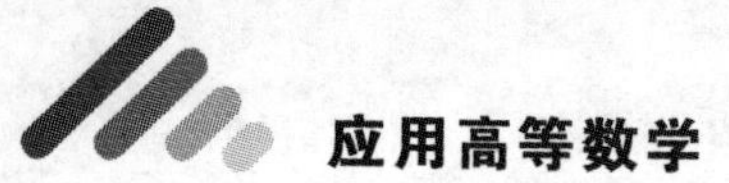

点系的质量，m_y，m_x 分别是质点系对 y 轴和 x 轴的静力矩.

设有薄板占有区域 D，在点(x, y)的密度为$\mu(x, y)$，求薄板重心的坐标.

在区域 D 上任取一微小区域 $\mathrm{d}\sigma$，则有 $\mathrm{d}m=\mu(x, y)\mathrm{d}\sigma$，设想这部分质量集中在点$(x, y)$处，于是得薄板对坐标轴的静力矩微元(图 5-19)为

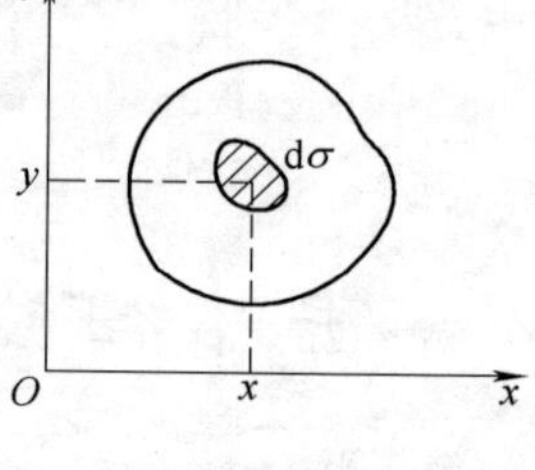

图 5-19

$$\mathrm{d}m_y=x\mu(x, y)\mathrm{d}\sigma,$$
$$\mathrm{d}m_x=y\mu(x, y)\mathrm{d}\sigma.$$

将上述微元在 D 上积分，得

$$m_y=\iint_D x\mu(x,y)\mathrm{d}\sigma,\ m_x=\iint_D y\mu(x,y)\mathrm{d}\sigma,$$

于是，薄板重心坐标为

$$\bar{x}=\frac{\iint_D x\mu(x,y)\mathrm{d}\sigma}{\iint_D \mu(x,y)\mathrm{d}\sigma},\bar{y}=\frac{\iint_D y\mu(x,y)\mathrm{d}\sigma}{\iint_D \mu(x,y)\mathrm{d}\sigma}.$$

若薄板是均匀的，μ 是常数，则重心坐标为

$$\bar{x}=\frac{1}{A}\iint_D x\mathrm{d}\sigma,\bar{y}=\frac{1}{A}\iint_D y\mathrm{d}\sigma,$$

其中 A 为区域 D 的面积

例 5.27 设半径为 1 的半圆形薄板上各点处的面密度等于该点到圆心的距离，求此半圆的重心.

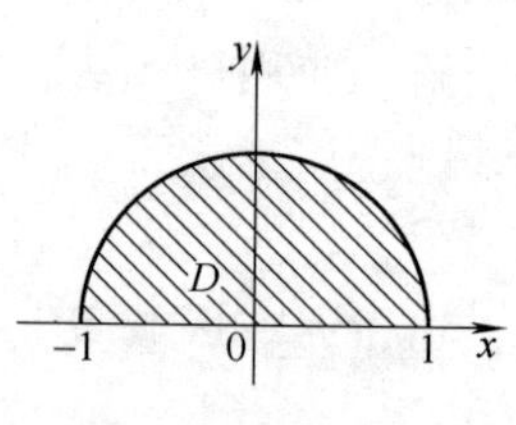

图 5-20

解 取坐标系如图 5-20 所示，则

$$\mu(x, y)=\sqrt{x^2+y^2},$$

薄板形状及密度函数关于 x 轴都是对称的，所以重心必须在 y 轴上，即$\bar{x}=0$，只需求$\bar{y}$即可.

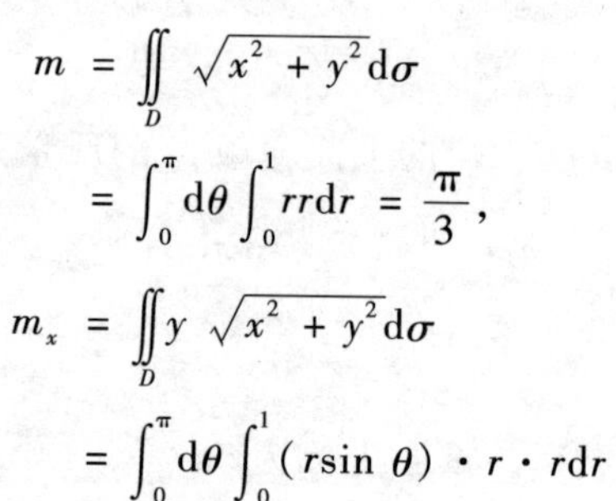

$$m=\iint_D\sqrt{x^2+y^2}\mathrm{d}\sigma=\int_0^{\pi}\mathrm{d}\theta\int_0^1 rr\mathrm{d}r=\frac{\pi}{3},$$

$$m_x=\iint_D y\sqrt{x^2+y^2}\mathrm{d}\sigma=\int_0^{\pi}\mathrm{d}\theta\int_0^1(r\sin\theta)\cdot r\cdot r\mathrm{d}r$$

$$= \int_0^{\pi} \sin \theta \mathrm{d}\theta \int_0^1 r^3 \mathrm{d}r = \frac{1}{2},$$

故得　$\bar{y} = \frac{m_x}{m} = \frac{3}{2\pi}$,重心坐标为$\left(0, \frac{3}{2\pi}\right)$.

习　题　5.4

1. 利用二重积分几何意义说明$\iint\limits_D \mathrm{d}\sigma = \sigma$,其中 σ 为 D 的面积.

2. 根据二重积分几何意义,确定$\iint\limits_D \sqrt{a^2 - x^2 - y^2}\mathrm{d}\sigma$ 的值,其中 $D: x^2 + y^2 \leqslant a^2$.

3. 根据二重积分的性质,比较下列积分大小:

(1) $\iint\limits_D (x+y)^2 \mathrm{d}\sigma$ 与$\iint\limits_D (x+y)^3 \mathrm{d}\sigma$,其中积分区域 D 是由 x 轴、y 轴与直线 $x + y = 1$ 围成;

(2) $\iint\limits_D \ln(x+y)\mathrm{d}\sigma$ 与$\iint\limits_D [\ln(x+y)]^2 \mathrm{d}\sigma$,其中 D 是三角形区域,三顶点分别为(1,0),(1,1),(2,0).

4. 利用直角坐标计算下列二重积分:

(1) $\iint\limits_D (x^2 + y^2)\mathrm{d}\sigma$,其中 $D = \{(x,y) \mid |x| \leqslant 1, |y| \leqslant 1\}$;

(2) $\iint\limits_D (3x + 2y)\mathrm{d}\sigma$,其中 D 是由两坐标轴及直线 $x + y = 2$ 所围成的闭区域;

(3) $\iint\limits_D \frac{x^2}{y^2}\mathrm{d}\sigma$ 其中 D 由 $y = 2, y = x$ 及双曲线 $xy = 1$ 所围成.

5. 利用极坐标计算下列二重积分:

(1) $\iint\limits_D \frac{1}{1 + x^2 + y^2}\mathrm{d}\sigma$,其中 D 是由圆 $x^2 + y^2 = 1$ 所围成的区域;

(2) $\iint\limits_D \sqrt{x^2 + y^2}\mathrm{d}\sigma$,其中 D 是由 $x^2 + y^2 = 2y$ 所围成的闭区域.

6. 画出积分区域,把$\iint\limits_D f(x,y)\mathrm{d}x\mathrm{d}y$ 表示为极坐标形式的二次积分,其中积分区域 D:

(1) $x^2 + y^2 \leqslant a^2 (a > 0)$;　　　　(2) $x^2 + y^2 \leqslant 2x$;

(3) $a^2 \leqslant x^2 + y^2 \leqslant b^2 (0 < a < b)$.

7. 等腰直角三角形薄片,腰长为 a,面密度等于该点到直角顶点距离的平方,求薄片质量.

8. 求由 $y = \sqrt{2x}$,$x = 1$,$y = 0$ 所围区域的均匀薄片的重心.

综合练习题5

1. 设函数 $f(x, y)=\begin{cases}x+y+1 & x \geqslant y \\ x-y-1 & x<y\end{cases}$，求 $f(0, 0)$，$f(1, 0)$，$f(-1, 0)$，$f(1, -1)$.

2. 确定并画出下列二元函数的定义域：

(1) $f(x, y)=\sqrt{x}+y$；　　(2) $f(x, y)=\sqrt{1-x^{2}-y^{2}}$；

(3) $f(x, y)=\ln(x+y)$；　　(4) $f(x, y)=\arcsin \frac{y}{x}$.

3. 求函数 $f(x, y)=\frac{\sqrt{4x-y^{2}}}{\ln(1-x^{2}-y^{2})}$ 的定义域，并求 $\lim\limits_{(x,y) \to \left(\frac{1}{2},0\right)} f(x, y)$.

4. 求下列函数的一阶及二阶偏导数：

(1) $z=x^{3}+2x^{2}y+2x+y^{3}$；　　(2) $z=\ln(x+y^{2})$.

5. 求函数 $z=\mathrm{e}^{-2x}\sin(x+2y)$ 在点 $\left(0, \frac{\pi}{4}\right)$ 处的偏导数.

6. 求函数 $z=\frac{xy}{x^{2}-y^{2}}$ 当 $x=2$，$y=1$，$\Delta x=0.01$，$\Delta y=0.03$ 时的全增量和全微分.

7. 求函数 $z=\ln(1+x^{2}+y^{2})$ 在 $(1, 2)$ 处的全微分.

8. 有一圆柱体，受压后发生形变，它的半径由20cm增大到20.05cm，高度由100cm减少到99cm，求此圆柱体体积变化的近似值.

9. 求下列函数的极值：

(1) $f(x, y)=x^{2}-xy+y^{2}+9x-6y+20$；

(2) $f(x, y)=4x-4y-x^{2}-y^{2}$.

10. 某公司通过电台和报纸两种方式进行销售某产品的广告，据统计资料，销售收入 R（万元）与电台广告费用 x（万元）、报纸广告费用 y（万元）三者之间有如下经验公式：

$$R(x, y)=15+14x+32y-8xy-2x^{2}-10y^{2}.$$

求：

(1) 在广告费用不限定条件下的最优广告策略；

(2) 若提供的广告费用为1.5万元，求相应的最优广告策略.

（提示：所谓最优广告策略是指利润达到最大时的广告策划，利润 = 收入 − 广告费用.）

11. 已知矩形的周长为 $2p$，将它绕其一边旋转而得一个旋转体，问：当矩形的边长各为多少时可使得旋转体的体积最大？

12. 画出下列积分区域，并计算二重积分：

(1) $\iint\limits_{D} xy\,\mathrm{d}x\mathrm{d}y$，其中 D 是由 $x=1$，$y=x$ 及 $y=2$ 所围成的闭区域；

(2) $\iint\limits_D xy^2\mathrm{d}x\mathrm{d}y$,其中 D 是由抛物线 $y^2=2x$ 和直线 $x=\frac{1}{2}$ 所围成的区域;

(3) $\iint\limits_D \mathrm{e}^{x+y}\mathrm{d}x\mathrm{d}y$,其中 $D=\{(x,y)\mid |x|+|y|\leqslant 1\}$;

(4) $\iint\limits_D x\sqrt{y}\mathrm{d}x\mathrm{d}y$,其中 D 是由抛物线 $y=\sqrt{x}$ 和 $y=x^2$ 所围成的区域.

13. 用极坐标计算下列积分:

(1) $\iint\limits_D (6-3x-2y)\mathrm{d}\sigma$,其中 $D=\{(x,y)\mid x^2+y^2\leqslant 1\}$;

(2) $\iint\limits_D \mathrm{e}^{x^2+y^2}\mathrm{d}\sigma$,其中 D 是由 $x^2+y^2=4$ 所围成的区域;

(3) $\iint\limits_D \sin\sqrt{x^2+y^2}\mathrm{d}\sigma$,其中 $D=\{(x,y)\mid \pi^2\leqslant x^2+y^2\leqslant 4\pi^2\}$;

(4) $\iint\limits_D \sqrt{1-x^2-y^2}\mathrm{d}\sigma$,其中 $D=\{(x,y)\mid x^2+y^2\leqslant 1,x\geqslant 0,y\geqslant 0\}$.

14. 更换下列二次积分的积分次序:

(1) $\int_0^1\mathrm{d}x\int_0^x f(x,y)\mathrm{d}y$; (2) $\int_1^2\mathrm{d}x\int_{2-x}^{\sqrt{2x-x^2}} f(x,y)\mathrm{d}y$;

(3) $\int_0^1\mathrm{d}y\int_{\sqrt{1-y^2}}^{\sqrt{1-y^2}} f(x,y)\mathrm{d}x$; (4) $\int_0^1\mathrm{d}y\int_y^{\sqrt{y}} f(x,y)\mathrm{d}x$.

15. 求由平面 $x=0$, $y=0$, $x=1$, $y=1$ 所围成的柱面被平面 $z=0$ 及 $2x+3y+z=6$ 截得的立体的体积.

16. 设平面板所在的闭区域 D 是由直线 $x+y=2$, $y=x$ 及 $y=0$ 所围成, 它在任意点 (x, y) 处的密度是该点到原点距离的平方, 求平面板的质量 m.

17. 求旋转抛物面 $z=x^2+y^2$ 及 $z=2-x^2-y^2$ 所围立体的体积 V.

18. 求位于两圆 $r=2\sin\theta$ 和 $r=4\sin\theta$ 之间均匀薄片的重心.

第 6 章

无穷级数

无穷级数是微积分学的一个重要组成部分，它在函数表示、函数逼近、数值计算中起着非常重要的作用，是研究无限个离散量之和的数学模型．本章首先引入常数项无穷级数的概念，给出其基本性质，介绍有关正项级数的几个最简单也是最常用的收敛判别法，然后讨论任意项级数主要是交错级数的收敛性．在本章的最后一部分，引入函数项级数的概念，函数项级数是表示函数，特别是表示非初等函数的一个重要工具，又是研究函数性质的一个重要手段，在数值计算上有着不可替代的作用，我们将着重讨论最简单的一类函数项级数即幂级数，介绍如何将函数展开为幂级数．

6.1 常数项级数

6.1.1 常数项级数概念的引入

引例 1 芝诺悖论问题

公元前五世纪，数学家、哲学家芝诺在“追龟说”中辩解，古希腊长跑奥运冠军阿基里斯无论如何也赶不上一只乌龟：假设一开始乌龟在前 100 码(1 码 =0.9114m)处，阿基里斯的速度是乌龟的 10 倍，当阿基里斯跑完这 100 码时乌龟向前跑了 10 码；当阿基里斯跑完这 10 码时乌龟又向前跑了一码，…，如此下去，阿基里斯永远也追不上这只乌龟．

现在我们换一种方式来叙述和讨论这个表面上的悖论，其结果当然也是和常识相矛盾的．

设小强在点 A 处，离门 E 只有10m远（图6-1），利用芝诺的推论，可以得到结论：小强永远也走不到门那里去．理由如下：

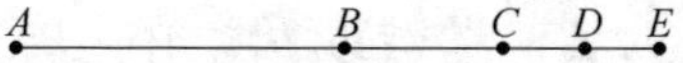

图　6-1

他要走完这段路程，首先就要走完路程的一半（5m），即到达图中的点 B 处；然后他又必须走完剩下5m的一半（$\frac{5}{2}$m），即到达图中的点 C 处，…，如此继续下去，那么，不管此人离门已经多近，在他面前总有剩下的路程的一半还没走完，他还要将剩下的路程一半一半地走下去，永无止境．按照芝诺的说法，我们可以作如下推断：

假设此人以0.5m/s的固定速度开始向门口走去，我们应用芝诺的论证方式来算算他到达门口所用的时间．由 $t=\frac{s}{v}$，此人走到离门5m远的 B 点（从离门10m远的 A 点开始走）要用 $t_0=\frac{5}{0.5}\text{s}=10\text{s}$；走到离门 $\frac{5}{2}$m远的 C 处要用 $t_1=\frac{\frac{5}{2}}{0.5}\text{s}=5\text{s}$；再走到下一点 D 要用时 $t_2=\frac{\frac{5}{4}}{0.5}\text{s}=\frac{10}{4}\text{s}$. 由于从一点走到下一点的距离是这点到门的距离的一半，所以很显然，接下去所用的时间依次是 $\frac{10}{8}\text{s}$，$\frac{10}{16}\text{s}$，$\frac{10}{32}\text{s}$，…，$\frac{10}{2^n}\text{s}$，…，这样，他走到门那里所用的总时间是 $t=10+5+\frac{10}{4}+\frac{10}{8}+\frac{10}{16}+\cdots+\frac{10}{2^n}+\cdots$.

与引例1非常类似，我们有下面的一个例子．

引例2　某人竖直上抛一个皮球至10m高处后下落回地面，触地后弹回5m高处，再下落回到地面又弹回，逐次无限继续下去，以后每次弹回的高度均为上次的一半，求该球运动的距离．

皮球第一次触地时通过的距离为20m，弹回后的高度是第一次抛出时高度的一半，然后下落，即第一次触地和第二次触地之间所通过的距离为 $20\cdot\frac{1}{2}$m，以此类推，易知在整个运动过程中皮球所通过的距离 s

$$=20+20\cdot\frac{1}{2}+20\cdot\frac{1}{2^2}+20\cdot\frac{1}{2^3}+\cdots+20\cdot\frac{1}{2^n}+\cdots$$

显然上面涉及的两个问题与以往我们认识到的求时间和距离的问题都不一样，它们是无穷项求和的问题，这个无穷项和究竟是否存在，若存在，又将如何求出，这就是下面要探讨的数项级数问题．

6.1.2 常数项级数的概念

将上述两个问题中涉及的无穷和的形式一般化，我们就得到了级数的概念．

定义 6.1 设有一个无穷数列 u_1，u_2，…，u_n，…，则由这个数列构成的表达式

$$u_1+u_2+\cdots+u_n+\cdots \tag{6-1}$$

叫做（常数项）**无穷级数**，简称（常数项）**级数**，记为 $\sum\limits_{n=1}^{\infty}u_n$，即

$$\sum_{n=1}^{\infty}u_n=u_1+u_2+\cdots+u_n+\cdots,$$

其中第 n 项 u_n 叫做级数的**一般项或通项**．

级数的定义只是一个形式上的定义，怎样理解无穷级数中无穷多个数量相加呢？“无限个数相加”是否存在“和”？如果存在，“和”是多少？为了解决这个问题，我们引入级数收敛的概念．

首先介绍级数的部分和概念．

级数(6-1)的前 n 项和

$$s_n=\sum_{i=1}^{n}u_i=u_1+u_2+u_3+\cdots+u_n \tag{6-2}$$

称为级数的**部分和**，当 n 依次取 1，2，3… 时，它们构成一个新的数列

$$s_1,s_2,\cdots,s_n,\cdots,$$

这个数列称为级数 $\sum\limits_{n=1}^{\infty}u_n$ 的**部分和数列**，记为 $\{s_n\}$．

定义 6.2 如果级数 $\sum\limits_{n=1}^{\infty}u_n$ 的部分和数列 $\{s_n\}$ 有极限 s，即 $\lim\limits_{n\to\infty}s_n=s$，则称级数 $\sum\limits_{n=1}^{\infty}u_n$ **收敛**，这时极限 s 叫做这个级数 $\sum\limits_{n=1}^{\infty}u_n$ 的**和**，即 $s=\sum\limits_{n=1}^{\infty}u_n=u_1+u_2+\cdots+u_n+\cdots$；如果部分和数列 $\{s_n\}$ 没有极限，则称级数 $\sum\limits_{n=1}^{\infty}u_n$ **发散**．

当级数 $\sum\limits_{n=1}^{\infty}u_n$ 收敛于 s 时，可用部分和 s_n 作为该级数和 s 的近似值，其绝对误差是 $|s-s_n|$，我们称 $s-s_n$ 为该级数的**余项**，记为 r_n，即

$$r_n=s-s_n=u_{n+1}+u_{n+2}+u_{n+3}+\cdots.$$

级数的上述概念中，应特别注意的是：

第一，记号 $\sum\limits_{n=1}^{\infty} u_n$ 既表示级数 $u_1 + u_2 + \cdots + u_n + \cdots$，即

$$\sum_{n=1}^{\infty} u_n = u_1 + u_2 + \cdots + u_n + \cdots,$$

同时，当极限 $\lim\limits_{n\to\infty} s_n$ 存在时，或者说当级数的和存在时，$\sum\limits_{n=1}^{\infty} u_n$ 又表示级数的和，这时

$$\sum_{n=1}^{\infty} u_n = \lim_{n\to\infty} s_n = \lim_{n\to\infty} \sum_{k=1}^{n} u_k.$$

第二，级数的和可能存在也可能不存在．当级数的和是 $\pm\infty$ 时，我们也写成 $\sum\limits_{n=1}^{\infty} u_n = +\infty$（或 $-\infty$）．

第三，收敛级数是指该级数的和存在并且是实数．

6.1.3 常数项级数的应用

下面我们用上面所给常数项级数收敛的定义来解决一些具体问题．

例 6.1 判断以下无穷级数的敛散性：

（1）$1 + 2 + 3 + \cdots + n + \cdots$；

（2）$\dfrac{1}{1\cdot 2} + \dfrac{1}{2\cdot 3} + \cdots + \dfrac{1}{n(n+1)} + \cdots$.

解 （1）这个级数的部分和为

$$s_n = 1 + 2 + 3 + \cdots + n = \frac{n(n+1)}{2},$$

显然有 $\lim\limits_{n\to\infty} s_n = +\infty$，因此所给级数是发散的．

（2）由于 $u_n = \dfrac{1}{n(n+1)} = \dfrac{1}{n} - \dfrac{1}{n+1}$，则级数的部分和为

$$\begin{aligned} s_n &= u_1 + u_2 + \cdots + u_n \\ &= \left(\frac{1}{1} - \frac{1}{2}\right) + \left(\frac{1}{2} - \frac{1}{3}\right) + \cdots + \left(\frac{1}{n} - \frac{1}{n+1}\right) \\ &= 1 - \frac{1}{n+1}. \end{aligned}$$

因此

$$\lim_{n\to\infty} s_n = \lim_{n\to\infty}\left(1-\frac{1}{n+1}\right)=1,$$

故此级数是收敛的，且

$$\sum_{n=1}^{\infty}\frac{1}{n(n+1)}=1.$$

例 6.2 讨论**等比级数**(也称为**几何级数**)

$$\sum_{n=1}^{\infty} aq^{n-1} = a + aq + aq^2 + \cdots + aq^{n-1} + \cdots \tag{6-3}$$

的敛散性，其中 $a\neq 0$，q 是级数的公比.

解 此级数部分和为

$$s_n = \sum_{i=0}^{n} aq^{i-1} = a + aq + aq^2 + \cdots + aq^{n-1},$$

若 $|q|\neq 1$，则

$$s_n = \frac{a(1-q^n)}{1-q} = \frac{a}{1-q} - \frac{aq^n}{1-q}.$$

下面考虑 $\lim\limits_{n\to\infty} s_n$ 的问题：

若 $|q|<1$，$\lim\limits_{n\to\infty} q^n = 0$，则

$$\lim_{n\to\infty} s_n = \lim_{n\to\infty}\left(\frac{a}{1-q}-\frac{aq^n}{1-q}\right)=\frac{a}{1-q}.$$

若 $|q|>1$，$\lim\limits_{n\to\infty} q^n = \infty$，故 $\lim\limits_{n\to\infty} s_n$ 不存在.

若 $|q|=1$，当 $q=1$ 时，$s_n = na$，故 $\lim\limits_{n\to\infty} s_n$ 不存在；

当 $q=-1$ 时，$s_n = a - a + a - a + \cdots + (-1)^{n-1}a = \begin{cases} 0 & n\text{ 为偶数} \\ a & n\text{ 为奇数} \end{cases}$，

故 $\lim\limits_{n\to\infty} s_n$ 不存在.

综上所述，我们得到：当 $|q|<1$ 时，等比级数 $\sum\limits_{n=1}^{\infty} aq^{n-1}$ 收敛，且其和 $s=\dfrac{a}{1-q}$；当 $|q|\geqslant 1$ 时，等比级数 $\sum\limits_{n=1}^{\infty} aq^{n-1}$ 发散.

例 6.3 把循环小数 $0.\dot{3}\dot{6}$ 化为分数.

解 把 $0.\dot{3}\dot{6}$ 化成无穷级数，即

$$0.\dot{3}\dot{6} = \frac{36}{100} + \frac{36}{100^2} + \frac{36}{100^3} + \cdots + \frac{36}{100^n} + \cdots.$$

这是公比为 $\dfrac{1}{100}$ 的几何级数，由于 $\dfrac{1}{100}<1$，故此级数收敛，且这个无穷

级数的和为

$$s=\frac{a}{1-q}=\frac{\frac{36}{100}}{1-\frac{1}{100}}=\frac{36}{99}=\frac{4}{11},$$

即 $0.\dot{3}\dot{6}=\frac{4}{11}$.

本节引例1中小强走到门口所用的总时间 $t=10+5+\frac{10}{4}+\frac{10}{8}+\frac{10}{16}+\cdots+\frac{10}{2^n}+\cdots$，实际上是一个首项 $a=10$，公比 $q=\frac{1}{2}$的等比级数，它是收敛的，其和为$\frac{10}{1-\frac{1}{2}}=20$，即小强用20s可以到达门口．这彻底驳倒了芝诺的辩解．

本节引例2中整个运动过程里皮球所通过的距离 $s=20+20\cdot\frac{1}{2}+20\cdot\frac{1}{2^2}+20\cdot\frac{1}{2^3}+\cdots+20\cdot\frac{1}{2^n}+\cdots$，实际上是一个首项 $a=20$，公比 $q=\frac{1}{2}$的等比级数，它也是收敛的，其和为$\frac{20}{1-\frac{1}{2}}=40$. 即在整个运动过程中皮球所通过的距离是40m.

6.1.4 常数项级数的基本性质

由于发散级数的和不存在，如果使用了发散级数的和，会导致错误的结果，所以判别级数是否收敛是非常重要的．根据级数收敛和发散的定义以及极限运算法则，可以得出级数的一系列重要性质

性质1 若级数 $\sum_{n=1}^{\infty}u_n$ 与级数 $\sum_{n=1}^{\infty}v_n$ 分别收敛于 s_1，s_2 则级数 $\sum_{n=1}^{\infty}(u_n\pm v_n)$ 也收敛，其和为 $s_1\pm s_2$.

证 级数 $\sum_{n=1}^{\infty}(u_n\pm v_n)$ 的前 n 项和

$$s_n=\sum_{k=1}^{n}(u_k\pm v_k)=\sum_{k=1}^{n}u_k\pm\sum_{k=1}^{n}v_k,$$

$$\lim_{n\to\infty}s_n=\lim_{n\to\infty}\sum_{k=1}^{n}u_k\pm\lim_{n\to\infty}\sum_{k=1}^{n}v_k=s_1\pm s_2.$$

性质 1 也说成，两个收敛级数可以逐项相加与逐项相减．下面的几个性质类似可证．

性质 2 如果级数 $\sum_{n=1}^{\infty} u_n$ 收敛，且 $\sum_{n=1}^{\infty} u_n = s$ ，那么对于非零常数 k，级数 $\sum_{n=1}^{\infty} ku_n$ 也收敛，且其和为

$$\sum_{n=1}^{\infty} ku_n = k\sum_{n=1}^{\infty} u_n = ks.$$

性质 3 在级数 $\sum_{n=1}^{\infty} u_n$ 中增加、去掉或改变有限项，不改变该级数的敛散性．

例如，级数$\frac{1}{2^5}+\frac{1}{2^6}+\frac{1}{2^7}+\cdots+\frac{1}{2^n}+\cdots$可以看成是级数 $1+\frac{1}{2}+\frac{1}{2^2}+\frac{1}{2^3}+\cdots+\frac{1}{2^n}+\cdots$去掉前五项所得级数，它们都是公比为 $q=\frac{1}{2}$的等比级数，它们都是收敛的．

性质 4 在一个收敛级数中，任意添加括号后所得到的级数仍然收敛，且其和不变．

由性质 4 得出，若加括号后所成的级数发散，则原级数必发散．

需要注意的是，若加括号后所成的级数收敛，则原级数可能收敛也可能发散．例如，级数 $1-1+1-1+\cdots$，加括号后得级数

$$(1-1)+(1-1)+\cdots+(1-1)+\cdots=0+0+\cdots+0+\cdots=0$$

收敛，但原级数却是发散的．

性质 5 （级数收敛的必要条件）若级数 $\sum_{n=1}^{\infty} u_n$ 收敛，则 $\lim\limits_{n\to\infty} u_n=0$.

证 若级数 $\sum_{n=1}^{\infty} u_n$ 收敛于 s，即 $\lim\limits_{n\to\infty} s_n=s$. 由于 $u_n=s_n-s_{n-1}$，则

$$\lim_{n\to\infty} u_n = \lim_{n\to\infty}(s_n - s_{n-1}) = \lim_{n\to\infty} s_n - \lim_{n\to\infty} s_{n-1} = s - s = 0.$$

由性质 5 可知，如果级数的一般项不趋于零，则该级数必定发散．

例如，级数

$$\frac{1}{2}+\frac{2}{3}+\frac{3}{4}+\cdots+\frac{n}{n+1}+\cdots,$$

它的一般项$\frac{n}{n+1}$当 $n\to\infty$ 时不趋于零，因此该级数是发散的．

应当注意的是，级数的一般项趋于零只是级数收敛的必要条件，并

不是充分条件．也就是说，如果 $n\to\infty$ 时 $u_n\to 0$，级数 $\sum\limits_{n=1}^{\infty}u_n$ 可能收敛也可能发散．

例 6.4 判断级数 $\sum\limits_{n=1}^{\infty}\left(\dfrac{8^n}{9^n}-\dfrac{1}{6^n}\right)$ 的敛散性．

解 因为级数 $\sum\limits_{n=1}^{\infty}\dfrac{8^n}{9^n}$ 是首项 $a=\dfrac{8}{9}$，公比 $q=\dfrac{8}{9}$，且 $|q|<1$ 的等比级数，故级数 $\sum\limits_{n=1}^{\infty}\dfrac{8^n}{9^n}$ 收敛，且

$$\sum_{n=1}^{\infty}\frac{8^n}{9^n}=\frac{a}{1-q}=\frac{\frac{8}{9}}{1-\frac{8}{9}}=8.$$

同理，级数 $\sum\limits_{n=1}^{\infty}\dfrac{1}{6^n}$ 也收敛，其和为

$$\sum_{n=1}^{\infty}\frac{1}{6^n}=\frac{\frac{1}{6}}{1-\frac{1}{6}}=\frac{1}{5}.$$

由性质1知，级数 $\sum\limits_{n=1}^{\infty}\left(\dfrac{8^n}{9^n}-\dfrac{1}{6^n}\right)$ 也收敛，且

$$\sum_{n=1}^{\infty}\left(\frac{8^n}{9^n}-\frac{1}{6^n}\right)=8-\frac{1}{5}=\frac{39}{5}.$$

例 6.5 证明：调和级数

$$\sum_{n=1}^{\infty}\frac{1}{n}=1+\frac{1}{2}+\frac{1}{3}+\cdots+\frac{1}{n}+\cdots \tag{6-4}$$

发散．

这个级数之所以叫做**调和级数**，是因为从第二项起，它的每一项 $a_n=\dfrac{1}{n}$ 是相邻两项 $a_{n-1}=\dfrac{1}{n-1}$，$a_{n+1}=\dfrac{1}{n+1}$ 的调和中项，即

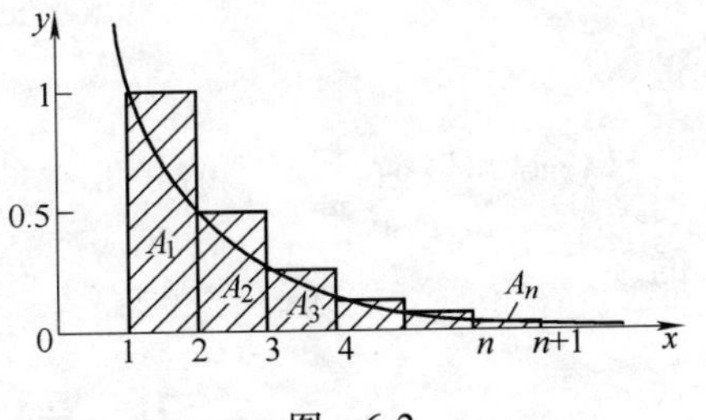

图 6-2

$$\frac{1}{a_n}=\frac{1}{2}\left(\frac{1}{a_{n-1}}+\frac{1}{a_{n+1}}\right)$$
$$(n=2,3,4,\cdots).$$

说明调和级数的发散有很多途径，下面我们分别用两种方法来说明这个结论.

证 设有曲线 $y=\frac{1}{x}$，分别作直线 $x=1$，$x=2$，…，$x=n+1$ 与曲线相交，可得 n 个小矩形(图 6-2)，它们的面积之和为

$$s_n=A_1+A_2+A_3+\cdots+A_n=1+\frac{1}{2}+\frac{1}{3}+\cdots+\frac{1}{n};$$

曲线 $y=\frac{1}{x}$ 和直线 $x=1$，$x=n+1$，$y=0$ 所围成的曲边梯形的面积为

$$\sigma_n=\int_1^{n+1}\frac{1}{x}\mathrm{d}x=\ln(n+1);$$

由于各小矩形的面积大于同底的小曲边梯形的面积，所以 $s_n>\sigma_n=\ln(n+1)$. 因为 $\lim\limits_{n\to\infty}\sigma_n=\lim\limits_{n\to\infty}\ln(n+1)=+\infty$，所以 $\lim\limits_{n\to\infty}s_n=+\infty$，即调和级数 $\sum\limits_{n=1}^{\infty}\frac{1}{n}$ 发散.

另外，也可以用反证法说明上述结论：

假如调和级数 $\sum\limits_{n=1}^{\infty}\frac{1}{n}$ 收敛，设它的部分和为 s_n，且 $s_n\to s(n\to\infty)$. 显然，对于级数 $\sum\limits_{n=1}^{\infty}\frac{1}{n}$ 的部分和 s_{2n}，也有 $s_{2n}\to s(n\to\infty)$. 于是

$$(s_{2n}-s_n)\to(s-s)=0\ (n\to\infty).$$

但另一方面，

$$s_{2n}-s_n=\frac{1}{n+1}+\frac{1}{n+2}+\cdots+\frac{1}{2n}>\underbrace{\frac{1}{2n}+\frac{1}{2n}+\cdots+\frac{1}{2n}}_{n项}=\frac{1}{2}$$

故 $\lim\limits_{n\to\infty}(s_{2n}-s_n)\neq0$，这与假设级数 $\sum\limits_{n=1}^{\infty}\frac{1}{n}$ 收敛矛盾，故级数 $\sum\limits_{n=1}^{\infty}\frac{1}{n}$ 必定发散.

尽管调和级数 $\sum\limits_{n=1}^{\infty}\frac{1}{n}$ 的一般项的极限 $\lim\limits_{n\to\infty}u_n=\lim\limits_{n\to\infty}\frac{1}{n}=0$，但它是发散的.

习 题 6.1

1. 写出下列级数的前五项：

(1) $\sum\limits_{n=1}^{\infty}\frac{1+n}{1+n^2}$;

(2) $\sum\limits_{n=1}^{\infty}\frac{(-1)^{n+1}}{n!}$;

(3) $\sum\limits_{n=1}^{\infty}\frac{1\cdot 3\cdot\cdots\cdot(2n+1)}{2\cdot 4\cdot\cdots\cdot 2n}$

2. 写出下列级数的一般项:

(1) $1+\frac{1}{3}+\frac{1}{5}+\frac{1}{7}+\cdots$;

(2) $\frac{\sqrt{x}}{1\cdot 2}+\frac{x}{2\cdot 3}+\frac{x\sqrt{x}}{3\cdot 4}+\frac{x^2}{4\cdot 5}+\cdots$;

(3) $1-\frac{6}{2^2}+\frac{12}{2^3}-\frac{20}{2^4}+\frac{30}{2^5}-\cdots$.

3. 判断下列级数的敛散性，如果级数收敛，求出其和 .

(1) $1-\frac{1}{3}+\frac{1}{9}-\frac{1}{27}+\cdots+(-1)^{n-1}\frac{1}{3^{n-1}}+\cdots$;

(2) $\frac{1}{3}+\frac{1}{6}+\cdots+\frac{1}{3n}+\cdots$;

(3) $\sum\limits_{n=1}^{\infty}\frac{1}{(2n-1)(2n+1)}$;

(4) $\sum\limits_{n=1}^{\infty}(\sqrt{n+1}-\sqrt{n})$;

(5) $\frac{1}{2}+\frac{1}{3}+\frac{1}{4}+\frac{1}{9}+\frac{1}{8}+\frac{1}{27}+\frac{1}{16}+\frac{1}{81}+\cdots$;

(6) $\frac{1}{3}-\frac{2}{5}+\frac{3}{7}-\frac{4}{9}+\cdots+(-1)^{n+1}\frac{n}{2n+1}+\cdots$;

(7) $\sum\limits_{n=1}^{\infty}\frac{n}{n+1}$.

4. 把循环小数 $0.\dot{4}\dot{8}$ 化为分数 .

6.2 常数项级数的收敛性

6.2.1 正项级数及其收敛性

一般情况下，利用定义来判断级数的敛散性是比较困难的，能否找到更简单有效的判别法呢？我们先从最简单的一类级数找突破口，那就是正项级数 .

定义 6.3 在数项级数 $\sum\limits_{n=1}^{\infty}u_n$ 中，若 $u_n\geqslant 0(n=1, 2, 3, \cdots)$，则称该级数为**正项级数** .

对于正项级数 $\sum\limits_{n=1}^{\infty}u_n$，由于 $u_n\geqslant 0(n=1,2,3,\cdots)$，所以它的部分和数列有 $s_{n+1}=s_n+u_{n+1}\geqslant s_n$，即正项级数的部分和数列 $\{s_n\}$ 是单调递增的. 如果它的部分和数列 $\{s_n\}$ 有界，那么 $\lim\limits_{n\to\infty}s_n$ 存在，从而级数 $\sum\limits_{n=1}^{\infty}u_n$ 收敛；如果 $\{s_n\}$ 无界，则 $\lim\limits_{n\to\infty}s_n=+\infty$，从而级数 $\sum\limits_{n=1}^{\infty}u_n$ 发散. 由此得下面的定理.

定理 6.1 正项级数 $\sum\limits_{n=1}^{\infty}u_n$ 收敛的充分必要条件是它的部分和数列 $\{s_n\}$ 有界.

根据定理 6.1，可以建立一个判定正项级数敛散性的法则.

定理 6.2 （比较审敛法）设 $\sum\limits_{n=1}^{\infty}u_n$ 和 $\sum\limits_{n=1}^{\infty}v_n$ 都是正项级数，且 $u_n\leqslant v_n(n=1,2,\cdots)$.

(1) 如果级数 $\sum\limits_{n=1}^{\infty}v_n$ 收敛，则级数 $\sum\limits_{n=1}^{\infty}u_n$ 也收敛；

(2) 如果级数 $\sum\limits_{n=1}^{\infty}u_n$ 发散，则级数 $\sum\limits_{n=1}^{\infty}v_n$ 也发散.

证明从略.

例 6.6 讨论 $p-$级数

$$\sum_{n=1}^{\infty}\frac{1}{n^p}=1+\frac{1}{2^p}+\frac{1}{3^p}+\cdots+\frac{1}{n^p}+\cdots \tag{6-5}$$

的敛散性，其中常数 $p>0$.

解 当 $0<p\leqslant 1$ 时，$\frac{1}{n^p}\geqslant\frac{1}{n}$，由于调和级数 $\sum\limits_{n=1}^{\infty}\frac{1}{n}$ 发散，由比较审敛法知级数 $\sum\limits_{n=1}^{\infty}\frac{1}{n^p}$ 是发散的.

当 $p>1$ 时，因为当 $n-1\leqslant x\leqslant n$ 时，有 $\frac{1}{n^p}\leqslant\frac{1}{x^p}$，所以

$$\frac{1}{n^p}=\int_{n-1}^{n}\frac{1}{n^p}\mathrm{d}x\leqslant\int_{n-1}^{n}\frac{1}{x^p}\mathrm{d}x(n\geqslant 2),$$

从而有级数 $\sum\limits_{n=1}^{\infty}\frac{1}{n^p}$ 的部分和

$$s_n=1+\frac{1}{2^p}+\frac{1}{3^p}+\cdots+\frac{1}{n^p}<1+\int_{1}^{2}\frac{1}{x^p}\mathrm{d}x+\int_{2}^{3}\frac{1}{x^p}\mathrm{d}x+\cdots+\int_{n-1}^{n}\frac{1}{x^p}\mathrm{d}x$$

$$= 1 + \int_1^n \frac{1}{x^p}\mathrm{d}x = 1 + \frac{1}{p-1}\left(1 - \frac{1}{n^{p-1}}\right) < 1 + \frac{1}{p-1}.$$

这表明级数 $\sum\limits_{n=1}^{\infty} \frac{1}{n^p}$ 的部分和数列 $\{s_n\}$ 有界，因此级数 $\sum\limits_{n=1}^{\infty} \frac{1}{n^p}$ 收敛.

综上所述，p-级数 $\sum\limits_{n=1}^{\infty} \frac{1}{n^p}$ 当 $p \leqslant 1$ 时发散，当 $p > 1$ 时收敛.

例 6.7 证明级数 $\sum\limits_{n=1}^{\infty} \frac{1}{\sqrt{n(n+1)}}$ 是发散的.

证 因为

$$\frac{1}{\sqrt{n(n+1)}} > \frac{1}{\sqrt{(n+1)(n+1)}} = \frac{1}{n+1},$$

而级数 $\sum\limits_{n=1}^{\infty} \frac{1}{n+1}$ 发散，所以级数 $\sum\limits_{n=1}^{\infty} \frac{1}{\sqrt{n(n+1)}}$ 发散.

上面介绍了比较审敛法，它的基本思想是把某个已知敛散性的级数作为比较对象，通过比较对应项的大小，来判断给定级数的敛散性，但有时不容易找到作比较的已知级数，这样就提出了一个问题：能否从级数本身来判定级数的敛散性呢？下面介绍的判别法解决了这个问题.

定理 6.3 （达朗贝尔(d'Alembert)比值审敛法）设 $\sum\limits_{n=1}^{\infty} u_n$ 为正项级数，若 $\lim\limits_{n\to\infty} \frac{u_{u+1}}{u_n} = \rho$，则

(1) 当 $\rho < 1$ 时，级数 $\sum\limits_{n=1}^{\infty} u_n$ 收敛；

(2) 当 $\rho > 1$（或 $\lim\limits_{n\to\infty} \frac{u_{u+1}}{u_n} = +\infty$）时，级数 $\sum\limits_{n=1}^{\infty} u_n$ 发散；

(3) 当 $\rho = 1$ 时，级数 $\sum\limits_{n=1}^{\infty} u_n$ 可能收敛也可能发散.

例 6.8 判定级数 $\sum\limits_{n=1}^{\infty} \frac{2^n n!}{n^n}$ 的敛散性.

解 因为

$$\rho = \lim_{n\to\infty} \frac{u_{u+1}}{u_n} = \lim_{n\to\infty} \frac{2^{n+1}(n+1)! \cdot n^n}{(n+1)^{n+1} \cdot 2^n n!}$$

$$= 2\lim_{n\to\infty}\left(\frac{n}{n+1}\right)^n = 2\lim_{n\to\infty}\frac{1}{\left(1+\frac{1}{n}\right)^n} = \frac{2}{\mathrm{e}} < 1,$$

故级数 $\sum\limits_{n=1}^{\infty} \frac{2^n n!}{n^n}$ 收敛.

例 6.9 判定级数 $\sum_{n=1}^{\infty}\frac{n!}{10^n}$ 的敛散性.

解 因为

$$\rho=\lim_{n\to\infty}\frac{u_{n+1}}{u_n}=\lim_{n\to\infty}\frac{(n+1)!}{10^{n+1}}\cdot\frac{10^n}{n!}=\lim_{n\to\infty}\frac{n+1}{10}=+\infty,$$

故级数 $\sum_{n=1}^{\infty}\frac{n!}{10^n}$ 发散.

例 6.10 判定级数 $\sum_{n=1}^{\infty}\frac{1}{(n+1)(n+2)}$ 的敛散性.

解 因为

$$\rho=\lim_{n\to\infty}\frac{u_{n+1}}{u_n}=\lim_{n\to\infty}\frac{(n+1)(n+2)}{(n+2)(n+3)}=1,$$

所以比值审敛法失效，我们选用比较审敛法.

由于级数的通项 $u_n=\frac{1}{(n+1)(n+2)}<\frac{1}{n^2}$，又因为级数 $\sum_{n=1}^{\infty}\frac{1}{n^2}$ 为 $p=2$ 的 p－级数，且 $p=2>1$，因此级数 $\sum_{n=1}^{\infty}\frac{1}{n^2}$ 是收敛的. 从而由比较审敛法知原级数 $\sum_{n=1}^{\infty}\frac{1}{(n+1)(n+2)}$ 是收敛的.

6.2.2 交错级数及其收敛性

所谓交错级数是这样的级数：它的各项是正负交错的. 从而可以写成下面的形式：

$$\sum_{n=1}^{\infty}(-1)^{n-1}u_n=u_1-u_2+u_3-u_4+\cdots+(-1)^{n-1}u_n+\cdots \tag{6-6}$$

或
$$\sum_{n=1}^{\infty}(-1)^{n}u_n=-u_1+u_2-u_3+\cdots+(-1)^{n}u_n+\cdots. \tag{6-7}$$

其中 $u_n>0$，$n=1, 2, 3, \cdots$.

我们按照 $\sum_{n=1}^{\infty}(-1)^{n-1}u_n=u_1-u_2+u_3-u_4+\cdots+(-1)^{n-1}u_n+\cdots$ 的级数形式给出交错级数的一个重要结论：

定理 6.4 （莱布尼茨定理）如果交错级数 $\sum_{n=1}^{\infty}(-1)^{n-1}u_n$ 满足条件：

（1）$u_n\geqslant u_{n+1}(n=1, 2, 3, \cdots)$；

（2）$\lim_{n\to\infty}u_n=0$，

则交错级数 $\sum_{n=1}^{\infty}(-1)^{n-1}u_n$ 收敛，且其和 $s\leqslant u_1$，其余项 $|r_n|$ 的绝对值 $|r_n|\leqslant u_{n+1}$.

证明从略.

例 6.11 判定交错级数 $1-\frac{1}{2}+\frac{1}{3}-\frac{1}{4}+\cdots+(-1)^{n-1}\frac{1}{n}+\cdots$ 的敛散性.

解 因为交错级数 $1-\frac{1}{2}+\frac{1}{3}-\frac{1}{4}+\cdots+(-1)^{n-1}\frac{1}{n}+\cdots=\sum_{n=1}^{\infty}(-1)^{n-1}\frac{1}{n}$，其中 $u_n=\frac{1}{n}$，它满足条件：

(1) $u_n=\frac{1}{n}>\frac{1}{n+1}=u_{n+1}$；

(2) $\lim\limits_{n\to\infty}u_n=\lim\limits_{n\to\infty}\frac{1}{n}=0$，

由定理6.4知，级数 $1-\frac{1}{2}+\frac{1}{3}-\frac{1}{4}+\cdots+(-1)^{n-1}\frac{1}{n}+\cdots$ 是收敛的.

6.2.3 绝对收敛与条件收敛

现在我们来讨论一般的常数项级数

$$\sum_{n=1}^{\infty}u_n=u_1+u_2+\cdots+u_n+\cdots,$$

它的各项可以是正数、负数或零. 对应这个级数，可以构造一个正项级数

$$\sum_{n=1}^{\infty}|u_n|=|u_1|+|u_2|+\cdots+|u_n|+\cdots.$$

从而通过研究正项级数的敛散性问题，来判定一般的常数项级数的敛散性问题.

上述两个级数的收敛性有一定的联系.

定理 6.5 如果级数 $\sum_{n=1}^{\infty}|u_n|$ 收敛，则级数 $\sum_{n=1}^{\infty}u_n$ 也收敛.

证明从略.

应该注意的是，定理6.5的逆定理不一定成立. 例如，级数 $\sum_{n=1}^{\infty}(-1)^{n-1}\frac{1}{n}$ 收敛，但是级数 $\sum_{n=1}^{\infty}\left|(-1)^{n-1}\frac{1}{n}\right|=\sum_{n=1}^{\infty}\frac{1}{n}$ 却是发散的.

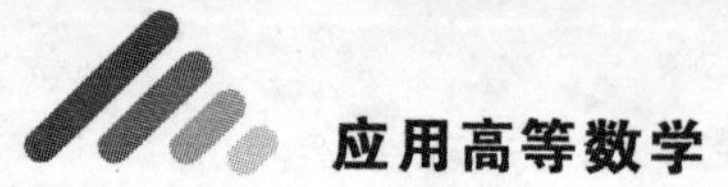

如果级数 $\sum\limits_{n=1}^{\infty} u_n$ 收敛，且级数 $\sum\limits_{n=1}^{\infty} |u_n|$ 也收敛，则称级数 $\sum\limits_{n=1}^{\infty} u_n$ **绝对收敛**；

如果级数 $\sum\limits_{n=1}^{\infty} u_n$ 收敛，而级数 $\sum\limits_{n=1}^{\infty} |u_n|$ 发散，则称级数 $\sum\limits_{n=1}^{\infty} u_n$ **条件收敛**.

例如，级数 $\sum\limits_{n=1}^{\infty} (-1)^{n-1}\dfrac{1}{n^2}$ 是绝对收敛的，而级数 $\sum\limits_{n=1}^{\infty} (-1)^{n-1}\dfrac{1}{n}$ 是条件收敛的.

根据上述定理，对于一般常数项级数，我们应当判定它是绝对收敛、条件收敛还是发散. 而在判断一般常数项级数绝对收敛时，我们可以借助正项级数敛散性的判别法来讨论.

例 6.12 判断下列级数的敛散性，若收敛，是条件收敛还是绝对收敛：

(1) $1-\dfrac{1}{3}+\dfrac{1}{5}-\dfrac{1}{7}+\cdots$； (2) $\sum\limits_{n=1}^{\infty} \dfrac{\sin n}{n^2}$.

解 (1) 设 $u_n=\dfrac{1}{2n-1}$，则有 $u_n>u_{n+1}$，且

$$\lim_{n\to\infty} u_n=0,$$

根据莱布尼茨定理，原级数收敛.

又因为 $\left|(-1)^{n-1}\dfrac{1}{2n-1}\right|=\dfrac{1}{2n-1}>\dfrac{1}{2n}$，而级数 $\sum\limits_{n=1}^{\infty}\dfrac{1}{2n}=\dfrac{1}{2}\sum\limits_{n=1}^{\infty}\dfrac{1}{n}$ 发散，由比较审敛法知级数 $\sum\limits_{n=1}^{\infty}\dfrac{1}{2n-1}$ 发散，所以原级数条件收敛.

(2) 由于 $\left|\dfrac{\sin n}{n^2}\right|\leqslant\dfrac{1}{n^2}$，而级数 $\sum\limits_{n=1}^{\infty}\dfrac{1}{n^2}$ 收敛，所以级数 $\sum\limits_{n=1}^{\infty}\left|\dfrac{\sin n}{n^2}\right|$ 收敛，即原级数绝对收敛.

习 题 6.2

1. 用比较审敛法判别下列级数的敛散性：

(1) $\sum\limits_{n=1}^{\infty}\dfrac{1}{5n+3}$； (2) $\sum\limits_{n=1}^{\infty}\dfrac{1}{n\sqrt{n+1}}$；

(3) $\sum\limits_{n=1}^{\infty}\dfrac{1}{3^n+1}$； (4) $\sum\limits_{n=1}^{\infty}\sin\dfrac{\pi}{6^n}$.

2. 用比值审敛法判别下列级数的敛散性：

(1) $\sum_{n=1}^{\infty} \frac{2n-1}{2^n}$；　　(2) $\sum_{n=1}^{\infty} \frac{n!}{4^n}$；

(3) $\sum_{n=1}^{\infty} \frac{3^n}{n \cdot 2^n}$；　　(4) $\sum_{n=1}^{\infty} n\tan \frac{\pi}{2^{n+1}}$.

3. 判别下列交错级数的敛散性，如果收敛，指出是绝对收敛还是条件收敛.

(1) $\sum_{n=1}^{\infty} (-1)^n \frac{6}{n\sqrt{n}}$；　　(2) $\sum_{n=1}^{\infty} (-1)^{n+1} \frac{1}{(2n-1)^2}$；

(3) $\sum_{n=1}^{\infty} \frac{(-1)^n}{\sqrt{n}}$；　　(4) $\sum_{n=1}^{\infty} (-1)^n \frac{n}{2^n}$.

6.3 幂级数

6.3.1 幂级数的概念

前面讨论的是常数项级数，它的每一项都是常数. 现在考虑每一项都是函数的级数.

定义 6.4 如果$\{u_n(x)\}$是定义在某个区间 I 上的函数列，则表达式

$$\sum_{n=1}^{\infty} u_n(x) = u_1(x) + u_2(x) + \cdots + u_n(x) + \cdots \tag{6-8}$$

称为定义在区间 I 上的**函数项级数**.

对于每一个确定的 $x_0 \in I$，函数项级数 $\sum_{n=1}^{\infty} u_n(x)$ 成为常数项级数，即

$$\sum_{n=1}^{\infty} u_n(x_0) = u_1(x_0) + u_2(x_0) + \cdots + u_n(x_0) + \cdots. \tag{6-9}$$

若级数 $\sum_{n=1}^{\infty} u_n(x_0)$ 收敛，则称点 x_0 为函数项级数 $\sum_{n=1}^{\infty} u_n(x)$ 的**收敛点**，级数 $\sum_{n=1}^{\infty} u_n(x)$ 的收敛点的全体，称为该级数的**收敛域**，与收敛域对应的开区间，称为该级数的**收敛区间**.

若级数 $\sum_{n=1}^{\infty} u_n(x_0)$ 发散，则称点 x_0 为函数项级数 $\sum_{n=1}^{\infty} u_n(x)$ 的**发散点**，所有发散点的全体称为级数的**发散域**.

对应于收敛域内的任意一个实数 x，函数项级数 $\sum_{n=1}^{\infty} u_n(x)$ 成为收敛域内的常数项级数，因此有一个确定的和 s 与实数 x 对应. 这样，在收

敛域内 $\sum_{n=1}^{\infty}u_n(x)$ 的和 s 是 x 的函数，称这个函数为 $\sum_{n=1}^{\infty}u_n(x)$ 的**和函数**，记为 $s(x)$，即在收敛域内有

$$s(x)=\sum_{n=1}^{\infty}u_n(x) \text{（其中 } x \text{ 是收敛域内的任意一点）}.$$

将函数项级数的前 n 项和记作 $s_n(x)$，则在收敛域上有

$$\lim_{n\to\infty}s_n(x)=s(x).$$

例如，等比级数 $\sum_{n=0}^{\infty}x^n=1+x+x^2+\cdots+x^n+\cdots$，它的公比为 x. 我们由等比级数的敛散性知道，当 $|x|<1$ 时，这个级数收敛；当 $|x|\geqslant 1$ 时，这个级数发散. 即当 $x\in(-1, 1)$时，级数 $\sum_{n=0}^{\infty}x^n$ 收敛，在区间$(-1, 1)$以外的点处，级数都发散. 所以它的收敛区间为$(-1, 1)$，其和函数为

$$s(x)=\sum_{n=0}^{\infty}x^n=1+x+x^2+\cdots+x^n+\cdots=\frac{1}{1-x}. \tag{6-10}$$

在函数项级数中，简单而常见的一类级数就是所谓的幂级数，它的形式是

$$\sum_{n=0}^{\infty}a_n(x-x_0)^n=a_0+a_1(x-x_0)+a_2(x-x_0)^2+\cdots+a_n(x-x_0)^n+\cdots, \tag{6-11}$$

其中 a_0，a_1，a_2，…为常数，称为幂级数的**系数**. 当 $x_0=0$ 时，我们得到幂级数的最简形式，即

$$\sum_{n=0}^{\infty}a_nx^n=a_0+a_1x+a_2x^2+\cdots+a_nx^n+\cdots. \tag{6-12}$$

例如，级数 $\sum_{n=0}^{\infty}x^n$ 与 $\sum_{n=0}^{\infty}\frac{x^n}{n!}$ 都是幂级数.

6.3.2 幂级数的收敛域及收敛半径

对于一般的幂级数，它的收敛域与发散域是怎样的呢？下面就级数 $\sum_{n=0}^{\infty}a_nx^n$ 进行讨论. 由于级数 $\sum_{n=0}^{\infty}a_nx^n$ 的各项可能符号不同，故将级数 $\sum_{n=0}^{\infty}a_nx^n$ 的各项取绝对值，得到正项级数

$$\sum_{n=0}^{\infty}|a_nx^n|=|a_0|+|a_1x|+|a_2x^2|+\cdots+|a_nx^n|+\cdots,$$

设当 n 充分大时，$a_n \neq 0$，且

$$\lim_{n\to\infty}\left|\frac{a_{n+1}}{a_n}\right| = \rho,$$

则

$$\lim_{n\to\infty}\left|\frac{u_{n+1}}{u_n}\right| = \lim_{n\to\infty}\left|\frac{a_{n+1}x^{n+1}}{a_n x^n}\right| = \lim_{n\to\infty}\left|\frac{a_{n+1}}{a_n}\right||x| = \rho|x|.$$

于是由比值审敛法知：

当 $0<\rho<+\infty$ 时，若 $\rho|x|<1$，即 $|x|<\dfrac{1}{\rho}$，则级数 $\sum\limits_{n=0}^{\infty}a_nx^n$ 收敛；若 $\rho|x|>1$，即 $|x|>\dfrac{1}{\rho}$，则级数 $\sum\limits_{n=0}^{\infty}a_nx^n$ 的一般项不趋近于零，故发散.

这个结果表明，只要 $0<\rho<+\infty$，就会有一个对称区间 $\left(-\dfrac{1}{\rho},\dfrac{1}{\rho}\right)$，在这个区间内幂级数绝对收敛，在这个区间外幂级数发散，当 $x=\pm\dfrac{1}{\rho}$ 时，幂级数可能收敛也可能发散.

称 $R=\dfrac{1}{\rho}$ 为幂级数 $\sum\limits_{n=0}^{\infty}a_nx^n$ 的**收敛半径**.

当 $\rho=0$ 时，$\rho|x|=0<1$，级数 $\sum\limits_{n=0}^{\infty}a_nx^n$ 对一切实数 x 都绝对收敛；我们规定这时幂级数的收敛半径 $R=+\infty$.

当 $\rho=+\infty$ 时，级数 $\sum\limits_{n=0}^{\infty}a_nx^n$ 仅在 $x=0$ 处收敛；我们规定这时幂级数的收敛半径 $R=0$.

综上所述，可得如下定理.

定理 6.6　设幂级数 $\sum\limits_{n=0}^{\infty}a_nx^n$ 的所有系数 $a_n\neq 0$ ($n=0,1,2,\cdots$)，如果 $\lim\limits_{n\to\infty}\left|\dfrac{a_{n+1}}{a_n}\right|=\rho$，则

(1) 当 $0<\rho<+\infty$ 时，幂级数在区间 $\left(-\dfrac{1}{\rho},\dfrac{1}{\rho}\right)$ 内绝对收敛，收敛半径 $R=\dfrac{1}{\rho}$；

(2) 当 $\rho=0$ 时，幂级数在区间 $(-\infty,+\infty)$ 内绝对收敛，收敛半径 $R=+\infty$；

(3) 当 $\rho=+\infty$ 时，幂级数仅在 $x=0$ 处收敛，收敛半径 $R=0$.

由以上定理可知，幂级数的收敛域为一区间．求幂级数的收敛区间时，先求出收敛半径 R，开区间 $(-R, R)$ 就是幂级数的收敛区间；然后再判断幂级数在端点 $x=\pm R$ 的敛散性，收敛域应为 $(-R, R)$，$[-R, R)$，$(-R, R]$，$[-R, R]$ 四个区间之一．

例 6.13 求幂级数 $\sum\limits_{n=1}^{\infty}\dfrac{x^n}{n}$ 的收敛半径和收敛域．

解 由于 $a_n=\dfrac{1}{n}$，$a_{n+1}=\dfrac{1}{n+1}$，所以

$$\rho=\lim_{n\to\infty}\left|\frac{a_{n+1}}{a_n}\right|=\lim_{n\to\infty}\left|\frac{\frac{1}{n+1}}{\frac{1}{n}}\right|=\lim_{n\to\infty}\frac{n}{n+1}=1.$$

所以幂级数 $\sum\limits_{n=1}^{\infty}\dfrac{x^n}{n}$ 的收敛半径为 $R=1$.

当 $x=-1$ 时，该级数为 $-1+\dfrac{1}{2}-\dfrac{1}{3}+\dfrac{1}{4}-\cdots$，为交错级数，由莱布尼茨定理知其收敛．

当 $x=1$ 时，该级数为 $1+\dfrac{1}{2}+\cdots+\dfrac{1}{n}+\cdots$，为调和级数，发散．

因此所给级数的收敛域为 $[-1, 1)$.

例 6.14 求幂级数 $\sum\limits_{n=1}^{\infty}n^n x^n$ 的收敛半径．

解 由于

$$\rho=\lim_{n\to\infty}\left|\frac{a_{n+1}}{a_n}\right|=\lim_{n\to\infty}\left|\frac{(n+1)^{n+1}}{n^n}\right|=\lim_{n\to\infty}\left(1+\frac{1}{n}\right)^n(n+1)=+\infty,$$

所以幂级数 $\sum\limits_{n=1}^{\infty}n^n x^n$ 的收敛半径为 $R=0$，级数仅在 $x=0$ 处收敛．

例 6.15 求幂级数 $\sum\limits_{n=1}^{\infty}\dfrac{x^n}{n!}$ 的收敛区间．

解 由于

$$\rho=\lim_{n\to\infty}\left|\frac{a_{n+1}}{a_n}\right|=\lim_{n\to\infty}\left|\frac{\frac{1}{(n+1)!}}{\frac{1}{n!}}\right|=\lim_{n\to\infty}\frac{1}{n+1}=0,$$

所以幂级数 $\sum\limits_{n=1}^{\infty}\dfrac{x^n}{n!}$ 的收敛半径为 $R=+\infty$，收敛区间为 $(-\infty, +\infty)$.

例 6.16 求下列幂级数的收敛区间：

(1) $\sum_{n=0}^{\infty}\frac{x^{2n}}{3^n}$； (2) $\sum_{n=0}^{\infty}\frac{(x+1)^n}{\sqrt{n+2}}$.

解 (1)**解法1** 所给级数为缺项情形，即系数 $a_{2n+1}=0(n=0,1,2,\cdots)$，不属于级数的标准形式，不能直接用定理求收敛半径.

令 $x^2=t$，则 $\sum_{n=0}^{\infty}\frac{x^{2n}}{3^n}=\sum_{n=0}^{\infty}\frac{t^n}{3^n}$. 由于

$$\rho=\lim_{n\to\infty}\left|\frac{a_{n+1}}{a_n}\right|=\lim_{n\to\infty}\left|\frac{3^n}{3^{n+1}}\right|=\frac{1}{3},$$

所以幂级数 $\sum_{n=0}^{\infty}\frac{t^n}{3^n}$ 的收敛半径为

$$R=\frac{1}{\rho}=3.$$

也就是 $-3<t<3$，即当 $-3<x^2<3$ 时，所给级数 $\sum_{n=0}^{\infty}\frac{x^{2n}}{3^n}$ 收敛.

由 $-3<x^2<3$，解得 $-\sqrt{3}<x<\sqrt{3}$.

故原级数 $\sum_{n=0}^{\infty}\frac{x^{2n}}{3^n}$ 的收敛区间为$(-\sqrt{3},\sqrt{3})$.

解法2 用比值审敛法，考虑级数 $\sum_{n=0}^{\infty}\left|\frac{x^{2n}}{3^n}\right|$ 的敛散性.

由于

$$\lim_{n\to\infty}\left|\frac{u_{n+1}}{u_n}\right|=\lim_{n\to\infty}\left|\frac{x^{2(n+1)}}{3^{n+1}}\cdot\frac{3^n}{x^{2n}}\right|=\lim_{n\to\infty}\frac{x^2}{3}=\frac{x^2}{3},$$

由此可知，当$\frac{x^2}{3}<1$，即 $-\sqrt{3}<x<\sqrt{3}$时，所给级数绝对收敛；当 $|x|>\sqrt{3}$时，级数发散.

因此原级数的收敛区间为$(-\sqrt{3},\sqrt{3})$.

(2)令 $x+1=t$，则 $\sum_{n=0}^{\infty}\frac{(x+1)^n}{\sqrt{n+2}}=\sum_{n=0}^{\infty}\frac{t^n}{\sqrt{n+2}}$. 由于

$$\rho=\lim_{n\to\infty}\left|\frac{a_{n+1}}{a_n}\right|=\lim_{n\to\infty}\frac{\sqrt{n+2}}{\sqrt{n+3}}=1,$$

所以幂级数 $\sum_{n=0}^{\infty}\frac{t^n}{\sqrt{n+2}}$ 的收敛半径为

$$R=\frac{1}{\rho}=1.$$

也就是，当 $-1<x+1<1$，即 $-2<x<0$ 时，原级数 $\sum_{n=0}^{\infty}\frac{(x+1)^n}{\sqrt{n+2}}$ 收敛.

故原级数 $\sum_{n=0}^{\infty}\frac{(x+1)^n}{\sqrt{n+2}}$ 的收敛区间为$(-2, 0)$.

6.3.3 幂级数的性质

我们知道幂级数 $\sum_{n=0}^{\infty}a_nx^n$ 的和函数 $s(x)$ 是在其收敛区间$(-R, R)$内定义的一个函数，关于这个函数的连续、可导和可积性，我们有如下结论：

定理 6.7 设幂级数 $\sum_{n=0}^{\infty}a_nx^n$ 的收敛半径为 R，则

(1)(连续性) 幂级数的和函数 $s(x)$ 在收敛区间$(-R, R)$内是连续函数. 即当 $x_0\in(-R, R)$时，有

$$\lim_{x\to x_0}s(x)=\lim_{x\to x_0}\left(\sum_{n=0}^{\infty}a_nx^n\right)=\sum_{n=0}^{\infty}\left(\lim_{x\to x_0}a_nx^n\right)=\sum_{n=0}^{\infty}a_nx_0^n=s(x_0).$$

(2)(微分性) 幂级数的和函数 $s(x)$ 在收敛区间$(-R, R)$内可导，并在$(-R, R)$内有逐项求导公式

$$s'(x)=\left(\sum_{n=0}^{\infty}a_nx^n\right)'=\sum_{n=0}^{\infty}(a_nx^n)'=\sum_{n=0}^{\infty}na_nx^{n-1}.$$

逐项求导后的幂级数与原幂级数有相同的收敛半径，但在收敛区间端点处，级数的敛散性可能会改变.

(3)(积分性) 幂级数的和函数 $s(x)$ 在收敛区间$(-R, R)$内可积，并在$(-R, R)$内有逐项积分公式

$$\int_0^x s(x)\mathrm{d}x=\int_0^x\left(\sum_{n=0}^{\infty}a_nx^n\right)\mathrm{d}x=\sum_{n=0}^{\infty}\left(\int_0^x a_nx^n\mathrm{d}x\right)=\sum_{n=0}^{\infty}\frac{a_n}{n+1}x^{n+1}.$$

逐项积分后的幂级数与原幂级数有相同的收敛半径，但在收敛区间端点处，级数的敛散性可能会改变.

例 6.17 求下列级数的和函数及其收敛域：

(1) $\sum_{n=1}^{\infty}\frac{(-1)^{n-1}}{n}x^n$； (2) $\sum_{n=1}^{\infty}nx^{n-1}$.

解 (1)易求出级数 $\sum_{n=1}^{\infty}\frac{(-1)^{n-1}}{n}x^n$ 的收敛域为$(-1, 1]$，设该级数的和函数为 $s(x)$，即 $s(x)=\sum_{n=1}^{\infty}\frac{(-1)^{n-1}}{n}x^n$，由级数的微分性质，得

$$s'(x)=\left[\sum_{n=1}^{\infty}\frac{(-1)^{n-1}}{n}x^n\right]'=\sum_{n=1}^{\infty}\left[\frac{(-1)^{n-1}}{n}x^n\right]'$$

$$= \sum_{n=1}^{\infty} (-1)^{n-1} x^{n-1} = \frac{1}{1+x},$$

对上式两边积分，得

$$s(x) = \int_0^x s'(x)\mathrm{d}x = \int_0^x \frac{1}{1+x}\mathrm{d}x = \ln(1+x), x \in (-1,1].$$

即
$$\sum_{n=1}^{\infty} \frac{(-1)^{n-1}}{n} x^n = \ln(1+x), x \in (-1,1].$$

(2)易求出级数 $\sum\limits_{n=1}^{\infty} nx^{n-1}$ 的收敛区间为$(-1, 1)$，并设该级数在收敛区间内的和函数为$s(x)$，即$s(x) = \sum\limits_{n=1}^{\infty} nx^{n-1}$，由级数的积分性质，得

$$\int_0^x s(x)\mathrm{d}x = \int_0^x (\sum_{n=1}^{\infty} nx^{n-1})\mathrm{d}x = \sum_{n=1}^{\infty} (\int_0^x nx^{n-1}\mathrm{d}x)$$

$$= \sum_{n=1}^{\infty} x^n = \frac{x}{1-x}, x \in (-1,1).$$

对上式两边求导数，得

$$s(x) = \frac{1}{(1-x)^2}, x \in (-1,1).$$

即
$$\sum_{n=1}^{\infty} nx^{n-1} = \frac{1}{(1-x)^2}, x \in (-1,1).$$

习　题　6.3

1. 求下列幂级数的收敛域：

(1) $\sum\limits_{n=1}^{\infty} \frac{x^n}{n^2}$;　　(2) $\sum\limits_{n=1}^{\infty} nx^n$;

(3) $\sum\limits_{n=1}^{\infty} \frac{3^n}{n!}x^n$;　　(4) $\sum\limits_{n=0}^{\infty} \frac{(-1)^n x^n}{5^n \sqrt{n+1}}$;

(5) $\sum\limits_{n=1}^{\infty} (-1)^n \frac{x^{2n+1}}{2n+1}$;　　(6) $\sum\limits_{n=1}^{\infty} \frac{(x-2)^n}{3^n \cdot n}$.

2. 求下列幂级数的和函数：

(1) $\sum\limits_{n=1}^{\infty} \frac{x^n}{n}$;　　(2) $\sum\limits_{n=1}^{\infty} 2nx^{2n-1}$;

(3) $\sum\limits_{n=0}^{\infty} \frac{x^{4n+1}}{4n+1}$.

6.4　将函数展开成幂级数

前面我们讨论了幂级数的收敛域及其和函数的性质．但在许多应用

中，我们遇到的却恰好是相反的问题：给定函数$f(x)$，要考虑它是否能在某个区间内“展开成幂级数”？也就是说，是否能找到这样一个幂级数，它在某区间内收敛，且其和恰好就是给定函数$f(x)$. 如果能找到这样的幂级数，则认为函数$f(x)$在该区间内能展开成幂级数，而这个幂级数在该区间内就表达函数$f(x)$.

下面讨论两个问题：

(1) 对给定的函数$f(x)$，在什么情况下可以表示成一个幂级数的形式；

(2) 若能表示成幂级数形式，如何求出这个幂级数.

为了弄清这两个问题，我们先介绍两个用多项式来表达函数的公式——泰勒公式和麦克劳林公式.

定理 6.8 如果函数$f(x)$在点x_0的某邻域内有直到$n+1$阶导数，则对此邻域内任意点x，有$f(x)$的n阶泰勒公式

$$f(x)=f(x_0)+\frac{f'(x_0)}{1!}(x-x_0)+\frac{f''(x_0)}{2!}(x-x_0)^2+\cdots+\frac{f^{(n)}(x_0)}{n!}(x-x_0)^n+R_n(x) \tag{6-13}$$

成立，其中$R_n(x)$为n阶泰勒公式(6-13)的余项，当$x\to x_0$时，它是比$(x-x_0)^n$高阶的无穷小，故一般将其写成$o(|x-x_0|^n)$. 余项$R_n(x)$有多种形式，其中一种常用的形式为拉格朗日型余项，其表达式为

$$R_n(x)=\frac{f^{(n+1)}(\xi)}{(n+1)!}(x-x_0)^{n+1}(\xi\text{在}x_0\text{与}x\text{之间}) \tag{6-14}$$

在泰勒公式中，当$x_0=0$时，则有麦克劳林公式

$$f(x)=f(0)+\frac{f'(0)}{1!}x+\frac{f''(0)}{2!}x^2+\cdots+\frac{f^{(n)}(0)}{n!}x^n+R_n(x), \tag{6-15}$$

其中，余项$R_n(x)=o(|x|^n)$或$R_n(x)=\frac{f^{(n+1)}(\xi)}{(n+1)!}x^{n+1}$($\xi$在0与$x$之间).

如果函数$f(x)$在点x_0的某邻域内有直到$n+1$阶导数，这时在该邻域内$f(x)$可以用n次多项式$p_n(x)=f(x_0)+\frac{f'(x_0)}{1!}(x-x_0)+\frac{f''(x_0)}{2!}(x-x_0)^2+\cdots+\frac{f^{(n)}(x_0)}{n!}(x-x_0)^n$来近似表达，并且误差等于余项的绝对值$|R_n(x)|$. 显然，如果$|R_n(x)|$随着$n$的增大而减小，那么我们就可以用增加多项式$p_n(x)$的项数的办法来提高精确度.

如果函数$f(x)$在点x_0的某邻域内具有各阶导数$f'(x)$，$f''(x)$，…，$f^{(n)}(x)$，…，这时我们可以设想多项式$p_n(x)$的项数趋于无穷而成为幂级数

$$f(x_0)+\frac{f'(x_0)}{1!}(x-x_0)+\frac{f''(x_0)}{2!}(x-x_0)^2+\cdots+\frac{f^{(n)}(x_0)}{n!}(x-x_0)^n+\cdots. \tag{6-16}$$

我们把这个幂级数称为函数$f(x)$的泰勒级数．显然当$x=x_0$时，$f(x)$的泰勒级数收敛于$f(x_0)$，但除了$x=x_0$外，它是否一定收敛？如果它收敛，它是否一定收敛于$f(x)$？关于这些问题，有下述定理：

定理 6.9 如果在x_0的某邻域内，函数$f(x)$具有各阶导数，则$f(x)$在该邻域内能展开成泰勒级数的充分必要条件是，$f(x)$的泰勒公式中的余项$R_n(x)$当$n\to\infty$时的极限为零，即

$$\lim_{n\to\infty}R_n(x)=0.$$

证明从略．

在函数$f(x)$的泰勒级数

$$f(x_0)+\frac{f'(x_0)}{1!}(x-x_0)+\frac{f''(x_0)}{2!}(x-x_0)^2+\cdots+\frac{f^{(n)}(x_0)}{n!}(x-x_0)^n+\cdots$$

中取$x_0=0$，得

$$f(0)+\frac{f'(0)}{1!}x+\frac{f''(0)}{2!}x^2+\cdots+\frac{f^{(n)}(0)}{n!}x^n+\cdots \tag{6-17}$$

这个级数称为$f(x)$的**麦克劳林级数**．

函数$f(x)$的麦克劳林级数是x的幂级数，如果函数$f(x)$能展开成x的幂级数，那么这种展开式是唯一的，它一定与$f(x)$的麦克劳林级数一致．即函数的幂级数展开式是唯一的．

事实上，如果$f(x)$在点$x_0=0$的某邻域$(-R,\ R)$内能展开成x的幂级数，即

$$f(x)=a_0+a_1x+a_2x^2+\cdots+a_nx^n+\cdots \tag{6-18}$$

对一切$x\in(-R,\ R)$成立，那么根据幂级数在收敛区间内可以逐项求导，有

$$f'(x)=a_1+2a_2x+3a_3x^2+\cdots+na_nx^{n-1}+\cdots,$$

两边再求导，得

$$f''(x)=2!a_2+3\cdot 2a_3x+4\cdot 3a_4x^2+\cdots+n(n-1)a_nx^{n-2}+\cdots,$$

不断重复上述步骤，得

$$f^{(n)}(x)=n!a_n+(n+1)!a_{n+1}x+\frac{(n+1)!}{2!}a_{n+2}x^2+\cdots,$$

将 $x=0$ 代入以上各式，得

$$a_0=f(0),a_1=f'(0),a_2=\frac{1}{2!}f''(0),\cdots,$$

$$a_n=\frac{1}{n!}f^{(n)}(0),\cdots,$$

将这些系数代入式(6-18)，得

$$f(x)=f(0)+\frac{f'(0)}{1!}x+\frac{f''(0)}{2!}x^2+\cdots+\frac{f^{(n)}(0)}{n!}x^n+\cdots.$$

这就是所要证明的结论.

由函数 $f(x)$ 的展开式的唯一性可知，如果函数 $f(x)$ 能展开成 x 的幂级数，那么这个幂级数就是 $f(x)$ 的麦克劳林级数. 但是，反过来，如果 $f(x)$ 的麦克劳林级数在点 $x_0=0$ 的某邻域内收敛，它却不一定收敛于 $f(x)$. 因此，如果 $f(x)$ 在 $x_0=0$ 处具有各阶导数，则 $f(x)$ 的麦克劳林级数虽然可以写出来，但是这个级数是否能在某个区间内收敛，以及是否收敛于 $f(x)$ 却需要进一步的考察. 下面将具体讨论把函数 $f(x)$ 展开为 x 的幂级数的方法.

6.4.1 直接法将函数展开成幂级数

要把函数 $f(x)$ 展开成 x 的幂级数，可以按照以下步骤进行：

第一步，求出 $f(x)$ 的各阶导数 $f'(x)$，$f''(x)$，…，$f^{(n)}(x)$，…，如果在 $x=0$ 处某阶导数不存在，则停止进行.

第二步，求函数及其各阶导数在 $x=0$ 处的值 $f(0)$，$f'(0)$，…，$f^{(n)}(0)$，….

第三步，写出幂级数 $f(0)+f'(0)+\dfrac{f''(0)}{2!}x^2+\cdots+\dfrac{f^{(n)}(0)}{n!}x^n+\cdots$，并求出收敛区间.

第四步，考察在收敛区间 $(-R,R)$ 内余项 $R_n(x)=\dfrac{f^{(n+1)}(\xi)}{(n+1)!}x^{n+1}$（$\xi$ 在 0 与 x 之间）的极限，即

$$\lim_{n\to\infty}R_n(x)=\lim_{n\to\infty}\frac{f^{(n+1)}(\xi)}{(n+1)!}x^{n+1}$$

是否为零. 如果为零, 则函数$f(x)$在区间$(-R, R)$内能展开成x的幂级数, 展开式为

$$f(x)=f(0)+f'(0)+\frac{f''(0)}{2!}x^2+\cdots+\frac{f^{(n)}(0)}{n!}x^n+\cdots\ (x\in(-R,R)),$$

否则不能展开.

例 6.18 将函数$f(x)=\mathrm{e}^x$展开成x的幂级数.

解 因为$f(x)=f'(x)=f''(x)=\cdots=f^{(n)}(x)=\cdots=\mathrm{e}^x$, 所以

$$f(0)=f'(0)=f''(0)=\cdots=f^{(n)}(0)=\cdots=\mathrm{e}^0=1,$$

于是e^x的麦克劳林级数为

$$\sum_{n=0}^{\infty}\frac{f^{(n)}(0)}{n!}x^n=\sum_{n=0}^{\infty}\frac{1}{n!}x^n=1+x+\frac{1}{2!}x^2+\frac{1}{3!}x^3+\cdots+\frac{1}{n!}x^n+\cdots.$$

易知其收敛区间为$(-\infty, +\infty)$. 任取x, 则对于介于0与x之间的ξ, 有

$$|R_n(x)|=\left|\frac{f^{(n+1)}(\xi)}{(n+1)!}x^{n+1}\right|=\left|\frac{\mathrm{e}^{\xi}}{(n+1)!}x^{n+1}\right|.$$

因为$|\xi|<|x|$, 所以$\mathrm{e}^{|\xi|}<\mathrm{e}^{|x|}$, 则对任意给定的$x\in(-\infty, +\infty)$, 有

$$|R_n(x)|=\left|\frac{\mathrm{e}^{\xi}}{(n+1)!}x^{n+1}\right|<\mathrm{e}^{|x|}\cdot\frac{|x|^{n+1}}{(n+1)!}.$$

由于$\mathrm{e}^{|x|}$是有限值, $\frac{|x|^{n+1}}{(n+1)!}$是收敛级数$\sum\limits_{n=0}^{\infty}\frac{|x|^{n+1}}{(n+1)!}$的一般项, 故$\lim\limits_{n\to\infty}\frac{|x|^{n+1}}{(n+1)!}=0$. 所以

$$\lim_{n\to\infty}R_n(x)=0.$$

由定理6.9知e^x可以展开成x的幂级数, 即

$$\mathrm{e}^x=1+x+\frac{x^2}{2!}+\frac{x^3}{3!}+\cdots+\frac{x^n}{n!}+\cdots, x\in(-\infty, +\infty). \tag{6-19}$$

例 6.19 将函数$f(x)=\sin x$展开成x的幂级数.

解 因为$f^{(n)}(x)=\sin\left(x+\frac{n\pi}{2}\right)(n=1,2,3,\cdots)$, 所以$f(0)$, $f'(0)$, $f''(0)$, $f'''(0)$, …依次循环地取0, 1, 0, −1, …,

于是$\sin x$的麦克劳林级数为

$$x-\frac{1}{3!}x^3+\frac{1}{5!}x^5-\cdots+(-1)^n\frac{1}{(2n+1)!}x^{2n+1}+\cdots,$$

易知其收敛区间为$(-\infty, +\infty)$. 任取x, 则对于介于0与x之间的ξ,

有

$$|R_n(x)| = \left|\frac{f^{(n+1)}(\xi)}{(n+1)!}x^{n+1}\right| = $$

$$\left|\frac{\sin\left[\xi + \frac{(n+1)\pi}{2}\right]}{(n+1)!}x^{n+1}\right| \leqslant \frac{1}{(n+1)!}|x^{n+1}|.$$

由于$\frac{|x|^{n+1}}{(n+1)!}$是收敛级数 $\sum_{n=0}^{\infty}\frac{|x|^{n+1}}{(n+1)!}$ 的一般项，故 $\lim_{n\to\infty}\frac{|x|^{n+1}}{(n+1)!} = 0$.

所以

$$\lim_{n\to\infty}R_n(x) = 0.$$

由定理 6.9 知 $\sin x$ 可以展开成 x 的幂级数，即

$$\sin x = x - \frac{x^3}{3!} + \frac{x^5}{5!} - \cdots + (-1)^n\frac{x^{2n+1}}{(2n+1)!} + \cdots,$$

$$x \in (-\infty, +\infty). \tag{6-20}$$

用同样的方法将函数$(1+x)^m$(m 为任意常数)展开成 x 的幂级数，有

$$(1+x)^m = 1 + mx + \frac{m(m-1)}{2!}x^2 + \cdots + $$

$$\frac{m(m-1)\cdots(m-n+1)}{n!}x^n + \cdots, x \in (-1,1). \tag{6-21}$$

6.4.2 间接法将函数展开成幂级数

间接展开法，就是借助于已知的幂级数展开式，利用幂级数在收敛区间上的性质，如两个幂级数可逐项加、减，幂级数在收敛区间内可以逐项求导、逐项求积分等，将所给函数展开为泰勒级数.

例 6.20 将 $f(x)=\cos x$ 展开成 x 的幂级数.

解 因为

$$\sin x = x - \frac{x^3}{3!} + \frac{x^5}{5!} - \cdots + (-1)^n\frac{x^{2n+1}}{(2n+1)!} + \cdots,$$

$$x \in (-\infty, +\infty).$$

由幂级数的微分性质，对上式两边求导，得

$$\cos x = 1 - \frac{x^2}{2!} + \frac{x^4}{4!} - \cdots + (-1)^n\frac{x^{2n}}{(2n)!} + \cdots,$$

$$x \in (-\infty, +\infty). \tag{6-22}$$

例 6.21 将 $f(x)=\ln(1+x)$展开成 x 的幂级数.

解 因为

$$\frac{1}{1-x}=1+x+x^2+x^3+\cdots+x^n+\cdots,x\in(-1,1).$$

将 $-x$ 代入上式中的 x 得

$$\frac{1}{1+x}=1-x+x^2-x^3+\cdots+(-1)^n x^n+\cdots,x\in(-1,1).$$

上式两边积分，得

$$\int_0^x\frac{1}{1+x}\mathrm{d}x=\int_0^x\mathrm{d}x-\int_0^x x\mathrm{d}x+\int_0^x x^2\mathrm{d}x-\cdots+(-1)^n\int_0^x x^n\mathrm{d}x+\cdots.$$

即

$$\ln(1+x)=x-\frac{x^2}{2}+\frac{x^3}{3}-\cdots+(-1)^n\frac{x^{n+1}}{n+1}+\cdots,x\in(-1,1]. \tag{6-23}$$

综合以上结论，得到将函数展开成 x 的幂级数常用的5个公式：

(1) $\mathrm{e}^x=1+x+\frac{x^2}{2!}+\frac{x^3}{3!}+\cdots+\frac{x^n}{n!}+\cdots,x\in(-\infty,+\infty)$.

(2) $\sin x=x-\frac{x^3}{3!}+\frac{x^5}{5!}-\cdots+(-1)^n\frac{x^{2n+1}}{(2n+1)!}+\cdots,x\in(-\infty,+\infty)$.

(3) $\cos x=1-\frac{x^2}{2!}+\frac{x^4}{4!}-\cdots+(-1)^n\frac{x^{2n}}{(2n)!}+\cdots,x\in(-\infty,+\infty)$.

(4) $(1+x)^m=1+mx+\frac{m(m-1)}{2!}x^2+\cdots+\frac{m(m-1)\cdots(m-n+1)}{n!}x^n+\cdots,x\in(-1,1)$.

(5) $\ln(1+x)=\sum_{n=0}^{\infty}\frac{(-1)^n}{n+1}x^{n+1}=x-\frac{x^2}{2}+\frac{x^3}{3}-\cdots+(-1)^n\frac{x^{n+1}}{n+1}+\cdots,x\in(-1,1]$.

例6.22 将 $f(x)=\ln(3+x)$ 展开成 x 的幂级数.

解 由于

$$f(x)=\ln(3+x)=\ln\left[3\left(1+\frac{x}{3}\right)\right]=\ln3+\ln\left(1+\frac{x}{3}\right),$$

由公式(5)，得

$$\ln\left(1+\frac{x}{3}\right)=\frac{x}{3}-\frac{1}{2}\left(\frac{x}{3}\right)^2+\frac{1}{3}\left(\frac{x}{3}\right)^3-\cdots+(-1)^n\frac{1}{n+1}\left(\frac{x}{3}\right)^{n+1}+\cdots\quad\left(-1<\frac{x}{3}\leqslant1\right),$$

于是可得

$$\ln(3+x)=\ln 3+\frac{x}{3}-\frac{x^2}{2\cdot 3^2}+\frac{x^3}{3\cdot 3^3}-\cdots+$$

$$(-1)^n\frac{x^{n+1}}{(n+1)\cdot 3^{n+1}}+\cdots \quad (-3<x\leqslant 3).$$

例 6.23 将函数 $f(x)=\frac{1}{5-x}$ 展开成 $(x+1)$ 的幂级数.

解 因为

$$\frac{1}{5-x}=\frac{1}{6-(x+1)}=\frac{1}{6}\cdot\frac{1}{1-\frac{x+1}{6}},$$

由 $\frac{1}{1-x}=1+x+x^2+x^3+\cdots+x^n+\cdots \quad (-1<x<1)$

得

$$\frac{1}{1-\frac{x+1}{6}}=1+\frac{x+1}{6}+\left(\frac{x+1}{6}\right)^2+\left(\frac{x+1}{6}\right)^3+\cdots+$$

$$\left(\frac{x+1}{6}\right)^n+\cdots\left(-1<\frac{x+1}{6}<1\right),$$

于是

$$\frac{1}{5-x}=\frac{1}{6}+\frac{x+1}{6^2}+\frac{(x+1)^2}{6^3}+\frac{(x+1)^3}{6^4}+\cdots+$$

$$\frac{(x+1)^n}{6^{n+1}}+\cdots \quad (-7<x<5).$$

例 6.24 将函数 $f(x)=\sin x$ 展开成 $\left(x-\frac{\pi}{4}\right)$ 的幂级数.

解 因为

$$\sin x=\sin\left[\frac{\pi}{4}+\left(x-\frac{\pi}{4}\right)\right]=\sin\frac{\pi}{4}\cos\left(x-\frac{\pi}{4}\right)+\cos\frac{\pi}{4}\sin\left(x-\frac{\pi}{4}\right)$$

$$=\frac{1}{\sqrt{2}}\left[\cos\left(x-\frac{\pi}{4}\right)+\sin\left(x-\frac{\pi}{4}\right)\right],$$

又

$$\cos\left(x-\frac{\pi}{4}\right)=1-\frac{\left(x-\frac{\pi}{4}\right)^2}{2!}+\frac{\left(x-\frac{\pi}{4}\right)^4}{4!}-\cdots \quad (-\infty<x<+\infty),$$

$$\sin\left(x-\frac{\pi}{4}\right)=\left(x-\frac{\pi}{4}\right)-\frac{\left(x-\frac{\pi}{4}\right)^3}{3!}+$$

$$\frac{\left(x-\frac{\pi}{4}\right)^5}{5!}-\cdots \quad (-\infty<x<+\infty).$$

故对 $x\in(-\infty, +\infty)$，有

$$\sin x=\frac{\sqrt{2}}{2}\left[1+\left(x-\frac{\pi}{4}\right)-\frac{1}{2!}\left(x-\frac{\pi}{4}\right)^2-\frac{1}{3!}\left(x-\frac{\pi}{4}\right)^3+\frac{1}{4!}\left(x-\frac{\pi}{4}\right)^4+\frac{1}{5!}\left(x-\frac{\pi}{4}\right)^5-\cdots\right].$$

6.4.3 幂级数的应用举例

在函数的幂级数展开式中，取前面的有限项，就可以得到函数的近似表示，这对于计算复杂函数的函数值或某些积分是非常方便的，即在展开式有效的区间上，函数值可以近似地利用这个级数计算出来.

例如，当 $|x|$ 很小时，由正弦函数的幂级数展开式，可以得到下列近似计算公式：

$$\sin x\approx x,\ \sin x\approx x-\frac{x^3}{3!},\ \sin x\approx x-\frac{x^3}{3!}+\frac{x^5}{5!}.$$

级数的主要应用之一就是利用它来进行数值计算，常用的三角函数表、对数表等，都是利用级数计算出来的.

例 6.25 利用 $\sin x\approx x-\frac{x^3}{3!}$，求 $\sin 9°$的近似值，并估计误差.

解 利用所给近似公式，得

$$\sin 9°=\sin\frac{\pi}{20}\approx\frac{\pi}{20}-\frac{1}{3!}\left(\frac{\pi}{20}\right)^3.$$

因为 $\sin x$ 的展开式是收敛的交错级数，且各项的绝对值单调递减，所以对于余项有

$$\left|R_2\left(\frac{\pi}{20}\right)\right|\leqslant\frac{1}{5!}\left(\frac{\pi}{20}\right)^5<\frac{1}{120}(0.2)^5<\frac{1}{300000}<10^{-5},$$

因此，若取 $\frac{\pi}{20}\approx0.157080$，$\left(\frac{\pi}{20}\right)^3\approx0.003876$，则

$$\sin 9°\approx0.157080-0.000646\approx0.156434,$$

其误差不超过 10^{-5}.

例 6.26 计算 $\sqrt[5]{240}$的近似值，使误差不超过 10^{-4}.

解 因为

$$\sqrt[5]{240}=\sqrt[5]{243-3}=3\left(1-\frac{1}{3^4}\right)^{\frac{1}{5}},$$

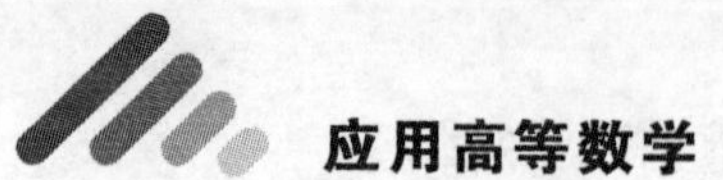

在$(1+x)^m$的展开式中，取$m=\frac{1}{5}$，$x=-\frac{1}{3^4}$，即得

$$\sqrt[5]{240}=3\left(1-\frac{1}{5}\cdot\frac{1}{3^4}-\frac{1\cdot 4}{5^2\cdot 2!}\cdot\frac{1}{3^8}-\frac{1\cdot 4\cdot 9}{5^3\cdot 3!}\cdot\frac{1}{3^{12}}\right).$$

这个级数收敛很快，取前两项的和作为$\sqrt[5]{240}$的近似值，其误差为

$$\begin{aligned}|R_2|&=3\left(\frac{1\cdot 4}{5^2\cdot 2!}\cdot\frac{1}{3^8}+\frac{1\cdot 4\cdot 9}{5^3\cdot 3!}\cdot\frac{1}{3^{12}}+\frac{1\cdot 4\cdot 9\cdot 14}{5^4\cdot 4!}\cdot\frac{1}{3^{16}}+\cdots\right)\\&<3\cdot\frac{1\cdot 4}{5^2\cdot 2!}\cdot\frac{1}{3^8}\left(1+\frac{1}{81}+\left(\frac{1}{81}\right)^2+\cdots\right)\\&=\frac{6}{25}\cdot\frac{1}{3^8}\cdot\frac{1}{1-\frac{1}{81}}=\frac{1}{25\cdot 27\cdot 40}<\frac{1}{20000},\end{aligned}$$

于是，取近似值为

$$\sqrt[5]{240}\approx 3\left(1-\frac{1}{5}\cdot\frac{1}{3^4}\right)\approx 2.9926.$$

例 6.27 计算$I=\int_0^1 e^{-x^2}dx$，精确到10^{-4}.

解 因为

$$e^{-x^2}=1-\frac{1}{1!}x^2+\frac{1}{2!}x^4-\frac{1}{3!}x^6+\cdots\quad(-\infty<x<+\infty),$$

在区间[0, 1]上逐项积分得

$$I=\int_0^1 e^{-x^2}dx=1-\frac{1}{3}+\frac{1}{10}-\frac{1}{42}+\frac{1}{216}-\frac{1}{1320}+\frac{1}{9360}-\frac{1}{75600}+\cdots.$$

这是交错级数，它的余项的绝对值小于余项和第一项的绝对值（即$|R_n(x)|\leqslant u_{n+1}$），由于$\frac{1}{75600}<1.5\times 10^{-5}$，故取前七项即可，经计算可得

$$I\approx 0.7486.$$

习 题 6.4

1. 将下列函数展开成x的幂级数，并写出其收敛区间：

(1) $f(x)=e^{x^2}$；　　(2) $f(x)=\frac{x^2}{1+3x}$；

(3) $f(x)=\sin^2 x$；　　(4) $f(x)=\ln(2+x)$；

(5) $f(x)=\dfrac{1}{x-4}$.

2. 求函数 $f(x)=\dfrac{1}{x+5}$ 在 $x=1$ 处的泰勒展开式.

3. 将函数 $f(x)=\cos x$ 展开成 $\left(x+\dfrac{\pi}{3}\right)$ 的幂级数.

综合练习题 6

1. 填空题：

(1) 级数 $\dfrac{2^2}{1\cdot 4}+\dfrac{2^3}{2\cdot 5}+\dfrac{2^4}{3\cdot 6}+\dfrac{2^5}{4\cdot 7}+\cdots$ 的一般项 $u_n=$________，级数用缩写记号 $\sum$ 表示为________.

(2) 级数 $\sum\limits_{n=0}^{\infty} aq^n\ (a\neq 0)$ 当 $|q|<1$ 时是________，此时和 $s=$________，而当 $|q|\geqslant 1$ 时级数是________.

(3) 若级数 $\sum\limits_{n=1}^{\infty} u_n$ 收敛，则 $\lim\limits_{n\to\infty} u_n=$________.

(4) 级数 $\sum\limits_{n=1}^{\infty} \dfrac{x^n}{n!}$ 的收敛半径 $R=$________，收敛区间为________.

(5) 级数 $\sum\limits_{n=0}^{\infty} (-1)^n x^{3n}$ 的收敛域为________，和函数为________.

(6) 函数 $x\sin x$ 的麦克劳林展开式为________.

(7) 如果级数 $\sum\limits_{n=1}^{\infty} u_n$ 绝对收敛，则级数 $\sum\limits_{n=1}^{\infty} u_n$ 必定________；如果级数 $\sum\limits_{n=1}^{\infty} u_n$ 条件收敛，则级数 $\sum\limits_{n=1}^{\infty} |u_n|$ 必定________.

2. 选择题：

(1) $\lim\limits_{n\to\infty} u_n=0$ 是数项级数 $\sum\limits_{n=1}^{\infty} u_n$ 收敛的(　　).

A. 必要条件　　B. 充分条件

C. 充要条件　　D. 无关条件

(2) 正项级数 $\sum\limits_{n=1}^{\infty} u_n$ 满足条件(　　)必收敛.

A. $\lim\limits_{n\to\infty} u_n=0$　　B. $\lim\limits_{n\to\infty}\dfrac{u_n}{u_{n+1}}=\rho<1$

C. $\lim\limits_{n\to\infty}\dfrac{u_{n+1}}{u_n}=\rho\leqslant 1$　　D. $\lim\limits_{n\to\infty}\dfrac{u_n}{u_{n+1}}=\rho>1$

(3) 幂级数 $\sum\limits_{n=0}^{\infty} (-1)^n \dfrac{x^n}{2n+3}$ 的收敛域为(　　).

A. $(-1,\ 1)$　　B. $[-1,\ 1]$

C. $[-1, 1)$　　D $(-1, 1]$

(4) 若级数 $\sum_{n=1}^{\infty} u_n$ 收敛于 s，则级数 $\sum_{n=1}^{\infty}(u_n + u_{n+1})$ 收敛于(　　).

A. $2s$　　B. $2s + u_1$

C. $2s - u_1$　　D. 发散

3. 判别下列级数的敛散性：

(1) $\sum_{n=1}^{\infty} \frac{2+(-1)^n}{2^n}$;　　(2) $\sum_{n=1}^{\infty} \frac{2n+1}{n^2(n+1)^2}$;

(3) $\sum_{n=1}^{\infty} \frac{1}{\sqrt{n(n+1)}}$;　　(4) $\sum_{n=1}^{\infty} \frac{2n-1}{(\sqrt{2})^n}$;

(5) $\sum_{n=1}^{\infty} \frac{n^2}{3^n}$;　　(6) $\sum_{n=1}^{\infty} \frac{(n+1)(n+2)\cdots(2n)}{n!}$;

(7) $\sum_{n=1}^{\infty} \ln\frac{n+1}{n}$;　　(8) $\sum_{n=1}^{\infty} \left(\frac{3}{2^n} + \frac{2}{3^n}\right)$;

(9) $\sum_{n=1}^{\infty} \frac{1}{\sqrt[n]{5}}$;　　(10) $\sum_{n=1}^{\infty} \frac{2^n}{n(n+1)}$;

(11) $\sum_{n=1}^{\infty} 2^n \sin\frac{\pi}{3^n}$;　　(12) $\sum_{n=1}^{\infty} \frac{2^{n-1}}{1\cdot 3\cdot 5\cdot \cdots \cdot(2n-1)}$;

(13) $\sum_{n=1}^{\infty} \left(\frac{n}{2n+1}\right)^n$;　　(14) $\sum_{n=1}^{\infty} \frac{n!\cdot n!}{(2n)!}$;

(15) $\sum_{n=1}^{\infty} (-1)^{n-1} \ln\frac{n+1}{n}$;　　(16) $\sum_{n=1}^{\infty} (-1)^{n-1} \frac{(n+1)!}{n^{n+1}}$.

4. 求下列幂级数的收敛域：

(1) $\sum_{n=1}^{\infty} (\sqrt{x})^n$;　　(2) $\sum_{n=1}^{\infty} \frac{(-1)^n x^n}{3^{n-1}\sqrt{n}}$;

(3) $\sum_{n=1}^{\infty} \frac{n!}{2^n} x^n$;　　(4) $\sum_{n=1}^{\infty} \frac{(x-5)^n}{\ln(1+n)}$.

5. 求级数 $\sum_{n=0}^{\infty} \frac{x^{2n+1}}{2n+1}$ 的和函数.

6. 将函数 $f(x) = \frac{2}{1-x^2}$ 展开为 x 的幂级数.

7. 将函数 $f(x) = \frac{1}{x}$ 展开为 $(x-3)$ 的幂级数.

第 7 章

线性代数初步

在生产实践和科学研究中，有许多问题可以直接或间接地表示成一些变量间的线性关系．因此，研究变量间的线性关系是一个非常重要的问题．线性代数是主要研究具有线性关系的代数量的一个数学分支，线性方程组是它的一个重要组成部分，是线性代数研究对象的具体模型．而行列式是研究线性方程组的工具之一，矩阵则由于克服了行列式在解线性方程组中的局限性而成为线性代数最重要的部分．本章将学习行列式和矩阵的基础知识，以及利用行列式和矩阵求解线性方程组．

7.1 行列式的概念与运算

行列式是线性代数的一个重要概念，本节将介绍行列式以及利用行列式求解线性方程组的克莱姆法则．

7.1.1 二阶、三阶行列式

1. 二阶行列式

设二元线性方程组

$$\begin{cases} a_{11}x_1 + a_{12}x_2 = b_1 \\ a_{21}x_1 + a_{22}x_2 = b_2 \end{cases}, \tag{7-1}$$

用加减消元法，若 $a_{11}a_{22} - a_{12}a_{21} \neq 0$，解得

$$x_1 = \frac{a_{22}b_1 - a_{12}b_2}{a_{11}a_{22} - a_{12}a_{21}}, \quad x_2 = \frac{a_{11}b_2 - a_{21}b_1}{a_{11}a_{22} - a_{12}a_{21}}.$$

可以用记号 $\begin{vmatrix} a_{11} & a_{12} \\ a_{21} & a_{22} \end{vmatrix}$ 表示代数和 $a_{11}a_{22}-a_{12}a_{21}$，称 $\begin{vmatrix} a_{11} & a_{12} \\ a_{21} & a_{22} \end{vmatrix}$ 为二阶行列式，即

$$D=\begin{vmatrix} a_{11} & a_{12} \\ a_{21} & a_{22} \end{vmatrix}=a_{11}a_{22}-a_{12}a_{21},$$

其中数 $a_{ij}(i,\ j=1,\ 2)$ 称为这个二阶行列式的**元素**．它的第一个下标 i 表示这个元素所在的行，称为行标；第二个下标 j 表示这个元素所在的列，称为列标．从左上角到右下角的对角线称为行列式的主对角线，从右上角到左下角的对角线称为行列式的次对角线．二阶行列式可以用图 7-1 所示的对角线法则计算．

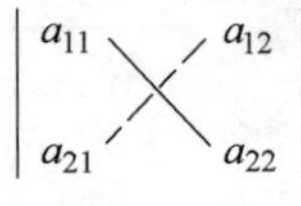

图　7-1

利用二阶行列式的概念，二元线性方程组(7-1)的解可以用二阶行列式表示为

$$x_1=\frac{\begin{vmatrix} b_1 & a_{12} \\ b_2 & a_{22} \end{vmatrix}}{\begin{vmatrix} a_{11} & a_{12} \\ a_{21} & a_{22} \end{vmatrix}},\quad x_2=\frac{\begin{vmatrix} a_{11} & b_1 \\ a_{21} & b_2 \end{vmatrix}}{\begin{vmatrix} a_{11} & a_{12} \\ a_{21} & a_{22} \end{vmatrix}}.$$

2. 三阶行列式

设三元线性方程组

$$\begin{cases} a_{11}x_1+a_{12}x_2+a_{13}x_3=b_1 \\ a_{21}x_1+a_{22}x_2+a_{23}x_3=b_2 \\ a_{31}x_1+a_{32}x_2+a_{33}x_3=b_3 \end{cases},\tag{7-2}$$

用加减消元法解此方程组，并对其解的形式进行分析后，也可类似于二阶行列式，用记号

$$\begin{vmatrix} a_{11} & a_{12} & a_{13} \\ a_{21} & a_{22} & a_{23} \\ a_{31} & a_{32} & a_{33} \end{vmatrix}\tag{7-3}$$

表示 $a_{11}a_{22}a_{33}+a_{12}a_{23}a_{31}+a_{13}a_{21}a_{32}-a_{11}a_{23}a_{32}-a_{12}a_{21}a_{33}-a_{13}a_{22}a_{31}$，式(7-3)称为三阶行列式，即

$$D=\begin{vmatrix} a_{11} & a_{12} & a_{13} \\ a_{21} & a_{22} & a_{23} \\ a_{31} & a_{32} & a_{33} \end{vmatrix}$$

$$=a_{11}a_{22}a_{33}+a_{12}a_{23}a_{31}+a_{13}a_{21}a_{32}-a_{11}a_{23}a_{32}$$

$-a_{12}a_{21}a_{33}-a_{13}a_{22}a_{31}$.

三阶行列式的值是六项的代数和，也可以用图 7-2 的方法记忆，其中各实线连接的三个元素的乘积是代数和中的正项，各虚线连接的三个元素的乘积是代数和中的负项.

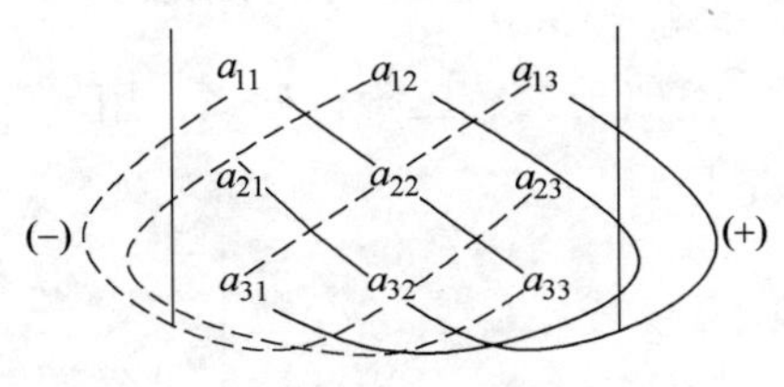

图　7-2

这里 D 称为线性方程组(7-2)的系数行列式，若用 b_1，b_2，b_3 分别代替系数行列式中第一、第二、第三列得

$$D_1=\begin{vmatrix} b_1 & a_{12} & a_{13} \\ b_2 & a_{22} & a_{23} \\ b_3 & a_{32} & a_{33} \end{vmatrix}, D_2=\begin{vmatrix} a_{11} & b_1 & a_{13} \\ a_{21} & b_2 & a_{23} \\ a_{31} & b_3 & a_{33} \end{vmatrix},$$

$$D_3=\begin{vmatrix} a_{11} & a_{12} & b_1 \\ a_{21} & a_{22} & b_2 \\ a_{31} & a_{32} & b_3 \end{vmatrix}.$$

于是，线性方程组(7-2)的解可表示为

$$x_1=\frac{D_1}{D},\quad x_2=\frac{D_2}{D},\quad x_3=\frac{D_3}{D}.$$

例 7.1　解线性方程组

$$\begin{cases} 3x_1+2x_2-x_3=4 \\ x_1-x_2+2x_3=5 \\ 2x_1-x_2+x_3=3 \end{cases}.$$

解　计算行列式

$$D=\begin{vmatrix} 3 & 2 & -1 \\ 1 & -1 & 2 \\ 2 & -1 & 1 \end{vmatrix}=8\neq 0,\quad D_1=\begin{vmatrix} 4 & 2 & -1 \\ 5 & -1 & 2 \\ 3 & -1 & 1 \end{vmatrix}=8,$$

$$D_2=\begin{vmatrix} 3 & 4 & -1 \\ 1 & 5 & 2 \\ 2 & 3 & 1 \end{vmatrix}=16,\quad D_3=\begin{vmatrix} 3 & 2 & 4 \\ 1 & -1 & 5 \\ 2 & -1 & 3 \end{vmatrix}=24,$$

所以方程组的解为

$$x=\frac{D_1}{D}=1,\quad y=\frac{D_2}{D}=2,\quad z=\frac{D_3}{D}=3.$$

7.1.2 n 阶行列式的概念

类似于二、三阶行列式，用 n^2 个元素 $a_{ij}(i, j=1, 2, \cdots, n)$ 组成的记号

$$\begin{vmatrix} a_{11} & a_{12} & \cdots & a_{1n} \\ a_{21} & a_{22} & \cdots & a_{2n} \\ \vdots & \vdots & & \vdots \\ a_{n1} & a_{n2} & \cdots & a_{nn} \end{vmatrix} \tag{7-4}$$

称为 **n 阶行列式**，行列式有时可简记为 $|a_{ij}|$ 或 $\det(a_{ij})$.

为了给出 n 阶行列式的定义，先来研究三阶行列式和二阶行列式的如下关系．三阶行列式可用二阶行列式表示如下．

$$D=\begin{vmatrix} a_{11} & a_{12} & a_{13} \\ a_{21} & a_{22} & a_{23} \\ a_{31} & a_{32} & a_{33} \end{vmatrix}$$

$$=a_{11}\begin{vmatrix} a_{22} & a_{23} \\ a_{32} & a_{33} \end{vmatrix}-a_{12}\begin{vmatrix} a_{21} & a_{23} \\ a_{31} & a_{33} \end{vmatrix}+a_{13}\begin{vmatrix} a_{21} & a_{22} \\ a_{31} & a_{32} \end{vmatrix}. \tag{7-5}$$

式(7-5)给了我们一个启示，高阶行列式可由低阶行列式来表示．

一般地，行列式中元素 a_{ij} 的余子式 M_{ij} 是将行列式中第 i 行和第 j 列的元素都划去后，所余下的元素按原来顺序构成的行列式．记 $A_{ij}=(-1)^{i+j}\cdot M_{ij}$，称 A_{ij} 为 a_{ij} 的**代数余子式**．

由式(7-5)，有

$$D=\begin{vmatrix} a_{11} & a_{12} & a_{13} \\ a_{21} & a_{22} & a_{23} \\ a_{31} & a_{32} & a_{33} \end{vmatrix}=a_{11}A_{11}+a_{12}A_{12}+a_{13}A_{13}.$$

这就是行列式 D 按其第一行展开的展开式．可将 D 按其任一行(或列)展开．

类似地，可定义 n 阶行列式．

定义 7.1 n 阶行列式 $D=\begin{vmatrix} a_{11} & a_{12} & \cdots & a_{1n} \\ a_{21} & a_{22} & \cdots & a_{2n} \\ \vdots & \vdots & & \vdots \\ a_{n1} & a_{n2} & \cdots & a_{nn} \end{vmatrix}$ 是一个数：

(1) 当 $n=1$ 时，$D=a_{11}$；

(2) 当 $n>1$ 时，$D=a_{i1}A_{i1}+a_{i2}A_{i2}+\cdots+a_{in}A_{in}(i=1, 2, \cdots, n)$

或　　$D=a_{1j}A_{1j}+a_{2j}A_{2j}+\cdots+a_{nj}A_{nj}(j=1,\ 2,\ \cdots,\ n).$

根据行列式的定义有，如果行列式某行(列)所有元素为零，则此行列式的值为零.

例 7.2　计算三阶行列式

$$D=\begin{vmatrix}1&2&3\\0&1&2\\-1&3&2\end{vmatrix}.$$

解　按第二行展开

$$D=1\times(-1)^{2+2}\begin{vmatrix}1&3\\-1&2\end{vmatrix}+2\times(-1)^{2+3}\begin{vmatrix}1&2\\-1&3\end{vmatrix}=-5.$$

7.1.3　行列式的性质

将行列式 D 的行与列互换后得到的行列式，称为**转置行列式**，记为 D^{T}. 即如果

$$D=\begin{vmatrix}a_{11}&a_{12}&\cdots&a_{1n}\\a_{21}&a_{22}&\cdots&a_{2n}\\\vdots&\vdots&&\vdots\\a_{n1}&a_{n2}&\cdots&a_{nn}\end{vmatrix},$$

则

$$D^{\mathrm{T}}=\begin{vmatrix}a_{11}&a_{21}&\cdots&a_{n1}\\a_{12}&a_{22}&\cdots&a_{n2}\\\vdots&\vdots&&\vdots\\a_{1n}&a_{2n}&\cdots&a_{nn}\end{vmatrix}.$$

为简化行列式的计算，有必要讨论 n 阶行列式的性质.

性质 1　行列式与它的转置行列式的值相等，即 $D^{\mathrm{T}}=D$.

由此性质可知，行列式中的行与列具有同等的地位，行列式的性质凡是对行成立的对列也同样成立，反之亦然.

性质 2　互换行列式的两行(列)，行列式的值改变符号.

一般地，用记号 $r_i\leftrightarrow r_j(c_i\leftrightarrow c_j)$ 表示第 i 行(列)与第 j 行(列)互换.

例如，$\begin{vmatrix}a_{11}&a_{12}\\a_{21}&a_{22}\end{vmatrix}\xlongequal{r_1\leftrightarrow r_2}-\begin{vmatrix}a_{21}&a_{22}\\a_{11}&a_{12}\end{vmatrix}$.

推论　如果行列式有两行(列)对应元素完全相同，则此行列式的值为零.

性质 3　行列式的某一行(列)中所有的元素都乘以数 k，等于以数

k 乘此行列式.

一般地，用记号 $r_i \times k(c_i \times k)$ 表示行列式第 i 行(列)的所有元素乘数 k.

例如，$\begin{vmatrix} ka_{11} & ka_{12} \\ a_{21} & a_{22} \end{vmatrix} = k\begin{vmatrix} a_{11} & a_{12} \\ a_{21} & a_{22} \end{vmatrix}$.

推论 行列式中如果有两行(列)对应元素成比例，则此行列式的值为零.

性质4 若行列式的某一行(列)的元素都可以写成两个数之和，则此行列式等于两个行列式之和.

例如，$\begin{vmatrix} a_{11}+b_{11} & a_{12} \\ a_{21}+b_{21} & a_{22} \end{vmatrix} = \begin{vmatrix} a_{11} & a_{12} \\ a_{21} & a_{22} \end{vmatrix} + \begin{vmatrix} b_{11} & a_{12} \\ b_{21} & a_{22} \end{vmatrix}$.

性质5 将行列式的某一行(列)的各元素乘以不为零的数 k 后再加到另一行(列)对应的元素上，则行列式的值不变.

一般地，用记号 $r_i + kr_j(c_i + kc_j)$ 表示将行列式第 j 行(列)的所有元素乘数 k 后加到第 i 行(列)对应的元素上去.

例如，$\begin{vmatrix} a_{11} & a_{12} \\ a_{21} & a_{22} \end{vmatrix} \xlongequal{r_1 + kr_2} \begin{vmatrix} a_{11}+ka_{21} & a_{12}+ka_{22} \\ a_{21} & a_{22} \end{vmatrix}$.

例 7.3 计算行列式

$$\begin{vmatrix} 1 & 2 & 3 \\ 4 & 5 & 6 \\ 7 & 8 & 9 \end{vmatrix}.$$

解

$$\begin{vmatrix} 1 & 2 & 3 \\ 4 & 5 & 6 \\ 7 & 8 & 9 \end{vmatrix} \xlongequal[r_2 - r_1]{r_3 - r_2} \begin{vmatrix} 1 & 2 & 3 \\ 3 & 3 & 3 \\ 3 & 3 & 3 \end{vmatrix} = 0.$$

例 7.4 计算行列式

$$D = \begin{vmatrix} 1 & -1 & 8 & -2 \\ 2 & 1 & -2 & 2 \\ 5 & 1 & 1 & -3 \\ -3 & 0 & 4 & 5 \end{vmatrix}.$$

解 保留 a_{12}，把第二列其余元素变为0，再按第二列展开，即

$$D = \begin{vmatrix} 1 & -1 & 8 & -2 \\ 2 & 1 & -2 & 2 \\ 5 & 1 & 1 & -3 \\ -3 & 0 & 4 & 5 \end{vmatrix}$$

$$\xlongequal[r_3+r_1]{r_2+r_1}\begin{vmatrix}1&-1&8&-2\\3&0&6&0\\6&0&9&-5\\-3&0&4&5\end{vmatrix}\xlongequal{\text{按第二列展开}}(-1)\times(-1)^{1+2}\begin{vmatrix}3&6&0\\6&9&-5\\-3&4&5\end{vmatrix}$$

$$\xlongequal{r_2+r_3}\begin{vmatrix}3&6&0\\3&13&0\\-3&4&5\end{vmatrix}=(-1)^{3+3}5\begin{vmatrix}3&6\\3&13\end{vmatrix}$$

$$=15\begin{vmatrix}1&6\\1&13\end{vmatrix}=15\times(13-6)=105.$$

7.1.4 克莱姆法则

含有 n 个方程的 n 元线性方程组的一般形式为

$$\begin{cases}a_{11}x_1+a_{12}x_2+\cdots+a_{1n}x_n=b_1\\a_{21}x_1+a_{22}x_2+\cdots+a_{2n}x_n=b_2\\\quad\vdots\\a_{n1}x_1+a_{n2}x_2+\cdots+a_{nn}x_n=b_n\end{cases},\tag{7-6}$$

其中，$a_{ij}(i, j=1, 2, \cdots, n)$是未知数的系数，$b_j(j=1, 2, \cdots, n)$是常数，$x_j(j=1, 2, \cdots, n)$是未知数．其系数构成的行列式

$$D=\begin{vmatrix}a_{11}&a_{12}&\cdots&a_{1n}\\a_{21}&a_{22}&\cdots&a_{2n}\\\vdots&\vdots&&\vdots\\a_{n1}&a_{n2}&\cdots&a_{nn}\end{vmatrix}$$

称为方程组的系数行列式．

与二元、三元线性方程组相类似，它的解可以用 n 阶行列式来表示，即有

定理 7.1　（克莱姆(Gramer)法则）　对于线性方程组(7-6)，当其系数行列式 $D\neq0$ 时，有且仅有唯一解

$$x_1=\frac{D_1}{D},\quad x_2=\frac{D_2}{D},\cdots,x_n=\frac{D_n}{D},$$

其中，$D_j(j=1, 2, \cdots, n)$是将系数行列式 D 中第 j 列元素 a_{1j}，a_{2j}，$\cdots$，a_{nj}对应地换为方程组的常数项 b_1，b_2，$\cdots$，b_n 后得到的行列式，即

$$D_j = \begin{vmatrix} a_{11} & \cdots & a_{1,j-1} & b_1 & a_{1,j+1} & \cdots & a_{1n} \\ a_{21} & \cdots & a_{2,j-1} & b_2 & a_{2,j+1} & \cdots & a_{2n} \\ \vdots & & \vdots & \vdots & \vdots & & \vdots \\ a_{n1} & \cdots & a_{n,j-1} & b_n & a_{n,j+1} & \cdots & a_{nn} \end{vmatrix}.$$

例 7.5 用克莱姆法则求解线性方程组

$$\begin{cases} x_1 - x_2 + x_3 + 2x_4 = 1 \\ x_1 + x_2 - 2x_3 + x_4 = 1 \\ x_1 + x_2 + x_4 = 2 \\ x_1 + x_3 - x_4 = 1 \end{cases}.$$

解 因为

$$D = \begin{vmatrix} 1 & -1 & 1 & 2 \\ 1 & 1 & -2 & 1 \\ 1 & 1 & 0 & 1 \\ 1 & 0 & 1 & -1 \end{vmatrix} \xlongequal[r_3 + r_1]{r_2 + r_1} \begin{vmatrix} 1 & -1 & 1 & 2 \\ 2 & 0 & -1 & 3 \\ 2 & 0 & 1 & 3 \\ 1 & 0 & 1 & -1 \end{vmatrix}$$

$$= (-1) \times (-1)^{1+2} \begin{vmatrix} 2 & -1 & 3 \\ 2 & 1 & 3 \\ 1 & 1 & -1 \end{vmatrix} \xlongequal[c_2 + c_3]{c_1 + c_3} \begin{vmatrix} 5 & 2 & 3 \\ 5 & 4 & 3 \\ 0 & 0 & -1 \end{vmatrix}$$

$$= -10 \neq 0,$$

所以方程组有唯一解．而

$$D_1 = \begin{vmatrix} 1 & -1 & 1 & 2 \\ 1 & 1 & -2 & 1 \\ 2 & 1 & 0 & 1 \\ 1 & 0 & 1 & -1 \end{vmatrix} = -8, \quad D_2 = \begin{vmatrix} 1 & 1 & 1 & 2 \\ 1 & 1 & -2 & 1 \\ 1 & 2 & 0 & 1 \\ 1 & 1 & 1 & -1 \end{vmatrix} = -9,$$

$$D_3 = \begin{vmatrix} 1 & -1 & 1 & 2 \\ 1 & 1 & 1 & 1 \\ 1 & 1 & 2 & 1 \\ 1 & 0 & 1 & -1 \end{vmatrix} = -5, \quad D_4 = \begin{vmatrix} 1 & -1 & 1 & 1 \\ 1 & 1 & -2 & 1 \\ 1 & 1 & 0 & 2 \\ 1 & 0 & 1 & 1 \end{vmatrix} = -3,$$

于是方程组的解为

$$x_1 = \frac{D_1}{D} = \frac{4}{5}, \ x_2 = \frac{D_2}{D} = \frac{9}{10}, \ x_3 = \frac{D_3}{D} = \frac{1}{2}, \ x_4 = \frac{D_4}{D} = \frac{3}{10}.$$

应用克莱姆法则具有很大的局限性：一是它只适用于解方程个数与未知数个数相等且系数行列式 $D \neq 0$ 的线性方程组；二是当未知数个数较大时，运算量很大．

习　题　7.1

1. 计算下列行列式：

(1) $\begin{vmatrix} 3 & 2 \\ 6 & 5 \end{vmatrix}$；　(2) $\begin{vmatrix} \sec\alpha & \tan\alpha \\ \tan\alpha & \sec\alpha \end{vmatrix}$；　(3) $\begin{vmatrix} 1 & 0 & 2 \\ -1 & 3 & 0 \\ 2 & -3 & 4 \end{vmatrix}$.

2. 计算下列行列式：

(1) $\begin{vmatrix} 2 & -1 & 5 & 7 \\ 0 & 1 & -3 & 8 \\ 4 & -2 & 12 & 17 \\ 0 & 0 & -1 & 0 \end{vmatrix}$；　(2) $\begin{vmatrix} -1 & 2 & -3 & 1 \\ 2 & 0 & 0 & -1 \\ 2 & 3 & 0 & 2 \\ 3 & 1 & 5 & 1 \end{vmatrix}$；

(3) $\begin{vmatrix} 1 & -9 & 13 & 7 \\ -2 & 5 & -1 & 3 \\ 3 & -1 & 5 & -5 \\ 2 & 8 & -7 & -10 \end{vmatrix}$；　(4) $\begin{vmatrix} 1 & -1 & 1 & 1 \\ -1 & 1 & 1 & 1 \\ -1 & 1 & -1 & 1 \\ 1 & -1 & 1 & 1 \end{vmatrix}$.

3. 用克莱姆法则求解下列线性方程组：

(1) $\begin{cases} 2x_1 + 3x_2 = 1 \\ x_1 + 2x_2 = 1 \end{cases}$；　(2) $\begin{cases} 2x_1 - x_2 - x_3 = 2 \\ x_1 + x_2 + 4x_3 = 0 \\ 3x_1 - 7x_2 + 5x_3 = -1 \end{cases}$.

7.2　矩阵的概念与运算

7.2.1　矩阵的概念

矩阵在日常生活和工程技术中经常会遇到.

1. 引例

引例 1　某工厂生产三种产品需要两种原料. 其中生产产品 A 需要原料甲 1kg，原料乙 2kg；生产产品 B 需要原料甲 3kg，原料乙 1kg；生产产品 C 需要原料甲 2kg，原料乙 2kg，原料重量与产品之间所形成的关系可示于表 7-1.

表　7-1　　（单位：kg）

产品＼原料	甲	乙
A	1	2
B	3	1
C	2	2

这个表可简写成一个三行两列的数表

$$\begin{pmatrix} 1 & 2 \\ 3 & 1 \\ 2 & 2 \end{pmatrix}.$$

引例 2 三元线性方程组

$$\begin{cases} 3x_1 + 2x_2 - x_3 = 4 \\ x_1 - x_2 + 2x_3 = 5 \\ 2x_1 - x_2 + x_3 = 3 \end{cases}$$

可以将其未知数的系数与常数项按照顺序组成一个矩形表.

$$\begin{pmatrix} 3 & 2 & -1 & 4 \\ 1 & -1 & 2 & 5 \\ 2 & -1 & 1 & 3 \end{pmatrix}$$

在实际问题的研究中，常用这种矩形数表表达某种状态或数量关系.

2. 矩阵的概念

定义 7.2 由 $m \times n$ 个数 $a_{ij}(i=1, 2, \cdots, m; j=1, 2, \cdots, n)$ 排成的 m 行 n 列数表

$$A = \begin{pmatrix} a_{11} & a_{12} & \cdots & a_{1n} \\ a_{21} & a_{22} & \cdots & a_{2n} \\ \vdots & \vdots & & \vdots \\ a_{m1} & a_{m2} & \cdots & a_{mn} \end{pmatrix}$$

称 m 行 n 列矩阵，简称 $m \times n$ **矩阵**或**矩阵**. 也可记成 $(a_{ij})_{m \times n}$ 或 $A_{m \times n}$. 这 $m \times n$ 个数称为矩阵 A 的元素，其中 a_{ij} 为第 i 行第 j 列的元素. 矩阵一般用大写加黑字母 A，B，…表示. 元素均为实数的矩阵称为实矩阵. 元素中有复数的矩阵称为复矩阵. 今后本书所提到的矩阵均为实矩阵.

如果两个矩阵的行数相同，列数也相同，就称它们是同型矩阵. 若 A，B 为同型矩阵，且对应元素相等，就称矩阵 A 与 B 相等，记作 $A = B$.

3. 几种特殊矩阵

(1) 方阵

如果一个矩阵 A 的行数与列数都等于 n，则称 A 为 n **阶方阵**，或称为 n **阶矩阵**. 方阵 A 的左上角到右下角的对角线称为主对角线，其上元素称为主对角线元素.

例如，矩阵$\begin{pmatrix}1 & 2\\3 & 4\end{pmatrix}$是一个二阶方阵，其中元素1，4是主对角线元素．

(2) 行矩阵与列矩阵

只有一行的矩阵$\boldsymbol{A}=(a_1, a_2, \cdots, a_n)$称为行矩阵．只有一列的矩阵$\boldsymbol{B}=\begin{pmatrix}b_1\\b_2\\\vdots\\b_n\end{pmatrix}$称为列矩阵．

(3) 零矩阵

元素均为零的矩阵称为零矩阵，记为$\boldsymbol{O}$. 强调矩阵$\boldsymbol{O}$的行数和列数时，记作$\boldsymbol{O}_{m\times n}$或$\boldsymbol{O}_n$. 如$\begin{pmatrix}0 & 0 & 0\\0 & 0 & 0\end{pmatrix}$和$\begin{pmatrix}0 & 0 & 0\\0 & 0 & 0\\0 & 0 & 0\end{pmatrix}$，注意不同型的零矩阵是不同的．

(4) 对角矩阵

除主对角线元素外，其他元素均为零的方阵称为对角矩阵．

例如，$\begin{pmatrix}2 & 0 & 0\\0 & -1 & 0\\0 & 0 & 3\end{pmatrix}$为三阶对角矩阵．

(5) 单位矩阵

主对角线上的元素都为1，其他元素均为零的方阵称为单位矩阵，记为$\boldsymbol{E}$或$\boldsymbol{E}_n$.

例如，$\begin{pmatrix}1 & 0 & 0\\0 & 1 & 0\\0 & 0 & 1\end{pmatrix}$为三阶单位矩阵，可记作$\boldsymbol{E}_3$.

7.2.2 矩阵的运算

1. 矩阵的加法

定义7.3 设$m\times n$矩阵

$$\boldsymbol{A}=\begin{pmatrix}a_{11} & a_{12} & \cdots & a_{1n}\\a_{21} & a_{22} & \cdots & a_{2n}\\\vdots & \vdots & & \vdots\\a_{m1} & a_{m2} & \cdots & a_{mn}\end{pmatrix},\quad \boldsymbol{B}=\begin{pmatrix}b_{11} & b_{12} & \cdots & b_{1n}\\b_{21} & b_{22} & \cdots & b_{2n}\\\vdots & \vdots & & \vdots\\b_{m1} & b_{m2} & \cdots & b_{mn}\end{pmatrix},$$

定义 $\boldsymbol{A}+\boldsymbol{B}$ 为

$$\boldsymbol{A}+\boldsymbol{B}=\begin{pmatrix} a_{11}+b_{11} & a_{12}+b_{12} & \cdots & a_{1n}+b_{1n} \\ a_{21}+b_{21} & a_{22}+b_{22} & \cdots & a_{2n}+b_{2n} \\ \vdots & \vdots & & \vdots \\ a_{m1}+b_{m1} & a_{m2}+b_{m2} & \cdots & a_{mn}+b_{mn} \end{pmatrix},$$

称 $\boldsymbol{A}+\boldsymbol{B}$ 为矩阵 $\boldsymbol{A}$ 与 $\boldsymbol{B}$ 的和.

只有当两个矩阵是同型矩阵时，这两个矩阵才能进行加法运算.

矩阵加法满足下列运算规律(设 $\boldsymbol{A}$，$\boldsymbol{B}$，$\boldsymbol{C}$ 都是 $m\times n$ 矩阵)：

(1) 交换律 $\boldsymbol{A}+\boldsymbol{B}=\boldsymbol{B}+\boldsymbol{A}$；

(2) 结合律 $\boldsymbol{A}+(\boldsymbol{B}+\boldsymbol{C})=(\boldsymbol{A}+\boldsymbol{B})+\boldsymbol{C}$.

设 $\boldsymbol{A}=(a_{ij})$，定义 $\boldsymbol{A}$ 的负矩阵为 $-\boldsymbol{A}=(-a_{ij})$，显然有

$$\boldsymbol{A}+(-\boldsymbol{A})=\boldsymbol{O}.$$

由此规定矩阵的减法为 $\boldsymbol{A}-\boldsymbol{B}=\boldsymbol{A}+(-\boldsymbol{B})$.

例 7.6 设某种物资由两个产地运往三个销地，两次调运方案分别见表 7-2 和表 7-3.

表 7-2 第一次调运方案 （单位：t）

销地 产地	S_1	S_2	S_3
甲	2	5	3
乙	1	4	3

表 7-3 第二次调运方案 （单位：t）

销地 产地	S_1	S_2	S_3
甲	4	3	2
乙	3	2	4

若分别用 $\boldsymbol{A}$，$\boldsymbol{B}$ 两个矩阵表示各次调运量：

$$\boldsymbol{A}=\begin{pmatrix} 2 & 5 & 3 \\ 1 & 4 & 3 \end{pmatrix},\quad \boldsymbol{B}=\begin{pmatrix} 4 & 3 & 2 \\ 3 & 2 & 4 \end{pmatrix}.$$

则两次从各产地运往各销地的运量之和为

$$\boldsymbol{A}+\boldsymbol{B}=\begin{pmatrix} 2+4 & 5+3 & 3+2 \\ 1+3 & 4+2 & 3+4 \end{pmatrix}=\begin{pmatrix} 6 & 8 & 5 \\ 4 & 6 & 7 \end{pmatrix}.$$

2. 矩阵的数乘

定义 7.4　数 k 乘矩阵 $A=(a_{ij})_{m\times n}$ 的每一个元素得到的矩阵

$$\begin{pmatrix} ka_{11} & ka_{12} & \cdots & ka_{1n} \\ ka_{21} & ka_{22} & \cdots & ka_{2n} \\ \vdots & \vdots & & \vdots \\ ka_{m1} & ka_{m2} & \cdots & ka_{mn} \end{pmatrix}$$

称为数 k 与矩阵 A 的乘法，记作 kA. 即

$$kA = k(a_{ij})_{m\times n} = (ka_{ij})_{m\times n}.$$

数与矩阵相乘满足以下规律：

(1) $k(A+B)=kA+kB$；　　(2) $(k_1+k_2)A=k_1A+k_2A$；

(3) $k_1(k_2A)=(k_1k_2)A$.

(其中 k，k_1，k_2 为实数；A，B 均为 $m\times n$ 矩阵.)

例 7.7　设 $A=\begin{pmatrix} 2 & 5 & 3 \\ 1 & 4 & 3 \end{pmatrix}$，　$B=\begin{pmatrix} 4 & 3 & 2 \\ 3 & 2 & 4 \end{pmatrix}$，求 $3A-2B$.

解　$3A-2B=\begin{pmatrix} 6 & 15 & 9 \\ 3 & 12 & 9 \end{pmatrix}-\begin{pmatrix} 8 & 6 & 4 \\ 6 & 4 & 8 \end{pmatrix}$

$=\begin{pmatrix} -2 & 9 & 5 \\ -3 & 8 & 1 \end{pmatrix}$.

3. 矩阵的乘法

引例 3　设有甲、乙两个超市销售Ⅰ、Ⅱ、Ⅲ种商品，某日销量(单位：个)见表 7-4，每种产品的单价和利润(单位：元)见表 7-5.

表 7-4

超市 \ 商品	Ⅰ	Ⅱ	Ⅲ
甲	4	7	6
乙	5	6	4

表 7-5

商品 \ 项目	单价	利润
Ⅰ	15	4
Ⅱ	10	2
Ⅲ	20	6

求两超市出售这三种商品的总收入及总利润.

解　两超市出售这三种商品的总收入及总利润可用如下矩阵表示：

$$C=\begin{pmatrix}4\times15+7\times10+6\times20 & 4\times4+7\times2+6\times6\\ 5\times15+6\times10+4\times20 & 5\times4+6\times2+4\times6\end{pmatrix}\begin{matrix}\text{超市甲}\\ \text{超市乙}\end{matrix}.$$

总收入　　　　　　总利润

若我们把两个超市这三种商品的销量及产品的单价和利润用矩阵表示，从而有

$$\begin{matrix} & \text{商品 I} & \text{商品 II} & \text{商品 III} \\ A= & \begin{pmatrix}4 & 7 & 6\\ 5 & 6 & 4\end{pmatrix} & & \end{matrix}\begin{matrix}\text{超市甲},\\ \text{超市乙}\end{matrix}\quad \begin{matrix}\text{单位价格} & \text{单位利润}\end{matrix}\quad B=\begin{pmatrix}15 & 4\\ 10 & 2\\ 20 & 6\end{pmatrix}\begin{matrix}\text{商品 I}\\ \text{商品 II}\\ \text{商品 III}\end{matrix}.$$

观察矩阵 C，我们不难发现，矩阵 C 中第 i 行第 j 列的元素是由矩阵 A 的第 i 行元素与矩阵 B 的第 j 列对应元素乘积之和．下面给出这种运算的定义．

定义 7.5　设 $m\times s$ 矩阵 A 和 $s\times n$ 矩阵 B 分别为

$$A=\begin{pmatrix}a_{11} & a_{12} & \cdots & a_{1s}\\ a_{21} & a_{22} & \cdots & a_{2s}\\ \vdots & \vdots & & \vdots\\ a_{m1} & a_{m2} & \cdots & a_{ms}\end{pmatrix},\quad B=\begin{pmatrix}b_{11} & b_{12} & \cdots & b_{1n}\\ b_{21} & b_{22} & \cdots & b_{2n}\\ \vdots & \vdots & & \vdots\\ b_{s1} & b_{s2} & \cdots & b_{sn}\end{pmatrix},$$

记
$$c_{ij}=\sum_{k=1}^{s}a_{ik}b_{kj}(i=1,2,\cdots,m;j=1,2,\cdots,n),$$

称 $m\times n$ 矩阵

$$C=\begin{pmatrix}c_{11} & c_{12} & \cdots & c_{1n}\\ c_{21} & c_{22} & \cdots & c_{2n}\\ \vdots & \vdots & & \vdots\\ c_{m1} & c_{m2} & \cdots & c_{mn}\end{pmatrix}$$

为矩阵 A 和矩阵 B 的乘积，记作 $C=AB$.

由定义 7.5 可知，只有当矩阵 A 的列数等于矩阵 B 的行数时，矩阵 A 与 B 才能相乘，且积矩阵 AB 的行数等于左边矩阵 A 的行数，列数等于右边矩阵 B 的列数．积矩阵 AB 的第 i 行第 j 列的元素等于矩阵 A 的第 i 行元素与矩阵 B 的第 j 列对应元素乘积之和．

例 7.8　设矩阵 $A=\begin{pmatrix}2 & 4\\ 0 & -1\\ 1 & 3\end{pmatrix}$，$B=\begin{pmatrix}2 & 1\\ -1 & 4\end{pmatrix}$，求 AB.

解　因为 A 的列数为 2，B 的行数也为 2，所以 A 与 B 可以相乘．

$$AB=\begin{pmatrix}2&4\\0&-1\\1&3\end{pmatrix}\begin{pmatrix}2&1\\-1&4\end{pmatrix}=\begin{pmatrix}2\times2+4\times(-1)&2\times1+4\times4\\0\times2+(-1)\times(-1)&0\times1+(-1)\times4\\1\times2+3\times(-1)&1\times1+3\times4\end{pmatrix}$$

$$=\begin{pmatrix}0&18\\1&-4\\-1&13\end{pmatrix}.$$

BA 不满足矩阵乘法的条件，因此 **BA** 无意义.

显然

$$AE=\begin{pmatrix}a_{11}&a_{12}&a_{13}\\a_{21}&a_{22}&a_{23}\end{pmatrix}\begin{pmatrix}1&0&0\\0&1&0\\0&0&1\end{pmatrix}=\begin{pmatrix}a_{11}&a_{12}&a_{13}\\a_{21}&a_{22}&a_{23}\end{pmatrix}.$$

$$EA=\begin{pmatrix}1&0\\0&1\end{pmatrix}\begin{pmatrix}a_{11}&a_{12}&a_{13}\\a_{21}&a_{22}&a_{23}\end{pmatrix}=\begin{pmatrix}a_{11}&a_{12}&a_{13}\\a_{21}&a_{22}&a_{23}\end{pmatrix}.$$

单位矩阵在矩阵的乘法中起的作用与数 1 在数的乘法中所起的作用类似.

例 7.9　设矩阵 $A=\begin{pmatrix}-2&4\\1&-2\end{pmatrix}$，$B=\begin{pmatrix}2&4\\-3&-6\end{pmatrix}$，求 **AB** 和 **BA**.

解　$AB=\begin{pmatrix}-16&-32\\8&16\end{pmatrix}$，$BA=\begin{pmatrix}0&0\\0&0\end{pmatrix}$.

这说明矩阵的乘法一般不满足交换律，两个非零矩阵相乘可能是零矩阵.

例 7.10　设矩阵 $A=\begin{pmatrix}3&1\\4&6\end{pmatrix}$，$B=\begin{pmatrix}2&1\\4&6\end{pmatrix}$，$C=\begin{pmatrix}0&0\\1&1\end{pmatrix}$，求 **AC** 和 **BC**.

解　$AC=\begin{pmatrix}3&1\\4&6\end{pmatrix}\begin{pmatrix}0&0\\1&1\end{pmatrix}=\begin{pmatrix}1&1\\6&6\end{pmatrix}$，

$$BC=\begin{pmatrix}2&1\\4&6\end{pmatrix}\begin{pmatrix}0&0\\1&1\end{pmatrix}=\begin{pmatrix}1&1\\6&6\end{pmatrix}.$$

这说明由 $AC=BC$，不能得到 $A=B$，即矩阵的乘法不满足消去律.

容易验证，矩阵乘法满足下列运算规律：

(1) 结合律　$(AB)C=A(BC)$；$k(AB)=(kA)B=A(kB)$，其中 k 为任意实数.

(2) 分配律　$A(B+C)=AB+AC$；$(B+C)A=BA+CA$.

根据矩阵的乘法和相等的概念，可以把线性方程组用矩阵的形式表示.

例如，线性方程组

$$\begin{cases} x_1 + 2x_2 + x_3 = 3 \\ 2x_1 - x_2 + x_3 = 2 \\ -x_1 \qquad - 3x_3 = 4 \end{cases}$$

可表示为 $\boldsymbol{AX}=\boldsymbol{B}$ 的形式，其中

$$\boldsymbol{A} = \begin{pmatrix} 1 & 2 & 1 \\ 2 & -1 & 1 \\ -1 & 0 & -3 \end{pmatrix}, \boldsymbol{X} = \begin{pmatrix} x_1 \\ x_2 \\ x_3 \end{pmatrix}, \boldsymbol{B} = \begin{pmatrix} 3 \\ 2 \\ 4 \end{pmatrix}.$$

对于方阵而言，可以定义方阵的幂：

$\boldsymbol{A}^0=\boldsymbol{E}$，$\boldsymbol{A}^1=\boldsymbol{A}$，$\boldsymbol{A}^2=\boldsymbol{A}\cdot\boldsymbol{A}$，…，$\boldsymbol{A}^{k+1}=\boldsymbol{A}^k\boldsymbol{A}$，其中 k 为正整数.

这就是说，$\boldsymbol{A}^k$ 就是 k 个 $\boldsymbol{A}$ 连乘，显然只有方阵才有幂. 方阵的幂满足：$\boldsymbol{A}^k\boldsymbol{A}^l=\boldsymbol{A}^{k+l}$，$(\boldsymbol{A}^k)^l=\boldsymbol{A}^{kl}$，其中 k，l 为正整数.

4. 矩阵转置

将矩阵的行依次换成相应的列所得到的矩阵，记为 $\boldsymbol{A}^{\mathrm{T}}$.

例如，矩阵 $\boldsymbol{A}=\begin{pmatrix} 1 & -1 & 3 \\ 4 & 2 & 0 \end{pmatrix}$ 的转置矩阵 $\boldsymbol{A}^{\mathrm{T}}=\begin{pmatrix} 1 & 4 \\ -1 & 2 \\ 3 & 0 \end{pmatrix}$.

矩阵的转置满足下述运算规律：

(1) $(\boldsymbol{A}^{\mathrm{T}})^{\mathrm{T}}=\boldsymbol{A}$；

(2) $(\boldsymbol{A}+\boldsymbol{B})^{\mathrm{T}}=\boldsymbol{A}^{\mathrm{T}}+\boldsymbol{B}^{\mathrm{T}}$；

(3) $(\boldsymbol{AB})^{\mathrm{T}}=\boldsymbol{B}^{\mathrm{T}}\boldsymbol{A}^{\mathrm{T}}$；

(4) $(\lambda\boldsymbol{A})^{\mathrm{T}}=\lambda\boldsymbol{A}^{\mathrm{T}}$.

设 $\boldsymbol{A}$ 为 n 阶方阵，若 $\boldsymbol{A}$ 满足 $\boldsymbol{A}^{\mathrm{T}}=\boldsymbol{A}$，则称 $\boldsymbol{A}$ 为**对称矩阵**.

对称矩阵的特点是它的元素以主对角线为对称轴对应相等，即有 $a_{ij}=a_{ji}$. 例如，$\boldsymbol{A}=\begin{pmatrix} 1 & -1 & 3 \\ -1 & 3 & 4 \\ 3 & 4 & 1 \end{pmatrix}$ 为对称矩阵.

5. 方阵的行列式

定义 7.6 设有 n 阶方阵

$$\boldsymbol{A} = \begin{pmatrix} a_{11} & a_{12} & \cdots & a_{1n} \\ a_{21} & a_{22} & \cdots & a_{2n} \\ \vdots & \vdots & & \vdots \\ a_{n1} & a_{n2} & \cdots & a_{nn} \end{pmatrix},$$

称对应的行列式

$$\begin{vmatrix} a_{11} & a_{12} & \cdots & a_{1n} \\ a_{21} & a_{22} & \cdots & a_{2n} \\ \vdots & \vdots & & \vdots \\ a_{n1} & a_{n2} & \cdots & a_{nn} \end{vmatrix}$$

为**方阵 $\boldsymbol{A}$ 的行列式**，记作 $|\boldsymbol{A}|$.

关于方阵的行列式，有如下结论($\boldsymbol{A}$，$\boldsymbol{B}$ 为 n 阶方阵，λ 为常数)：

(1) $|\boldsymbol{A}^{\mathrm{T}}| = |\boldsymbol{A}|$；

(2) $|\lambda\boldsymbol{A}| = \lambda^n|\boldsymbol{A}|$；

(3) $|\boldsymbol{AB}| = |\boldsymbol{A}||\boldsymbol{B}|$.

习　题　7.2

1. 设 $\boldsymbol{A}=\begin{pmatrix}1 & 0 & -2\\ 2 & 1 & 3\end{pmatrix}$，$\boldsymbol{B}=\begin{pmatrix}2 & 1 & -1\\ 1 & -2 & 0\end{pmatrix}$.

求：(1) $2\boldsymbol{A}-3\boldsymbol{B}$；　　(2) $3\boldsymbol{A}+\boldsymbol{B}$.

2. 计算：

(1) $\begin{pmatrix}1 & 2 & 3\end{pmatrix}\begin{pmatrix}-1\\ 2\\ 1\end{pmatrix}$　　(2) $\begin{pmatrix}-1\\ 2\\ 1\end{pmatrix}\begin{pmatrix}1 & 2 & 3\end{pmatrix}$

(3) $\begin{pmatrix}1 & 0 & -1\\ 3 & 1 & 2\end{pmatrix}\begin{pmatrix}1\\ -1\\ 2\end{pmatrix}$　　(4) $\begin{pmatrix}1 & -3 & -1\\ 5 & 1 & 0\end{pmatrix}\begin{pmatrix}1 & 3\\ 5 & 6\\ 7 & 9\end{pmatrix}$

(5) $\begin{pmatrix}1 & -3 & 2\\ -1 & 2 & -4\\ 0 & 0 & 1\end{pmatrix}\begin{pmatrix}1 & -1 & 2 & 0\\ 0 & 1 & 3 & 1\\ -1 & 2 & 1 & -1\end{pmatrix}$.

3. 设 $\boldsymbol{A}=\begin{pmatrix}1 & 2\\ 4 & -1\end{pmatrix}$，$\boldsymbol{B}=\begin{pmatrix}-1 & 2\\ 3 & 1\end{pmatrix}$，$\boldsymbol{C}=\begin{pmatrix}3 & 1\\ 0 & 3\end{pmatrix}$，验证：

(1) $(\boldsymbol{AB})\boldsymbol{C}=\boldsymbol{A}(\boldsymbol{BC})$；　　(2) $\boldsymbol{A}(\boldsymbol{B}+\boldsymbol{C})=\boldsymbol{AB}+\boldsymbol{AC}$；

(3) $|\boldsymbol{AB}| = |\boldsymbol{A}||\boldsymbol{B}|$.

4. 设 $\boldsymbol{A}=\begin{pmatrix}1 & -1 & 1\\ 0 & 1 & 2\\ 1 & 2 & 3\end{pmatrix}$，$\boldsymbol{B}=\begin{pmatrix}1 & 2\\ 2 & -1\\ 0 & 1\end{pmatrix}$，求 $\boldsymbol{AB}$，$\boldsymbol{B}^{\mathrm{T}}\boldsymbol{A}^{\mathrm{T}}$.

5. 某厂生产甲、乙、丙三种产品，其 9 月、10 月的生产数量、产品的单位成本及单位价格见表 7-6.

表 7-6

项目 \ 产品	甲	乙	丙
9月产量(单位：万个)	10	15	30
10月产量(单位：万个)	12	16	25
每万个成本(单位：万元)	8	6	10
每万个价格(单位：万元)	12	9	15

计算该厂9月、10月的总成本和总产值分别是多少(要求用矩阵的乘法来做)?

7.3 矩阵的初等变换与矩阵的秩

7.3.1 矩阵的初等变换

定义 7.7 称矩阵的如下三种变换为矩阵的**初等行变换**:

(1) 互换矩阵的两行．用 $r_i \leftrightarrow r_j$ 表示互换矩阵的第 i 行与第 j 行．

(2) 用非零的数乘矩阵的某一行．用 $r_i \times k$ 表示用数 k 乘第 i 行．

(3) 将矩阵的某一行的 k 倍加到另一行．用 $r_j + kr_i$ 表示第 i 行的 k 倍加到第 j 行．

把定义中的"行"换成"列"，即得矩阵的初等列变换(所用的记号把"r"换成"c")．

矩阵的初等行变换与初等列变换统称为矩阵的**初等变换**．

对于任意矩阵，可由初等行变换转化为满足下列条件的矩阵:

(1) 若矩阵有零行(元素全部为零的行)，则零行在矩阵的下方；

(2) 各非零行第一个非零的元素(称为首非零元)的列标随着行标的递增而严格递增．称满足上述条件的矩阵为**阶梯形矩阵**．

若一个阶梯形矩阵还满足非零行的第一个非零元素均为1，且其所在列的其他元素都为零，称这样的阶梯形矩阵为**行最简形矩阵**．

例如，

$$\boldsymbol{A} = \begin{pmatrix} 2 & 1 & -1 & 0 \\ 0 & 0 & -3 & 2 \\ 0 & 0 & 0 & 1 \end{pmatrix}, \boldsymbol{B} = \begin{pmatrix} 3 & 2 & 1 & 0 & -1 \\ 0 & 2 & 1 & 2 & 1 \\ 0 & 0 & 0 & 1 & -1 \\ 0 & 0 & 0 & 0 & 0 \end{pmatrix}$$

为阶梯形矩阵，

$$C=\begin{pmatrix}1&2&0&0\\0&0&1&0\\0&0&0&1\end{pmatrix}$$

为行最简形矩阵.

例 7.11 用初等行变换把矩阵

$$A=\begin{pmatrix}1&-2&-1&0&2\\-2&4&2&6&-6\\2&-1&0&2&3\\3&3&3&3&4\end{pmatrix}$$

化为阶梯形矩阵和行最简形矩阵.

解 $A\xrightarrow[\substack{r_3-2r_1\\r_4-3r_1}]{r_2+2r_1}\begin{pmatrix}1&-2&-1&0&2\\0&0&0&6&-2\\0&3&2&2&-1\\0&9&6&3&-2\end{pmatrix}$

$$\xrightarrow[r_3\leftrightarrow r_4]{r_2\leftrightarrow r_3}\begin{pmatrix}1&-2&-1&0&2\\0&3&2&2&-1\\0&9&6&3&-2\\0&0&0&6&-2\end{pmatrix}$$

$$\xrightarrow{r_3-3r_2}\begin{pmatrix}1&-2&-1&0&2\\0&3&2&2&-1\\0&0&0&-3&1\\0&0&0&6&-2\end{pmatrix}$$

$$\xrightarrow{r_4+2r_3}\begin{pmatrix}1&-2&-1&0&2\\0&3&2&2&-1\\0&0&0&-3&1\\0&0&0&0&0\end{pmatrix}.$$

这就是矩阵 A 的阶梯形矩阵，再对其进行初等行变换，则有

$$\begin{pmatrix}1&-2&-1&0&2\\0&3&2&2&-1\\0&0&0&-3&1\\0&0&0&0&0\end{pmatrix}\xrightarrow[r_3\times\left(-\frac{1}{3}\right)]{r_2+\frac{2}{3}r_3}\begin{pmatrix}1&-2&-1&0&2\\0&3&2&0&-\frac{1}{3}\\0&0&0&1&-\frac{1}{3}\\0&0&0&0&0\end{pmatrix}$$

$$\xrightarrow[r_2 \times \frac{1}{3}]{r_1 + \frac{2}{3}r_2} \begin{pmatrix} 1 & 0 & \frac{1}{3} & 0 & \frac{16}{9} \\ 0 & 1 & \frac{2}{3} & 0 & -\frac{1}{9} \\ 0 & 0 & 0 & 1 & -\frac{1}{3} \\ 0 & 0 & 0 & 0 & 0 \end{pmatrix},$$

即为矩阵 $\boldsymbol{A}$ 的行最简形矩阵.

一般地，任一矩阵我们都可通过初等行变换把它化为阶梯形矩阵，进一步可化为行最简形矩阵.

7.3.2 矩阵的秩的概念

我们通过初等行变换把一个矩阵化为阶梯形矩阵，变换的过程不同得到的阶梯形矩阵可不同，但阶梯形矩阵中非零行的行数是相同的. 下面引入矩阵的秩的概念.

定义 7.8 矩阵 $\boldsymbol{A}$ 所对应的阶梯形矩阵中，非零行的行数称为矩阵 $\boldsymbol{A}$ 的**秩**，记作 $R(\boldsymbol{A})$.

例 7.11 中矩阵 $\boldsymbol{A}$ 的秩为 3，记作 $R(\boldsymbol{A})=3$.

求一个矩阵的秩时，只需要利用初等行变换将矩阵化为阶梯形矩阵，确定非零行的行数即可.

习 题 7.3

通过初等行变换把下列矩阵化为行最简形矩阵并求它们的秩.

(1) $\boldsymbol{A}=\begin{pmatrix} 2 & 3 & 4 & 5 & 6 \\ 1 & 2 & 3 & 4 & 5 \\ 3 & 4 & 5 & 6 & 2 \end{pmatrix}$； (2) $\boldsymbol{B}=\begin{pmatrix} 1 & -1 & 2 & 1 & 0 \\ 2 & -2 & 4 & -2 & 0 \\ 3 & 0 & 6 & -1 & 1 \\ 2 & 1 & 4 & 2 & 1 \end{pmatrix}$.

7.4 逆矩阵

7.4.1 逆矩阵的概念

定义 7.9 对于一个 n 阶方阵 $\boldsymbol{A}$，如果存在一个 n 阶方阵 $\boldsymbol{B}$，使得

$$\boldsymbol{AB}=\boldsymbol{BA}=\boldsymbol{E},$$

则称方阵 $\boldsymbol{A}$ 是**可逆**的(简称 $\boldsymbol{A}$ **可逆**)，并称 $\boldsymbol{B}$ 是 $\boldsymbol{A}$ 的**逆矩阵**，简称为 $\boldsymbol{A}$

的逆，记为 $\boldsymbol{A}^{-1}$，即 $\boldsymbol{A}^{-1}=\boldsymbol{B}$.

例如，

$$\boldsymbol{A}=\begin{pmatrix}1&2\\3&5\end{pmatrix},\quad \boldsymbol{B}=\begin{pmatrix}-5&2\\3&-1\end{pmatrix},$$

因为

$$\boldsymbol{AB}=\begin{pmatrix}1&2\\3&5\end{pmatrix}\begin{pmatrix}-5&2\\3&-1\end{pmatrix}=\begin{pmatrix}1&0\\0&1\end{pmatrix}=\boldsymbol{E},$$

$$\boldsymbol{BA}=\begin{pmatrix}-5&2\\3&-1\end{pmatrix}\begin{pmatrix}1&2\\3&5\end{pmatrix}=\begin{pmatrix}1&0\\0&1\end{pmatrix}=\boldsymbol{E},$$

所以 $\boldsymbol{B}$ 是 $\boldsymbol{A}$ 的逆矩阵，同时 $\boldsymbol{A}$ 也是 $\boldsymbol{B}$ 的逆矩阵，$\boldsymbol{A}$ 与 $\boldsymbol{B}$ 互为逆矩阵.

可以证明，逆矩阵有如下性质：

(1) 若 $\boldsymbol{A}$ 可逆，则 $\boldsymbol{A}$ 的逆矩阵是唯一的.

(2) 若 $\boldsymbol{A}$ 可逆，则 $\boldsymbol{A}^{-1}$ 也可逆，且 $(\boldsymbol{A}^{-1})^{-1}=\boldsymbol{A}$，$|\boldsymbol{A}^{-1}|=\dfrac{1}{|\boldsymbol{A}|}$.

(3) 若 $\boldsymbol{A}$ 可逆，且 $\lambda\neq 0$，则 $\lambda\boldsymbol{A}$ 可逆，且 $(\lambda\boldsymbol{A})^{-1}=\dfrac{1}{\lambda}\boldsymbol{A}^{-1}$.

(4) 若同阶方阵 $\boldsymbol{A}$，$\boldsymbol{B}$ 都可逆，则 $\boldsymbol{AB}$ 也可逆，且 $(\boldsymbol{AB})^{-1}=\boldsymbol{B}^{-1}\boldsymbol{A}^{-1}$.

(5) 若 $\boldsymbol{A}$ 可逆，则 $\boldsymbol{A}^{\mathrm{T}}$ 可逆，且 $(\boldsymbol{A}^{\mathrm{T}})^{-1}=(\boldsymbol{A}^{-1})^{\mathrm{T}}$.

7.4.2　逆矩阵的求法

***1. 用伴随矩阵来求矩阵的逆矩阵**

由矩阵 $\boldsymbol{A}=(a_{ij})_{m\times n}$ 的行列式 $|\boldsymbol{A}|$ 中元素 a_{ij} 的代数余子式 $A_{ij}(i, j=1, 2, \cdots, n)$ 构成的 n 阶方阵

$$\begin{pmatrix}A_{11}&A_{21}&\cdots&A_{n1}\\A_{12}&A_{22}&\cdots&A_{n2}\\\vdots&\vdots&&\vdots\\A_{1n}&A_{2n}&\cdots&A_{nn}\end{pmatrix}$$

称为矩阵 $\boldsymbol{A}$ 的**伴随矩阵**，记作 $\boldsymbol{A}^*$.

定理 7.2　若 $|\boldsymbol{A}|\neq 0$，则 $\boldsymbol{A}$ 可逆，且 $\boldsymbol{A}^{-1}=\dfrac{1}{|\boldsymbol{A}|}\boldsymbol{A}^*$，其中 $\boldsymbol{A}^*$ 为 $\boldsymbol{A}$ 的伴随矩阵. 反过来，若 $\boldsymbol{A}$ 可逆，则 $|\boldsymbol{A}|\neq 0$.

由定理 7.2 知，若 $\boldsymbol{AB}=\boldsymbol{E}$，则 $|\boldsymbol{AB}|=|\boldsymbol{A}||\boldsymbol{B}|=|\boldsymbol{E}|=1$，$|\boldsymbol{A}|\neq 0$，$\boldsymbol{A}$ 可逆，有

$$\boldsymbol{A}^{-1}(\boldsymbol{AB})=\boldsymbol{A}^{-1}\boldsymbol{E},$$

由矩阵的乘法满足结合律，可得 $\boldsymbol{B}=\boldsymbol{A}^{-1}$.

例 7.12 已知 $\boldsymbol{A}=\begin{pmatrix}3&2&1\\1&2&2\\3&4&3\end{pmatrix}$，求 $\boldsymbol{A}$ 的逆矩阵.

解 因为 $|\boldsymbol{A}|=-2\neq0$，所以 $\boldsymbol{A}$ 可逆. 因为 $A_{11}=-2$，$A_{12}=3$，$A_{13}=-2$，$A_{21}=-2$，$A_{22}=6$，$A_{23}=-6$，$A_{31}=2$，$A_{32}=-5$，$A_{33}=4$，则得

$$\boldsymbol{A}^*=\begin{pmatrix}-2&-2&2\\3&6&-5\\-2&-6&4\end{pmatrix},$$

所以

$$\boldsymbol{A}^{-1}=\frac{\boldsymbol{A}^*}{|\boldsymbol{A}|}=-\frac{1}{2}\begin{pmatrix}-2&-2&2\\3&6&-5\\-2&-6&4\end{pmatrix}=\begin{pmatrix}1&1&-1\\-\frac{3}{2}&-3&\frac{5}{2}\\1&3&-2\end{pmatrix}.$$

2. 用初等行变换求逆矩阵

用初等行变换求一个可逆矩阵 $\boldsymbol{A}$ 的逆矩阵，其具体方法为：把矩阵 $\boldsymbol{A}$ 写在左边，同阶单位矩阵 $\boldsymbol{E}$ 写在右边，对其实施初等行变换，将矩阵 $\boldsymbol{A}$ 化为单位矩阵的同时，单位矩阵 $\boldsymbol{E}$ 就化为了矩阵 $\boldsymbol{A}$ 的逆矩阵 $\boldsymbol{A}^{-1}$. 即

$$(\boldsymbol{A}\vdots\boldsymbol{E})\xrightarrow{\text{初等行变换}}(\boldsymbol{E}\vdots\boldsymbol{A}^{-1}),$$

$(\boldsymbol{E}\vdots\boldsymbol{A}^{-1})$就是$(\boldsymbol{A}\vdots\boldsymbol{E})$的行最简形矩阵.

在用初等行变换来求矩阵的逆矩阵时，若矩阵 $\boldsymbol{A}$ 经过一系列初等变换后不能得到单位矩阵，则可以判断矩阵 $\boldsymbol{A}$ 不可逆. 由此，n 阶方阵 $\boldsymbol{A}$ 可逆的充要条件是 $\boldsymbol{A}$ 可以通过初等行变换化为单位矩阵，同样也有，n 阶方阵 $\boldsymbol{A}$ 可逆的充要条件是 $R(\boldsymbol{A})=n$.

例 7.13 用初等行变换求 $\boldsymbol{A}=\begin{pmatrix}1&0&2\\1&-2&-3\\-1&1&0\end{pmatrix}$的逆矩阵.

解 $(\boldsymbol{A}\vdots\boldsymbol{E})=\left(\begin{array}{ccc:ccc}1&0&2&1&0&0\\1&-2&-3&0&1&0\\-1&1&0&0&0&1\end{array}\right)$

$$\xrightarrow[r_3+r_1]{r_2-r_1}\left(\begin{array}{ccc:ccc}1&0&2&1&0&0\\0&-2&-5&-1&1&0\\0&1&2&1&0&1\end{array}\right)$$

$$\xrightarrow{r_2 \leftrightarrow r_3} \left(\begin{array}{ccc:ccc} 1 & 0 & 2 & 1 & 0 & 0 \\ 0 & 1 & 2 & 1 & 0 & 1 \\ 0 & -2 & -5 & -1 & 1 & 0 \end{array}\right)$$

$$\xrightarrow{r_3 + 2r_2} \left(\begin{array}{ccc:ccc} 1 & 0 & 2 & 1 & 0 & 0 \\ 0 & 1 & 2 & 1 & 0 & 1 \\ 0 & 0 & -1 & 1 & 1 & 2 \end{array}\right)$$

$$\xrightarrow[\substack{r_2 + 2r_3 \\ r_3 \times (-1)}]{r_1 + 2r_3} \left(\begin{array}{ccc:ccc} 1 & 0 & 0 & 3 & 2 & 4 \\ 0 & 1 & 0 & 3 & 2 & 5 \\ 0 & 0 & 1 & -1 & -1 & -2 \end{array}\right),$$

所以

$$\boldsymbol{A}^{-1} = \begin{pmatrix} 3 & 2 & 4 \\ 3 & 2 & 5 \\ -1 & -1 & -2 \end{pmatrix}.$$

习　题　7.4

1. 求下列矩阵的逆矩阵：

(1) $\begin{pmatrix} 1 & -1 \\ -3 & 2 \end{pmatrix}$;　　(2) $\begin{pmatrix} 0 & 1 & 2 \\ 1 & 1 & 4 \\ 2 & -1 & 0 \end{pmatrix}$;

(3) $\begin{pmatrix} 2 & 2 & 3 \\ 1 & -1 & 0 \\ -1 & 2 & 1 \end{pmatrix}$.

2. 设方阵 $\boldsymbol{A}$，且 $|\boldsymbol{A}| \neq 0$，试证：

(1) 若 $\boldsymbol{AX} = \boldsymbol{B}$，则 $\boldsymbol{X} = \boldsymbol{A}^{-1}\boldsymbol{B}$;

(2) 若 $\boldsymbol{XA} = \boldsymbol{B}$，则 $\boldsymbol{X} = \boldsymbol{BA}^{-1}$.

3. 设矩阵 $\boldsymbol{A}$，$\boldsymbol{B}$ 满足矩阵方程 $\boldsymbol{AX} = \boldsymbol{B}$，其中 $\boldsymbol{A} = \begin{pmatrix} 1 & 1 \\ 3 & 4 \end{pmatrix}$，$\boldsymbol{B} = \begin{pmatrix} 2 & -1 \\ 1 & 0 \end{pmatrix}$，求 $\boldsymbol{X}$.

7.5　线性方程组及其解法

7.5.1　线性方程组

设有线性方程组

$$
\begin{cases}
a_{11}x_1+a_{12}x_2+\cdots+a_{1n}x_n=b_1\\
a_{21}x_1+a_{22}x_2+\cdots+a_{2n}x_n=b_2\\
\qquad\vdots\\
a_{m1}x_1+a_{m2}x_2+\cdots+a_{mn}x_n=b_m
\end{cases},
$$

若常数项 $b_i(i=1,2,\cdots,m)$ 全为零时，称该方程组为**齐次线性方程组**，否则称为**非齐次线性方程组**.

由 n 个数 $k_1, k_2, \cdots, k_n$ 组成的一个有序数组 $(k_1, k_2, \cdots, k_n)$，如果将它们依次代入方程组后，方程组中的每个方程都变成恒等式，则称这个有序数组 $(k_1, k_2, \cdots, k_n)$ 为方程组的一组解. 显然 $x_1=0$，$x_2=0$，$\cdots$，$x_n=0$ 组成的有序数组是齐次线性方程组的一组解，称其为齐次线性方程组的零解，而当齐次线性方程组的未知量取值不全为零时，称其为非零解.

非齐次线性方程组的矩阵表示形式为

$$\boldsymbol{AX}=\boldsymbol{B},$$

其中

$$
\boldsymbol{A}=\begin{pmatrix} a_{11} & a_{12} & \cdots & a_{1n}\\ a_{21} & a_{22} & \cdots & a_{2n}\\ \vdots & \vdots & & \vdots\\ a_{m1} & a_{m2} & \cdots & a_{mn}\end{pmatrix},\ \boldsymbol{X}=\begin{pmatrix} x_1\\ x_2\\ \vdots\\ x_n\end{pmatrix},\ \boldsymbol{B}=\begin{pmatrix} b_1\\ b_2\\ \vdots\\ b_m\end{pmatrix},
$$

称矩阵 $\boldsymbol{A}$ 为方程组的系数矩阵，$\boldsymbol{X}$ 为未知数矩阵，$\boldsymbol{B}$ 为常数矩阵. 将系数矩阵 $\boldsymbol{A}$ 和常数矩阵 $\boldsymbol{B}$ 放在一起构成的矩阵

$$
(\boldsymbol{A},\boldsymbol{B})=\begin{pmatrix} a_{11} & a_{12} & \cdots & a_{1n} & b_1\\ a_{21} & a_{22} & \cdots & a_{2n} & b_2\\ \vdots & \vdots & & \vdots & \vdots\\ a_{m1} & a_{m2} & \cdots & a_{mn} & b_m\end{pmatrix}
$$

称为线性方程组的**增广矩阵**，记为 $\overline{\boldsymbol{A}}$. 齐次线性方程组的矩阵表示形式为 $\boldsymbol{AX}=\boldsymbol{O}$.

7.5.2 用初等行变换求解线性方程组

高斯消元法是解线性方程组常用的方法，下面举例说明用消元法求一般线性方程组解的方法和步骤.

例 7.14 解线性方程组

$$
\begin{cases}
0.3x_1+0.5x_2=16.2\\
x_1+3x_2=78
\end{cases}.
$$

解　我们把方程组消元的过程列在表7-7的左栏，系数及常数项对应的增广矩阵变换的过程列在表7-7的右栏．

表　7-7

方程组消元的过程	增广矩阵变换的过程
$\begin{cases} 0.3x_1+0.5x_2=16.2 & (1) \\ x_1+3x_2=78 & (2) \end{cases}$	$\begin{pmatrix} 0.3 & 0.5 & 16.2 \\ 1 & 3 & 78 \end{pmatrix}$
(1)、(2)互换，得 $\begin{cases} x_1+3x_2=78 & (1) \\ 0.3x_1+0.5x_2=16.2 & (2) \end{cases}$	第一行与第二行互换，得 $\begin{pmatrix} 1 & 3 & 78 \\ 0.3 & 0.5 & 16.2 \end{pmatrix}$
10×(2)，得 $\begin{cases} x_1+3x_2=78 & (1) \\ 3x_1+5x_2=162 & (2) \end{cases}$	用10乘以第二行，得 $\begin{pmatrix} 1 & 3 & 78 \\ 3 & 5 & 162 \end{pmatrix}$
(2)－(1)×3，得 $\begin{cases} x_1+3x_2=78 & (1) \\ -4x_2=-72 & (2) \end{cases}$	第一行的－3倍加到第二行，得 $\begin{pmatrix} 1 & 3 & 78 \\ 0 & -4 & -72 \end{pmatrix}$
－1/4×(2)，得 $\begin{cases} x_1+3x_2=78 & (1) \\ x_2=18 & (2) \end{cases}$	－1/4乘以第二行，得 $\begin{pmatrix} 1 & 3 & 78 \\ 0 & 1 & 18 \end{pmatrix}$
(1)－(2)×3，得 $\begin{cases} x_1=24 \\ x_2=18 \end{cases}$	第二行的－3倍加到第一行，得 $\begin{pmatrix} 1 & 0 & 24 \\ 0 & 1 & 18 \end{pmatrix}$

从例7.14的求解过程可以看出：求解线性方程组的过程实际上是对方程组进行了以下三种变换：

(1) 交换两个方程位置；

(2) 用一个非零常数乘某一方程；

(3) 一个方程的倍数加到另一个方程上．

线性方程组经过上述三种变换后，所得到的方程组与原方程组同解．而对方程组进行高斯消元，仅仅只对方程组的系数和常数进行运算，未知量并未参与运算，整个消元过程相当于对增广矩阵作初等行变换，将增广矩阵化为行最简形矩阵．所以，我们可以用矩阵的初等行变换求解线性方程组．

例7.15　解线性方程组

$$\begin{cases}3x_1+x_2+x_3=3\\x_1-2x_2+3x_3=-4\\2x_1+4x_2+5x_3=1\end{cases}.$$

解 用初等行变换将增广矩阵$\overline{A}$化成阶梯形矩阵.

$$\overline{A}=\begin{pmatrix}3&1&1&3\\1&-2&3&-4\\2&4&5&1\end{pmatrix}\xrightarrow{r_1\leftrightarrow r_2}\begin{pmatrix}1&-2&3&-4\\3&1&1&3\\2&4&5&1\end{pmatrix}$$

$$\xrightarrow[r_3-2r_1]{r_2-3r_1}\begin{pmatrix}1&-2&3&-4\\0&7&-8&15\\0&8&-1&9\end{pmatrix}$$

$$\xrightarrow{r_3-\frac{8}{7}r_2}\begin{pmatrix}1&-2&3&-4\\0&7&-8&15\\0&0&\frac{57}{7}&-\frac{57}{7}\end{pmatrix}=\boldsymbol{C}.$$

由矩阵 $\boldsymbol{C}$ 可知，$R(\boldsymbol{A})=R(\overline{\boldsymbol{A}})=3=n$($n$ 为未知数的个数). 再将阶梯形矩阵 $\boldsymbol{C}$ 化成行最简形矩阵.

$$\begin{pmatrix}1&-2&3&-4\\0&7&-8&15\\0&0&\frac{57}{7}&-\frac{57}{7}\end{pmatrix}\xrightarrow[r_3\times\frac{7}{57}]{r_2\times\frac{1}{7}}\begin{pmatrix}1&-2&3&-4\\0&1&-\frac{8}{7}&\frac{15}{7}\\0&0&1&-1\end{pmatrix}$$

$$\xrightarrow[r_2+\frac{8}{7}r_3]{r_1-3r_3}\begin{pmatrix}1&-2&0&-1\\0&1&0&1\\0&0&1&-1\end{pmatrix}$$

$$\xrightarrow{r_1+2r_2}\begin{pmatrix}1&0&0&1\\0&1&0&1\\0&0&1&-1\end{pmatrix}.$$

得方程组的解

$$\begin{cases}x_1=1\\x_2=1\\x_3=-1\end{cases}.$$

例 7.16 解线性方程组

$$\begin{cases}x_1-x_2+2x_3=6\\2x_1+x_2+x_3=3\\x_1+2x_2-x_3=-3\end{cases}.$$

解　用初等行变换将增广矩阵$\overline{A}$化成阶梯形矩阵.

$$\overline{A}=\begin{pmatrix}1&-1&2&6\\2&1&1&3\\1&2&-1&-3\end{pmatrix}\xrightarrow[r_3-r_1]{r_2-2r_1}\begin{pmatrix}1&-1&2&6\\0&3&-3&-9\\0&3&-3&-9\end{pmatrix}$$

$$\xrightarrow{r_3-r_2}\begin{pmatrix}1&-1&2&6\\0&3&-3&-9\\0&0&0&0\end{pmatrix}=C.$$

由矩阵 C 可知，$R(A)=R(\overline{A})=2<n=3$. 再将阶梯形矩阵 C 化成行最简形矩阵.

$$\begin{pmatrix}1&-1&2&6\\0&3&-3&-9\\0&0&0&0\end{pmatrix}\xrightarrow{r_2\times\frac{1}{3}}\begin{pmatrix}1&-1&2&6\\0&1&-1&-3\\0&0&0&0\end{pmatrix}$$

$$\xrightarrow{r_1+r_2}\begin{pmatrix}1&0&1&3\\0&1&-1&-3\\0&0&0&0\end{pmatrix}.$$

行最简形矩阵对应的线性方程组为

$$\begin{cases}x_1+\qquad x_3=\ \ 3\\ \qquad x_2-x_3=-3\end{cases},$$

得方程组的解

$$\begin{cases}x_1=-x_3+3\\ x_2=\ \ x_3-3\end{cases},$$

其中 x_3 为自由未知量，可取任意值. 方程组有无穷多解.

熟练后可由行最简形矩阵直接写出方程组的解.

例 7.17　解线性方程组

$$\begin{cases}x_1-2x_2+3x_3+2x_4=2\\3x_1-x_2+5x_3-x_4=6\\2x_1+x_2+2x_3-3x_4=8\end{cases}.$$

解　$$\overline{A}=\begin{pmatrix}1&-2&3&2&2\\3&-1&5&-1&6\\2&1&2&-3&8\end{pmatrix}\xrightarrow[r_3-2r_1]{r_2-3r_1}\begin{pmatrix}1&-2&3&2&2\\0&5&-4&-7&0\\0&5&-4&-7&4\end{pmatrix}$$

$$\xrightarrow{r_3-r_2}\begin{pmatrix}1&-2&3&2&2\\0&5&-4&-7&0\\0&0&0&0&4\end{pmatrix}=C.$$

阶梯形矩阵第三行表示的方程为

$$0\cdot x_1+0\cdot x_2+0\cdot x_3+0\cdot x_4=4.$$

这是个矛盾方程，所以方程组无解．另外，由矩阵 $\boldsymbol{C}$ 可知，$R(\boldsymbol{A})=2$，$R(\overline{\boldsymbol{A}})=3$. 由此可知，当 $R(\boldsymbol{A})\neq R(\overline{\boldsymbol{A}})$ 时，会产生矛盾方程，因此，线性方程组无解．

由于齐次线性方程组 $\boldsymbol{AX}=\boldsymbol{O}$ 的增广矩阵中，最后一列的元素全为零，用初等行变换求齐次线性方程组的解时，只需对其系数矩阵 $\boldsymbol{A}$ 进行行变换．

例 7.18 解齐次线性方程组

$$\begin{cases}x_1+x_2-x_3=0\\2x_1+x_2+2x_3=0\\3x_1+2x_2+x_3=0\end{cases}.$$

解 对齐次线性方程组的系数矩阵 $\boldsymbol{A}$ 进行行变换，则

$$\boldsymbol{A}=\begin{pmatrix}1&1&-1\\2&1&2\\3&2&1\end{pmatrix}\xrightarrow[r_3-3r_1]{r_2-2r_1}\begin{pmatrix}1&1&-1\\0&-1&4\\0&-1&4\end{pmatrix}$$

$$\xrightarrow{r_3-r_2}\begin{pmatrix}1&1&-1\\0&-1&4\\0&0&0\end{pmatrix}\xrightarrow[r_2\times(-1)]{r_1+r_2}\begin{pmatrix}1&0&3\\0&1&-4\\0&0&0\end{pmatrix}.$$

齐次线性方程组的解为

$$\begin{cases}x_1=-3x_3\\x_2=4x_3\end{cases}(x_3\text{ 为自由未知量}).$$

7.5.3 线性方程组解的情况判定

在例 7.15 中，$R(\boldsymbol{A})=R(\overline{\boldsymbol{A}})=3=n$（$n$ 为未知数的个数），方程组有唯一解．

例 7.16 中，$R(\boldsymbol{A})=R(\overline{\boldsymbol{A}})=2<n=3$，方程组有无穷多解．

例 7.17 中，$R(\boldsymbol{A})=2$，$R(\overline{\boldsymbol{A}})=3$，$R(\boldsymbol{A})\neq R(\overline{\boldsymbol{A}})$，方程组无解．

由此可推断，线性方程组是否有解，可以用系数矩阵和增广矩阵的秩来刻画，我们有下面的结论．

定理 7.3 线性方程组 $\boldsymbol{AX}=\boldsymbol{B}$ 有解的充分必要条件是其系数矩阵与增广矩阵的秩相等，即 $R(\boldsymbol{A})=R(\overline{\boldsymbol{A}})$. 在有解时，若 $R(\boldsymbol{A})=n$（n 为未知数的个数），方程组有唯一解，若 $R(\boldsymbol{A})<n$，方程组有无穷多解．

推论 1 齐次线性方程组 $\boldsymbol{AX}=\boldsymbol{O}$ 只有零解的充分必要条件是系数矩阵 $\boldsymbol{A}$ 的秩等于未知量的个数 n，即 $R(\boldsymbol{A})=n$.

推论 2　齐次线性方程组 $\boldsymbol{AX}=\boldsymbol{O}$ 有非零解的充分必要条件是系数矩阵 $\boldsymbol{A}$ 的秩小于未知量的个数 n，即 $R(\boldsymbol{A})<n$.

一般地，解非齐次线性方程组可以按下面步骤进行：

第一步，通过初等行变换将方程组的增广矩阵 $\overline{\boldsymbol{A}}$ 化成阶梯形矩阵，根据 $R(\boldsymbol{A})$ 与 $R(\overline{\boldsymbol{A}})$ 是否相等，判断方程组是否有解；

第二步，若有解，用初等行变换将阶梯形矩阵进一步化成行最简形矩阵，由行最简形矩阵可直接写出方程组的解.

解齐次线性方程组可以按下面步骤进行：

第一步，通过初等行变换将方程组的系数矩阵 $\boldsymbol{A}$ 化成阶梯形矩阵，根据 $R(\boldsymbol{A})$ 与 n（未知量的个数）是否相等，判断方程组是否有非零解；

第二步，若有非零解，用初等行变换将阶梯形矩阵进一步化成行最简形矩阵，由行最简形矩阵可直接写出方程组的解.

例 7.19　当 λ，μ 为何值时，方程组

$$\begin{cases} x_1+2x_2+3x_3=6 \\ x_1-\ \ x_2+6x_3=0 \\ 3x_1-2x_2+\lambda x_3=\mu \end{cases}$$

(1) 无解；(2) 有唯一解；(3) 有无穷多解.

解　对方程组的增广矩阵 $\overline{\boldsymbol{A}}$ 施行初等行变换，则

$$\overline{\boldsymbol{A}}=\begin{pmatrix} 1 & 2 & 3 & 6 \\ 1 & -1 & 6 & 0 \\ 3 & -2 & \lambda & \mu \end{pmatrix} \xrightarrow[r_3-3r_1]{r_2-r_1} \begin{pmatrix} 1 & 2 & 3 & 6 \\ 0 & -3 & 3 & -6 \\ 0 & -8 & \lambda-9 & \mu-18 \end{pmatrix}$$

$$\xrightarrow{r_3-\frac{8}{3}r_2} \begin{pmatrix} 1 & 2 & 3 & 6 \\ 0 & -3 & 3 & -6 \\ 0 & 0 & \lambda-17 & \mu-2 \end{pmatrix}.$$

(1) 当 $\lambda-17=0$ 且 $\mu-2\neq0$，即 $\lambda=17$ 且 $\mu\neq2$ 时，$R(\boldsymbol{A})=2$，$R(\overline{\boldsymbol{A}})=3$，$R(\boldsymbol{A})\neq R(\overline{\boldsymbol{A}})$，方程组无解.

(2) 当 $\lambda-17\neq0$，即 $\lambda\neq17$ 时，$R(\boldsymbol{A})=R(\overline{\boldsymbol{A}})=3$，方程组有唯一解.

(3) 当 $\lambda-17=0$ 且 $\mu-2=0$，即 $\lambda=17$ 且 $\mu=2$ 时，$R(\boldsymbol{A})=R(\overline{\boldsymbol{A}})=2<3$，方程组有无穷多解.

习　题　7.5

1. 解下列非齐次线性方程组：

(1) $\begin{cases} 2x_1 + x_2 - x_3 = 5 \\ x_1 - x_2 + x_3 = -2 \\ x_1 + 2x_2 + 3x_3 = 2 \end{cases}$;

(2) $\begin{cases} 2x_1 - x_2 + x_3 = 2 \\ x_1 + x_2 + x_3 = -1 \\ 4x_1 + x_2 + 3x_3 = 0 \end{cases}$;

(3) $\begin{cases} 2x_1 + 4x_2 - x_4 = -3 \\ x_1 + 2x_2 + 3x_3 + x_4 = 5 \\ -x_1 - 2x_2 + 3x_3 + 2x_4 = 8 \\ x_1 + 2x_2 - 9x_3 - 5x_4 = -21 \end{cases}$;

(4) $\begin{cases} 2x_1 + x_2 + 3x_3 = 6 \\ 3x_1 + 2x_2 + x_3 = 1 \\ 5x_1 + 3x_2 + 4x_3 = 27 \end{cases}$.

2. 解下列齐次线性方程组：

(1) $\begin{cases} x_1 - x_2 + 2x_3 = 0 \\ 2x_1 + x_2 - x_3 = 0 \\ 4x_1 - x_2 - 2x_3 = 0 \end{cases}$;

(2) $\begin{cases} x_1 + x_2 - x_3 = 0 \\ 2x_1 - x_2 + x_3 = 0 \\ 5x_1 + 2x_2 - 2x_3 = 0 \end{cases}$;

(3) $\begin{cases} 2x_1 - x_2 + x_3 + x_4 = 0 \\ x_1 + 2x_2 - x_3 + 4x_4 = 0 \\ x_1 + 7x_2 - 4x_3 + 11x_4 = 0 \end{cases}$.

3. a，b 为何值时，方程组

$$\begin{cases} x_1 + 2x_2 + 3x_3 = 6 \\ 2x_1 + 3x_2 + x_3 = -1 \\ x_1 + x_2 + ax_3 = -7 \\ 3x_1 + 5x_2 + 4x_3 = b \end{cases}$$

(1) 无解；(2) 有唯一解；(3) 有无穷多解.

4. λ 取何值时，齐次线性方程组

$$\begin{cases} x_1 + x_2 + x_3 = 0 \\ x_1 + \lambda x_2 - x_3 = 0 \\ 2x_1 + x_2 - \lambda x_3 = 0 \end{cases}$$

有非零解.

*7.6 矩阵的其他应用举例

例 7.20 (用逆矩阵进行密码的编制)

在英文中有一种对信息进行保密的措施，先将26个英文字母与数字之间建立起一一对应的关系，如

a b c d … x y z

1 2 3 4 … 24 25 26

若要发出信息“in the room”，使用上述代码，则此信息的编码是9，14，20，8，5，18，15，15，13，这种编码很容易被别人破译.

把编了码的信息组成一个矩阵

$$B=\begin{pmatrix}9&14&20\\8&5&18\\15&15&13\end{pmatrix}.$$

可以用约定的加密矩阵A(矩阵A的行列式等于±1，以保证A^{-1}的元素为整数)对信息“in the room”进行加密. 设

$$A=\begin{pmatrix}2&0&1\\5&3&2\\2&1&1\end{pmatrix},$$

则

$$AB=\begin{pmatrix}2&0&1\\5&3&2\\2&1&1\end{pmatrix}\begin{pmatrix}9&14&20\\8&5&18\\15&15&13\end{pmatrix}=\begin{pmatrix}33&43&53\\99&115&180\\41&48&71\end{pmatrix}.$$

从而发出的信息为33，43，53，99，115，180，41，48，71. 原来的两个15，在变换后成为不同的数字，增加了破译的难度. 而接受方只需要用A^{-1}乘以这个信息对应的矩阵就可以得到原信息.

$$\begin{pmatrix}1&1&-3\\-1&0&1\\-1&-2&6\end{pmatrix}\begin{pmatrix}33&43&53\\99&115&180\\41&48&71\end{pmatrix}=\begin{pmatrix}9&14&20\\8&5&18\\15&15&13\end{pmatrix}.$$

例 7.21 (状态转移问题)

某租车公司有三个车库，顾客可把从某个车库租出的车归还到三个车库中的任何一个，经调查知状态转移矩阵为

$$A=(a_{ij})=\begin{pmatrix}0.8 & 0.2 & 0.2\\ 0.2 & 0 & 0.2\\ 0 & 0.8 & 0.6\end{pmatrix},$$

其中 a_{ij} 表示顾客从第 j 个车库租出的车归还到第 i 个车库的比例．若该公司想选择一处附设汽车保养场，应设于何处较好？

现在要决定汽车保养场应设于何处较好，就是要知道该公司在经过长期经营后，集结在何处的汽车较多？

长期经营后，也就是到了稳定状态（各车库的车数保持不变），设三个车库的车占总车数比例为 $X=(x_1, x_2, x_3)^T$，有

$$AX=X,$$

即

$$\begin{cases}0.8x_1+0.2x_2+0.2x_3=x_1\\ 0.2x_1 \qquad\quad +0.2x_3=x_2.\\ \qquad\quad 0.8x_2+0.6x_3=x_3\end{cases}$$

从方程组中，求出 x_1，x_2，x_3 之间的比例关系，同时有 $x_1+x_2+x_3=1$，得

$$X=(x_1, x_2, x_3)^T=(0.5, 0.17, 0.33)^T.$$

这说明，经过长期的经营后，将有 50% 的出租汽车集中在第一个车库，因此汽车保养场应设在第一个车库．

习　题　7.6

设三家公司同时向市场投放一种轮胎，当时三家公司所占市场份额相等．但在第二年中，市场份额就发生了如下变化：

甲公司保持其顾客的 80%，丧失 5% 给乙，丧失 15% 给丙．

乙公司保持其顾客的 90%，丧失 10% 给甲，没有丧失顾客给丙．

丙公司保持其顾客的 60%，丧失 20% 给甲，丧失 20% 给乙．

假使顾客的购买倾向不变，试问第三年年底三家公司各占多少市场份额？

综合练习题 7

1. 选择题：

（1）若 $\begin{vmatrix}a_{11} & a_{12} & a_{13}\\ a_{21} & a_{22} & a_{23}\\ a_{31} & a_{32} & a_{33}\end{vmatrix}=1$，则 $\begin{vmatrix}a_{11} & 2a_{12} & 3a_{13}\\ a_{21} & 2a_{22} & 3a_{23}\\ a_{31} & 2a_{32} & 3a_{33}\end{vmatrix}=(\quad)$.

A. -1　　B. 1　　C. -6　　D. 6

(2) 若矩阵 $\boldsymbol{A}=(a_{ij})_{2\times3}$，$\boldsymbol{B}=(b_{ij})_{3\times4}$，$\boldsymbol{C}=(c_{ij})_{4\times2}$，则下列运算式中(　　)无意义.

A. $\boldsymbol{ABC}$　　B. $\boldsymbol{BCA}$　　C. $\boldsymbol{A}+\boldsymbol{BC}$　　D. $\boldsymbol{A}^{\mathrm{T}}+\boldsymbol{BC}$

(3)若 $\boldsymbol{A}$，$\boldsymbol{B}$ 皆为 n 阶可逆方阵，则下列关系中(　　)恒成立.

A. $(\boldsymbol{A}+\boldsymbol{B})^2=\boldsymbol{A}^2+2\boldsymbol{AB}+\boldsymbol{B}^2$　　B. $(\boldsymbol{A}+\boldsymbol{B})^{\mathrm{T}}=\boldsymbol{A}^{\mathrm{T}}+\boldsymbol{B}^{\mathrm{T}}$

C. $|\boldsymbol{A}+\boldsymbol{B}|=|\boldsymbol{A}|+|\boldsymbol{B}|$　　D. $(\boldsymbol{A}+\boldsymbol{B})^{-1}=\boldsymbol{A}^{-1}+\boldsymbol{B}^{-1}$

(4) 若线性方程组的增广矩阵为 $\overline{\boldsymbol{A}}=\begin{pmatrix}-2 & \lambda & 1\\ 4 & -6 & -2\end{pmatrix}$，则当 $\lambda=$ (　　)时，线性方程组有无穷多解.

A. 3　　B. -3　　C. 6　　D. -6

(5) 线性方程组 $\boldsymbol{AX}=\boldsymbol{B}$ 有唯一解，那么 $\boldsymbol{AX}=\boldsymbol{O}$ (　　).

A. 可能有非零解　　B. 有无穷多解

C. 无解　　D. 有唯一解

(6) 非齐次线性方程组 $\boldsymbol{A}_{m\times n}\boldsymbol{X}=\boldsymbol{B}$ 有无穷多解的充要条件是(　　).

A. $m<n$　　B. $R(\overline{\boldsymbol{A}})<n$

C. $R(\boldsymbol{A})=R(\overline{\boldsymbol{A}})<m$　　D. $R(\boldsymbol{A})=R(\overline{\boldsymbol{A}})<n$

2. 填空题:

(1) 行列式 $\begin{vmatrix}1 & 3 & -4\\ 2 & -1 & 2\\ -2 & 1 & 4\end{vmatrix}$ 的代数余子式 $A_{12}=$________，$A_{31}=$________.

(2) $\begin{pmatrix}1 & 1\\ 2 & 2\end{pmatrix}^n=$____________.

(3) $\boldsymbol{A}=\begin{pmatrix}1 & 1\\ 0 & 2\end{pmatrix}$，则行列式 $|(2\boldsymbol{A})^{-1}\cdot\boldsymbol{A}^*|=$____________.

(4) 已知矩阵 $\boldsymbol{A}=\begin{pmatrix}1 & 1 & 2 & -2\\ 1 & 3 & -x & -2x\\ 1 & -1 & 6 & 0\end{pmatrix}$ 的秩 $R(\boldsymbol{A})=2$，则 $x=$____________.

(5) 若 $\boldsymbol{A}=\begin{pmatrix}1 & 1\\ 2 & 3\end{pmatrix}$，则 $(\boldsymbol{A}+\boldsymbol{E})\boldsymbol{A}^{-1}=$________.

(6) 齐次线性方程组 $\begin{cases}\lambda x_1+x_2+x_3=0\\ x_1+\lambda x_2+x_3=0\\ x_1+x_2+x_3=0\end{cases}$ 有非零解，则 λ 应满足的条件是________.

3. 计算下列行列式:

(1) $\begin{vmatrix}3 & -7 & 2 & 4\\ -2 & 5 & 1 & -3\\ 1 & -5 & -1 & 2\\ 4 & -6 & 3 & 8\end{vmatrix}$；(2) $\begin{vmatrix}0 & 0 & 0 & 7 & 5\\ 0 & 0 & 3 & 1 & 0\\ 0 & 2 & 1 & 0 & 0\\ 2 & 2 & 2 & 0 & 2\\ 1 & 0 & 0 & 8 & -1\end{vmatrix}$.

4. 设 $\boldsymbol{AB}+\boldsymbol{E}=\boldsymbol{A}^2+\boldsymbol{B}$，求矩阵 $\boldsymbol{B}$，其中 $\boldsymbol{A}=\begin{pmatrix} 1 & 0 & 1 \\ 0 & 2 & 0 \\ -1 & 0 & 1 \end{pmatrix}$.

5. 已知总成本 y 是产品数量 x 的二次函数 $y=ax^2+bx+c$，根据统计资料，产品数量与总成本间有表 7-8 所示的数据，求成本函数.

表 7-8

时期 项目	第一期	第二期	第三期
产品数量 x/万件	1	2	3
总成本 y/万元	4	9	16

6. λ 取何值时，齐次线性方程组

$$\begin{cases} x_1-2x_2+x_3-x_4=0 \\ 2x_1+x_2-x_3+x_4=0 \\ x_1+7x_2-5x_3+5x_4=0 \\ 3x_1-x_2-2x_3-\lambda x_4=0 \end{cases}$$

(1) 只有零解；(2) 有非零解，并求非零解.

7. λ 取何值时，非齐次线性方程组

$$\begin{cases} \lambda x_1+x_2+x_3=1 \\ x_1+\lambda x_2+x_3=\lambda \\ x_1+x_2+\lambda x_3=\lambda^2 \end{cases}$$

(1) 有唯一解；(2) 无解；(3) 有无穷多解.

8. a、b 取何值时，非齐次线性方程组

$$\begin{cases} x_1+x_2+x_3+x_4=0 \\ x_2+2x_3+2x_4=1 \\ -x_2+(a-3)x_3-2x_4=b \\ 3x_1+2x_2+x_3+ax_4=-1 \end{cases}$$

(1) 有唯一解；(2) 无解；(3) 有无穷多解，并求出无穷多解时的解.

9. 设某城市经对 300 人的抽样调查得知：原饮水果酒的人仍然喜欢饮水果酒的占 85%，改饮啤酒的占 5%，改饮白酒的占 10%. 原饮啤酒的人仍然喜欢饮啤酒的占 90%，改饮水果酒和白酒的各占 5%. 原饮白酒的人仍然喜欢饮白酒的占 80%，改饮水果酒和啤酒的各占 10%. 试问经过几年后，当处于平衡状态时，三种酒的市场占有率各为多少？

第 8 章

数学软件 Mathematica 介绍及其应用

Mathematica 是一个功能强大的数学软件．它集数值计算、符号运算、绘图功能于一身，其语法规则简单，操作使用方便，能够处理一些基本的数学计算，如求极限、求积分、解微分方程、解线性方程组等．和其他数学软件相比较，Mathematica 显得格外小巧．下面将对 Mathematica 及其在微积分、线性代数运算中的应用进行简单介绍．更详细的内容，请参阅 Mathematica 使用手册．

8.1 数学软件 Mathematica 简单介绍

1. 输入与输出

Mathematica 的基本运算包括加(+)、减(-)、乘(*)、除(/)、乘方(^)等．我们可以按照一般数学表达式的手写格式输入这些基本运算，然后同时按下 Shift 和 Enter 键得到输出结果．Shift + Enter 在 Mathematica 中是执行运算的命令．

例如，计算 1 + 2，键入

```
1 + 2
```

然后同时按下 Shift 和 Enter 键，或只按下数字键盘的 Enter 键．在屏幕上将显示：

```
In[1]: = 1 + 2
Out[1]  = 3
```

其中，In[1]: = 是 Mathematica 自动加上的，表示第一个输入，Out[1] = 表示第一个输出．按照同样的方式，接下来可继续输入一个命令，并运行之．

有时在后面的计算中要用到前面已经计算过的结果，这时 Mathematica 提供了一种简单的调用方式：

命　令	意　义
%	读取前一个输出结果
%%	读取前第二个输出结果
%%…%	读取前第 n 个输出结果
%n	读取第 n 个输出结果

例如，In[1]：=2*4

Out[1] =8

In[1]：=% *6

Out[2]=48

In[3]：= %1+%2

Out[3]=56

2. 函数和常数

Mathematica 提供了大量的数学函数，包括基本初等函数和一些特殊函数，这些都是 Mathematica 系统内部函数的一部分，Mathematica 中的函数就是命令．下面列出一些常用的常数和函数．

（1）重要常数

E 表示无理数 e；

Pi 表示圆周率 π；

I 表示虚数单位 i；

Degree 表示$\frac{\pi}{180}$；

Infinity 表示正无穷大．

(2)常用函数

命令	意义
Sqrt[x]	x 的平方根
Exp[x]	e^x
x ^α	x 的 α 次幂
Log[x]，Log[b，x]，	$\ln x$，$\log_b x$
Sin[x]，Cos[x]，Tan[x]	三角函数
ArcSin[x]，ArcCos[x]，ArcTan[x]	反三角函数
Abs[x]	实数 x 的绝对值或复数的模
Sign[x]	x 的符号
Round[x]	x 的整数部分
Mod[n，m]	整数 m 除以整数 n 的余数(模余)
Random[ ]	产生[0，1]区间上的随机数
Max[x，y，…]，Min[x，y，…]	x，y，…中的最大值、最小值

(3) Mathematica 中常数与函数的书写规则

1）常数、函数名首字符必须大写，后面的字符一般小写，如 Sin[x]，Cos[x]等．当函数名分为几段时，每段的首字符应大写，如 ArcSin[x]，ArcCos[x]等．函数名中不能含有空格．

2）变量和参数用[　]括起，不能用(　)．

3）有多个参数的函数，参数之间用逗号分隔，如 Log[3，4]表示以 3 为底 4 的对数．

例 8.1　求表达式 lg3 + ln4 的值

解　In[1]：= Log[10,3] + Log[4]

Out[1] = $\text{Log}[4] + \dfrac{\text{Log}[3]}{\text{Log}[10]}$

In[2]：= N[Log[10,3] + Log[4],10]

Out[2] = 1.863415616

In[3]：= Log[10.0,3] + Log[4.]

Out[3] = 1.86342

在本例中，对应于输入语句 In[1]：，输出语句 Out[1]并没有给出 lg3 (Log[10，3])及 ln4(Log[4])的"数值结果"，这是由 Mathematica 符号计算系统的"对于只含准确数的输入表达式也只进行完全准确的运算并输出相应的准确结果"的特性所决定的．在 In[2]中用数值转换函数 N[P，10]，将对表达式 Log[10，3] + Log[4]的运算转换成了计算结果具有 10 位有效数字的实数形式运算，所以有输出结果 Out[2] = 1.863415616，在 In[3]：= Log[10.0，3] + Log[4.]中，用实数 10.0 代替整数 10；用实数 4. 代替整数 4，这里 10.0 和 4. 都是实数的表示方法．

3. 变量赋值、自定义函数

为了方便计算或保存中间计算结果，常常需要引进变量．在 Mathematica 中，内部函数或命令都是以大写字母开头的标识符．为了避免混淆，Mathematica 中的变量名通常以小写字母开头，后跟字母或数字，变量名字符的长度不限．例如，abc，x3 都是合法的变量名；而 x y (x 与 y 之间有一个空格)不能作为变量名．英文字母的大小写意义是不同的，因此 A 与 a 表示两个不同的变量．

在 Mathematica 中的符号" = "用于赋值，而方程式(如微分方程)中的等号是用" = = "来表示的，而符号"：= "用于表达式的延迟赋值．

例如，In[1]：= y = 10

Out[1] = 10

In[2]：= y = 7

Out[2] = 7

这时 y 已经赋予新的值 7.

在 Mathematica 中，运用自定义函数的命令是为了方便后续运算，其命令格式如下：

命令	意义
f[x_]：=函数表达式	定义以 x 为变量的函数
f[x_ , y_]：=函数表达式	定义以 x，y 为变量的函数
Clear[x]	取消对 x 的赋值

只要不退出系统，已定义的函数必然存在，再次定义函数，则更换为所定义的新的函数表示 . Clear[x]没有输出结果，一般情况下，在使用一些变量前，最好先清除一下，这可以避免变量的以前赋值影响以后的计算结果 .

例 8.2 定义函数 $f(x)=x^2+\sqrt{x}+\cos x$，先分别求 $x=1$，3.1，$\frac{\pi}{2}$ 时的函数值，再求 $f(x^2)$.

解 In[1]:= f[x_]:=x^2 + Sqrt[x] + Cos[x]

In[2]:=f[1.]

Out[2] = 2.5403

In[3]:=f[3.1]

Out[3] = 10.3715

In[4]:=f[N[Pi]/2.]

Out[4] = 3.72072

In[5]:=f[x^2]

Out[5] = $x^4+\sqrt{x^2}$ + Cos[x^2]

在 Out[5]中，由于系统不知道变量 x 的符号，所以没有对$\sqrt{x}$进行开方运算 .

4. 定义分段函数

(1)对于函数分段较少的情况，在函数各个表达式的后面，加写符号“/;”，用来指定表达式的定义范围 .

例 8.3 定义分段函数 $y=\begin{cases}x+1 & x\leqslant 1\\ x^2-1 & x>1\end{cases}$，并计算 $f(-1)$和 $f(2)$.

解 In[1]:= f[x_]:= x + 1 /; x < =1

In[2]:= f[x_]:= x^2 - 1 /; x >1

In[3]:= f[x]/. x - > -1

Out[3] = 0

In[4]: = f[x]/. x - >2

Out[4] =3

(2)当分段比较多时，使用 Which 命令定义分段函数，并且最后一个条件设定为 True.

Which 语句的一般形式为

Which[条件1，表达式1，条件2，表达式2，…，条件n，表达式n]

Which 语句的执行过程：从计算条件 1 开始，依次计算条件 $i(i=1, \cdots, n)$，直至计算出第一个条件为真时为止，并将该条件所对应的表达式的值作为 Which 语句的值．用 Which 语句可以方便地定义分段函数．

例 8.4 定义分段函数

$$f(x)=\begin{cases} 0 & x \leqslant 0 \\ x+1 & 0<x \leqslant 1 \\ 3 & 1<x \leqslant 2, \\ x^2+1 & 2<x \leqslant 3 \\ 2 & x>3 \end{cases}$$

并计算 $f(0.5)$，$f(4)$.

解 In[1]: = f[x_]: = Which[x < = 0, 0, x < = 1, x + 1, x < = 2, 3, x < = 3, x^2 + 1, True, 2]

In[2]: = f[0.5]

Out[2] = 1.5

In[3]: = f[4]

Out[3] = 2

5. 表的操作与运算

(1) 表的生成

1)一维表的表示形式是用花括号括起来的且中间用逗号分开的若干元素．例如，

{2, 3, x, y}

表示由 2，3，x，y 这四个元素组成的一维表．

二维表的表示形式是用花括号括起来的且中间用逗号分开的若干个一维表．

例如，

{{-1, 3, 5}, {1, 2, 4}, {3, 5, 8}}, {{a, b}, {2, 6}}

均是二维表．

2) 通用表的生成函数 Table，使用形式为

Table[表达式，表].

例如，

```
In[1]: =Table[3*n, {n, 1, 20, 2}]
Out[1] = {3, 9, 15, 21, 27, 33, 39, 45, 51, 57}
In[2]: =Table[x*y, {x, 3}, {y, 3}]
Out[2] = {{1, 2, 3}, {2, 4, 6}, {3, 6, 9}}
```

(2) 表的元素

对于一维表 b，用 b[[i]]或 Part[b, i]表示它的第 i 个元素(分量)；对于二维表 b，b[[i]]或 Part[b, i]就表示它的第 i 个分表(分量)，其第 i 个分表中的第 j 个元素用 b[[i, j]]来描述.

例如，

```
In[1]: = b={1, 3, 7, 13}
Out[1] = {1, 3, 7, 13}
In[2]: = b[[3]]
Out[2] =7
```

(3) 表的运算

设表 b1、表 b2 是结构完全相同的两个表，表 b1 与表 b2 的和、差、积、商等于其对应元素间的相应运算(分母不能为零)，一个数或一个标量乘以一个表等于这个数(或这个标量)分别乘以表中每个元素.

6. 解方程

命令	意义
Solve[方程，变量]	求方程的解
Solve[方程组，变量(组)]	求方程组的解
NSolve[方程，变量]	求方程的全部数值解
NSolve[方程组，变量(组)]	求方程组的全部数值解

Mathematica 在解方程时，有时不能求出方程的精确解，但通常能求出方程的近似数值解，输入方程时要用"= ="代替"=".

例 8.5 解下列方程(组)：

(1) $x^4-2x^3-2x^2-2x-3=0$;

(2) $\sqrt{x}+\sqrt{x-1}=0$;

(3) $\begin{cases}x+2y=5\\2x^2+y^2=6\end{cases}$.

解 (1) In[1]: = Solve[x^4 - 2 x^3 - 2 x^2 - 2 x - 3 == 0, x]

Out[1] = {{x -> -1}, {x -> -I}, {x -> I}, {x -> 3}}

(2) In[2]: = Solve[Sqrt[x] + Sqrt[x - 1] == 0, x]

Out[2] = {}

(3) In[3]: = Solve[{x + 2 y = = 5, 2 x^2 + y^2 = = 6}, {x, y}]

Out[3] = {{x - > $\frac{1}{9}$, y - > $\frac{22}{9}$}, {x - > 1, y - > 2}}

若方程(组)无解时，输出结果是一个大括号{}，如(2)题的输出结果，解方程组的格式如(3)题所示.

例 8.6　求方程 $x^4-5x^3-6x^2+14x-24=0$ 的近似数值解.

解　In[1]: = NSolve[x^4 - 5 x^3 - 6 x^2 + 14 x - 24 == 0, x]

Out[1] = {{x - > -2.28975}, {x - > 0.771567 - 1.10843 I}, {x - > 0.771567 + 1.10843 I}, {x - > 5.74662}}

7. 作函数图像

(1) 作函数 $y=f(x)$ 图像的命令格式

1)只规定变量范围的作图命令：

Plot[f(x), {x, a, b}]

2)不仅规定自变量范围，还规定因变量范围的作图命令：

Plot[f(x) , {x, a, b}, PlotRange→{c, d}]

3)不仅规定自变量范围，还可以加标注(函数名称、坐标轴)：

Plot[f(x) , {x, a, b}, PlotLabel→"表达式", AxesLabel→{"x","y"}]

当然作图除了上述三条以外，还可以添加线条的颜色及控制线条的粗细等，有兴趣的读者可以参考介绍此软件的其他书籍.

(2) 多个函数图像在同一个坐标系的情况

设 $y=f_1(x)$，$y=f_2(x)$，…，在一个坐标系里作这几个函数图像，其命令格式：

Plot[{$f_1(x)$, $f_2(x)$, …}, {x, a, b}]

例 8.7　绘出 $y=\cos\frac{5x}{3}$在$[-3\pi, 3\pi]$之间的图像.

解　In[1]: =Plot[Cos[5x/3], {x, -3π, 3π}]

执行得出的结果如图 8-1 所示.

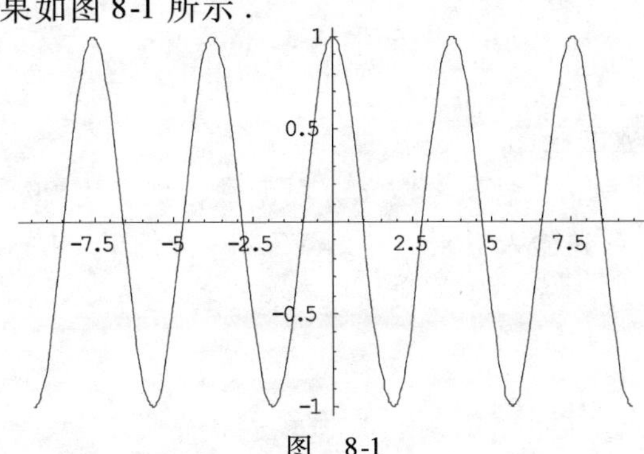

图　8-1

例 8.8 绘出 $y=\cot\dfrac{3x}{2}$ 在$[-2\pi, 2\pi]$，$y\in[-4, 4]$之间的图像.

解 In[1]: = Plot[Cot[3 x /2] , {x, -2π, 2π}, PlotRange→{-4, 4}]执行得出的结果如图 8-2 所示.

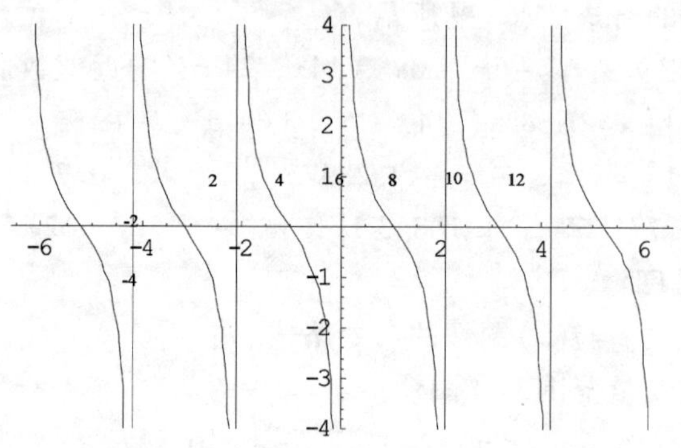

图 8-2

例 8.9 在一个坐标系中绘出 $y=\sin 3x$，$y=\cos 2x$ 在$[0, 2\pi]$之间的图像.

解 In[1]: = Plot[{Sin[3x], Cos[2x]}, {x, 0, 2π}]

执行得出的结果如图 8-3 所示.

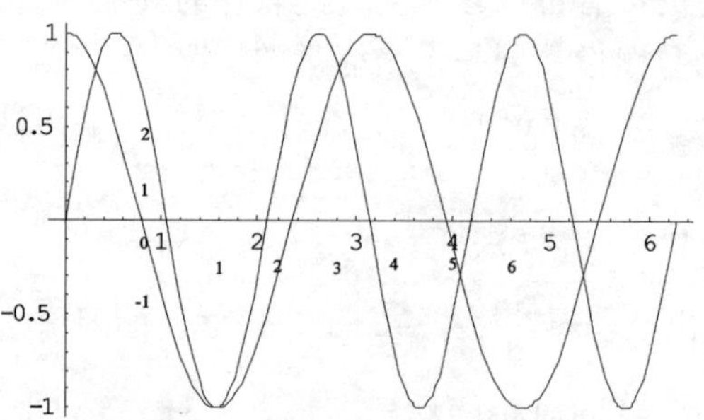

图 8-3

(3)分段函数的绘图

先利用条件 Which 语句自定义分段函数，然后用 Plot 语句画出分段函数的图像. 即首先输入 f[x_]: =Which[条件 1，表达式 1，条件 2，表达式 2，…，条件 n，表达式 n]，然后再输入 Plot[f(x), {x, a, b}].

例 8.10　绘出 $f(x)=\begin{cases}-2x-1 & x<0\\ -1 & x=0\\ x^2-1 & x>0\end{cases}$ 在[−2，2]上的图像．

解　In[1]：= f[x_]：= Which[x < 0， − 2x − 1， x = = 0， − 1，x > 0，x^2 − 1]

In[2]：= Plot[f(x)，{x， − 2，2}]

执行得出的结果如图 8-4 所示．

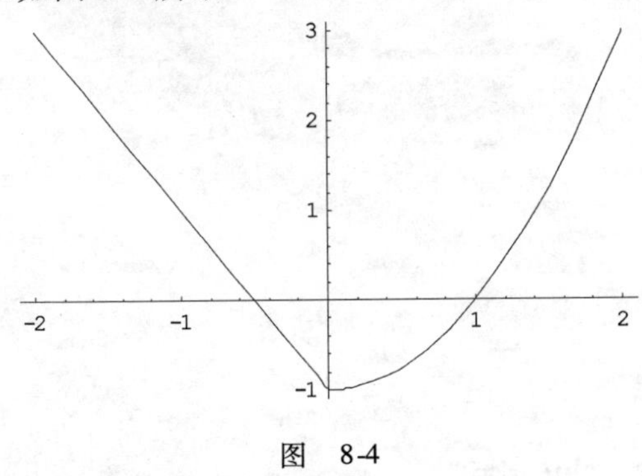

图　8-4

(4)参数方程绘图

使用 ParametricPlot 函数可以画参数形式的图形，其命令格式为

ParametricPlot[{x(t)，y(t)}，{t，a，b}]

ParametricPlot[{{x1(t)，y1(t)}，{x2(t)，y2(t)}，…}，{t，a，b}]

例 8.11　绘出圆的参数方程 $\begin{cases}x=\cos t\\ y=\sin t\end{cases}$ $(0\leqslant t<2\pi)$的曲线图形．

解　In[1]：= ParametricPlot[{Sin[t]，Cos[t]}，{t，0，2π}]

执行得出的结果如图 8-5 所示．

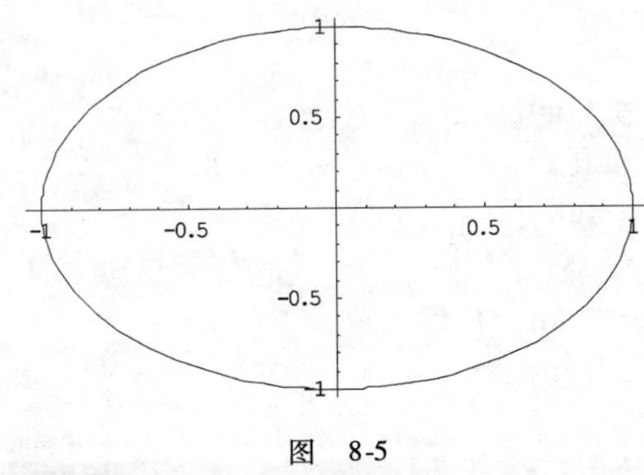

图　8-5

(5) 二元函数的图像

使用 Plot3D 函数可以画二元函数的图形，其命令格式为

Plot3D[f, {x, x1, x2}, {y, c, d}]

例 8.12 绘出 $f(x, y)=x^2+y^2(-4\leqslant x, y\leqslant 4)$ 的图像.

解 In[1]: = Plot3D[x^2 + y^2, {x, -4, 4}, {y, -4, 4}]

执行得出的结果如图 8-6 所示.

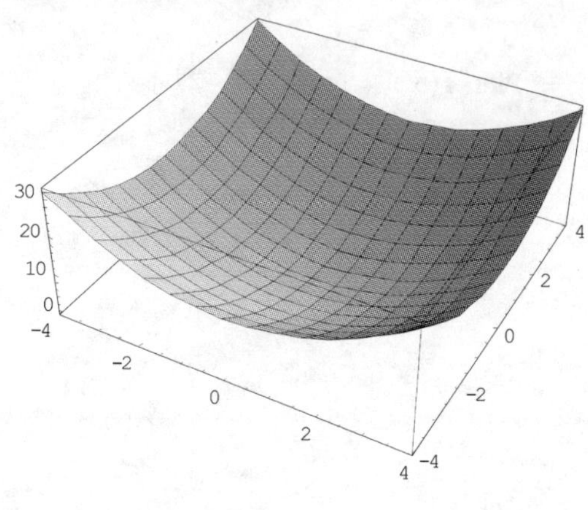

图 8-6

8. 输出命令 Print 语句

Print 为输出命令，其形式为

Print[表达式 1，表达式 2，…]

执行 Print 语句，依次输出表达式 1，表达式 2，…等表达式，两表达式之间不留空格，输出完成后换行. 通常 Print 语句先计算出表达式的值，再将表达式的值输出. 若想原样输出某个表达式或字符，需要对其加引号. 例如，

```
In[1]: = f[x_]: =x^2 +1
In[2]: = Print[f[1]]
Out[1] = 2
In[3]: = Print["f[1]"]
Out[2] = f[1]
In[4]: = Print[f[1],f[2]]
Out[3] = 25
In[5]: = Print["f[1]"," =",f[1]]
Out[4] = f[1] =2
```

8.2 Mathematica 在微积分中的应用

1. 用 Mathematica 求函数的极限

求极限的函数为 Limit，其格式如下：

命令	意义
Limit[f[x], x - x0]	当 $x \to x_0$ 时，求 $f(x)$ 的极限
Limit[f[x], x - > Infinity]	当 $x \to \infty$ 时，求 $f(x)$ 的极限
Limit[f[x], x - > x0, Direction - > 1]	求 $f(x)$ 在 x_0 的右极限
Limit[f[x], x - > x0, Direction - > -1]	求 $f(x)$ 在 x_0 的左极限

其中，f[x]是以 x 为自变量的函数或表达式，x - > a 中的箭头"- >"是由键盘上的减号及大于号组成的.

例 8.13　求出下列极限：

(1) $\lim\limits_{x \to \frac{\pi}{2}} (\sin x)^{\tan x}$；

(2) $\lim\limits_{x \to +\infty} x(\sqrt{x^2+1} - x)$；

(3) $\lim\limits_{x \to 0^+} \mathrm{e}^{-\frac{1}{x}}$；

(4) $\lim\limits_{x \to 0^-} \mathrm{e}^{-\frac{1}{x}}$.

解　(1) In[1]: = Limit[(Sin[x])^Tan[x], x - > Pi/2]

Out[1] =1

(2) In[2]: = Limit[x (Sqrt[x^2 + 1] - x), x - > Infinity]

Out[2] $=\frac{1}{2}$

(3) In[3]: = Limit[E^(-(1/x)), x - > 0, Direction - > 1]

Out[3] = Infinity

(4) In[4]: = Limit[E^(-(1/x)), x - > 0, Direction - > -1]

Out[4] = 0

2. 用 Mathematica 求函数的导数

(1)求函数 $y=f(x)$ 的导数和微分

命令	意义
D[f[x], x]	求 $f(x)$ 对 x 的导数
D[f[x], x]/. x - > x0	求 $f(x)$ 在点 x_0 的导数
D[f[x], {x, n}]	求 $f(x)$ 对 x 的 n 阶导数
D[f[x], {x, n}]/. x - > x0	求 $f(x)$ 在点 x_0 的 n 阶导数
Dt[f[x]]	求 $f(x)$ 的微分

例 8.14　求下列函数的导数：

1) $y=(x^2+2x-1)^3$，求 y' 及 $y'(1)$；

2) $y = xe^x$，求 y'' 及 $y''(0)$；

3) $y = (1+x)^x$，求 y'；

4) $y = x^2 + 2x$，求 dy.

解 1) In[1]: = D[(x^2 + 2 x - 1)^3, x]

Out[1] = 3 (2 + 2 x) (-1 + 2 x + x^2) ^{2}

In[2]: = D[(x^2 + 2 x - 1)^3, x] /. x -> 1

Out[2] = 4

2) In[3]: = D[x * E^x, {x, 2}]

Out[3] = 2 E^x + E^x x

In[4]: = D[x * E^x, {x, 2}] /. x -> 0

Out[4] = 2

3) In[5]: = D[(1 + x)^x, x]

Out[5] = $(1 + x)^x(\frac{x}{1+x}$ + Log[1 + x])

4) In[6]: = Dt[x^2 + 2 x]

Out[6] = 2 Dt[x] + 2 x Dt[x]

(2) 求由参数方程确定的函数的导数

自定义一个函数 ParametricD[ ]，它带有三个参变量 x，y，t 其结果是$\frac{dy}{dt}\bigg/\frac{dx}{dt}$，即

ParametricD[x_ , y_ , t_]: =D[y, t]/D[x, t]

例 8.15 求由参数方程$\begin{cases} x = t - \sin t \\ y = 1 - \cos t \end{cases}$所确定的函数的导数.

解 In[1]: = ParametricD[x_ , y_ , t_] : = D[y, t]/D[x, t]

In[2]: = ParametricD[t - Sin[t], 1 - Cos[t], t]

Out[1] = $\frac{\text{Sin[t]}}{\text{1 - Cos[t]}}$

(3) 求隐函数的导数

对隐函数方程 $F(x, y) = 0$ 所确定的函数 $y = y(x)$，可以首先自定义一个函数，再求微分，最后解方程来完成计算.

例 8.16 求由方程 $x - y + \frac{1}{2}\sin y = 1$ 所确定的隐函数 $y = y(x)$ 的导数.

解 In[1]: = f = (x - y + 1/2 Sin[y] == 1)

(*定义函数*)

```
Out[1] = x - y + Sin[y]/2 == 1
In[2]: = df = Dt[f, x]
(*求微分*)
Out[2] = 1 - Dt[y, x] + (Cos[y], Dt[y, x])/2 == 0
In[3]: = Solve[df, Dt[y, x]]
(*解方程*)
Out[3] = {{Dt[y, x] -> -2/(-2 + Cos[y])}}
```

3. 用 Mathematica 计算函数 $y=f(x)$ 的极值

例 8.17　求函数 $f(x)=2x^3-9x^2+12x-3$ 的极值.

解

```
In[1]: = Clear[f];
In[2]: = f[x_ ] = 2 x^3 - 9 x^2 + 12 x - 3;
In[3]: = c = Solve[f'[x] == 0]
Out[3] = {{x -> 1}, {x -> 2}}
   (*解出驻点*)
In[4]: = fxx = D[f[x], {x, 2}]
Out[4] = -18 + 12 x
In[5]: = data = {x, fxx, f[x]} /. c;
In[6]: = TableForm[data, TableHeadings -> {None, {"x","fxx","f"}}]
Out[6]//TableForm =   x    fxx   f
                      1    -6    2
                      2     6    1
```

(*最后得到了在两个驻点处的 f_{xx} 与 $f(x)$ 的值并以表格形式列出*)

由此可看出，$f(x)=2x^3-9x^2+12x-3$ 在点 $x=1$ 处取极大值 $f(1)=2$，在点 $x=2$ 处取极小值 $f(2)=1$.

4. 用 Mathematica 作一元函数的积分

命令	意义
Integrate[f, x]或用模板中的积分运算符号	计算不定积分 $\int f(x)\mathrm{d}x$
Integrate[f, {x, a, b}]或用模板中的积分运算符号	计算定积分 $\int_a^b f(x)\mathrm{d}x$
Integrate[f, {x, a, Infinity}]或用模板中的积分运算符号	计算广义积分 $\int_a^{+\infty} f(x)\mathrm{d}x$
NIntegrate[f, {x, a, b}]	计算定积分 $\int_a^b f(x)\mathrm{d}x$ 的数值解

例 8.18 计算下列积分：

(1) $\int \arctan\sqrt{x}\mathrm{d}x$；

(2) $\int_0^{\frac{\pi}{2}} \sqrt{1-\sin 2x}\mathrm{d}x$；

(3) $\int_{-\infty}^{+\infty} \frac{1}{1+x^2}\mathrm{d}x$.

解 (1) In[1]: = Integrate[ArcTan[Sqrt[x]], x]

Out[1] = -Sqrt[x] + (1 + x) ArcTan[Sqrt[x]]

(2) In[2]: = Integrate[Sqrt[1 - Sin[2 x]], {x, 0, Pi/2}]

Out[2] = 2 (-1 + Sqrt[2])

(3) In[3]: = Integrate[1/(1 + x^2), {x, -Infinity, Infinity}]

Out[3] = Pi

例 8.19 求下列积分的数值解：

(1) $\int_0^1 \sin(x^2)\mathrm{d}x$；

(2) $\int_0^1 \mathrm{e}^{-x^2}\mathrm{d}x$；

(3) $\int_0^{+\infty} x^2\mathrm{e}^{-3x}\mathrm{d}x$.

解 In[1]: = NIntegrate[Sin[x^2], {x, 0, 1}]

Out[1] = 0.310268

In[2]: = NIntegrate[E^(-x^2), {x, 0, 1}]

Out[2] = 0.746824

In[3]: = NIntegrate[x^2 * E^(-3 x), {x, 0, Infinity}]

Out[3] = 0.0740741

5. 用 Mathematica 解微分方程

命令	意义
DSolve[微分方程, y[x], x]	求微分方程的通解
DSolve[{微分方程, 初始条件}, y[x], x]	求微分方程的特解

例 8.20 求微分方程$\frac{\mathrm{d}y}{\mathrm{d}x}-\frac{2y}{x+1}=(x+1)^{\frac{5}{2}}$的通解.

解 In[1]: = DSolve[y′[x] - (2 y[x])/(x + 1) == (x + 1)^(5/2), y[x], x]

(* y′[x]中的一撇为单引号 *)

Out[1] = {{y[x] -> $\frac{2(1+x)^{7/2}}{3}$ + $(1+x)^2$ C[1]}}

(∗C[1]为任意常数∗)

例 8.21 求微分方程

$$(1+x^2)y''=2xy'$$

满足初始条件

$$y(0)=1,\quad y'(0)=3$$

的特解.

解

In[1]: = DSolve[{(1 + x^2) ∗ y″[x] == 2 x ∗ y′[x], y[0] == 1, y′[0] == 3}, y[x], x]

Out[1] = {{y[x] -> 1 + 3 x + x^3}}

6. 用 Mathematica 作向量的运算

命令	意义
a + b, a - b	向量 ***a***, ***b*** 的加减法
ca(c 为常数)	数 ***c*** 与向量 ***a*** 的乘法
Dot[a, b]	计算向量 ***a***, ***b*** 的数量积
Cross[a, b]	计算向量 ***a***, ***b*** 的向量积

计算向量 ***a*** 的模可用 Sqrt[Dot[a, a]], 计算向量之间夹角可根据其数学定义来求得。

例 8.22 已知向量 ***a*** = {1, 1, 0}, ***b*** = {1, 0, 1}, 计算 ***a*** + 3***b***, ***a*** · ***b***, ***a*** × ***b***, 向量 ***a***, ***b*** 的方向角.

解 In[1]: = a = {1, 1, 0}; b = {1, 0, 1}

In[2]: = a + 3 b

Out[2] = {4, 1, 3}

In[3]: = Dot[a, b]

Out[3] = 1

In[4]: = Cross[a, b]

Out[4] = {1, -1, -1}

In[5]: = ArcCos[Dot[a, b]/(Sqrt[Dot[a, a]] ∗ Sqrt[Dot[b, b]])]

Out[5] = $\frac{\text{Pi}}{3}$

7. 用 Mathematica 求二元函数的偏导数、极值

(1) 求偏导数命令 D

命令 D 既可以用于求一元函数的导数, 也可以用于求多元函数的偏导数.

命令	意义
D[f(x, y), x]	计算 $f(x, y)$ 对 x 的偏导数
D[f(x, y), y]	计算 $f(x, y)$ 对 y 的偏导数
D[f(x, y), {x, n}] D[f(x, y), {y, n}]	计算 $f(x, y)$ 对 x 的 n 阶偏导数 计算 f(x, y) 对 y 的 n 阶偏导数
D[f(x, y), x, y]	计算 $f(x, y)$ 对 x，y 的混合偏导数

其余可类推.

例 8.23 $f(x, y)=x\sin(xy)$，求$\frac{\partial f}{\partial x}$，$\frac{\partial f}{\partial y}$，$\frac{\partial^2 f}{\partial x\partial y}$.

解 In[1]: = D[x * Sin[x * y], x]

Out[1] = x y Cos[x y] + Sin[x y]

In[2]: = D[x * Sin[x * y], y]

Out[2] = x^2 Cos[x y]

In[3]: = D[x * Sin[x * y], x, y]

Out[3] = 2 x Cos[x y] - x^2 y Sin[x y]

例 8.24 $f(x, y, z)=x^3y^4z^2$，求$\frac{\partial^3 f}{\partial x^3}$，$\frac{\partial f}{\partial z}$，$\frac{\partial^3 f}{\partial x\partial y\partial z}$.

解 In[1]: = D[x^3 y^4 z^2, {x, 3}]

Out[1] = 6 y^4 z^2

In[2]: = D[x^3 y^4 z^2, z]

Out[2] = 2 x^3 y^4 z

In[3]: = D[x^3 y^4 z^2, x, y, z]

Out[3] = 24 x^2 y^3 z

(2) 求全微分命令 Dt

该命令只用于二元函数 $f(x, y)$ 的全微分时，其形式为

Dt[f[x, y]]

其输出的表达式中含有 Dt[x]，Dt[y]，它们分别表示自变量的微分 dx，dy.

例 8.25 设 $z=\sin(x^2y)$，求全微分 dz.

解 In[1]: = Dt[Sin[x^2 y]]

Out[1] = Cos[x^2 y] (2 x y Dt[x] + x^2Dt[y])

(3) 求多元函数的极值

例 8.26 求 $f(x, y)=(6x-x^2)(4y-y^2)$ 的极值.

解 In[1]: = Clear[f]

In[2]: = f[x_, y_] = (6 x - x^2) (4 y - y^2)

```
In[3]: = fx = D[f[x, y], x]
In[4]: = fy = D[f[x, y], y]
In[5]: = c = Solve[{fx == 0, fy == 0}]
Out[5] = {{x ->0, y ->0}, {x -> 0, y -> 4}, {x ->3, y
->2}, {x ->6, y ->0}, {x ->6, y ->4}}
```

（＊解出驻点＊）

```
In[6]: = fxx = D[f[x, y], {x, 2}]
In[7]: = fyy = D[f[x, y], {y, 2}]
In[8]: = fxy = D[f[x, y], x, y]
In[9]: = d = fxx * fyy - fxy^2
Out[9] = -((6 - 2 x)^2(4 - 2 y)^2) + 4 (6 x - x^2) (4 y - y^2)
```

（＊输出为判别式函数 $f_{xx}f_{yy}-f_{xy}^2$ 的形式＊）

```
In[10]: = data = {x, y, fxx, d, f[x, y]} /. c
In[11]: = TableForm[data, TableHeadings -> {None, {"x","y","
fxx", "d", "f"}}]
Out[11]//TableForm =
```

x	y	fxx	d	f
0	0	0	-576	0
0	4	0	-576	0
3	2	-8	144	36
6	0	0	-576	0
6	4	0	-576	0

（＊最后得到了在五个驻点处的 f_{xx} 与判别式及 $f(x, y)$ 的值并以表格形式列出＊）

当 $x=3$，$y=2$ 时，$f_{xx}=-8$，判别式 d = 144，因此函数在点(3，2)处取极大值 36. 而在其他驻点，判别式 d 都小于 0，函数在这些点不取极值.

8. 用 Mathematica 计算二重积分

重积分的计算可以利用 Integrate 命令完成，也可利用工具栏上的积分符号的组合来完成.

命令	意义
Integrate[f(x, y), {x, a, b}, {y, c, d}]	计算 $\int_a^b dx\int_c^d f(x, y)dy$
NIntegrate[f(x, y), {x, a, b}, {y, c, d}]	计算二重积分的数值解

例 8.27　计算下列二重积分：

(1) $\int_1^2 dx \int_1^x xy dy$；(2) $\int_{-1}^2 dy \int_{y^2}^{y+2} xy dx$.

解 In[1]: = Integrate[x * y, {x, 1, 2}, {y, 1, x}]

Out[1] = $\frac{9}{8}$.

In[2]: = Integrate[x * y, {y, -1, 2}, {x, y^2, y + 2}]

Out[2] = $\frac{45}{8}$

例 8.28 求 $\int_0^2 dx \int_0^{\sqrt{x+2}} \sqrt{x+y} dy$ 的数值解.

解 In[1]: = NIntegrate[Sqrt[x + y], {x, 0, 2}, {y, 0, Sqrt[x + 2]}]

Out[1] = 4.65557

9. 用 Mathematica 进行级数运算

(1) 收敛级数求和

命令	意义
Sum[un, {n, 1, Infinity}]	求级数 $\sum_{n=1}^{\infty} u_n$ 在收敛域内的和函数

例 8.29 求下列级数的和函数:

(1) $\sum_{n=1}^{\infty} (-1)^n \frac{1}{n^2}$；(2) $\sum_{n=1}^{\infty} nx^{n-1}$.

解 In[1]: = Sum[(-1)^n/n^2, {n, 1, Infinity}]

Out[1] = $\frac{-\text{Pi}^2}{12}$

In[2]: = Sum[n * x^(n - 1), {n, 1, Infinity}]

Out[2] = $(-1 + x)^{-2}$

(2)将函数展开成泰勒级数

命令	意义
Series[f(x), {x, x0, n}]	把函数 $f(x)$ 展开至 $(x-x_0)^n$ 阶泰勒级数，余项用 o $(x-x_0)^{n+1}$ 表示
Normal[Series[f(x), {x, x0, n}]]	把函数 $f(x)$ 展开至 $(x-x_0)^n$ 阶泰勒级数，不含有余项

例 8.30 将函数 $f(x)=\frac{1}{1+x}$ 展开成五阶麦克劳林级数.

解 In[1]: = Series[1/(1 + x), {x, 0, 5}]

Out[1] = $1 - x + x^2 - x^3 + x^4 - x^5 + \text{O}[x]^6$

(＊含余项＊)

In[2]: = Normal[Series[1/(1 + x), {x, 0, 5}]]

Out[2] = $1 - x + x^2 - x^3 + x^4 - x^5$

(＊不含余项＊)

例 8.31 将函数 $f(x) = \sin x$ 展开成 $(x-1)$ 的三阶幂级数.

解 In[1]: = Normal[Series[1/(x^2 + 4 x + 3), {x, 1, 3}]]

Out[1] = $\frac{1}{8} - \frac{3(-1+x)}{32} + \frac{7(-1+x)^2}{128} - \frac{15(-1+x)^3}{512}$

8.3 Mathematica 在线性代数中的应用

一维表在线性代数中表示向量，二维表表示矩阵(这时要求子表的长度相同). 例如，矩阵$\begin{pmatrix}1 & 2\\ 3 & 4\\ 5 & 6\end{pmatrix}$可以用数表{{1, 2}, {3, 4}, {5, 6}}表示.

In[1]: = A = {{1, 2}, {3, 4}, {5, 6}}

Out[1] = {{1, 2}, {3, 4}, {5, 6}}

In[2]: = MatrixForm[A]

Out[2]//MatrixForm = $\begin{pmatrix}1 & 2\\ 3 & 4\\ 5 & 6\end{pmatrix}$

命令 MatrixForm[A]把矩阵 **A** 显示成通常的矩阵形式.

1. 矩阵的运算

计算方阵的行列式、矩阵的数乘、同型矩阵的相加减、矩阵的乘法、矩阵的逆和矩阵的转置矩阵所使用的函数，其格式如下：

命令	意义
Det[A]	计算方阵 **A** 的行列式
A ± B	计算同型矩阵 **A** ± **B**
k. M	数 k 乘以矩阵 **M**
A. B	两个矩阵相乘
Inverse[A]	求矩阵 **A** 的逆矩阵
Transpose[A]	求矩阵 **A** 的转置矩阵

例 8.32 已知数表 A = {{2, -1, 3}, {1, -4, 6}, {-1, 2,

2}}；B={{3，-2，1}，{1，-2，5}，{-2，3，2}}.

求：(1) 3A+B；(2){2，3，4}.B；(3) B 的转置矩阵；(4)A 的逆矩阵，并将上述计算以矩阵格式输出.

解 In[1]:= MatrixForm[A={{2,-1,3},{1,-4,6},{-1,2,2}}]

$$\text{Out[1]//MatrixForm} = \begin{pmatrix} 2 & -1 & 3 \\ 1 & -4 & 6 \\ -1 & 2 & 2 \end{pmatrix}$$

In[2]:= MatrixForm[B={{3,-2,1},{1,-2,5},{-2,3,2}}]

$$\text{Out[2] // MatrixForm} = \begin{pmatrix} 3 & -2 & 1 \\ 1 & -2 & 5 \\ -2 & 3 & 2 \end{pmatrix}$$

(1)In[3]: =3A+B// MatrixForm

$$\text{Out[3]//MatrixForm} = \begin{pmatrix} 9 & -5 & 10 \\ 4 & -14 & 23 \\ -5 & 9 & 8 \end{pmatrix}$$

(2) In[4]: = {2, 3, 4}. B// MatrixForm

$$\text{Out[4] // MatrixForm} = \begin{pmatrix} 1 \\ 2 \\ 25 \end{pmatrix}$$

(3) In[5]: =Transpose[B]//MatrixForm

$$\text{Out[5]//MatrixForm} = \begin{pmatrix} 3 & 1 & -2 \\ -2 & -2 & 3 \\ 1 & 5 & 2 \end{pmatrix}$$

(4)In[6]: = Inverse[A]// MatrixForm

$$\text{Out[6]//MatrixForm} = \begin{pmatrix} \frac{10}{19} & -\frac{4}{19} & -\frac{3}{19} \\ \frac{4}{19} & -\frac{7}{38} & \frac{9}{38} \\ \frac{1}{19} & \frac{3}{38} & \frac{7}{38} \end{pmatrix}$$

2. 矩阵的秩与向量组的极大无关组

在 Mathematica 系统下将矩阵化为行最简形矩阵的命令是 RowReduce，根据前面所学线性代数知识，利用 RowReduce 命令将矩阵化为行最简形矩阵，可以求矩阵的秩，判断向量组线性相关性，以及求向量组的秩与一个极大无关组.

例 8.33 设 $A=\begin{pmatrix}2 & -3 & 8 & 2\\ 2 & 12 & -2 & 12\\ 1 & 3 & 1 & 4\end{pmatrix}$，求矩阵 A 的秩．

解 In[1]: = MatrixForm[A = {{2, -3, 8, 2}, {2, 12, -2, 12}, {1, 3, 1, 4}}]

Out[1]//MatrixForm = $\begin{pmatrix}2 & -3 & 8 & 2\\ 2 & 12 & -2 & 12\\ 1 & 3 & 1 & 4\end{pmatrix}$

In[2]: = RowReduce[A]// MatrixForm

Out[2] // MatrixForm = $\begin{pmatrix}1 & 0 & 3 & 2\\ 0 & 1 & -\frac{2}{3} & \frac{2}{3}\\ 0 & 0 & 0 & 0\end{pmatrix}$

A 的秩为 2.

例 8.34 设向量组

$\boldsymbol{\alpha}_1=(-1, -1, 0, 0)^{\mathrm{T}}$，$\boldsymbol{\alpha}_2=(1, 2, 1, -1)^{\mathrm{T}}$，$\boldsymbol{\alpha}_3=(0, 1, 1, -1)^{\mathrm{T}}$，$\boldsymbol{\alpha}_4=(1, 3, 2, 1)^{\mathrm{T}}$，$\boldsymbol{\alpha}_5=(2, 6, 4, -1)^{\mathrm{T}}$.

试问向量组是否线性相关，求向量组的秩、向量组的极大线性无关组，并将其他向量用极大线性无关组线性表示．

解 In[1]: = A = {{-1, 1, 0, 1, 2}, {-1, 2, 1, 3, 6}, {0, 1, 1, 2, 4}, {0, -1, -1, 1, -1}};

RowReduce[A]//MatrixForm

Out[1] = $\begin{pmatrix}1 & 0 & 1 & 0 & 1\\ 0 & 1 & 1 & 0 & 2\\ 0 & 0 & 0 & 1 & 1\\ 0 & 0 & 0 & 0 & 0\end{pmatrix}$

向量组线性相关，向量组的秩为 3.

$\boldsymbol{\alpha}_1$，$\boldsymbol{\alpha}_2$，$\boldsymbol{\alpha}_4$ 为向量组的极大线性无关组，$\boldsymbol{\alpha}_3=\boldsymbol{\alpha}_1+\boldsymbol{\alpha}_2$，$\boldsymbol{\alpha}_5=\boldsymbol{\alpha}_1+2\boldsymbol{\alpha}_2+\boldsymbol{\alpha}_4$.

3. 解线性方程组

(1)命令 NullSpace[A]，给出齐次方程组 $\boldsymbol{AX}=\boldsymbol{O}$ 的一个基础解系．

(2)命令 LinearSolve[A, b]，给出非齐次方程组 $\boldsymbol{AX}=\boldsymbol{b}$ 的一个特解．

(3)解方程命令 Solve[f[x] ==0, x]，

解方程组命令 Solve[{f[x, y] ==0, g[x, y] ==0}, {x, y}].

例 8.35 解线性方程组

$$\begin{cases} x_1 + x_2 - 2x_3 - x_4 = 0 \\ 3x_1 - 2x_2 - x_3 + 2x_4 = 0 \\ 5x_2 + 7x_3 + 3x_4 = 0 \\ 2x_1 - 3x_2 - 5x_3 - x_4 = 0 \end{cases}$$

解 In[1]: = A = {{1, 1, -2, -1}, {3, -2, -1, 2}, {0, 5, 7, 3}, {2, -3, -5, -1}}

NullSpace[A]

Out[1] = {{-2, 1, -2, 3}}

该齐次线性方程组的一个基础解系是$(-2, 1, -2, 3)^T$，其通解为

$$X = k(-2, 1, -2, 3)^T$$

例 8.36 解线性方程组

$$\begin{cases} x_1 + 2x_2 + 3x_3 + 2x_4 = 0 \\ 4x_1 + 5x_2 + 6x_3 + x_4 = 0 \\ 7x_1 + 8x_2 + 9x_3 = 0 \end{cases}$$

解 In[1]: = A = {{1, 2, 3, 2}, {4, 5, 6, 1}, {7, 8, 9, 0}}

NullSpace[A]

Out[1] = {{8, -7, 0, 3}, {1, -2, 1, 0}}

该齐次线性方程组的一个基础解系是$(8, -7, 0, 3)^T$，$(1, -2, 1, 0)^T$，其通解为

$$X = k_1(8, -7, 0, 3)^T + k_2(1, -2, 1, 0)^T$$

例 8.37 求非齐次线性方程组

$$\begin{cases} x_1 + 3x_2 + 4x_3 = 1 \\ 2x_1 + x_2 + 3x_3 = 1 \end{cases}$$

的特解．

解 In[1]: = A = {{1, 3, 4}, {2, 1, 3}}

b = {1, 1}

LinearSolve[A, b]

Out[1] = $\left\{\frac{2}{5}, \frac{1}{5}, 0\right\}$

例 8.38 求非齐次线性方程组

$$\begin{cases} x_1+2x_2+3x_3+2x_4=0 \\ 4x_1+5x_2+6x_3+\ x_4=3 \\ 7x_1+8x_2+9x_3 \qquad =6 \end{cases}$$

的通解．

解
```
In[1]: = A={{1, 2, 3, 2}, {4, 5, 6, 1}, {7, 8, 9, 0}};
         b={0, 3, 6};
         NullSpace[A]
         LinearSolve[A, b]
Out[1] = {{8, -7, 0, 3}, {1, -2, 1, 0}}
Out[2] = {2, -1, 0, 0}
```

非齐次线性方程组的通解为

$\boldsymbol{X}=(2, -1, 0, 0)^{\mathrm{T}}+k_1(8, -7, 0, 3)^{\mathrm{T}}+k_2(1, -2, 1, 0)^{\mathrm{T}}$

4. 矩阵的特征值与特征向量

(1) 命令 Eigenvalues[A]，给出方阵 $\boldsymbol{A}$ 的特征值．

(2) 命令 Eigenvectors[A]，给出方阵 $\boldsymbol{A}$ 的特征向量．

(3) 命令 Eigensystem[A]，给出方阵 $\boldsymbol{A}$ 的特征值和特征向量．

(4) 命令 GramSchmidt[A] 给出与矩阵 $\boldsymbol{A}$ 的行向量组等价的且已正交化的单位向量组．命令 GramSchmidt[ ] 为外部命令，使用时要首先调入 Orthogonalization. m，命令为 < < LinearAlgebra`Orthogonalization`，`在 Tab 键上面．

例 8.39　求矩阵

$$\boldsymbol{A}=\begin{pmatrix} 4 & 6 & 0 \\ -3 & -5 & 0 \\ -3 & -6 & 1 \end{pmatrix}$$

的特征值与特征向量．

解
```
In[1]: = A={{4, 6, 0}, {-3, -5, 0}, {-3, -6, 1}}
         Eigenvalues[A]
         Eigenvectors[A]
         Eigensystem[A]
Out[1] = {-2, 1, 1}
Out[2] = {{-1, 1, 1}, {0, 0, 1}, {-2, 1, 0}}
Out[3] = {{-2, 1, 1}, {{-1, 1, 1}, {0, 0, 1}, {-2,
1, 0}}}
```

矩阵 $\boldsymbol{A}$ 的特征值 $-2, 1, 1$. 对应的特征向量为 $(-1, 1, 1)^{\mathrm{T}}$，$(0, 0, 1)^{\mathrm{T}}$，$(-2, 1, 0)^{\mathrm{T}}$.

5. 线性规划问题

(1)命令 ConstrainedMax[目标函数,{约束条件},{变量 1, …, 变量 n}],求在给定约束条件下,线性目标函数极大值和对应的极大值点. 命令的输出结果为{极大值,{变量 1 - >变量 1 的取值, …, 变量 n - >变量 n 的取值}}

(2) 命令 ConstrainedMin[目标函数,{约束条件},{变量 1, …, 变量 n}],求在给定约束条件下,线性目标函数极小值和对应的极小值点. 命令的输出结果为

{极小值,{变量 1 - >变量 1 的取值, …, 变量 n - >变量 n 的取值}}

例 8.40 求线性规划问题

$\max S=3x_1-x_2-x_3$,

其中,x_1, x_2, x_3 满足:

$$\begin{cases} x_1-2x_2+x_3\leqslant 11 \\ -4x_1+x_2+2x_3\geqslant 3 \\ 2x_1-x_3=-1 \\ x_1,\ x_2,\ x_3\geqslant 0 \end{cases}$$

解 In[1]: = ConstrainedMax[$3x_1-x_2-x_3$, {$x_1-2x_2+x_3$ <= 11, $-4x_1+x_2+2x_3$ >= 3, $2x_1-x_3$ == -1},

{x_1, x_2, x_3}]

Out[1] = {2, {$x_1\to4$, $x_2\to1$, $x_3\to9$}}

例 8.41 求线性规划问题

$$\min S=2x_1+x_2-2x_3,$$

其中,x_1, x_2, x_3 满足:

$$\begin{cases} x_1+2x_2-x_3\geqslant 2 \\ x_1+x_2+x_3=4 \\ 2x_1-x_2+x_3\leqslant 6 \\ x_1,\ x_2,\ x_3\geqslant 0 \end{cases}.$$

解 In[1]: = ConstrainedMin[$2x_1+x_2-2x_3$, {$x_1+2x_2-x_3$ >= 2, $x_1+x_2+x_3$ == 4, $2x_1-x_2+x_3$ <= 6}, {x_1, x_2, x_3}]

Out[1] = {−2, {$x_1\to0$, $x_2\to2$, $x_3\to2$}}

部分习题参考答案

第1章

习题1.1

1.(1)$(-\infty, +\infty)$

(2)$[-3, +\infty)$

(3)$(-\infty, -2)\cup(-2, 1)\cup(1, +\infty)$

(4)$(-\infty, 2]\cup[3, +\infty)$

(5)$\left[-\frac{3}{2}, 2\right]$

(6)$[1, 2)\cup(2, +\infty)$

(7)$(-\infty, 5)$

(8)$[-2, 2]$

(9)$(-1, +\infty)$

(10)$(-\infty, 3]$

(11)$(-\infty, +\infty)$

(12)$(0, +\infty)$

2.6，9，a^2+5，$\frac{1}{x^2}+5(x\neq0)$，x^4+10x^2+30，$\frac{1}{x^2+5}$

3.t^6-6，t^6-12t^3+36

4.$\frac{1}{x+\Delta x}$，$-\frac{\Delta x}{x(x+\Delta x)}$

5.1，2，-7，无意义

6.(1)偶(2)奇(3)非奇非偶(4)奇(5)偶(6)偶

7~9.(略)

10. (1)$y=x^3+1$ (2)$y=\frac{3(x+1)}{x-1}$ (3)$y=e^{x-1}-2$

(4)$y=\frac{1}{2}\arcsin\frac{x}{2}-\frac{\pi}{10}$ (5)$y=\frac{1}{\ln 2}\ln\frac{x}{1-x}$

11. $e^{x-1}(2e^{x-1}+1)$，e^{2x^2+x-1}

12. (1)$y=\sqrt{u}$，$u=x^2-4$ (2)$y=\sin u$，$u=\tan v$，$v=x^2+1$

(3) $y=u^2$, $u=1+\ln v$, $v=x+1$

(4) $y=\sqrt{u}$, $u=\ln v$, $v=\sqrt{x}+1$

习题 1.2

1. (1)0　(2)$\frac{3}{2}$　(3)1　(4) -1　(5)∞　(6)不存在

(7)不存在　(8)0

2. (1) $\lim\limits_{x\to 2^-}f(x)=2$, $\lim\limits_{x\to 2^+}f(x)=4$, $\lim\limits_{x\to 2}f(x)$不存在(2)1

3. (1)0　(2)0　(3) $+\infty$　(4)2　(5)8　(6)0　(7) -4　(8) $-\infty$

习题 1.3

1. (1)15　(2)0　(3)$\frac{1}{7}$　(4) $-\frac{3}{4}$　(5)0　(6)$\frac{1}{2}$　(7)4　(8)$3x^2$　(9) $-\frac{1}{2}$

(10)0　(11) $-\frac{1}{x^2}$　(12)$\frac{3}{4}\sqrt{2}$　(13)∞　(14)0　(15)1　(16) $\frac{1}{2}$

(17)$\frac{2^{10}\cdot 3^{15}}{5^{25}}$　(18)0　(19)1　(20)$\frac{1}{2}$

2. (1)5　(2)$\frac{n}{m}$　(3)$\frac{3}{2}$　(4)$\frac{4}{3}$　(5)x　(6)0　(7)∞　(8)$\frac{1}{2}$　(9)e^{-1}

(10)e^k　(11)e^{-3}　(12)e^2　(13)e　(14) e^{-4}

习题 1.4

(1), (3), (6), (7), (8), (10)是无穷小量;

(2), (4), (11)是无穷大量;

(5)当 $x\to 0^+$ 时是无穷大量, 当 $x\to 0^-$ 时是无穷小量;

(9), (12)都不是.

习题 1.5

1. (1)$(-\infty, +\infty)$　(2)在 $x=0$, $x=1$ 点间断

2. (1)$a=1$　(2) $b=1$

综合练习题 1

1. (1)$e^{3x}+6e^{2x}+12e^x+7$　(2)$\ln(\ln^2(x^2+1)+1)$　(3)$\left[\frac{1}{e}, 1\right]$　(4)$[-3, 5)$

(5)y 轴　(6)3　(7)无穷小量　(8)1　(9)连续, $f(x)$的连续点　(10)$x=0$

(11)$(-\infty, -1)\cup(-1, 2)\cup(2, +\infty)$

2. (1)B (2)A (3)B (4)B (5)D (6)C (7)D (8)D (9)B (10)A
(11)C (12)A (13)C (14)B

第2章

习题2.1

1. (1) $-\frac{2}{x^3}$ (2) $-\frac{1}{2\sqrt{4-x}}$ (3)0, −20 (4) −1

2. 1

3. 连续，可导

4. $x+y-\pi=0$

5. $a=\frac{1}{2e}$

习题2.2

1. (1) $y'=\frac{3}{2\sqrt{x}}-\frac{1}{x^2}$

(2) $y'=-\frac{1}{2\sqrt{x}}\left(1+\frac{1}{x}\right)$

(3) $y'=\frac{5}{1+\cos x}$

(4) $y'=\frac{1}{\sqrt{(1-x^2)^3}}$

(5) $y'=\frac{45x^3+16x}{\sqrt{1+5x^2}}$

(6) $\frac{5}{6\sqrt[6]{x}}\cos x-\sqrt[6]{x^5}\sin x$

(7) e^2

(8) $10\left(\frac{\cot x}{x}-\frac{\ln x}{\sin^2 x}\right)$

(9) $e^x(\cos x+x\cos x-x\sin x)$

(10) $\frac{(1+\sqrt{2x})(1+\sqrt{3x})}{2\sqrt{x}}+\frac{(1+\sqrt{x})(1+\sqrt{3x})}{\sqrt{2x}}+\frac{3(1+\sqrt{x})(1+\sqrt{2x})}{2\sqrt{3x}}$

(11) $\dfrac{\sin x - x\cos x\ln x}{x\sin^2 x}$

(12) $e^x\dfrac{x-2}{x^3}$

(13) $\dfrac{10^x\ln10(1+x^{10})-10x^9(10^x-1)}{(1+x^{10})^2}$

(14) $\dfrac{8-4\sqrt{x}+x}{4\sqrt{x}(2-\sqrt{x})^2}$

(15) $\dfrac{1-x}{e^x}-\dfrac{2}{x\cos t\ln2}$

2\. (1) $y'=\sin2x\sin x^2+2x\sin^2x\cos x^2$

(2) $y'=\dfrac{1}{\sqrt{x}(1-x)}$

(3) $y'=\dfrac{1}{2x}\left(1+\dfrac{1}{\sqrt{\ln x}}\right)$

(4) $y'=\dfrac{2x}{(1+x^2)\ln a}$

(5) $y'=\dfrac{1}{\sin x}$

(6) $y'=-\dfrac{3}{2}\cos^2\dfrac{x}{2}\sin\dfrac{x}{2}$

(7) $y'=-e^{-x}(\cos3x+3\sin3x)$

(8) $y'=xe^{-2x}(2\sin3x-2x\sin3x+3x\cos3x)$

(9) $y'=\dfrac{4}{(e^x+e^{-x})^2}$

(10) $y'=(2x+1)e^{x^2+x-2}\cos e^{x^2+x-2}$

(11) $y'=-\dfrac{2}{1+2x}\sin\ln(1+2x)$

(12) $y'=\dfrac{1+2\sqrt{x}}{4\sqrt{x}\sqrt{x+\sqrt{x}}}$

(13) $y'=-\dfrac{7}{8}x^{-\frac{15}{8}}$　　(14) $y'=\sec x$

(15) $y'=\dfrac{1}{x\ln x\cdot\ln(\ln x)}$

(16) $y'=-\dfrac{2}{1+x^2}f\left(\arctan\dfrac{1}{x}\right)f'\left(\arctan\dfrac{1}{x}\right)$

(17) $y'=e^{f(x)}[f'(e^x)e^x+f(e^x)f'(x)]$

(18) $y' = [f'(\sin^2 x) - f'(\cos^2 x)]\sin 2x$

3. (1) $2x - y = 0$　　(2) $x + 2y = 0$

4. $2x - y - 2 = 0$ 和 $2x - y + 2 = 0$

5. (1) $v_0 - gt$　(2) $\frac{v_0}{g}$

6. $-\frac{1}{(1+x)^2}$

7. (略)

8. (1) $y' = -\frac{1}{1+x^2}$　　(2) $y' = \frac{2}{1+x^2}$

(3) $y' = \frac{2\arcsin\frac{x}{2}}{\sqrt{4-x^2}}$　　(4) $y' = 4x\sec^2(e^{x^2+1})\tan(e^{x^2+1})e^{x^2+1}$

9. (1) $y' = \frac{y-2x}{2y-x}$　　(2) $y' = \frac{e^y}{1-xe^y}$

(3) $y' = \frac{y}{y-1}$　　(4) $y' = \frac{e^x - y}{e^y + x}$

(5) $y' = -\frac{e^y}{1+xe^y}$，$y'' = \frac{(y-1)e^{2y}}{y^3}$　　(6) $y' = \frac{x+y}{x-y}$

(7) $y' = \frac{e^{x+y} - y}{x - e^{x+y}}$

10. (1) $y'' = \frac{2-2x^2}{(1+x^2)^2}$　　(2) $y'' = 2\arctan x + \frac{2x}{1+x^2}$

(3) $y'' = -a^2\sin ax$　　(4) $y'' = -2\csc^2(x+y)\cot^3(x+y)$

11. $y' = -\frac{1}{2\pi}$ ，$y'' = -\frac{1}{\pi^2}$

12. (1) $y'' = 2f'(x^2) + 4x^2 f''(x^2)$　　(2) $y'' = \frac{f(x)f''(x) - [f'(x)]^2}{[f(x)]^2}$

13. (1) $y^{(n)} = (-1)^{n-1}\frac{(n-1)!}{(1+x)^n}$　　(2) $y^{(n)} = a^x \ln^n a$

(3) $y^{(20)} = 2^{20}e^{2x}(x^2 + 20x + 95)$　　(4) $f^{(n)}(x) = (n+1)!\left(x - \frac{n}{2}\right)$

14. (略)

15. (1) $e^x \cdot x^{e^x}\left(\ln x + \frac{1}{x}\right)$　　(2) $(2x)^{\sqrt{x}} \cdot \frac{2+\ln 2x}{2\sqrt{x}}$

(3) $(\sin x)^x(x\cot x+\ln\sin x)$

(4) $(\sin x)^{\ln x}\left(\frac{\ln\sin x}{x}+\cot x\ln x\right)$

(5) $y'=\sqrt[3]{\frac{x(x^2+1)}{(x^2-1)^2}}\left(\frac{1}{x}+\frac{2x}{x^2+1}-\frac{4x}{x^2-1}\right)$

(6) $y'=\sqrt{\frac{e^x}{1+x^2}}\cdot\frac{(1-x)^2}{2(1+x^2)}$

(7) $y'=x\sqrt{\frac{1-x}{1+x}}\left(\frac{1}{x}-\frac{1}{1-x^2}\right)$

(8) $y'=\frac{(x+1)\sqrt[3]{x-1}}{(x+4)^2e^x}\left(\frac{1}{x+1}+\frac{1}{3(x-1)}-\frac{2}{x+4}-1\right)$

(9) $y'=\frac{1}{2}\sqrt{\frac{(x-1)(x-2)}{(x-3)(2x-9)}}\left(\frac{1}{x-1}+\frac{1}{x-2}-\frac{1}{x-3}-\frac{2}{2x-9}\right)$

(10) $y'=(x^2+1)^3(x+2)^2x^6\left(\frac{6x}{x^2+1}+\frac{2}{x+2}+\frac{6}{x}\right)$

16. (1) $\frac{21x^6+1}{5y^4+2}$

(2) $-\frac{e^y}{1+xe^y}$

(3) -1

(4) $\frac{x^2+y\cos\frac{y}{x}}{x\cos\frac{y}{x}}$

(5) $-\frac{2x\sin(x^2+y)+1}{\sin(x^2+y)}$

(6) $-\frac{y^2e^x}{1+ye^x}$

(7) $-\frac{y+2x\sin 2x+xye^{xy}}{x^2e^{xy}+x\ln x}$

(8) $\frac{ay}{y-ax}$

17. $\frac{x_0x}{a^2}-\frac{y_0y}{b^2}=1$

习题 2.3

1. (1) $dy=(1+\ln x)dx$

(2) $dy=-\frac{3x^2}{2(1-x^3)}dx$

(3) $dy=\frac{1}{2\sqrt{x-x^2}}dx$

(4) $dy=2(e^{2x}-e^{-2x})dx$

(5) $y'=\frac{2x\,dx}{|x|\sqrt{1-x^2}}$

(6) $dy=\frac{e^y}{2-y}dx$

(7) $dy=-\frac{2xy^2+y\sin(xy)}{x\sin(xy)+2yx^2}dx$

2. 19.63cm^3

3. $2.01\pi\text{cm}^2$，$2\pi\text{cm}^2$

4. (略)

5. (1)0.7954　(2)0.01　(3)1.01　(4)1.05

习题2.4

1. (1)$x\in(-\infty,-1)$，$(0,1)$，y单调减少；$x\in(-1,0)$，$(1,+\infty)$，y单调增加

(2)$x\in(-\infty,-2)$，$(0,+\infty)$，y单调增加；$x\in(-2,-1)$，$(-1,0)$，y单调减少

(3)$x\in(-\infty,-2)$，$(0,+\infty)$，y单调增加；$x\in(-2,0)$，y单调减少

(4)$x\in(-\infty,+\infty)$，y单调增加

(5)$x\in(-\infty,-1]$，$(3,+\infty)$，y单调增加；$x\in(-1,3)$，y单调减少

2. (1)极大值$y|_{x=0}=7$，极小值$y|_{x=2}=3$

(2) 极小值$y|_{x=0}=0$，极大值$y|_{x=2}=4e^{-2}$

(3)极大值$y|_{x=1}=1$，极小值$y|_{x=-1}=-1$

(4)极大值$y|_{x=0}=0$，极小值$y|_{x=\frac{2}{5}}=-\frac{3}{5}\sqrt[3]{\frac{4}{25}}$

(5)极小值$y|_{x=1}=2-4\ln2$

(6) 极大值$y|_{x=\frac{7}{3}}=\frac{4}{27}$，极小值$y|_{x=3}=0$

3. (1) 最小值$y|_{x=0}=0$，最大值$y|_{x=2}=\ln 5$

(2)最小值$y|_{x=0}=0$，最大值$y|_{x=-\frac{1}{2}}=y|_{x=1}=\frac{1}{2}$

(3)最小值$y|_{x=1}=1$，最大值$y|_{x=-1}=3$

(4)最小值$y|_{x=1}=0$，最大值$y|_{x=\frac{1}{3}}=\frac{\sqrt[3]{4}}{3}$

4. 长为32m，宽为16m

5. $h=\frac{\sqrt{6}}{3}d$，$b=\frac{\sqrt{3}}{3}d$

6. 距离司令部3km处登岸

7. (1)在$(-\infty,-1)$和$(1,+\infty)$内是凹的；在$(-1,1)$内是凸的. $(-1,-10)$和$(1,-10)$是拐点

(2)在$(-\infty, -1)$和$(1, +\infty)$内是凸的；在$(-1, 1)$内是凹的；$(-1, \ln 2)$和$(1, \ln 2)$是拐点

(3)在$(-\infty, +\infty)$内是凹的；无拐点

(4)在$(-\infty, 2)$内是凸的；在$(2, +\infty)$内是凹的；$(2, 0)$是拐点

(5)在$(-\infty, 2)$内是凸的；在$(2, +\infty)$内是凹的；$\left(2, \frac{2}{e^2}\right)$是拐点

8. (1)1　(2)0

(3)1　(4)$\frac{1}{2}$

(5) $\frac{1}{6}$　(6)2

(7)∞　(8)$\frac{3}{2}$

(9) -1　(10)0

(11)1　(12)1

(13)1　(14) $-\frac{1}{8}$

(15) $-\frac{1}{2}$　(16)$\frac{4}{e}$

(17)$\frac{1}{2}$　(18)0

9. (略)

10. 11t

11. 2.5 个单位，最大利润$\frac{13}{4}$百元

12. $\sqrt{\frac{ac}{2b}}$

综合练习题 2

1. (1) 1，$-\frac{1}{(1+x)^2}$

(2)过切点(x_0, y_0)处的切线的斜率

(3)$y=y_0+f'(x_0)(x-x_0)$，$y=y_0$，平行，$x=x_0$，垂直

(4)$y=-\frac{1}{2}x+\frac{3}{2}$　(5) 2，-1　(6) -6，0　(7) 16，$\frac{2^{\sqrt{x}}}{2\sqrt{x}}\ln 2$

(8) -2 (9) $dy\Big|_{x=x_0}$ (或$f'(x_0)dx$)　(10) $f'(x^2)2xdx$

(11) $a>0$　(12) $(-\infty, +\infty)$　(13) -8　(14) 极值点　(15) $f(a)$　(16) 1

(17) 极大值　(18) >0　(19) $f''(x_0)=0$ 且 $f''(x_0-\delta)f''(x_0+\delta)<0(\delta>0)$　(20) (0, 2)

2. (1) A　(2) B　(3) B　(4) D　(5) C　(6) D

(7) C　(8) A　(9) D　(10) D　(11) B　(12) C

(13) A　(14) D　(15) D　(16) A　(17) A

3. $a=-5$, $b=3$

4. $a=-1$, $b=-1$, $c=1$

5. $y'=x^{ef(-x)}\cdot e^{f(-x)}\left[\frac{1}{x}-f'(-x)\cdot \ln x\right]$

6. $y'=-\frac{1}{1+x^2}$

7. $y'=a^a x^{a^a-1}+a^{x^a}\ln a\cdot ax^{a-1}+a^{a^x}a^x\ln^2 a$

8. $y'\left(\frac{\pi}{2}\right)=\frac{1}{4(e^{\frac{\pi}{2}}-1)}+\frac{1}{\pi}$

9. $y'=\dfrac{e^{x+y}+x^{\sin x}(\cos x\ln x+\frac{\sin x}{x})}{1-e^{x+y}}$

10. $144\pi m^2/s$

11. 0.92cm/min

12. $\frac{1}{36}$rad/s

第 3 章

习题 3.1

1. (1) $\frac{1}{3}x^3-2x^2+4x+C$　(2) $\frac{1}{2}x+\frac{1}{2}\sin x+C$

(3) $\frac{3}{10}x^3\sqrt[3]{x}-\frac{15}{4}x\sqrt[3]{x}+C$　(4) $-\arctan x-\frac{1}{x}+C$

(5) $\frac{x^2}{2}-3x+3\ln|x|+\frac{1}{x}+C$　(6) $e^x-3\sin x+\frac{(2e)^x}{1+\ln 2}+C$

(7) $-\cot x-x+C$　(8) $\sin x+\cos x+C$

(9) e^x+x+C　(10) $\frac{1}{2}\tan x+C$

2. (略)

3. $x-\frac{1}{3}x^3+C$

4. (1) $2\arcsin\frac{x}{2}-\sqrt{4-x^2}+C$　(2) $6(\sqrt[6]{x}-\arctan\sqrt[6]{x})+C$

(3) $\frac{1}{2}\arctan^2 x+C$　(4) $\ln(1+e^x)+C$

(5) $\ln|x^2+x-5|+C$　(6) $\frac{1}{2}\ln|3+2\ln x|+C$

(7) $\frac{1}{2}e^{x^2}+C$　(8) $x-\ln(1+e^x)+C$

(9) $-2\cos\sqrt{x}+C$　(10) $\frac{x}{2}-\frac{1}{4}\sin 2x+C$

(11) $2\arcsin\sqrt{x}+C$　(12) $\ln\left|x+1+\sqrt{x^2+2x+2}\right|+C$

(13) $x+3\ln\left|\frac{x-3}{x-2}\right|+C$

(14) $\frac{3}{2}\ln(x^2+2x+4)-\frac{5}{\sqrt{3}}\arctan\frac{x+1}{\sqrt{3}}+C$

5. (1) $-\frac{1}{2}x\cos 2x+\frac{1}{4}\sin 2x+C$

(2) $\frac{1}{4}x^4\ln x-\frac{1}{16}x^4+C$

(3) $\frac{1}{2}xe^{2x}-\frac{1}{4}e^{2x}+C$

(4) $x\arcsin^2 x+2\sqrt{1-x^2}\arcsin x-2x+C$

(5) $x\ln(1+x^2)-2x+2\arctan x+C$

(6) $-2\sqrt{x}\cos\sqrt{x}+2\sin\sqrt{x}+C$

(7) $\frac{1}{2}(\tan x\sec x+\ln|\sec x+\tan x|)+C$

(8) $-\frac{1}{x}(1+\ln|x|)+C$

(9) $\frac{1}{8}e^{2x}(2-\cos 2x-\sin 2x)+C$

(10) $\frac{1}{3}x^3\arctan x-\frac{1}{6}x^2+\frac{1}{6}\ln(1+x^2)+C$

6. $\frac{x\cos x-2\sin x}{x}+C$

7. $2x-2\arctan x+C$

习题 3.2

1. (1) $-\frac{1}{2}$

(2) $\frac{\pi}{2}R^2$

(3) 0

(4) 0

2. (1) $\frac{27}{4}$

(2) $\frac{\pi}{2}$

(3) $\frac{2e-1}{\ln 2+1}$

(4) 1

(5) $\frac{\pi}{4}-\frac{2}{3}$

(6) 3

(7) $\frac{\pi}{3}$

(8) $\frac{14}{3}$

3. (1) $2x\sin x^4$

(2) $-x^2e^x$

(3) $\frac{2}{\sqrt{1+4x}}$

(4) $e^{\frac{3x}{2}}$

4. (1) $6-2\ln 4$

(2) $\sqrt{3}-\frac{\pi}{3}$

(3) $2-\frac{\pi}{2}$

(4) 16π

(5) $-\frac{\pi}{4}+\arctan e$

(6) $e-\sqrt{e}$

(7) $\frac{5}{3}$

(8) $\frac{4}{5}$

5. (1) $\frac{\pi}{4}-\frac{1}{2}$

(2) $-\frac{1}{2}+\ln 2$

(3) $2-\frac{2}{e}$

(4) $\frac{1}{2}+\frac{1}{2e^{\pi}}$

(5) $\frac{1}{2}$

(6) $\frac{\pi}{4}+\frac{1}{2}\ln 2$

(7) $1-\frac{\sqrt{3}\pi}{6}$

(8) $\frac{1}{4}-\frac{3}{4}e^{-2}$

6. $\frac{1-e}{2e}$

7. (1) $\frac{1}{2}$

(2) 发散

(3) $\frac{2}{3}\ln 2$

(4) 发散

(5) -1

习题 3.3

1. (1) $\frac{1}{6}$　(2) 1　(3) $\frac{32}{3}$　(4) $2\pi+\frac{4}{3}$, $6\pi-\frac{4}{3}$

(5) $\frac{3}{2}-\ln 2$　(6) $e+e^{-1}-2$　(7) $b-a$

2. (1) $\frac{128}{7}\pi$, $\frac{64}{5}\pi$　(2) $\frac{3}{10}\pi$　(3) $160\pi^2$　(4) $2\pi^2a^2b$

3. $\frac{e^2}{4}+\frac{1}{4}$

4. $2\pi r$

5. 0.3J

6. $\frac{\pi}{2}r^2h^2\rho g$

7. 75000gkJ

8. 500

9. 4 件，48 元

10. $\frac{1}{100}$亿元

11. (1)$\frac{10}{1-e^{-1}}$ (2)$10\mu=2(1-e^{-10\mu})$ (3)$100-200e^{-1}$

综合练习题 3

1. (1)$\frac{1}{2}(x-\sin x)+C$ (2)$\frac{1}{3}e^{3x}+C$ (3)$\frac{1}{7}\sin^7 x+C$

(4)$-e^{\frac{1}{x}}+C$ (5)$\ln|x|+\arctan x+C$ (6)$\frac{1}{10}\sin 5x+\frac{1}{2}\sin x+C$

(7)$-\frac{1}{12}(2-3x^3)^{\frac{4}{3}}+C$ ；(8)$2\sqrt{x}-3\sqrt[3]{x}+6\sqrt[6]{x}-6\ln|\sqrt[6]{x}+1|+C$

(9)$\frac{2}{3}(2-x)^{\frac{3}{2}}-4\sqrt{2-x}+C$ (10)$-\frac{x}{a^2\sqrt{x^2-a^2}}+C$

(11)$\frac{1}{\sqrt{2}}\arctan\frac{x+1}{\sqrt{2}}+C$ (12)$\frac{1}{3}\ln|2+3\ln x|+C$ (13) $e^{\arcsin x}+C$

(14) $\frac{1}{10}\ln|1+2x|+\frac{1}{5}\ln|1+x^2|-\frac{1}{5}\arctan x+C$

(15) $\frac{1}{4}\tan^2\frac{x}{2}+\tan\frac{x}{2}+\frac{1}{2}\ln\left|\tan\frac{x}{2}\right|+C$

2. $f(x)=-\frac{(x-2)^3}{3}-\frac{1}{x-2}+C$

3. (1)$\ln x-\frac{1}{2}\ln^2 x+C$ (2) $\frac{1}{x}(1-2\ln x)+C$ (3)$\frac{1}{x^2}(-4+3\ln x)+C$

4. $e^x f'(e^x)-f(e^x)+C$

5. $s=\cos t-1$

6. $f(x)=1+\ln x$

7. (1)$\frac{\pi}{6}$ (2)$\frac{\pi}{6}$ (3)5 (4)$\frac{1}{6}$

(5)$\frac{3}{2}\ln\frac{5}{2}$ (6)$2\sqrt{2}$ (7)$\frac{\pi}{4}+\frac{1}{2}$ (8)$4-\pi$

8. (1) 1 (2) $8\ln 2-4$ (3) $\frac{1}{5}(e^{\pi}-2)$ (4) 2π

(5) $\ln 27-\ln 4-1$ (6) $6-2e$ (7) π^2 (8) $\frac{\sqrt{2}}{8}(\pi-4)+1$

9. (1) 1 (2) 1 (3) $\frac{\pi^2}{8}$

10. (1) 0 (2) $-\cos x^2$ (3) $-2x\cos(x^2+1)+3x^2\cos(x^3+1)$

11. (1) 1 (2) -1 (3) $\frac{1}{2}$

12. (1) $\frac{4}{3}$ (2) $\frac{1}{2}+2\ln 2$

13. (1) $V_x=\frac{128}{7}\pi$, $V_y=\frac{64}{5}\pi$

(2) $V_x=\frac{1}{4}\pi^2$, $V_y=2\pi$

14. $1+\frac{1}{2}\ln\frac{3}{2}$

15. $\sqrt{2}(e^{\frac{\pi}{2}}-1)$

16. $(\sqrt{2}-1)$cm

17. $W=\frac{\pi}{4}R^4\rho g$J

18. 756

19. $11.6\mu=1-e^{-20\mu}$

20. $C(x)=-12x+0.2x^2$，$L(x)=32x-0.2x^2$，80 单位

第 4 章

习题 4.1

1. (1)一阶 (2)二阶 (3)一阶 (4)三阶
2. (1)是 (2)不是 (3)是 (4)是

4. $\frac{dp}{dT}=k\frac{p}{T^2}$($k$ 为比例系数)

习题 4.2

1. (1) $y=e^{cx}$ (2) $10^x+10^{-y}=c$ (3) $\arcsin y=\arcsin x+c$ (4) $\sin x\sin y=c$

2. (1) $e^y=\frac{1}{2}e^{2x}+\frac{1}{2}$ (2) $y=e^{\tan\frac{x}{2}}$ (3) $y=\frac{4}{x^2}$

3. (1) $y^2=x^2\ln(cx^2)$ (2) $y=xe^{cx+1}$ (3) $\ln x=c-\frac{1}{2}e^{-\frac{y}{x}}$

4. (1) $y=e^{-x}(x+c)$ (2) $y=\frac{1}{3}x^2+\frac{3}{2}x+2+\frac{c}{x}$

(3) $y=c\cos x-2\cos^2x$ (4) $y=\frac{4x^3+3c}{3(x^2+1)}$

习题 4.3

1. (1) $y=\frac{1}{6}x^3-\sin x+c_1x+c_2$ (2) $y=(x-2)e^x+c_1x+c_2$

(3) $y=\ln|\cos(x+c_1)|+c_2$ (4) $y=c_1e^x-\frac{1}{2}x^2-x+c_2$

(5) $y=c_1\ln|x|+c_2$ (6) $c_1y^2-1=(c_1x+c_2)^2$

(7) $y=\arcsin(c_2e^x)+c_1$

2. (1) $y=-\frac{1}{a}\ln(ax+1)$ (2) $e^y=\sec x$ (3) $y=\ln x+\frac{1}{2}\ln^2x$

3. (1) $y=c_1e^{-3x}+c_2e^{-4x}$ (2) $y=(c_1+c_2x)e^{6x}$

(3) $y=e^{-\frac{1}{2}x}\left(c_1\cos\frac{\sqrt{3}}{2}x+c_2\sin\frac{\sqrt{3}}{2}x\right)$

(4) 当 $\mu>0$ 时，$y=c_1\cos\sqrt{\mu}x+c_2\sin\sqrt{\mu}x$；当 $\mu=0$ 时，$y=c_1+c_2x$；当 $\mu<0$ 时，$y=c_1e^{\sqrt{-\mu x}}+c_2e^{\sqrt{-\mu x}}$

4. (1) $y=4e^x+2e^{3x}$ (2) $y=e^{-\frac{x}{2}}(2+x)$

(3) $y=3e^{-2x}\sin 5x$

5. (1) $y=c_1e^{-x}+c_2e^{\frac{x}{2}}+e^x$ (2) $y=c_1\cos ax+c_2\sin ax+\frac{x}{1+a^2}$

(3) $y=c_1+c_2e^{-\frac{x}{2}}+\frac{1}{3}x^3-\frac{3}{5}x^2+\frac{7}{25}x$

(4) $y=e^x(c_1\cos 2x+c_2\sin 2x)-\frac{x}{4}e^x\cos 2x$

6. (1) $y=-5e^x+\frac{7}{2}e^{2x}+\frac{5}{2}$

(2) $y=-\cos x-\frac{1}{3}\sin x+\frac{1}{3}\sin 2x$

(3) $y=-e^{-x}+e^x(x^2-x+1)$

习题 4.4

1. $Q(p)=ce^{k\ln p}$（若给定初始条件，就可以完全确定需求函数）

2. $Q=1200\times 3^{-p}$

3. 设 $N(t)$ 为 t 年时的国内生产总值，满足微分方程

$$\begin{cases}\dfrac{\mathrm{d}N(t)}{\mathrm{d}t}=0.077N(t)\\ N(0)=7.4\end{cases}$$

解得 $N(t)=7.4e^{0.077t}$，当 $N(t)=2\times 7.4$ 时，得 $t\approx 9$，约需 9 年国内生产总值翻一番.

4. $x(t)=N\left[1-\left(1-\dfrac{x_0}{N}\right)e^{-rt}\right]$，$\lim\limits_{t\to+\infty}x(t)=N$

5. 设时刻 t 物体的温度 $T(t)$，未加热时空气温度为 T_0，由题意得

$$T'(t)=-k(T(t)-T_0)$$

其中 k 是比例常数，负号表示物体温度越来越低，解得

$$T(t)=ce^{-kt}+T_0.$$

综合练习题 4

1. (1)4　(2)一阶　(3)$y=c_1e^{5x}+c_2e^{-x}$　(4)$y=c\sqrt{1+x^2}$

2. (1)A　(2)C　(3)C　(4)C　(5)A　(6)C

3. (1)$cx=e^{\arcsin\frac{y}{x}}$　(2)$y=xe^{cx+1}$　(3) $y=x^3+3x+1$

(4)$y=(c_1+c_2x)\ e^x+\dfrac{1}{9}e^{2x}$

(5) $y=c_1e^{-3x}+c_2e^x+\cos x+2\sin x$

第 5 章

习题 5.1

1. $-\dfrac{4}{3}$，$\dfrac{2xy}{x^2-y^2}$

2. (1) $\{(x,y)\mid y>x^2-1\}$　(2)$\{(x,y)\mid 1\leqslant x^2+y^2\leqslant 9\}$

3. (1)$\dfrac{1}{2}$　(2)2

习题 5.2

1. (1) $\frac{\partial z}{\partial x}=2xy+1$，$\frac{\partial z}{\partial y}=x^2+2y$　(2) $\frac{\partial z}{\partial x}=ye^{xy}$，$\frac{\partial z}{\partial y}=xe^{xy}$

(3) $\frac{\partial z}{\partial x}=\frac{1}{2x\sqrt{\ln(xy)}}$，$\frac{\partial z}{\partial y}=\frac{1}{2y\sqrt{\ln(xy)}}$

(4) $\frac{\partial u}{\partial x}=y\cos(xy)$，$\frac{\partial u}{\partial y}=x\cos(xy)$，$\frac{\partial u}{\partial z}=2z$

(5) $\frac{\partial u}{\partial x}=\frac{y}{z}x^{\frac{y}{z}-1}$，$\frac{\partial u}{\partial y}=\frac{1}{z}x^{\frac{y}{z}}\ln x$，$\frac{\partial u}{\partial z}=-\frac{y}{z^2}x^{\frac{y}{z}}\ln x$

(6) $\frac{\partial z}{\partial x}=\frac{1}{y}\cos\frac{x}{y}\cos\frac{y}{x}+\frac{y}{x^2}\sin\frac{x}{y}\sin\frac{y}{x}$

$\frac{\partial z}{\partial y}=-\frac{x}{y^2}\cos\frac{x}{y}\cos\frac{y}{x}-\frac{1}{x}\sin\frac{x}{y}\sin\frac{y}{x}$

2. 1，-1

3. $\frac{\partial^2 z}{\partial x^2}=6y^2+6x$，$\frac{\partial^2 z}{\partial x\partial y}=12xy$，$\frac{\partial^2 z}{\partial y^2}=6x^2+2$

4. $\left.\frac{\partial^2 z}{\partial x^2}\right|_{(1,2)}=4$，$\left.\frac{\partial^2 z}{\partial x\partial y}\right|_{(1,2)}=10$，$\left.\frac{\partial^2 z}{\partial y^2}\right|_{(1,2)}=4$

5. $\Delta z\approx -0.0176$，$dz=-0.0175$

6. (1) $dz=-\frac{y}{x^2}dx+\frac{1}{x}dy$　(2) $dz=\frac{2x}{x^2+y^2}dx+\frac{2y}{x^2+y^2}dy$

(3) $dz=y^x\left(\ln y dx+\frac{x}{y}dy\right)$　(4) $du=yzx^{yz-1}dx+zx^{yz}\ln x dy+yx^{yz}\ln x dz$

7. -5cm

8. (1)2.039 (2)2.95

习题 5.3

1. (1) 极小值 $f(1,0)=-1$　(2) 极大值 $f(0,3)=54$，极小值 $f(2,-3)=-58$

2. 当长和宽都为 4m，高为 2m 时用料最省.

3. 极大值 $z\left(\frac{1}{2},\frac{1}{2}\right)=\frac{1}{4}$

4. 分别生产 $x=5$ 台和 $y=3$ 台.

习题 5.4

1. (略)

2. $\frac{2}{3}\pi a^3$

3. (1) $\geqslant$ (2) $\geqslant$

4. (1) $\frac{8}{3}$ (2) $\frac{20}{3}$ (3) $\frac{27}{64}$

5. (1) $\pi\ln 2$ (2) $\frac{32}{9}$

6. (1) $\int_0^{2\pi} d\theta \int_0^a f(r\cos\theta, r\sin\theta) r dr$ (2) $\int_{-\frac{\pi}{2}}^{\frac{\pi}{2}} d\theta \int_0^{2\cos\theta} f(r\cos\theta, r\sin\theta) r dr$

(3) $\int_0^{2\pi} d\theta \int_a^b f(r\cos\theta, r\sin\theta) r dr$

7. $\frac{1}{6}a^4$

8. $\left(\frac{3}{5}, \frac{3}{8}\sqrt{2}\right)$

综合练习题 5

1. 1, 2, -2, 1

2. (1) $D=\{(x, y) \mid x\geqslant 0, -\infty<y<+\infty\}$ (2) $D=\{(x, y) \mid x^2+y^2\leqslant 1\}$

(3) $D=\{(x, y) \mid x+y>0\}$ (4) $D=\left\{(x, y) \mid -1\leqslant \frac{y}{x}\leqslant 1\right\}$

3. $D=\{(x, y) \mid 0<x^2+y^2<1, y^2\leqslant 4x\}$, $\frac{\sqrt{2}}{\ln\frac{3}{4}}$

4. (1) $\frac{\partial z}{\partial x}=3x^2+4xy+2$, $\frac{\partial z}{\partial y}=2x^2+3y^2$

$\frac{\partial^2 z}{\partial x^2}=6x+4y$, $\frac{\partial^2 z}{\partial x\partial y}=\frac{\partial^2 z}{\partial y\partial x}=4x$, $\frac{\partial^2 z}{\partial y^2}=6y$

(2) $\frac{\partial z}{\partial x}=\frac{1}{x+y^2}$, $\frac{\partial z}{\partial y}=\frac{2y}{x+y^2}$

$\frac{\partial^2 z}{\partial x^2}=-\frac{1}{(x+y^2)^2}$, $\frac{\partial^2 z}{\partial x\partial y}=\frac{\partial^2 z}{\partial y\partial x}=-\frac{2y}{(x+y^2)^2}$, $\frac{\partial^2 z}{\partial y^2}=\frac{2(x-y^2)}{(x+y^2)^2}$

5. $\left.\frac{\partial z}{\partial x}\right|_{(0,\frac{\pi}{4})}=-2$, $\left.\frac{\partial z}{\partial y}\right|_{(0,\frac{\pi}{4})}=0$

6. $\Delta z=0.02$, $dz=0.03$

7. $\left.dz\right|_{(1,2)}=\frac{1}{3}dx+\frac{2}{3}dy$

8. 减少 $200\pi\text{cm}^3$

9. (1)极小值$f(-4, 1)=-1$　(2)极大值$f(2, -2)=8$

10. (1)电台广告费用投入1.25万元、报纸广告费用投入0.75万元，可使获利最大.

(2)1.5万元全部投入报纸广告费用上，可使获利最大.

11. 边长分别为$\frac{2p}{3}$，$\frac{p}{3}$.

12. (1)$\frac{9}{8}$　(2)$\frac{1}{21}$　(3)$e-e^{-1}$　(4)$\frac{6}{55}$

13. (1)6π　(2)$\pi(e^4-1)$

(3)$-6\pi^2$　(4)$\frac{\pi}{6}$

14. (1)$\int_0^1 dy\int_y^1 f(x, y)dx$　(2)$\int_0^1 dy\int_{2-y}^{1+\sqrt{1-y^2}} f(x, y)dx$

(3)$\int_{-1}^1 dx\int_0^{\sqrt{1-x^2}} f(x, y)dy$　(4)$\int_0^1 dx\int_{x^2}^{x} f(x, y)dy$

15. $\frac{7}{2}$

16. $\frac{4}{3}$

17. π

18. $\left(0, \frac{7}{3}\right)$

第6章

习题6.1

1. (1) $1+\frac{3}{5}+\frac{4}{10}+\frac{5}{17}+\frac{6}{26}+\cdots$

(2) $1-\frac{1}{1.2}+\frac{1}{1\cdot 2\cdot 3}-\frac{1}{1\cdot 2\cdot 3\cdot 4}+\frac{1}{1\cdot 2\cdot 3\cdot 4\cdot 5}-\cdots$

(3) $\frac{1}{2}+\frac{1\cdot 3}{2\cdot 4}+\frac{1\cdot 3\cdot 5}{2\cdot 4\cdot 6}+\frac{1\cdot 3\cdot 5\cdot 7}{2\cdot 4\cdot 6\cdot 8}+\frac{1\cdot 3\cdot 5\cdot 7\cdot 9}{2\cdot 4\cdot 6\cdot 8\cdot 10}+\cdots$

2. (1)$u_n=\frac{1}{2n-1}$　$(n=1, 2, \cdots)$　(2)$u_n=\frac{x^{\frac{n}{2}}}{n(n+1)}$　$(n=1, 2, \cdots)$

(3) $u_n=(-1)^{n-1}\frac{n(n+1)}{2^n}$　$(n=1, 2, \cdots)$

3. (1)收敛，$\frac{3}{4}$　(2)发散　(3)收敛，$\frac{1}{2}$　(4)发散

(5)收敛，$\frac{3}{2}$　(6)发散　(7)发散

4. $\frac{16}{33}$

习题 6.2

1. (1)发散　(2)收敛　(3)收敛　(4)收敛
2. (1)收敛　(2)发散　(3)发散　(4)收敛
3. (1)绝对收敛　(2)绝对收敛　(3)条件收敛　(4)绝对收敛

习题 6.3

1. (1) $[-1, 1]$　(2) $(-1, 1)$　(3) $(-\infty, +\infty)$　(4) $(-5, 5]$　(5) $[-1, 1]$　(6) $[-1, 5)$

2. (1) $s(x)=-\ln(1-x)$，$[-1, 1)$　(2) $s(x)=\frac{2x}{(1-x^2)^2}$，$(-1, 1)$

(3) $s(x)=\frac{1}{4}\ln\frac{1+x}{1-x}+\frac{1}{2}\arctan x$，$(-1, 1)$

习题 6.4

1. (1) $e^{x^2}=\sum_{n=0}^{\infty}\frac{x^{2n}}{n!}$，$(-\infty, +\infty)$

(2) $\frac{x^2}{1+3x}=\sum_{n=0}^{\infty}(-1)^n 3^n x^{n+2}$，$\left(-\frac{1}{3}, \frac{1}{3}\right)$

(3) $\sin^2 x=\sum_{n=1}^{\infty}(-1)^{n-1}\frac{1}{2\cdot(2n)!}(2x)^{2n}$，$(-\infty, +\infty)$

(4) $\ln(2+x)=\ln 2+\sum_{n=1}^{\infty}(-1)^{n-1}\frac{x^n}{2^n\cdot n}$，$(-2, 2]$

(5) $\frac{1}{x-4}=-\frac{1}{4}\sum_{n=0}^{\infty}\frac{x^n}{4^n}$，$(-4, 4)$

2. $\frac{1}{x+5}=\frac{1}{6}\sum_{n=0}^{\infty}(-1)^n\frac{(x-1)^n}{6^n}$，$(-5, 7)$

3. $\cos x=\frac{1}{2}\sum_{n=0}^{\infty}(-1)^n\frac{\left(x+\frac{\pi}{3}\right)^{2n}}{(2n)!}+\frac{\sqrt{3}}{2}\sum_{n=0}^{\infty}(-1)^n\frac{\left(x+\frac{\pi}{3}\right)^{2n+1}}{(2n+1)!}$，$(-\infty, +\infty)$

综合练习题6

1. (1) $\frac{2^{n+1}}{n(n+3)}$, $\sum_{n=1}^{\infty}\frac{2^{n+1}}{n(n+3)}$ (2)收敛的，$\frac{a}{1-q}$，发散的

(3)0 (4)∞，$(-\infty, +\infty)$ (5)$(-1, 1)$，$\frac{1}{1+x^3}$

(6) $\sum_{n=0}^{\infty}(-1)^n\frac{x^{2n+2}}{(2n+1)!}$，$(-\infty, +\infty)$ (7)收敛，发散

2. (1)A (2)D (3)D (4)C

3. (1)收敛 (2)收敛 (3)发散 (4)收敛 (5)收敛 (6)发散 (7)发散 (8)收敛 (9)发散 (10)发散 (11)收敛 (12)收敛 (13)收敛 (14)收敛 (15)条件收敛 (16)绝对收敛

4. (1)$[0, 1)$ (2)$(-3, 3]$ (3)只在 $x=0$ 处收敛 (4)$[4, 6)$

5. $\frac{1}{2}\ln\frac{1+x}{1-x}(-1<x<1)$

6. $f(x)=2\sum_{n=0}^{\infty}x^{2n}(-1, 1)$

7. $f(x)=\frac{1}{3}\sum_{n=0}^{\infty}(-1)^n\frac{(x-3)^n}{3^n}(0, 6)$

第7章

习题7.1

1. (1) 3 (2)1 (3) 6

2. (1) 6 (2)18 (3) -312 (4)0

3. (1) $x_1=-1$，$x_2=1$ (2) $x_1=1$，$x_2=\frac{1}{3}$，$x_3=-\frac{1}{3}$

习题7.2

1. (1)$\begin{pmatrix}-4 & -3 & -1\\ -1 & 8 & 6\end{pmatrix}$ (2)$\begin{pmatrix}5 & 1 & -7\\ 7 & 1 & 9\end{pmatrix}$

2. (1)6 (2)$\begin{pmatrix}-1 & -2 & -3\\ 2 & 4 & 6\\ 1 & 2 & 3\end{pmatrix}$

(3) $\begin{pmatrix} -1 \\ 6 \end{pmatrix}$ (4) $\begin{pmatrix} -21 & -24 \\ 10 & 21 \end{pmatrix}$

(5) $\begin{pmatrix} -1 & 0 & -5 & -5 \\ 3 & -5 & 0 & 6 \\ -1 & 2 & 1 & -1 \end{pmatrix}$

3.（略）

4. $\boldsymbol{AB}=\begin{pmatrix} -1 & 4 \\ 2 & 1 \\ 5 & 3 \end{pmatrix}$, $\boldsymbol{B}^{\mathrm{T}}\boldsymbol{A}^{\mathrm{T}}=\begin{pmatrix} -1 & 2 & 5 \\ 4 & 1 & 3 \end{pmatrix}$

5. 9 月总成本 470 万元、总产值 705 万元.

10 月总成本 442 万元、总产值 663 万元.

习题 7.3

(1) $\begin{pmatrix} 1 & 0 & -1 & -2 & 0 \\ 0 & 1 & 2 & 3 & 0 \\ 0 & 0 & 0 & 0 & 1 \end{pmatrix}$, $R(\boldsymbol{A})=3$

(2) $\begin{pmatrix} 1 & 0 & 2 & 0 & \frac{1}{3} \\ 0 & 1 & 0 & 0 & 1 \\ 0 & 0 & 0 & 1 & 0 \\ 0 & 0 & 0 & 0 & 0 \end{pmatrix}$, $R(\boldsymbol{B})=3$

习题 7.4

1. (1) $\begin{pmatrix} -2 & -1 \\ -3 & -1 \end{pmatrix}$

(2) $\begin{pmatrix} 2 & -1 & 1 \\ 4 & -2 & 1 \\ -\frac{3}{2} & 1 & -\frac{1}{2} \end{pmatrix}$

(3) $\begin{pmatrix} 1 & -4 & -3 \\ 1 & -5 & -3 \\ -1 & 6 & 4 \end{pmatrix}$

2.（略）

3. $\begin{pmatrix} 7 & -4 \\ -5 & -3 \end{pmatrix}$

习题 7.5

1. (1) $x_1=1$, $x_2=2$, $x_3=-1$

(2) $\begin{cases} x_1=\frac{1}{3}-\frac{2}{3}x_3 \\ x_2=-\frac{4}{3}-\frac{1}{3}x_3 \end{cases}$

(3) $\begin{cases} x_1=-\frac{3}{2}-2x_2+\frac{1}{2}x_4 \\ x_3=\frac{13}{6}-\frac{1}{2}x_4 \end{cases}$

(4) 无解

2. (1) $x_1=x_2=x_3=0$

(2) $\begin{cases} x_1=0 \\ x_2=x_3 \end{cases}$

(3) $\begin{cases} x_1=-\frac{1}{5}x_3-\frac{6}{5}x_4 \\ x_2=\frac{3}{5}x_3-\frac{7}{5}x_4 \end{cases}$

3. (1) 当 $b\neq 5$ 时，方程组无解；

(2) 当 $b=5$ 且 $a\neq -2$ 时，方程组有唯一解；

(3) 当 $b=5$ 且 $a=-2$ 时，方程组有无穷多组解.

4. $\lambda=0$ 或 $\lambda=-1$

习题 7.6

甲：0.382，乙：0.413，丙：0.205

综合练习题 7

1. (1) D (2) C (3) B (4) A (5) D (6) D

2. (1) -12, 2

(2) $3^{n-1}\begin{pmatrix} 1 & 1 \\ 2 & 2 \end{pmatrix}$

(3) $\frac{1}{4}$

(4) 2

(5) $\begin{pmatrix} 4 & -1 \\ -2 & 2 \end{pmatrix}$

(6) $\lambda=1$

3. (1)56

(2) -658

4. $\begin{pmatrix} 2 & 0 & 1 \\ 0 & 3 & 0 \\ -1 & 0 & 2 \end{pmatrix}$

5. $y=x^2+2x+c$

6. $\lambda\neq -2$ 时，只有零解；

   $\lambda=-2$ 时，有非零解，且为

$$\begin{cases} x_1=0 \\ x_2=0 \\ x_3=x_4 \end{cases}.$$

7. 当 $\lambda\neq -2$ 且 $\lambda\neq 1$ 时，有唯一解；

   当 $\lambda=-2$ 时，无解；

   当 $\lambda=1$ 时，有无穷多解.

8. 当 $a\neq 1$ 时，有唯一解；

   当 $a=1$，$b\neq -1$ 时，无解；

   当 $a=1$，$b=-1$ 时，有无穷多解.

9. 水果酒：32%，啤酒：42%，白酒：26%.

参考文献

[1] 胡耀胜，汤茂林. 高等数学[M]. 北京：机械工业出版社，2008.

[2] 汤茂林，徐汉娃. 线性代数[M]. 北京：机械工业出版社，2007.

[3] 侯风波. 高等数学[M]. 2 版. 北京：高等教育出版社，2003.

[4] 颜文勇，柯善军. 高等应用数学[M]. 北京：高等教育出版社，2008.

[5] 顾静相. 经济应用数学：上册[M]. 北京：高等教育出版社，2004.

[6] 赵树嫄. 微积分[M]. 2 版. 北京：中国人民大学出版社，1988.

[7] 同济大学应用数学系. 高等数学[M]. 5 版. 北京：高等教育出版社，2002.

[8] 蒋兴国，吴延东. 高等数学[M]. 2 版. 北京：机械工业出版社，2007.

[9] 侯风波，李仁芮. 工科高等数学[M]. 沈阳：辽宁大学出版社，2006.

[10] 吴传生. 微积分[M]. 北京：高等教育出版社，2003.

[11] 李亚杰，黄根隆. 数学实验[M]. 北京：高等教育出版社，2004.

[12] 章栋恩，许晓革. 高等数学实验[M]. 北京：高等教育出版社，2004.

[13] 张克新，邓乐斌. 应用高等数学[M]. 北京：高等教育出版社，2010.